Düngemittel und die Prinzipien der Düngung

Charles Morton Aikman

Writat

Diese Ausgabe erschien im Jahr 2024

ISBN: 9789359940090

Herausgegeben von
Writat
E-Mail: info@writat.com

Inhalt

VORWORT.

Als das vorliegende Werk zum ersten Mal in Angriff genommen wurde, gab es nur wenige Werke in englischer Sprache, die sich mit dem Thema befassten, und kaum eines, das sich ausführlich mit der Frage der Düngung befasste. In den letzten Jahren hat der Bedarf an agrarwissenschaftlicher Literatur jedoch aufgrund des stark gestiegenen Interesses an der landwirtschaftlichen Ausbildung eine ganze Reihe neuer Werke hervorgebracht. Trotz dieser Tatsache wagt der Autor zu glauben, dass die Lücke, die die vorliegende Abhandlung ursprünglich schließen sollte, immer noch ungefüllt ist.

Jeder, der sich für die Landwirtschaft interessiert, ist sich der Bedeutung des Themas bewusst. Man kann ohne Übertreibung sagen, dass die Einführung der künstlichen Düngung die moderne Tierhaltung revolutioniert hat. Tatsächlich wäre der Ackerbau, wie er heute betrieben wird, ohne die Hilfe künstlicher Düngemittel unmöglich. Man kann sagen, dass diese Praxis vor fünfzig Jahren unbekannt war; Dennoch ist es inzwischen so weit verbreitet, dass sich das in den Düngemittelhandel in diesem Land investierte Kapital derzeit allein auf Millionen Pfund Sterling beläuft. Es braucht daher kaum darauf hingewiesen zu werden, dass eine Praxis, bei der so große finanzielle Interessen im Spiel sind, von allen Studenten der Agrarwissenschaften und, wie man hinzufügen darf, auch von politischen Ökonomen die sorgfältigste Prüfung verdient.

Ziel der vorliegenden Arbeit ist es, die wichtigsten Ergebnisse der jüngsten Agrarforschung zur Frage der Bodenfruchtbarkeit sowie der Natur und Wirkung verschiedener Düngemittel in prägnanter und allgemeingültiger Form darzustellen. Es erhebt keinen Anspruch auf eine erschöpfende Abhandlung zu diesem Thema und enthält nur diejenigen Fakten, die nach Ansicht des Autors einen wichtigen Einfluss auf die landwirtschaftliche Praxis haben. In der Behandlung seines Themas kann man sagen, dass es in der Mitte zwischen Professor Storers kürzlich veröffentlichter ausführlicher und ausgezeichneter Abhandlung über „Die Landwirtschaft in einigen ihrer Beziehungen zur Chemie" liegt – einem Werk, das allen Studenten der Agrarwissenschaften wärmstens empfohlen werden sollte, und Der Autor möchte diese Gelegenheit nutzen, um seine Dankbarkeit anzuerkennen – und Dr. JMH Munros bewundernswertes kleines Werk über „Boden und Dünger".

Um das Werk für den normalen landwirtschaftlichen Leser so verständlich wie möglich zu machen, wurden alle tabellarischen Inhalte und Inhalte mehr oder weniger technischer Natur in die Anhänge zu jedem Kapitel verschoben.

Die recht umfangreiche Erfahrung des Autors als Universitätsdozent und als Dozent im Zusammenhang mit landwirtschaftlichen Ausbildungsprogrammen des County Council in den letzten Jahren lässt ihn glauben, dass die Arbeit für diejenigen, die Agrarwissenschaften lehren, von besonderem Wert sein könnte .

Er muss die tiefe Verpflichtung zum Ausdruck bringen, die er, gemeinsam mit allen Autoren der Agrarchemie, gegenüber den klassischen Forschungen von Sir John Bennet Lawes, Bart., und Sir J. Henry Gilbert empfindet, die nun seit mehr als fünfzig Jahren bei Sir John Lawes' Experimentierstation in Rothamsted. Seine Dankbarkeit gegenüber diesen angesehenen Forschern wurde noch dadurch erhöht, dass sie ihm freundlicherweise erlaubten, ihnen das Werk zu widmen, und dass sie so freundlich waren, Teile des Werks als Korrekturleser zu lesen. Zusätzlich zu der freien Verwendung der Ergebnisse dieser Experimente, die im gesamten Buch vorgenommen wurde, enthält das letzte Kapitel in tabellarischer Form einen kurzen Überblick über einige der wichtigeren Rothamsted-Forschungen über die Wirkung verschiedener Düngemittel.

außerdem den zahlreichen deutschen und französischen Werken zu diesem Thema, insbesondere dem enzyklopädischen „ Lehrbuch der Düngerlehre " von Professor Heiden und den verschiedenen Schriften von Dr. Emil von Wolff, zu großem Dank verpflichtet.

Herrn R. Warington , FRS, Professor SW Johnson, Professor Armsby , dem verstorbenen Dr. Augustus Voelcker und anderen erhalten hat . Er möchte sich auch für die neue Ausgabe von Stephens' „Book of the Farm" bedanken und muss seinem Herausgeber, seinem Freund James Macdonald, Sekretär der Highland and Agricultural Society of Scotland, dafür danken, dass er Teile davon gelesen hat Probeabzüge.

Es ist ihm auch eine erfreuliche Pflicht, seinen Freunden zu danken: Dr. Bernard Dyer, Ehrensekretär der Society of Public Analysts, Dr. AP Aitken, Chemiker der Highland and Agricultural Society of Scotland; Professor Douglas Gilchrist aus Bangor; Herr FJ Cooke, verstorben aus Flitcham ; Herr Hermann Voss aus London; und Professor Wright aus Glasgow, der ihn bei der Überarbeitung der Korrekturbögen unterstützt hat.

ANALYTISCHES LABOR ,
128 WELLINGTON STREET, GLASGOW ,
Januar 1894.

TEIL I.
HISTORISCHE EINFÜHRUNG

HISTORISCHE EINFÜHRUNG.

Man kann sagen, dass die Agrarchemie, wie die meisten Zweige der Naturwissenschaften, eine völlig moderne Entwicklung ist. Zwar gibt es viele alte Spekulationen zu diesem Thema, aber man kann kaum sagen, dass sie einen großen wissenschaftlichen Wert haben. Die großen Fragen, die der Agrarchemiker zunächst lösen musste , waren: Was ist die Nahrung der Pflanzen? und: Woher stammt diese Nahrung? Die zweite dieser beiden Fragen lässt sich leichter beantworten als die erste. Die Quelle pflanzlicher Nahrung könnte nur die Atmosphäre oder der Boden sein. Da die Zusammensetzung der Atmosphäre jedoch erst gegen Ende des letzten Jahrhunderts entdeckt wurde und die Chemie des Bodens eine Frage ist, die noch viel Arbeit erfordert, werden wir überhaupt in den Besitz eines annähernd vollständigen Wissens darüber gelangen Es wird sofort klar sein, dass die grundlegenden Voraussetzungen für eine Lösung der Frage fehlten. Man kann also sagen, dass der Beginn einer echten wissenschaftlichen Agrarchemie auf die brillanten Entdeckungen zurückgeht, die mit den Namen Priestley, Scheele, Lavoisier, Cavendish und Black verbunden sind – also gegen Ende des letzten Jahrhunderts.

Frühe Theorien zur Quelle pflanzlicher Nahrung.

Obwohl dies so ist und wir die frühen Versuche, diese Frage zu lösen, größtenteils als wenig wissenschaftlichen Wert betrachten müssen, ist es aus historischer Sicht nicht ohne Interesse, einen kurzen Blick auf einige davon zu werfen diese alten interessanten Spekulationen.

Die aristotelische Lehre über die Möglichkeit der Aufteilung der Materie in die sogenannten vier Primärelemente *Feuer*, *Luft*, *Erde* und *Wasser*, die bis zur Geburt der modernen Chemie in der einen oder anderen Form existierten, hatte natürlich schon früh einen wichtigen Einfluss auf diese Theorien.

Van Helmonts Theorie.

Zu den frühesten und wichtigsten Versuchen, das Problem des Pflanzenwachstums zu lösen, gehörte der von Jean Baptiste Van Helmont , einem der bekanntesten Alchemisten, der zu Beginn des 17. Jahrhunderts seine Blütezeit erlebte. Van Helmont glaubte, durch ein schlüssiges Experiment bewiesen zu haben, dass alle pflanzlichen Produkte aus Wasser erzeugt werden können. Die Einzelheiten dieses klassischen Experiments waren wie folgt:

„Er nahm ein bestimmtes Gewicht trockener Erde – 200 Pfund – und pflanzte in diese Erde eine Weide, die 5 Pfund wog, und begoss diese von Zeit zu Zeit sorgfältig mit reinem Regenwasser, wobei er darauf achtete, dass kein Regen entsteht Staub oder Schmutz fielen auf die Erde, in der die Pflanze wuchs. Er ließ sie fünf Jahre lang wachsen und riss am Ende dieser Zeit, da er meinte, sein Experiment sei schon lange genug durchgeführt worden, seinen Baum an den Wurzeln aus Er schüttelte die gesamte Erde ab, trocknete die Erde erneut, wog die Erde und wog die Pflanze. Er stellte fest, dass die Pflanze jetzt 169 Pfund (3 Unzen) wog, während das Gewicht der Erde fast so blieb, wie es war – etwa 200 Pfund. Es hatte nur 2 Unzen an Gewicht verloren." [1]

Helmont kam daher zu dem Schluss, dass die Quelle pflanzlicher Nahrung *Wasser sei* . [2]

Digbys Theorie.

Etwa fünfzig Jahre später wurde ein äußerst interessantes Buch mit dem folgenden Titel veröffentlicht: „Ein Diskurs über die Vegetation von Pflanzen, gehalten von Sir Kenelm Digby am 23. Januar 1660 im Gresham College." (Bei einem Treffen der Gesellschaft zur Förderung Philosophisches Wissen durch Experimente. London: Gedruckt für John Williams, in Little Britain, gegenüber der St. Botolph's Church, 1669. Der Autor führt das Pflanzenwachstum auf den Einfluss eines *Balsams zurück* , der in der Luft enthalten ist. Dieses Buch ist besonders interessant, da es die früheste Erkenntnis über den Wert von Salpeter als Dünger enthält. Das Folgende ist ein Auszug aus diesem interessanten alten Werk:

„Die Krankheit und schließlich der Tod einer Pflanze entstehen in ihrem natürlichen Verlauf aus dem Mangel an diesem balsamischen Salzsaft, der sie, wie ich gesagt habe, anschwellen, keimen und vermehren lässt. Dieser Mangel kann auf beide Ursachen zurückzuführen sein ein Mangel daran an dem Ort, an dem die Pflanze wächst, beispielsweise wenn sie sich in einem unfruchtbaren Boden oder schlechter Luft befindet, oder aufgrund eines Defekts in der Pflanze selbst, die nicht kräftig genug ist, um sie anzuziehen, obwohl sie in ihrem Wirkungsbereich liegt ; wie wenn die Wurzel so hart, verstopft und kalt geworden ist, dass sie ihre pflanzlichen Funktionen verloren hat. Beides kann nun in großem Maße durch ein und denselben Arzt behoben werden ... Das Gießen Böden mit kalten, hungrigen Quellen bringen wenig Gutes, wohingegen schlammiges, salzhaltiges Wasser, das ein Stück Land zum Überlaufen bringt, es sehr bereichert. Aber vor allem sorgt gut verdauter Tau dafür, dass alle Pflanzen am meisten gedeihen und gedeihen. Nun, was mag es sein, das diese Flüssigkeiten hervorbringt? Mit so viel Tugend? Das einfache Wasser, das ihnen allen gemeinsam ist, kann es nicht sein; es muss etwas anderes darin eingeschlossen sein, dem das Wasser nur als Vehikel dient. Untersuchen Sie es mit spagyrischer Kunst und Sie werden feststellen, dass es nichts anderes ist als ein *salpetriges Salz*, das im Wasser verdünnt wird. Es ist dieses Salz, das allen Dingen die Kraft gibt : und aus diesem Salz (richtig verstanden) haben nicht nur alle Gemüsesorten, sondern auch alle Mineralien ihren Ursprung. Mit Hilfe von einfachem *Salzpeter*, verdünnt in Wasser und vermischt mit einer anderen geeigneten erdigen Substanz, um es ein wenig mit dem Mais vertraut zu machen, in den ich es einzubringen versuchte , habe ich den unfruchtbarsten Boden bei weitem zum fruchtbarsten gemacht , indem er eine ungeheuer reiche Ernte brachte. Ich habe in dieser Flüssigkeit getränkte Hanfsamen gesehen, aus denen mit der Zeit solche Pflanzen hervorgingen, die aufgrund ihrer Höhe und Härte eher wie ein mindestens vierzehn Jahre altes Niederwaldholz als wie einfacher Hanf aussahen. Die Väter der christlichen Lehre in Paris bewahren noch immer als Denkmal (und es ist tatsächlich ein bewundernswertes) eine Gerstenpflanze auf, die aus 249 Stielen besteht, die aus einer Wurzel oder einem Gerstenkorn entspringen; in dem sie über 18.000 Gerstenkörner oder -samen zählten. Aber glauben Sie, dass es allein der in den Samen oder die Wurzel aufgenommene Salpeter ist, der diese Fruchtbarkeit hervorruft ? Nein, das wäre bald erschöpft und könnte einer so großen Nachkommenschaft keine Materie liefern. Der Salpeter dort ist wie ein Magnet, der ein ähnliches Salz anzieht, das die Luft umhüllt , und dem Kosmopoliten Anlass gab zu sagen, dass in der Luft eine verborgene Nahrung des Lebens liegt." [3]

Duhamel und Hales .

Die Namen des französischen Schriftstellers Duhamel und des englischen Schriftstellers Stephen Hales können nebenbei als Autoren von Werken erwähnt werden, die sich mit der Frage der Pflanzenphysiologie befassen. Beide Schriftsteller erlebten ihre Blütezeit etwa in der Mitte des 18. Jahrhunderts. Die Schriften des ersteren enthielten viele wertvolle Informationen über die Auswirkungen von Pfropfen, die Bewegung des Safts und den Einfluss von Licht auf das Pflanzenwachstum sowie die Ergebnisse von Experimenten, die der Autor über den Einfluss der Behandlung von Pflanzen mit bestimmten Substanzen durchgeführt hatte. „Statische Aufsätze mit pflanzlichen Statiken ; oder ein Bericht über einige statische Experimente am Saft von Gemüse von Stephen Hales, DD' (2 Bde.), wurde 1738 in London veröffentlicht; und enthielt, wie aus dem Titel hervorgeht, Aufzeichnungen von Experimenten, die denen von Duhamel sehr ähnlich waren.

Es kann auf eine Theorie verwiesen werden, die bei ihrer Erstveröffentlichung großes Interesse hervorrief, nämlich die von Jethro Tull. Der Hauptwert von Tulls Beitrag zur Agrarwissenschaft bestand darin, dass er die Bedeutung der Bodenbearbeitung hervorhob , indem er eine Theorie vorstellte, die die allgemein anerkannte Tatsache erklärt , dass die Ernte umso üppiger ist, je gründlicher ein Boden bestellt wird wäre. Da Tulls Theorie einen sehr erheblichen Einfluss darauf hatte, das Interesse an vielen der wichtigsten Probleme der Agrarchemie zu wecken, und da sie in sich vieles enthielt, dessen Wert wir erst in den letzten Jahren verstanden haben, hier eine kurze Erläuterung Die Theorie ist möglicherweise nicht ohne Interesse.

Nach Tull besteht die Nahrung der Pflanzen aus den Partikeln des Bodens. Diese Partikel müssen jedoch sehr klein gemacht werden, bevor sie für die Pflanze verfügbar werden, die sie über ihre Wurzeln aufnimmt. Diese Zerkleinerung des Bodens geschieht in der Natur unabhängig vom Landwirt, jedoch nur sehr langsam und muss daher vom Landwirt durch Bodenbearbeitung beschleunigt werden. Je effizienter diese Vorgänge durchgeführt werden, desto reichlicher wird der Vorrat an pflanzlicher Nahrung im Boden bereitgestellt. Er führte daraufhin die Hufeisenhaltung ein und befürwortete sie. Diese Theorie, teilt er uns mit, wurde ihm durch den Brauch nahegelegt, den er auf dem Kontinent beobachtet hatte, Weinreben in Reihen anzubauen und die Abstände zwischen diesen Reihen von Zeit zu Zeit zu hacken. Die hervorragenden Ergebnisse dieser Anbaumethode veranlassten ihn, sie in England für seine landwirtschaftlichen Nutzpflanzen zu übernehmen. Dementsprechend säte er seine Ernte in Reihen oder Graten, die weit genug voneinander entfernt waren, um eine gründliche Bodenbearbeitung der Zwischenräume sowohl durch Pflügen als auch durch Hacken von Hand zu ermöglichen. Dies setzte er fort, bis die Pflanze ihre Reife erreicht hatte. Um die genaue Breite des am besten geeigneten Intervalls zu ermitteln, führte er zahlreiche Experimente durch. Beim Weizenanbau machte er zunächst diesen Abstand sechs Fuß breit; aber später nahm er einen Abstand von geringerer Breite an, der schließlich zwischen vier und fünf Fuß betrug. Er experimentierte ebenfalls auf jedem einzelnen Hügelrücken, um herauszufinden, welche Weizenreihen am besten zu säen seien, und entschied sich schließlich für zwei Reihen im Abstand von zehn Zoll, was am bequemsten war. Der große Erfolg, den er mit diesem Anbausystem erzielte, veranlasste ihn, die Ergebnisse seiner Experimente in seinem berühmten Werk „Horse-Hoeing Husbandry" zu veröffentlichen.

Während Tulls Theorie im Kern auf durchaus fundierten Prinzipien beruhte, wurde er durch seinen persönlichen Erfolg dazu verleitet, ungerechtfertigte Schlussfolgerungen zu ziehen. Daher kam er zu dem Schluss, dass ein Fruchtwechsel unnötig sei, sofern eine gründliche Bodenbearbeitung durchgeführt werde. Ihm zufolge könnte in seinem Anbausystem auch auf Düngemittel völlig verzichtet werden, da die wahre Funktion aller Düngemittel darin besteht, die Pulverisierung des Bodens durch Gärung zu unterstützen.

Die ersten wirklich wertvollen wissenschaftlichen Fakten, die zur Wissenschaft beitrugen, stammten von Priestley, Bonnet, Ingenhousz und Sénébier .

Entdeckung der Kohlenstoffquelle der Pflanzen.

Charles Bonnet (1720-1793), einem Schweizer Naturforscher, gebührt das Verdienst, den ersten Beitrag zu einer Entdeckung von sehr großer Bedeutung geleistet zu haben – nämlich der wahren Quelle des *Kohlenstoffs* , von dem wir heute wissen, dass er einen so großen Teil ausmacht der Pflanzensubstanz. Bonnet, der sich mit der Frage nach der Funktion von Blättern beschäftigt hatte, bemerkte, dass sich beim Eintauchen dieser Blätter in Wasser nach einiger Zeit Blasen auf ihrer Oberfläche sammelten. Es sollte darauf hingewiesen werden, dass De la Hire die gleiche Tatsache etwa sechzig Jahre zuvor bemerkt hatte. Es blieb jedoch Priestley überlassen, diese Blasen mit dem Gas zu identifizieren, das er kurz zuvor entdeckt hatte, nämlich Sauerstoff. Priestley hatte etwa zu dieser Zeit die interessante Tatsache beobachtet, dass Pflanzen die Fähigkeit besitzen, Luft zu reinigen, die durch die Anwesenheit von Tierleben beeinträchtigt wird. [4] Der nächste Schritt in dieser höchst interessanten und wichtigen Entdeckung wurde von John Ingenhousz (1730-1799), einem bedeutenden Arzt und Naturphilosophen, unternommen. 1779 veröffentlichte Ingenhousz in London ein Werk mit dem Titel „Experimente mit Gemüse“. Darin gibt er die Ergebnisse einiger wichtiger Experimente an, die er zu der bereits von Bonnet und Priestley untersuchten Frage durchgeführt hatte. Diese Experimente bewiesen, dass Pflanzenblätter ihren Sauerstoff nur bei Sonnenlicht abgeben. 1782 veröffentlichte er ein weiteres Werk zum Thema „Der Einfluss des Pflanzenreichs auf die Tierschöpfung“. [5]

Die Quelle des Gases, von dem Bonnet zuerst bemerkt hatte, dass es von Pflanzenblättern ausgeht, Priestley hatte es als Sauerstoff identifiziert, und Ingenhousz hatte nachgewiesen, dass es nur unter dem Einfluss von Sonnenstrahlen freigesetzt wurde, wurde schließlich von einem Schweizer Naturforscher gezeigt , Jean Sénébier [6] (1742-1809), ist das *Kohlensäuregas* in der Luft, das die Pflanze aufnahm und zersetzte, wobei sie den Sauerstoff abgab und den Kohlenstoff assimilierte.

1795 erschien ein Buch über die Beziehungen zwischen Chemie und Landwirtschaft. Dieses Werk wurde von einem schottischen Adligen, dem Earl of Dundonald, geschrieben und ist deshalb besonders interessant, weil es das erste Buch in englischer Sprache über Agrarchemie ist. Der vollständige Titel lautet wie folgt: „Eine Abhandlung, die die enge Verbindung zeigt, die zwischen Landwirtschaft und Chemie besteht."

In seiner Einleitung sagt der Autor: „Der langsame Fortschritt, den die Landwirtschaft als Wissenschaft bisher gemacht hat, ist auf einen Mangel an Bildung seitens der Bodenbearbeiter und auf einen Mangel an Wissen bei solchen Autoren zurückzuführen." über die Landwirtschaft geschrieben, von der engen Verbindung, die zwischen der Wissenschaft und der Chemie besteht. Tatsächlich gibt es keinen Vorgang oder Prozess, der nicht nur mechanisch ist, der nicht von der Chemie abhängt, die als Kenntnis der Eigenschaften von Körpern definiert wird, und der Wirkungen, die sich aus ihren unterschiedlichen Kombinationen ergeben."

Als Professor SW Johnson diese Passage zitiert, bemerkt er: [7] „Earl Dundonald konnte nicht umhin zu erkennen, dass die Chemie schon bald eine glänzende Zukunft für die alte Kunst eröffnen sollte, die schon immer der wichtigste Förderer der Nationen war und immer sein wird." Aber Als er schrieb, wie schwach war das Licht, das die Chemie auf die grundlegenden Fragen der Agrarwissenschaft werfen konnte! Die chemische Natur der Atmosphäre war damals eine Entdeckung, die kaum zwanzig Jahre alt war. Die Zusammensetzung des Wassers war erst zwölf Jahre alt Der einzige Bericht über die Zusammensetzung der Pflanzen, den Earl Dundonald geben konnte, war der folgende: „Gemüse besteht aus schleimigen Stoffen, harzigen Stoffen, Stoffen, die denen von Tieren ähneln, und einem gewissen Anteil an Öl ... Darüber hinaus enthalten Gemüse erdige Stoffe, früher in den neu aufgenommenen Säften des wachsenden Gemüses in Lösung gehalten. Zwar erklärt er, indem er auf den folgenden Seiten erwähnt, dass Stärke zu den Schleimstoffen gehöre und dass Gemüse bei der Analyse durch Feuer lösliche alkalische Salze und unlösliches Phosphat von Kalk ergäbe. Diese Salze seien jedoch seiner Meinung nach beim Verbrennungsprozess entstanden , mit Ausnahme ihres Kalks, und die Tatsache, dass sie aus dem Boden gewonnen werden und die unverzichtbare Nahrung der Pflanzen darstellen, war seiner Lordschaft nicht bekannt. Der Kern der landwirtschaftlichen Chemie war für ihn, dass Pflanzen „aus Gasen mit einem geringen Anteil bestehen". kalkhaltige Materie; denn obwohl diese Entdeckung für den praktischen Landwirt von geringer Bedeutung zu sein scheint, verdient sie doch durchaus seine Aufmerksamkeit und Beachtung."'

De Saussure.

Im Jahr 1804 wurde der bis dahin mit Abstand wichtigste Beitrag zur Wissenschaft veröffentlicht. Das war ' Recherches ' „Chimique sur la Végétation " von Theodore de Saussure, einem der berühmtesten Agrarchemiker des Jahrhunderts. De Saussure machte als erster auf die Mineral- oder Aschebestandteile der Pflanze aufmerksam; und nehmen damit gewissermaßen die spätere berühmte „Mineral"-Theorie des großen Liebig vorweg. Der französische Chemiker behauptete, dass diese Ascheinhaltsstoffe lebenswichtig seien; und dass ohne sie kein Pflanzenleben möglich wäre. Er führte auch neue eigene Experimente zur Stützung der Theorie an, die auf den Experimenten von Bonnet, Priestley, Ingenhousz und Sénébier basierten und besagten, dass Pflanzen ihren Kohlenstoff aus dem Kohlensäuregas in der Luft unter dem Einfluss des Sonnenlichts gewinnen. Er war der Meinung, dass der *Wasserstoff* und *der Sauerstoff* der Pflanze wahrscheinlich hauptsächlich aus Wasser stammten. Er zeigte, dass der weitaus größte Teil der Pflanzensubstanz aus der Luft und dem Wasser stammte und dass der Ascheanteil allein aus dem Boden stammte. Saussure verdanken wir die erste eindeutige Aussage über die verschiedenen Nahrungsquellen der Pflanze. Man kann sagen, dass die Zeitspanne von fast einem Jahrhundert gezeigt hat, dass seine Ansichten im Großen und Ganzen richtig waren.

Quelle für pflanzlichen Stickstoff.

Es gab eine Frage, die bereits zu diesem fernen Zeitpunkt in der Geschichte des Fachgebiets die Aufmerksamkeit der Agrarchemiker erregte – nämlich die Frage nach der Quelle des *Stickstoffs der Pflanze – eine Frage, die sich* heute treffend beschreiben lässt als immer noch brennende Frage der Agrarchemie. [8]

Sobald man herausfand, dass Stickstoff ein Bestandteil der Pflanzensubstanz ist; Spekulationen über seine Quelle wurden angestellt. Die Tatsache, dass die Luft einen unbegrenzten Vorrat an diesem wertvollen Element darstellte, und die Analogie der Absorption von Kohlenstoff (aus derselben Quelle durch Pflanzenblätter) waren für die frühen Forscher natürlich naheliegend dass der freie Stickstoff der Luft die Stickstoffquelle der Pflanze war. Da jedoch keine direkten Experimente angeführt werden konnten, um diese Theorie zu beweisen, und da außerdem Stickstoff im Boden gefunden wurde und ein notwendiger Bestandteil aller fruchtbaren Böden zu sein schien, verdrängte die Meinung, dass der Boden die einzige Quelle sei, nach und nach die ältere Theorie. Diesen frühen Theorien muss jedoch wenig Wert beigemessen werden, da man kaum sagen kann, dass sie auf Experimenten von ernsthaftem Wert beruhten. In der Tat kann man angesichts späterer Experimente mit Sicherheit behaupten, dass es unmöglich war, diese Frage zu diesem frühen Zeitpunkt zu entscheiden, da analytische Geräte, die von ihrer Natur her ausreichend empfindlich waren, damals völlig unbekannt waren. Tatsächlich ist es erst in den letzten Jahren gelungen, Experimente durchzuführen, die überhaupt als entscheidend angesehen werden dürfen. Weiter unten wird ein kurzer Abriss der Entwicklung unseres Wissens über die Beziehung von Stickstoff zur Pflanze gegeben.

Sir Humphry Davys Vorlesungen.

Eine Reihe von Vorträgen über Agrarchemie, die Sir Humphry Davy in den Jahren 1802–1812 für das Board of Agriculture hielt und anschließend im Jahr 1813 in Buchform veröffentlichte, [9] bietet uns die Möglichkeit, ziemlich genau zu beurteilen, der aktuelle Wissensstand zum Thema.

Stellung der Agrarchemie zu Beginn des Jahrhunderts.

In seiner Eröffnungsvorlesung sagt Davy: „Die Agrarchemie hat noch keine regelmäßige und systematische Form erhalten. Sie wurde von kompetenten Experimentatoren erst seit kurzer Zeit verfolgt. Die Lehren wurden noch nicht in einer grundlegenden Abhandlung zusammengefasst, ... und." „Ich bin sicher, dass Sie den ersten in diesem Land unternommenen Versuch, dies durch eine Reihe experimenteller Demonstrationen zu veranschaulichen, mit Nachsicht aufnehmen werden", fügt er hinzu.

Er bemerkt weiter: „Es ist offensichtlich, dass das Studium der Agrarchemie mit einigen allgemeinen Untersuchungen über die Zusammensetzung und Natur materieller Körper und das Gesetz ihrer Veränderungen begonnen werden sollte. Die Erdoberfläche, die Atmosphäre und die Das daraus abgeschiedene Wasser muss entweder zusammen oder getrennt alle Prinzipien der Vegetation liefern, und nur durch die Untersuchung der chemischen Natur dieser Prinzipien können wir herausfinden, was die Nahrung der Pflanzen ist und auf welche Art und Weise diese Nahrung wird zu ihrer Ernährung bereitgestellt und zubereitet."

Davy führt weiter aus: „Es können keine allgemeinen Grundsätze hinsichtlich der vergleichenden Vorzüge der verschiedenen Anbausysteme und der verschiedenen in verschiedenen Bezirken angewandten Anbausysteme festgelegt werden, es sei denn, die chemische Beschaffenheit des Bodens und die physikalischen Umstände, denen er unterliegt." es ist offengelegt, sind vollständig bekannt."

Er erkennt die enorme Bedeutung von Experimenten. „In der Landwirtschaft mangelt es an nichts mehr als an Experimenten, bei denen alle Umstände bis ins kleinste Detail und wissenschaftlich detailliert dargelegt werden."

Im Umgang mit der Zusammensetzung von Pflanzen sagt er: „Es ist offensichtlich, dass die wesentlichsten pflanzlichen Substanzen aus Wasserstoff, Kohlenstoff und Sauerstoff in unterschiedlichen Anteilen bestehen, im Allgemeinen allein; in einigen wenigen Fällen jedoch kombiniert als Kohlenstoff und Stickstoff. Die Säuren, Alkalien , Erden, Metalloxide und Salzverbindungen müssen, obwohl sie in der Pflanzenwirtschaft notwendig sind, als weniger wichtig angesehen werden, insbesondere in Bezug auf die Landwirtschaft, als die anderen Prinzipien.

Weiter: „Es wird gefragt: Sind die reinen Erden im Boden lediglich als mechanische oder indirekte chemische Wirkstoffe aktiv, oder liefern sie der Pflanze tatsächlich Nahrung?"

Auf diese Frage antwortet er, indem er sagt, dass „Wasser und die im Boden vorhandenen zersetzenden tierischen und pflanzlichen Stoffe die wahre Nahrung der Pflanzen darstellen; und da die erdigen Teile des Bodens dazu dienen, Wasser zurückzuhalten, um es in der Erde zu versorgen." Im richtigen Verhältnis zu den Wurzeln des Gemüses sind sie ebenfalls wirksam bei der Herstellung der richtigen Verteilung der tierischen oder pflanzlichen Substanz. Wenn sie gleichmäßig damit vermischt werden, verhindern sie, dass es sich zu schnell zersetzt; und durch sie werden die löslichen Teile zugeführt richtige Proportionen.

Wert von Davys Vorlesungen.

Der Hauptwert dieser Vorlesungen liegt darin, dass sie den ersten Versuch darstellen, die verschiedenen, bis dahin ermittelten, verstreuten Fakten systematisch miteinander zu verbinden und ihre Bedeutung für die landwirtschaftliche Praxis zu interpretieren. Wir haben in ihnen zwar eine seltsame Mischung von Tatsachen, die eher zur Botanik und Physiologie als zur Agrarchemie gehören; Dennoch gaben sie zweifellos einen großen Anstoß für die Forschung und trugen gleichzeitig viel zur Popularisierung der Wissenschaft bei.

Doch Davy fasste nicht nur die verschiedenen Ergebnisse anderer zusammen und systematisierte sie, sondern leistete auch selbst viele wertvolle Beiträge zur Wissenschaft . Die Schlussfolgerungen, die er aus den erzielten

Ergebnissen zog, waren zweifellos in vielen Fällen falsch und in anderen Fällen übertrieben; Dennoch sind die Ergebnisse von bleibendem Interesse. Man kann sagen, dass er viele der wichtigsten *physikalischen* oder *mechanischen Eigenschaften eines Bodens* herausgearbeitet hat , obwohl er die Bedeutung des Einflusses dieser Eigenschaften auf die Frage der Fruchtbarkeit übertrieben hat. [10]

Bei diesen Experimenten ging es um die Wärme- und Wasseraufnahmefähigkeit eines Bodens. Er experimentierte mit einem braunen, fruchtbaren Boden und einem kalten, kargen Lehm und fand heraus, wie schnell sie Wärme verloren. „Nichts", sagt er, „kann offensichtlicher sein, als dass die wohltuende Wärme des Bodens, insbesondere im Frühling, für die aufstrebende Pflanze von größter Bedeutung sein muss; ... damit die Temperatur der Oberfläche, wenn sie kahl ist und... den Sonnenstrahlen ausgesetzt ist, gibt zumindest einen Hinweis auf den Grad der Fruchtbarkeit."

Wieder sagt er: „Die Fähigkeit von Böden, Wasser aus der Luft aufzunehmen, hängt stark mit der Fruchtbarkeit zusammen ... Ich habe die Absorptionsfähigkeit vieler Böden in Bezug auf die Luftfeuchtigkeit verglichen und habe immer festgestellt, dass sie bei den fruchtbarsten Böden am größten ist." Böden; so dass es eine Methode zur Beurteilung der Produktivität von Land bietet.

Sein Fehler bestand darin, dass er die Funktionen der mechanischen Eigenschaften eines Bodens überschätzte und davon ausging, dass die Fruchtbarkeit nur ihnen zu verdanken sei.

In den nächsten etwa dreißig Jahren scheint es kaum Fortschritte bei neuen Experimenten gegeben zu haben.

Boussingault .

Im Jahr 1834 begann Boussingault [11] , der bedeutendste französische Agrarchemiker des Jahrhunderts, auf seinem Anwesen in Bechelbronn im Elsass eine Reihe brillanter chemisch -landwirtschaftlicher Experimente , deren Ergebnisse einen großen Beitrag zur Agrarwissenschaft geleistet haben. Es war das erste Beispiel der Verbindung von „Wissenschaft mit Praxis", der Einrichtung eines Labors auf einem Bauernhof; Eine Kombination, die besonders geeignet ist, die Interessen der Agrarwissenschaft zu fördern, und ein Beispiel, das seitdem mit solch großartigen Ergebnissen im Fall der berühmten Rothamsted Experiment Station von Sir John Lawes und anderen weniger bekannten Forschungsstationen befolgt wurde.

Boussingaults erste Arbeit erschien 1836 und trug den Titel: „Die Menge an Stickstoff in verschiedenen Arten von Lebensmitteln und der auf diesen Daten basierende Gleichwert von Lebensmitteln."

Im darauffolgenden Jahr wurden weitere Arbeiten zu Themen wie der Glutenmenge in verschiedenen Weizensorten veröffentlicht; zu den meteorologischen Überlegungen, inwieweit verschiedene landwirtschaftliche Betriebe – wie ausgedehnte Holzrodungen, die Trockenlegung großer Sümpfe usw. – das Klima auf ein Land beeinflussen; und über Experimente zur Kultur der Rebe.

Boussingault war der erste Beobachter, der die wissenschaftlichen Prinzipien untersuchte, die dem System der *Fruchtfolge zugrunde liegen* . 1838 veröffentlichte er die Ergebnisse einiger sehr aufwendiger Experimente, die er zu diesem Thema durchgeführt hatte. Er war auch der erste Chemiker, der aufwändige Experimente durchführte, um die Frage der Assimilation von freiem Luftstickstoff durch Pflanzen zu klären. Sein erster Beitrag zu diesem Thema wurde 1838 veröffentlicht, kann jedoch kaum als von großem wissenschaftlichem Wert angesehen werden, es sei denn, er regte zu weiterer Forschung an. Etwa dreizehn Jahre später kam er auf diese Frage zurück; und führte in den Jahren 1851–1855 äußerst aufwändige Experimente durch, deren Ergebnisse bis vor Kurzem allgemein als endgültig geklärt galten, zusammen mit den Experimenten der Herren Lawes, Gilbert und Pugh. [12]

1839 wurde Boussingault zum Mitglied des Französischen Instituts gewählt, eine Ehre , die ihm in Anerkennung seiner großen Verdienste um die Agrarchemie zuteil wurde. [13]

Das Vorstehende ist ein kurzer Abriss der Geschichte der Entwicklung der Agrarchemie bis zum Jahr 1840, dem Jahr, in dem eines der denkwürdigsten Werke zu diesem Thema veröffentlicht wurde, das in diesem Jahrhundert erschienen ist – Liebigs erster Bericht darüber der British Association, ein Werk, das als eine Epoche in der Geschichte der Wissenschaft bezeichnet werden kann. Liebigs Position als Agrarchemiker war so herausragend und sein Einfluss als Lehrer so groß, dass ein paar biografische Fakten nicht unangebracht sein dürften, bevor er eine Einschätzung seiner Arbeit abgibt.

Liebig.

Liebig wurde im Jahr 1803 in Darmstadt geboren. Er war der Sohn eines Trockensalzers und widmete sich schon früh dem Studium der Chemie auf die einzige Weise, die ihm zunächst zur Verfügung stand, nämlich in einer Apotheke. Als er jedoch bald feststellte, dass seine Studienmöglichkeiten begrenzt waren, verließ er die Apotheke und wechselte an die Universität

Bonn. Er blieb nicht lange in Bonn, sondern verließ die Universität nach kurzer Zeit und ging nach Erlangen, wo er einige Jahre studierte und promovierte. Abschluss im Jahr 1822. Seine anschließenden Studien wurden in Paris bei Gay-Lussac, Thénard , Dulong und anderen angesehenen Chemikern fortgesetzt . Durch den Einfluss von A. Humboldt, der sich zu dieser Zeit in Paris aufhielt und dessen Bekanntschaft er glücklicherweise machen durfte, wurde er in Gay- Lussacs privates Laboratorium aufgenommen. Im Jahr 1824, also im Alter von nur einundzwanzig Jahren, wurde er zum *außerordentlichen Professor* für Chemie an der Universität Gießen ernannt. Zwei Jahre später wurde er zum Professor *Ordinarius ernannt* – eine Position, die er fünfundzwanzig Jahre lang innehatte. 1845 wurde er zum Baron ernannt und 1852 zum Professor in München ernannt. Er starb 1873.

Sein erster Bericht an die British Association.

Der oben erwähnte Bericht wurde von Liebig im Auftrag der Chemical Section der British Association erstellt. Es wurde auf einer Versammlung der Vereinigung im Jahr 1840 in Glasgow vorgelesen und anschließend in Buchform unter dem Titel „Chemie in ihrer Anwendung auf Landwirtschaft und Physiologie" veröffentlicht. Liebigs Position, frühere Ausbildung und Erfahrung waren von besonderer Bedeutung geeignet, ihn für die Rolle des Pioniers der neuen Wissenschaft zu qualifizieren. Wie Sir JH Gilbert bemerkte: [14] „Bei der Behandlung seines Themas stützte er sich nicht nur auf das zuvor vorhandene Wissen, das sich direkt auf sein Thema bezog, sondern er nutzte auch die zahlreichen neueren Erfolge der organischen Chemie." davon hatte er in seinem eigenen Labor gewonnen."

In seiner Widmung an die British Association zu Beginn des Buches sagt Liebig: „Perfekte Landwirtschaft ist die wahre Grundlage allen Handels und jeder Industrie – sie ist die Grundlage des Reichtums der Staaten. Aber ein rationales Landwirtschaftssystem kann ohne sie nicht geschaffen werden." die Anwendung wissenschaftlicher Prinzipien; denn ein solches System muss auf einer genauen Kenntnis der Ernährungsweise von Gemüse und des Einflusses von Böden und der Wirkung von Dünger auf sie basieren. Dieses Wissen müssen wir aus der Chemie gewinnen, die den Modus lehrt die Zusammensetzung und die Eigenschaften der verschiedenen Substanzen zu untersuchen, aus denen Pflanzen ihre Nahrung beziehen.

Seine Kritik an der „Humus"-Theorie.

Das erste Thema, das Liebig behandelt, ist die wissenschaftliche Grundlage der sogenannten „Humus"-Theorie. Die Humustheorie scheint erstmals gegen Ende des letzten Jahrhunderts von Einhof und Thaer verbreitet worden zu sein. Thaer vertrat die Auffassung, dass Humus die Quelle pflanzlicher Nahrung sei. In seinen veröffentlichten Schriften stellte er fest, dass die Fruchtbarkeit eines Bodens wirklich von seinem Humus abhängt; denn dieser Stoff ist mit Ausnahme von Wasser die einzige pflanzliche Nahrungsquelle. De Saussure hatte jedoch durch seine Experimente – deren Ergebnisse er 1804 veröffentlicht hatte – den Irrtum dieser Humustheorie gezeigt; und seine Aussagen waren durch die Untersuchungen des französischen Chemikers Braconnot und des deutschen Chemikers Sprengel weiterentwickelt und untermauert worden . Trotz der Experimente von Saussure, Braconnot und Sprengel schien die Annahme, dass Pflanzen den kohlenstoffhaltigen Teil ihrer Substanz aus Humus beziehen, auch im Jahr 1840 noch weit verbreitet zu sein.

Man kann daher kaum sagen, dass Liebig der erste war, der die Humustheorie widerlegte, aber er versetzte ihr mit Sicherheit den Todesstoß. Er bekräftigte die Schlussfolgerungen von de Saussure und zeigte durch einige einfache Berechnungen sehr deutlich, dass sie völlig unhaltbar waren. Eines der auffälligsten Argumente, die er vorbrachte, war die Tatsache, dass der Humus des Bodens selbst aus verrottetem Pflanzenmaterial früherer Pflanzen bestehe. Wie, fragte er, könnte es angesichts dessen die ursprüngliche Kohlenstoffquelle der Pflanzen sein? So zu argumentieren bedeutete einfach, im Kreis zu argumentieren. Er wies außerdem darauf hin, dass die relative Unlöslichkeit von Humus in Wasser oder sogar in alkalischen Lösungen gegen seine Annahme als korrekt spreche.

Seine Mineraltheorie.

Nachdem er damit die Humustheorie widerlegt hat, beschäftigt er sich anschließend mit der Frage nach der Herkunft der verschiedenen Pflanzeninhaltsstoffe. Bei der Behandlung der Beziehung des Bodens zur Pflanze stellt er seine „Mineral"-Theorie vor. Es kann nicht bezweifelt werden, dass der Fortschritt der Wissenschaft seit Liebigs Zeiten uns zwar dazu veranlasst hat, seine Mineraltheorie erheblich zu modifizieren, dass sie jedoch die Feststellung einer der wichtigsten Tatsachen in der Chemie der Pflanzenphysiologie enthielt. Er war der Erste, der die enorme Bedeutung des mineralischen Anteils in der Nahrung der Pflanze vollständig abschätzte und den Weg zu einer der Hauptquellen der Bodenfruchtbarkeit zeigte. Bis zu diesem Zeitpunkt galten die Ascheinhaltsstoffe allgemein als untergeordnet. Indem er die gegenteilige Meinung betonte und auf deren Wesentlichkeit für das Pflanzenleben beharrte, gab er der landwirtschaftlichen Forschung einen neuen Impuls in die richtige Richtung. Seine Aussage zu seiner Mineraltheorie war im Großen und Ganzen wahr, aber nicht die ganze Wahrheit.

De Saussure nahm, wie bereits erwähnt, in gewisser Weise Liebigs Mineraltheorie vorweg. Er war der Meinung, dass, was auch immer mit einigen mineralischen Bestandteilen der Pflanzen der Fall sein mag, andere notwendig seien, da sie immer in der Asche zu finden seien. Von diesen führte er als Beispiel die alkalischen Phosphate an. „Ihre geringe Menge bedeutet nicht, dass sie unbrauchbar sind", bemerkt er scharfsinnig. Sir Humphry Davy hat, wie bereits erwähnt, die wahre Bedeutung der Aschebestandteile nicht erkannt . Es blieb also Liebig überlassen, die wichtige Lehre von der Wesentlichkeit der mineralischen Materie erneut zu formulieren, die bereits in gewissem Maße von de Saussure angedeutet wurde.

Liebig sagt: „Kohlensäure, Wasser und Ammoniak sind für die Existenz der Pflanzen notwendig, weil sie die Elemente enthalten, aus denen ihre Organe gebildet werden; aber auch andere Stoffe sind für die Bildung bestimmter Organe notwendig, die für besondere, besondere Funktionen bestimmt sind Jede Pflanzenfamilie. Pflanzen beziehen diese Stoffe aus der anorganischen Natur."

Er betonte zwar die Bedeutung der mineralischen Bestandteile, tat dies jedoch mehr oder weniger allgemein und unterschied die einzelnen mineralischen Bestandteile nicht ausreichend voneinander.

Da alle Pflanzen bestimmte organische Säuren enthielten und diese organischen Säuren fast immer in neutralem Zustand vorkamen , *also* in Kombination mit Basen wie Kali, Soda, Kalk und Magnesia, muss die Pflanze in der Lage sein, diese aufzunehmen ausreichend dieser alkalischen Basen, um diese Säuren zu neutralisieren . Daher die Notwendigkeit dieser mineralischen Bestandteile im Boden. Ihm zufolge war die genaue Beschaffenheit der Stützpunkte jedoch weniger wichtig. Kurz gesagt ging er, wie Sir JH Gilbert betonte, von einem größeren Maß an gegenseitiger Ersetzbarkeit zwischen den Stützpunkten aus, als derzeit angenommen werden kann.

Er geht zu einer Betrachtung der Unterschiede in der Mineralzusammensetzung verschiedener Böden über und führt diese auf die Unterschiede in den Gesteinen zurück, aus denen die Böden bestehen. „Verwitterung" ist der große Faktor, der die ansonsten verschlossenen Fruchtbarkeitsreserven verfügbar macht. Er führt die Vorteile der Brache ausschließlich auf die erhöhte Versorgung dieser unbrennbaren Verbindungen zurück, die dadurch der Pflanze verfügbar gemacht wurden. Zu diesem Thema sagt er: „Aus dem vorangegangenen Teil dieses Kapitels" (in dem er die Verwitterung erläutert hat) „wird deutlich, dass Brache jene Kulturperiode ist, in der das Land durch die Einwirkung von Witterungseinflüssen einem fortschreitenden Zerfall ausgesetzt ist das

Wetter, um eine bestimmte Menge an Alkalien und Kieselsäure freizusetzen, die von zukünftigen Pflanzen aufgenommen werden soll.

Seine Theorie der Düngemittel.

Bei der Behandlung von Gülle zeigte er, dass die wichtigsten Bestandteile von Gülle *Kali* und *Phosphate waren* . In der ersten Ausgabe seines Werkes betonte er auch den Wert von *Stickstoff* in Gülle und verurteilte den Mangel an Vorsichtsmaßnahmen bei der Behandlung von Tiermist gegen Stickstoffverlust.

In den späteren Ausgaben seines Werkes scheint er von dieser Meinung abgewichen zu sein und meinte, es bestehe keine Notwendigkeit für die Zufuhr von Stickstoff in Dünger, da das mit dem Regen heruntergeschwemmte Ammoniak eine ausreichende Quelle für den gesamten von der Pflanze benötigten Stickstoff darstelle. Hier geriet Liebig in die Irre, indem er zunächst die Bedeutung der Stickstoffversorgung als Dünger leugnete; und zweitens wurde die Menge an Ammoniak überschätzt, die im Regen heruntergeschwemmt wurde, was sich später als völlig unzureichend herausstellte, um Pflanzen mit ihrem gesamten Stickstoff zu versorgen. [15]

Seine Theorie der Fruchtfolge.

Bei der Erläuterung der Vorteile der Fruchtfolge stellte Liebig eine sehr geniale Theorie auf, die jedoch größtenteils spekulativer Natur war und sich seitdem auf jeder wissenschaftlichen Grundlage als unbegründet erwiesen hat. Dies bedeutet, dass eine Pflanzenart Stoffe ausscheidet, die für eine andere Pflanzenart besonders günstig sind. Er sagte nicht, ob er eine solche Ausscheidung als positiv für die Pflanze ansah, die sie ausscheidete; aber er schlussfolgerte, dass das, was von der Pflanze ausgeschieden wurde, nicht benötigt wurde und daher für eine gleichartige Pflanze, die ihr folgte, von geringem Nutzen sein konnte.

Der zweite Teil von Liebigs Bericht befasste sich mit den Prozessen der Gärung, des Verfalls und der Fäulnis.

Veröffentlichung von Liebigs zweitem Bericht an die British Association.

Im Jahr 1842 legte Liebig der British Association seinen zweiten berühmten Bericht vor, der später unter dem Titel „Animal Chemistry; oder „Organische Chemie in ihren Anwendungen in der Physiologie und Pathologie." Die Veröffentlichung dieses Berichts stieß auf noch größeres

Interesse als die Veröffentlichung seines ersten Werkes. Man kann sagen, dass er darin ebenso viel zur Tierphysiologie beigetragen hat wie in seinem ersten Buch zur Agrarchemie. Seine späteren Hauptwerke zur Agrarchemie waren „Grundsätze der Agrarchemie", veröffentlicht 1855, und „Über Theorie und Praxis in der Landwirtschaft", 1856.

Liebigs Verdienste um die Agrarchemie.

Es wurde versucht, einige der Hauptpunkte von Liebigs Lehre, wie sie in seinem berühmten Bericht an die British Association im Jahr 1840 enthalten sind, in kürzester Zeit zu skizzieren. Die Agrarchemie kann bis zu diesem Jahr kaum als eine eigenständige Existenz beschrieben werden ein Zweig der Chemie. Es ist wahr, dass bereits viel wertvolle Arbeit geleistet wurde, insbesondere von seinen beiden großen Vorgängern de Saussure und Boussingault ; aber bis zum Jahr 1840 war es eine Wissenschaft, die aus isolierten Tatsachen bestand. Liebigs Genie machte es zu einem wichtigen Zweig der Chemie, stellte die notwendige Verbindung zwischen den Fakten her und schuf durch eine Reihe brillanter Verallgemeinerungen die Prinzipien, auf denen alle späteren Fortschritte aufbauten.

Wie bereits angedeutet wurde, beruht Liebigs Hauptanspruch, als größter Agrarchemiker des Jahrhunderts zu gelten, nicht auf der Zahl oder dem Wert seiner tatsächlichen Forschungen, sondern auf der prägenden Kraft, die er bei der Entwicklung der Wissenschaft ausübte. Sein Vordenker untersuchte das gesamte Gebiet der Agrarchemie und entdeckte Gesetze und Prinzipien, wo andere lediglich ein Durcheinander isolierter und in vielen Fällen scheinbar widersprüchlicher Fakten sahen.

Doch so groß der direkte Wert von Liebigs Werk auch war, kann man sich fragen, ob sein indirekter Wert nicht sogar noch größer war. Die Veröffentlichung seines berühmten Werkes hatte zur Folge, dass Fragen, die bis dahin ein besonderes Interesse geweckt hatten, ein allgemeines Interesse erlangten, und das für verhältnismäßig wenige. Sowohl auf dem Kontinent als auch in England kam es zu zahlreichen Diskussionen über seine verschiedenen Theorien.

Entwicklung der Agrarforschung in Deutschland.

Doch gerade in Deutschland trug Liebigs Wirken seine größten und unmittelbarsten Früchte. Dank des großen Chemikers erkannte die deutsche Regierung die Bedeutung der Förderung der wissenschaftlichen Forschung durch staatliche Beihilfen. An einigen Universitäten wurden, größtenteils auf Staatskosten, Landwirtschaftsabteilungen eingerichtet, während in verschiedenen Teilen des Landes nach und nach landwirtschaftliche Forschungsstationen eingerichtet wurden.

Die erste landwirtschaftliche Versuchsanstalt, die gegründet wurde, war die heute berühmte Möckern bei Leipzig. Sie wurde im Jahr 1851 gegründet. Weitere folgten, bis heute etwa siebzig bis achtzig dieser *Versuchs-Stationen* über ganz Deutschland verstreut sind, alle gut ausgestattet und hervorragende Arbeit leisten. Eine gewisse Vorstellung von der Tätigkeit der deutschen Stationen lässt sich daraus ableiten, dass sich die Gesamtzahl der von ihnen bis zum Jahr 1877 veröffentlichten Arbeiten, die die Ergebnisse ihrer Experimente verkörpern, auf über 2000 beläuft. [16]

Es ist nicht mehr möglich, die Entwicklung der Agrarchemie nach Liebigs Zeit wie vor dem Jahr 1840 zu verfolgen. Dies liegt an der enormen Zunahme der Zahl der Beschäftigten vor Ort, aber auch an der Überschneidung ihrer Arbeiten, die eine strenge chronologische Erfassung nahezu unmöglich macht. Es wäre daher besser, den Versuch zu unternehmen, einen kurzen Überblick über unseren derzeitigen Wissensstand zu diesem Thema zu geben und dabei die wichtigsten Mitarbeiter in den verschiedenen Abteilungen des Themas zu benennen.

Die Rothamsted-Experimente.

Bevor wir dies tun, ist es angebracht, auf die Arbeiten und Experimente zweier lebender englischer Chemiker Bezug zu nehmen, die viel zu unserem Wissen auf allen Gebieten der Wissenschaft beigetragen haben – nämlich Sir John Lawes, Bart. und Sir JH Gilbert, FRS

Der Ruhm der Rothamsted-Experimente ist mittlerweile weltweit bekannt; und keine einzige Experimentierstation hat jemals so viele wichtige Arbeiten hervorgebracht wie die prächtig ausgestattete Forschungsstation in Rothamsted. Man kann sagen, dass die Rothamsted-Station aus dem Jahr 1843 stammt, obwohl Sir John Lawes vor diesem Datum zehn Jahre lang mit der Durchführung von Feldversuchen beschäftigt war. [17] Im Jahr 1843 verband Sir John Lawes den angesehenen Chemiker Sir JH Gilbert mit sich, und die zahlreichen seitdem veröffentlichten Arbeiten trugen fast ausnahmslos diese beiden Namen. Die Kosten für den Betrieb der Station wurden vollständig von Sir John Lawes selbst getragen; der darüber hinaus eine Summe von 100.000 Pfund, das Labor und bestimmte Landflächen für die Fortsetzung der Untersuchungen nach seinem Tod bereitgestellt hat. Die Versuchsfelder belaufen sich auf etwa 50 Acres. Durch eine Treuhandurkunde, die am 14. Februar 1889 unterzeichnet wurde, übertrug Sir John Lawes die Rothamsted Experimental Station der englischen Nation, die von Treuhändern verwaltet wird.

Es ist unmöglich, im Einzelnen auf die Art und den Umfang der Rothamsted-Experimente einzugehen. [18] Es kann festgestellt werden, dass seit dem Jahr 1847 etwa achtzig Artikel über Feldversuche und Experimente zur Vegetation veröffentlicht wurden; Darüber hinaus wurden dreißig Artikel veröffentlicht, in denen Experimente zur Fütterung von Tieren dokumentiert wurden. [19]

Was diese wertvollen Experimente schon immer auszeichnete , war ihr praktischer Charakter. Ihr Ziel war zwar ausschließlich wissenschaftlicher Natur, doch der Umfang der Experimente und die Bedingungen, unter denen sie durchgeführt wurden, ließen sie im Wesentlichen zu *technischen* Experimenten werden. Aus diesem Grund sind und werden ihre Ergebnisse für jeden praktischen Landwirt von besonderem Interesse sein.

Die größten Verdienste, die die Rothamsted-Experimente der Agrarchemie erwiesen haben, waren die wertvollen Beiträge, die sie zu unserem Wissen über die Funktion von Stickstoff in der Landwirtschaft geleistet haben; seine Beziehung in seinen verschiedenen chemischen Formen zum Pflanzenleben; und die Quellen des in Pflanzen vorkommenden Stickstoffs. Es wurden äußerst ausführliche Untersuchungen zu einer Frage durchgeführt, die auch heute noch am heftigsten diskutiert wird: dem Verhältnis des „freien" Stickstoffs in der Atmosphäre zur Pflanze. Von höchstem Wert waren auch die ausführlichen Forschungen von Herrn R. Warington , FRS, zur wichtigen Frage der *Nitrifikation* , die seit fünfzehn Jahren im Rothamsted Laboratory durchgeführt werden und auf die hier ausführlich Bezug genommen wird das Kapitel über Nitrifikation.

Den Rothamsted-Experimenten verdanken wir auch die Widerlegung der Mineraltheorie Liebigs. Tatsächlich kann man mit Sicherheit sagen, dass kein Experimentator auf dem Gebiet der Agrarchemie zahlreichere oder wertvollere Beiträge zur Wissenschaft geleistet hat als diese berühmten Forscher.

Überblick über unser aktuelles Wissen über Agrarchemie.

Es kann nun versucht werden, kurz unser derzeitiges Wissen über die wichtigeren Fakten zur Pflanzenphysiologie, Agronomie und Düngung darzulegen.

Ungefähre Zusammensetzung der Pflanze.

Der große Fortschritt bei der Verbesserung der Genauigkeit alter analytischer Verfahren und die Entdeckung zahlreicher neuer Verfahren haben uns zu ausführlichen Analysen der Zusammensetzung von Pflanzen verholfen. Wir wissen heute, dass die pflanzliche Substanz aus einer Vielzahl komplexer organischer Substanzen besteht, die aus Kohlenstoff, Wasserstoff, Sauerstoff und Stickstoff bestehen [20] und dass diese Substanzen im Durchschnitt etwa 95 Prozent davon ausmachen die trockene pflanzliche Substanz; die anderen 5 Prozent bestehen aus mineralischen Stoffen. Über die Herkunft dieser verschiedenen Substanzen ist unser Wissen im Großen und Ganzen ziemlich vollständig. Was den Kohlenstoffgehalt grünblättriger Pflanzen betrifft, der zwischen 40 und 50 Prozent beträgt, haben spätere Untersuchungen die Schlussfolgerungen von Sénébier und de Saussure bestätigt, dass seine Quelle das Kohlensäuregas der Luft ist. Der Abbau des Kohlensäuregases erfolgt durch die Blätter unter dem Einfluss von Sonnenlicht. Dass eine bestimmte Menge Kohlenstoff aus der von Pflanzenwurzeln aufgenommenen Kohlensäure gewonnen werden kann, ist in der Tat wahrscheinlich. Insbesondere in den frühen Stadien des Pflanzenwachstums kann diese Kohlenstoffquelle von erheblicher Bedeutung sein. Im Allgemeinen kann man jedoch von allen grünblättrigen Pflanzen sagen, dass die Hauptquelle ihres Kohlenstoffs das Kohlensäuregas in der Atmosphäre ist.

Kohlenstofffixierung durch Pflanzen.

Wie dieser Abbau des Kohlensäuregases durch die Blätter genau erfolgt, ist noch nicht geklärt. Es scheint auf die eine oder andere Weise direkt vom Chlorophyll, dem grünen Farbstoff, abhängig zu sein. Dieser Abbau der Kohlensäure und die Bindung des Kohlenstoffs durch die Pflanze unter Bildung von Stärke erfolgt nur unter dem Einfluss von Sonnenlicht. In der Nacht findet eine Reflexaktion statt, die allgemein als *Atmung bezeichnet wird* und der Tieratmung genau entspricht. [21] Die Geschwindigkeit, mit der die Kohlenstofffixierung erfolgt, hängt von der Stärke der Sonnenstrahlen ab. Unter einer starken tropischen Sonne scheint es sehr schnell zu geschehen. [22] Die Wirkung des Sonnenlichts auf die Absorption von Kohlenstoff wurde von einer Reihe von Beobachtern untersucht, unter anderem von Sachs, Draper, Cloez, Gratiolet, Caillet, Prillieux, Lommel usw.

Wirkung von Licht auf das Pflanzenwachstum.

Experimente mehrerer Beobachter, insbesondere von Pfeffer, haben gezeigt, dass die gelben Strahlen des Sonnenspektrums diese Zersetzung am wirksamsten auslösen.

Von verschiedenen Beobachtern wurden einige interessante Experimente zur Möglichkeit des Pflanzenanbaus unter dem Einfluss von künstlichem

Licht durchgeführt. Während es den Anschein hat, dass das Licht von Öl-
oder Gaslampen außer in sehr seltenen Fällen das Wachstum nicht fördern
kann, scheint elektrisches Licht oder anderes starkes künstliches Licht in der
Lage zu sein, das Sonnenlicht zu ersetzen. Heinrich zeigte als Erster, dass das
Sonnenlicht durch das Magnesiumlicht ersetzt werden kann.

Experimente mit elektrischem Licht wurden von Hervé-Mangon in
Frankreich und Dr. Siemens in England durchgeführt. Es wurde beobachtet,
dass die unter dem Einfluss des elektrischen Lichts gewachsenen Pflanzen
eine hellere grüne Farbe hatten als die unter normalen Bedingungen
gewachsenen, was auf ein schwächeres Wachstum hinweist; Tatsächlich war
Siemens der Meinung, dass elektrisches Licht etwa halb so effektiv sei wie
Tageslicht. [23]

Diese Experimente sind aus industrieller Sicht interessant; denn es ist
denkbar, dass in ferner Zukunft die Elektrizität dem Landwirt zu Hilfe
gerufen werden könnte.

Sauerstoffquelle der Pflanzen.

Was die Quelle des Sauerstoffs betrifft, der neben Kohlenstoff das am
häufigsten in der Pflanzensubstanz vorkommende Element ist – grob gesagt
etwa 40 Prozent –, scheinen alle Beweise darauf hinzuweisen, dass er
hauptsächlich aus Wasser stammt. aus dem auch der Wasserstoff der Anlage
stammt. Neben Wasser können auch Kohlensäure und Salpetersäure geringe
Mengen liefern. Es ist ziemlich schlüssig bewiesen, dass der Luftsauerstoff
zwar für das Pflanzenwachstum notwendig ist und die verschiedenen
chemischen Lebensprozesse fördert, aber keine direkte Sauerstoffquelle der
Pflanze ist. Die wichtige Funktion des Luftsauerstoffs in bestimmten Phasen
des Pflanzenwachstums ist seit langem bekannt . Malpighi stellte vor fast
zweihundert Jahren fest, dass für den Keimungsprozess atmosphärische Luft
erforderlich ist; und kurz nachdem die Zusammensetzung der Luft entdeckt
worden war, wurde Sauerstoff als das wichtige Gas identifiziert, das diesen
Prozess fördert. Auch während der Reifezeit ist Sauerstoff besonders
wichtig.

Quelle des pflanzlichen Wasserstoffs.

Wasserstoff, der etwa 6 Prozent ausmacht, wird, wie bereits erwähnt,
hauptsächlich aus Wasser gewonnen. Es ist möglich, dass auch Ammoniak
eine Quelle darstellt.

Wenn wir uns mit der Quelle des Stickstoffs befassen, der in der Substanz der Pflanze zu einem Anteil zwischen Bruchteilen eines Prozents und etwa 4 Prozent vorkommt, geraten wir in eine viel umstrittenere Frage.

Was ist die Quelle bzw. was sind die Quellen für pflanzlichen Stickstoff? ist eine Frage, für deren Lösung mehr Zeit und mehr Forschung aufgewendet wurde als für die Lösung jeder anderen Frage im Zusammenhang mit der Agrarchemie.

Die offensichtlichste Quelle ist der freie Stickstoff, der vier Fünftel der atmosphärischen Luft ausmacht. Auf diese Frage wurde bereits Bezug genommen. [24] Priestley war der erste der langen Liste von Experimentatoren zu dieser interessanten Frage.

Bereits 1771 behauptete er, dass bestimmte Pflanzen die Fähigkeit hätten, freien Stickstoff aufzunehmen; und diese Meinung stützte er durch die Ergebnisse bestimmter Experimente, die er zu diesem Thema durchgeführt hatte. Acht Jahre später, nämlich 1779, unterstützte Ingenhousz diese Schlussfolgerung weiter und stellte fest, dass alle Pflanzen innerhalb weniger Stunden merkliche Mengen Stickstoffgas absorbieren könnten. Der erste, der sich dieser Theorie widersetzte, war de Saussure, der 1804 Experimente durchführte, die zeigten, dass Pflanzen freien Stickstoff nicht verwerten konnten.

Nachfolgende Experimente, durchgeführt von Woodhouse und Sénébier , stützten de Saussures Schlussfolgerungen. Boussingaults ausführliche Forschungen zu diesem Thema wurden bereits erwähnt . [25] Seine ersten Experimente wurden 1838 durchgeführt. Er kam zu dem Schluss, dass Pflanzen keinen freien Stickstoff absorbieren. Georges Ville war der erste, der die ältere Theorie von Priestley und Ingenhousz bekräftigte . Seine Meinung basierte auf Experimenten, die er in den Jahren 1849–52 durchgeführt hatte. Das Thema stieß damals auf so großes Interesse, dass ein Komitee der Französischen Akademie – bestehend aus Dumas, Regnault, Péligot , Chevreul und Decaisne – mit der Untersuchung von Villes Experimenten beauftragt wurde. Das Ergebnis der Untersuchung der Kommission bestand darin, Villes Experimente zu bestätigen. Es ist jedoch eine bedeutsame Tatsache, dass es sich bei der Pflanze, mit der die Kommission experimentierte, um *Kresse handelte – eine Pflanze, die keine Hülsenfrüchte ist* . Es wird allgemein angenommen, dass die Ergebnisse neuerer Experimente Villes Experimente bestätigt haben. Es ist nur angebracht, darauf hinzuweisen, dass dies keine notwendige Schlussfolgerung ist. Die Aufnahme von freiem Stickstoff durch die *Leguminosen erfolgt* , soweit moderne Forschungen ergeben haben, nur unter dem Einfluss mikroorganischen Lebens. Villes Experimente sollten jedoch unter *sterilisierten* Bedingungen durchgeführt werden.

In der Zwischenzeit wurden die Ergebnisse von Boussingaults zweiter Versuchsreihe, die zwischen 1851 und 1855 durchgeführt wurde, veröffentlicht und bestätigten seine früheren Experimente.

Die Ergebnisse einer Vielzahl anschließend durchgeführter Experimente stützten Boussingaults Schlussfolgerungen. Unter ihnen sind Mène , Harting, Gunning, Lawes, Gilbert und Pugh, Roy, Petzholdt und Bretschneider zu nennen.

Solch eine Menge überwältigender Beweise hätte natürlich als schlüssiger Beweis dafür angesehen werden können, dass der freie Stickstoff der Luft keine für die Pflanze verfügbare Stickstoffquelle darstellt. Die Frage war jedoch nicht entschieden. 1876 eröffnete Berthelot es wieder. Aus den von ihm durchgeführten Experimenten kam er zu dem Schluss, dass freier Stickstoff durch verschiedene organische Verbindungen unter dem Einfluss stiller elektrischer Entladungen fixiert wird. 1885 führte er weitere Experimente durch, aus denen er schloss, dass tonhaltige Böden die Fähigkeit besitzen, den freien Stickstoff der Atmosphäre zu binden. Dies bewerkstelligten sie seiner Meinung nach durch die Wirkung von Mikroorganismen. Schloesing hat kürzlich gezeigt, dass diese Fixierung von freiem Stickstoff durch Böden äußerst zweifelhaft ist. [26] Der unter solchen Bedingungen beobachtete Stickstoffzuwachs kann durch die Absorption von gebundenem Stickstoff – nämlich Ammoniak – aus der Luft durch den Boden erklärt werden.

Berthelots frühe Experimente im Jahr 1876 hatten die Wirkung, eine Reihe weiterer Experimente anzuregen, mit dem Ergebnis, dass wir nun die Lösung dieses lange diskutierten und wichtigsten Problems besitzen.

Die Namen der bekannteren Forscher zu diesem Thema sind neben Berthelot die von Hellriegel, Wilfarth, Dehérain , Joulie, Dietzell , Frank, Emil von Wolff, Atwater, Woods, Nobbe, Ward, Breal, Boussingault , Wagner, Schultz - Lupitz , Fleischer, Pagnoul , Schloesing , Laurent, Petermann, Pradmowsky , Beyrenick , Lawes und Gilbert.

Es ist unmöglich, auf die Einzelheiten dieser wichtigsten Experimente einzugehen. Stattdessen könnte versucht werden, sie kurz zu veranschaulichen .

Aktuelle Experimente zur Stickstofffrage.

Zunächst könnte man sich fragen: Wie ist es möglich, dass sich die früheren aufwändigen Experimente, die vor 1876 veröffentlicht wurden, nun als unzuverlässig erweisen? Eine zufriedenstellende Erklärung kann in der Tatsache gefunden werden, wie Lawes und Gilbert kürzlich hervorgehoben haben, dass die Fixierung des freien Stickstoffs durch die Pflanze oder im Boden, wenn überhaupt, durch die Wirkung von Elektrizität oder Mikro erfolgt -Organismen oder von beiden. Die früheren Experimente waren jedoch so angelegt, dass der Einfluss einer dieser Agenturen ausgeschlossen wurde.

Die Frage wurde in ihrem Umfang weiter eingeschränkt. Man geht heute davon aus, dass nur Pflanzen der *Leguminosenordnung* die Fähigkeit besitzen, den freien Luftstickstoff zu nutzen. Von den oben genannten Experimenten sind die von Hellriegel und Wilfarth die auffälligsten und wichtigsten. Sie fanden in ihren Experimenten heraus, dass Hülsenfrüchte zwar die Fähigkeit haben, ihren Stickstoff aus der Luft zu beziehen, Getreide jedoch nicht. Ähnliche Experimente von Atwater in Amerika und anderen stützen diese Schlussfolgerung.

Ihre Schlussfolgerungen lassen sich kurz wie folgt zusammenfassen :

(*a*) Dass die Hülsenfrüchte – wie Erbsen usw. – die Fähigkeit haben, ihre Stickstoffvorräte aus dem freien Stickstoff der Luft zu beziehen, wie andere Pflanzen nicht besitzen; und dass sie somit über zwei Stickstoffquellen verfügen – den Boden und die Luft.

(*b*) Dass diese Aufnahme von freiem Stickstoff nicht direkt durch die Pflanze erfolgt , sondern sozusagen das Ergebnis der gemeinsamen Wirkung bestimmter in bestimmten Böden und in der Pflanze selbst vorkommender Mikroorganismen ist (*Symbiose*).

(*c*) Dass diese Fixierung mit der Bildung winziger Tuberkel an den Wurzeln der Pflanzen der Leguminosenklasse verbunden ist; und dass diese Tuberkel die Heimat des Fixierorganismus sein könnten.

(*d*) Dass diese fixierenden Mikroorganismen nicht in allen Böden vorhanden sind. [27]

Während das Verhältnis von freiem Stickstoff zur Pflanze lange Zeit ein sehr unklares Problem war und ist, wurde schon früh erkannt , dass der in Böden und Düngern vorhandene gebundene Stickstoff eine wichtige Nahrungsquelle für Pflanzen darstellt. Es wurde bereits auf die frühe Theorie von Sir Kenelm Digby zum Wert von Nitraten verwiesen. [28] De Saussure war, wie wir ebenfalls bereits gesehen haben, völlig beeindruckt von der Bedeutung der Ausbringung von Stickstoff in den Boden als Dünger. Liebigs frühe Haltung zu dieser Frage war dahingehend, dass die Anwendung von Stickstoff im Dünger völlig unnötig sei, da die Pflanze über eine ausreichende Quelle im in der Luft vorhandenen Ammoniak verfügte, von dem er fälschlicherweise annahm, dass die Menge ausreichte, um alle Bedürfnisse zu decken die Ernten. Trotz dieser frühen Erkenntnis des Werts von gebundenem Stickstoff für die Pflanze haben wir erst in den letzten Jahren eindeutige Erkenntnisse über den jeweiligen Wert seiner verschiedenen Verbindungen als Dünger oder über die Form, in der er assimiliert wird, gewonnen die Pflanze. Es kommt in drei Formen vor : (1) als organischer Stickstoff; (2) als Ammoniaksalze; (3) als Nitrate und Nitrite. In den letzten Jahren wurde viel experimentelle Arbeit darauf verwendet, die vergleichende Wirkung und die Vorzüge dieser drei Formen zu untersuchen.

Verhältnis von organischem Stickstoff zur Pflanze.

Erstens zum Verhältnis von organischem Stickstoff zur Pflanze. Es gibt eine Vielzahl unterschiedlicher organischer Verbindungen, die Stickstoff enthalten. Dass die Pflanze in der Lage ist, bestimmte dieser organischen Verbindungen zu assimilieren, scheint aufgrund mehrerer Experimente äußerst wahrscheinlich. Aus bestimmten Untersuchungen, die bereits im Jahr 1857 durchgeführt wurden, kam Sir Charles Cameron zu dem Schluss, dass die Pflanze eines davon aufnehmen kann – nämlich *Harnstoff*. Aus dem, was wir später über den Prozess der „Nitrifikation" erfahren haben, ist es jedoch sehr wahrscheinlich, dass der Stickstoff in diesen Experimenten zunächst in Nitrate umgewandelt wurde, bevor er assimiliert wurde. Da die Pflanzen jedoch nicht auf Harnstoff untersucht wurden, muss man davon ausgehen, dass die Experimente das Problem ungelöst ließen.

Andere Experimente ähnlicher Art wurden von Professor SW Johnson durchgeführt, wobei die verschiedenen Arten von Stickstoff, mit denen experimentiert wurde, *Harnsäure* , *Hippursäure* und *Guanin waren* . Aber auch hier kann keine eindeutige Aussage getroffen werden, da keine Analysen der Pflanzen durchgeführt wurden. In jüngerer Zeit hat Dr. Hampe jedoch Experimente mit *Harnstoff* , *Harnsäure* , *Hippursäure* und *Glykokoll* durchgeführt . Diese Experimente können als Beweis dafür angesehen werden, dass mindestens eine organische Stickstoffverbindung assimiliert werden kann, da in den untersuchten Pflanzen tatsächlich Harnstoff nachgewiesen wurde. Aus weiteren Experimenten von Dr. Paul Wagner und Wolff geht hervor, dass *Glycin* , *Tyrosin* und *Kreatin* von der Pflanze aufgenommen werden können.

Pflanzen sind in der Lage, bestimmte Formen organischen Stickstoffs aufzunehmen.

Aus diesen interessanten Experimenten können wir schließen, dass Pflanzen bestimmte organische Formen von Stickstoff absorbieren können. Dass dies in der Natur in irgendeiner Weise der Fall ist, ist äußerst unwahrscheinlich, da solche organischen Formen von Stickstoff selten im

Boden vorkommen oder, falls vorhanden, vor der Assimilation in Ammoniak oder Nitratsalze umgewandelt werden.

Beschaffenheit des Humus im Boden.

Wenn wir uns mit organischem Stickstoff befassen, möchte ich kurz auf die Substanz verweisen, die als *Humus bekannt ist* – die Bezeichnung für den organischen Anteil des Bodens –, eine Substanz, die in den frühen Theorien der Pflanzenernährung eine so große Rolle spielt. Die ausführlichste Untersuchung der Humuszusammensetzung wurde von Mulder durchgeführt. Laut Mulder besteht es aus einer Reihe organischer Körper und er hat die folgenden Substanzen identifiziert: Ulmin, Humin , Ulmic, Huminsäure, Geinsäuren usw. Diese Körper bestehen aus Kohlenstoff, Wasserstoff und Sauerstoff, die immer mit Stickstoff verbunden sind. Detmer und Simon haben das Thema weiter untersucht. Die wahre Funktion von Humus scheint neben seinen zahlreichen mechanischen Eigenschaften darin zu bestehen, dem Boden durch seine Zersetzung Kohlensäure und Stickstoff – in Form von Ammoniak und Salpetersäure – zuzuführen; Ersteres dient als Lösungsmittel für die mineralische Nahrung, Letzteres als Quelle für den Stickstoff der Pflanze. Die alte Theorie, dass das Vorhandensein von Humus im Boden eine Bedingung für die Fruchtbarkeit ist, ist daher nicht so weit von der Wahrheit entfernt. Wo reichlich Humus im Boden vorhanden ist, ist wahrscheinlich auch reichlich Stickstoff vorhanden.

Verhältnis von Ammoniak zur Pflanze.

Es scheint außer Zweifel zu stehen, dass Stickstoff in Form von Ammoniak direkt von Pflanzen aufgenommen wird. Wie wir gesehen haben, kam Liebig zu dem Schluss, dass dies die wichtigste Stickstoffquelle für die Pflanze sei und dass die in der Luft vorhandenen Ammoniakverbindungen eine völlig ausreichende Versorgung darstellten. Nachfolgende Untersuchungen bestätigten zwar seine Annahme hinsichtlich der Fähigkeit von Pflanzen, Stickstoff in Form von Ammoniak zu assimilieren, bewiesen jedoch, dass die in der Luft vorhandene Ammoniakmenge sehr gering und völlig unzureichend ist, um die Pflanze mit dem gesamten Stickstoff zu versorgen sein Stickstoff. Untersuchungen zu diesem Thema wurden von Graeger , Fresenius, Pierre, Bineau und Ville durchgeführt. Nach Villes Untersuchungen, die zu den jüngsten gehören, übersteigt die Menge nicht 30 *Teile pro Milliarde Teile Luft* . [29] Eine Vorstellung vom Wert dieser Stickstoffquelle kann man gewinnen, indem man die Menge schätzt, die im Laufe des Jahres gelöst im Regen auf einen Hektar Boden fällt. Über die

Gesamtmenge an gebundenem Stickstoff, die auf diese Weise dem Boden zugeführt wird, wurden verschiedene Schätzungen vorgenommen. Allerdings gibt es bei diesen verschiedenen Schätzungen eine gewisse Diskrepanz, die zweifellos größtenteils auf die unterschiedlichen Umstände zurückzuführen ist, unter denen die Untersuchungen durchgeführt wurden. Herr Warington hat in Rothamsted mehrere Untersuchungen durchgeführt, und seinen zuletzt veröffentlichten Zahlen zufolge beträgt die Gesamtmenge nur 3,37 Pfund pro Acre und Jahr – wovon nur 2,53 Pfund Ammoniak selbst sind. [30]

Wie bereits erwähnt, besteht kaum ein Zweifel daran, dass Pflanzen Stickstoff in Form von Ammoniak aufnehmen können. Die Frage, inwieweit Pflanzenblätter in der Lage sind, Ammoniak aufzunehmen, ist eine viel diskutierte Frage. Es ist wahrscheinlich, dass sie dies nur in sehr geringem Umfang tun können. [31] Auch die Frage, ob die Wurzeln der Pflanze Ammoniak aufnehmen können oder nicht, wird sehr kontrovers diskutiert. Der Punkt ist sehr schwer zu entscheiden und wird durch die Überlegung, dass Ammoniak, wenn es auf den Boden aufgetragen wird, so schnell in Salpetersäure umgewandelt wird, noch komplizierter . Trotz dieser Schwierigkeiten und der zahlreichen Kontroversen zu diesem Thema scheinen die Experimente von Ville, Hosäus und Lehmann jedoch zweifelsfrei darauf hinzuweisen, dass Ammoniak eine direkte Stickstoffquelle ist. Lehmanns Experimente scheinen darüber hinaus darauf hinzudeuten, dass es bestimmte Wachstumsphasen einer Pflanze zu geben scheint, in denen ihre Präferenz für Ammoniaksalze größer zu sein scheint als zu anderen Zeiten. Der Punkt liegt jedoch, das muss man zugeben, immer noch im Dunkeln. Die große Schwierigkeit bei der Entscheidung liegt, wie bereits gesagt, in der Tatsache, dass Ammoniaksalze, wenn sie auf einen Boden aufgetragen werden, durch den Prozess der Nitrifikation in Nitrate umgewandelt werden. Wenn man daher mit Ammoniak experimentiert und die Ergebnisse notiert, ist es außer durch spätere Analysen nahezu unmöglich zu sagen, ob der Stickstoff in den Ammoniaksalzen vor der Assimilation nicht in Nitrate umgewandelt wurde.

Verhältnis von Salpetersäure zur Pflanze.

Drittens, was Stickstoff in Form von Nitraten betrifft. Es stimmt zwar, dass Pflanzen Stickstoff in bestimmten organischen Formen und als Ammoniaksalze absorbieren können, es ist jedoch mittlerweile eine wohlbekannte Tatsache, dass die wichtigste und bei weitem wichtigste Stickstoffquelle Salpetersäure ist. Vermutlich werden mehr als 90 Prozent des Stickstoffs, den grünblättrige Pflanzen aus dem Boden aufnehmen, als Nitrat aufgenommen. Alle Stickstoffverbindungen im Boden neigen dazu, sich in Salpetersäure umzuwandeln. Es ist die Endform von Stickstoff im Boden. Die genaue Methode, mit der diese Umwandlung stattfindet, ist eine Entdeckung, die erst vor wenigen Jahren entdeckt wurde. Die große wirtschaftliche Bedeutung dieser Entdeckung der französischen Chemiker Schloesing und Müntz, die hierzulande mit den Namen Warington , Munro und PF Frankland verbunden ist, wird erst allmählich erkannt. Es ist zweifellos eines der interessantesten, das in den letzten Jahren auf dem Gebiet der Agrarchemie entstanden ist.

Nitrifikation.

Im Jahr 1877 veröffentlichten die beiden oben erwähnten französischen Chemiker die Ergebnisse einiger von ihnen durchgeführter Experimente, die bewiesen, dass Nitrifikation – der Name für den Prozess, bei dem Ammoniak oder andere Stickstoffsalze im Boden in Stickstoff umgewandelt werden Säure – war auf die Wirkung mikroorganischen Lebens zurückzuführen.

Die Grundlage der Theorie beruht auf der Tatsache, dass verdünnte Lösungen von Ammoniaksalzen oder Urin, die alle notwendigen Bestandteile pflanzlicher Nahrung enthalten, nach vorheriger Sterilisation unbegrenzt lange haltbar sind, sofern die zugeführte Luft gefiltert wird Watte , – um das Eindringen von Mikroorganismen zu verhindern – ohne Bildung von Nitraten. Geben Sie jedoch in eine solche Lösung etwas frische Erde, so wird die Nitrifikation bald erfolgen.

Die Bedingungen, unter denen das Nitrifikationsferment wirkt, sowie die Natur des Fermentes bzw. der Fermente wurden anschließend sorgfältig von Schloesing und Müntz, Winogradsy , Dehérain , Kellner und anderen kontinentalen Beobachtern und insbesondere von Warington , Munro, und PF Frankland in diesem Land. Auf diese Bedingungen kann hier nicht näher eingegangen werden. Sie werden im Kapitel über die Nitrifikation ausführlich besprochen. Kurz gesagt handelt es sich um einen bestimmten Temperaturbereich (zwischen etwas über dem Gefrierpunkt und 50 °C, wobei die maximale Aktivität nach Schloesing und Müntz bei etwa 30 °C liegt); eine reichliche Versorgung mit Luftsauerstoff (daher die von Warington beobachtete Tatsache , dass die Nitrifikation hauptsächlich auf den Oberflächenboden beschränkt ist); eine bestimmte Menge Feuchtigkeit; und das Vorhandensein bestimmter notwendiger mineralischer Pflanzenbestandteile sowie das Vorhandensein von Kalkkarbonat.

Das Licht, das diese Entdeckungen auf die äußerst komplizierte Frage der Fruchtbarkeit des Bodens werfen, ist beträchtlich, da daraus folgt, dass kein Boden als wirklich fruchtbar angesehen werden kann, in dem der Prozess der Nitrifikation nicht ungehindert abläuft. Darüber hinaus erklären sie viele bisher beobachtete, aber nicht gut verstandene Tatsachen im Hinblick auf die Wirkung verschiedener stickstoffhaltiger Düngemittel.

Aschebestandteile der Pflanze.

Wir kommen nun dazu, den gegenwärtigen Stand unseres Wissens über die Wesentlichkeit der Asche oder des mineralischen Anteils der Pflanze zu betrachten. Während ein Teil der Pflanzensubstanz bis zu Liebigs Zeiten wenig Beachtung fand, wurde er seit der Veröffentlichung seiner berühmten „Mineral"-Theorie immer intensiver erforscht.

Über die Funktion der Aschebestandteile war bis 1800 praktisch nichts bekannt. Im Jahr 1802 schrieb de Saussure, es sei unbekannt, ob die Bestandteile vieler Pflanzen auf die Böden zurückzuführen seien, auf denen sie wuchsen, oder ob sie Produkte des Pflanzenwachstums seien. Etwa zwei Jahre später gelang es ihm jedoch, eine Reihe von Experimenten durchzuführen, die das Thema wirklich auf eine solide wissenschaftliche Grundlage stellten. Die Wesentlichkeit der Aschebestandteile wurde jedoch erst durch die 1840 durchgeführten Untersuchungen Wiegmanns und Polstorffs über jeden Zweifel erhaben.

Auf den großen Anstoß für die Forschung durch die Veröffentlichung der Mineraltheorie Liebigs wurde bereits hingewiesen.

Forschungsmethoden.

Um die enorme Menge an Arbeit zu veranschaulichen , die seit 1840 mit dem Ziel durchgeführt wurde, die Wesentlichkeit der verschiedenen in der Asche von Pflanzen gefundenen Substanzen festzustellen, wurden zwei Experimentiermethoden angewendet.

Künstliche Böden.

Die erste dieser beiden Methoden wurde in den berühmten Experimenten von Fürst Salm-Horstmar übernommen, die viel zur Erweiterung unseres Wissens über diese Frage beigetragen haben. Dabei wurden Pflanzen auf einem künstlichen Boden – bestehend aus Zuckerkohle, pulverisiertem Quarz oder gereinigtem Sand – gezüchtet, dem die verschiedenen Nahrungsbestandteile zugesetzt wurden.

Wasserkultur.

Während die Ergebnisse, die Fürst Salm-Horstmar mit dieser Methode erzielte, äußerst wertvoll waren, haben spätere Experimentatoren seine Methode zugunsten der anderen Methode, nämlich der „Wasserkultur", aufgegeben. Das dabei verwendete Medium ist reines Wasser; und ein großer Teil unseres gegenwärtigen Wissens über die Beziehung der Aschebestandteile zur Pflanze beruht auf in Wasserkulturen durchgeführten Experimenten.

Die Namen derjenigen, die in dieser Abteilung gearbeitet haben, sind sehr zahlreich. Unter ihnen seien Knop, Sachs, Stohmann , Nobbe, Rautenberg, Kühn, Lucanus, W. Wolff, Hampe, Beyer, E. Wolff, P. Wagner, Bretschneider und Lehmann genannt. Die von diesen und anderen Experimentatoren erzielten Ergebnisse haben die folgenden Fakten gezeigt.

Die in der Asche von Pflanzen gefundenen Substanzen sind: *Kali , Soda , Kalk , Magnesia , Eisenoxid , Manganoxid , Phosphorsäure , Schwefelsäure , Kieselsäure , Kohlensäure , Chlor , Lithium , Rubidia , Aluminiumoxid , Oxid Kupfer , Brom , Jod* und gelegentlich sogar andere Substanzen. Von diesen *sind* jedoch wahrscheinlich nur sechs für das Pflanzenwachstum unbedingt notwendig – nämlich *Kali , Kalk , Magnesia , Eisenoxid , Phosphorsäure* und *Schwefelsäure* . Drei weitere Substanzen scheinen ebenfalls fast immer vorhanden zu sein und könnten möglicherweise essentiell sein – zumindest in sehr geringen Mengen – nämlich *Chlor , Soda* und *Kieselsäure* . Im Hinblick auf *Tonerde* und *Kupferoxid* müssen diese Bestandteile als zufällig angesehen werden; während *Jod* und *Brom* nur in der Asche von Meerespflanzen vorkommen.

Methode der Aufnahme pflanzlicher Nahrung.

Eine Abteilung der Pflanzenphysiologie, der viel Arbeit gewidmet wurde, ist die Methode, mit der Pflanzenwurzeln ihre Nahrung aufnehmen. Die Nährstoffe der Pflanze werden über die Wurzeln gelöst aufgenommen. Seine Absorption erfolgt nach Angaben von Fischer und Dutrochet , die sich eingehend mit dem Thema befasst haben, durch den als *Endosmose bekannten Prozess* . Durch zahlreiche Experimente wurde außerdem festgestellt, dass verschiedene Pflanzen unterschiedliche Bestandteile in unterschiedlichen Anteilen benötigen.

Wasser als Träger pflanzlicher Nahrung.

Die Funktion des Wassers als Träger pflanzlicher Nahrung und die Bewegung des Pflanzensaftes sind ebenfalls Fragen, denen viel Aufmerksamkeit geschenkt wurde. Die Bewegung des Pflanzensaftes scheint schon in einem sehr frühen Stadium der Erforschung der

Pflanzenphysiologie große Aufmerksamkeit erregt zu haben. Bereits 1679 untersuchte Marriotte es. Zu den anderen alten Experimentatoren gehörten Hales, Guettard, Sénébier, Saint-Martin, de Candolle und Miguel. In jüngerer Zeit wurde es von Schübler, Lawes und Gilbert, Knop, Sachs, Unger und Hosäus untersucht. Eine Vorstellung von der enormen Wassermenge, die von Pflanzenblättern abgegeben wird, kann man durch die Aussage gewinnen, dass zwischen 233 Pfund und 912 Pfund Wasser für jedes Pfund gebildetes Pflanzengewebe abgegeben werden. [32]

Agronomie.

Wenn wir uns mit Fragen im Zusammenhang mit der Chemie des Bodens befassen, stellen wir fest, dass diesem einen Zweig der Agrarchemie so viele Untersuchungen gewidmet wurden, dass er einen eigenen Zweig darstellt – in Frankreich unter dem Namen *Agronomie bekannt* – und wird an den großen landwirtschaftlichen Hochschulen von speziellen Professoren des Fachs unterrichtet. Der Wert der Untersuchung der Bodeneigenschaften wurde schon früh erkannt. Diese Untersuchung beschränkte sich lange Zeit weitgehend auf ihre *physikalischen oder im Volksmund als mechanische Eigenschaften* bezeichneten Eigenschaften. So ermittelte Sir Humphry Davy viele wichtige Fakten über die Wärme- und Wasseraufnahme- und -speichereigenschaften von Böden.

Speicherung pflanzlicher Nahrung im Boden.

Erst in späterer Zeit wurde entdeckt, dass Böden über die Fähigkeit verfügen, aus ihren wässrigen Lösungen verschiedene organische und anorganische pflanzliche Nahrungsmittel zu binden. Die früheste Erkenntnis dieser wichtigsten Bodeneigenschaft stammt von Gazzeri, der 1819 darauf aufmerksam machte, dass der dunkle, flüssige Anteil des Wirtschaftsdüngers beim Durchqueren von Lehm gereinigt wird. Er kam zu dem Schluss, dass Böden, insbesondere tonhaltige Böden, die Eigenschaft besitzen, aus ihren wässrigen Lösungen die notwendigen pflanzlichen Nahrungsbestandteile zu fixieren, und zwar über ein Verlustrisiko hinaus, wobei sie der Pflanze nur bei Bedarf eine allmähliche Versorgung ermöglichen.

Die ersten Experimente zu diesem Thema wurden 1850 von Huxtable und Thompson durchgeführt. Der flüssige Teil des Hofdüngers wurde durch den Boden gefiltert und anschließend untersucht, wobei sich herausstellte, dass er nicht nur seine Farbe, sondern auch seinen Geruch verloren hatte. Es wurde auch mit Ammoniak und Ammoniaksalzen experimentiert und es wurde festgestellt, dass Böden die Fähigkeit besitzen, Ammoniak zu binden.

Wir sind jedoch Thomas Way für den wertvollsten Beitrag eines einzelnen Forschers zu diesem wichtigen Thema zu Dank verpflichtet. Seine Experimente wurden nicht nur in Bezug auf Ammoniak durchgeführt, sondern auch in Bezug auf andere Basen – wie Kali, Kalk, Magnesia, Soda usw. Seit Ways Experimenten wurde viel Arbeit von Liebig, Stohmann , Henneberg und Heiden geleistet, aber auch von Voelcker, Eichhorn, Knop, Rautenberg, Pochwissnew , Warington , Beyer, Bretschneider, Sestini, Laskowsky , Strehl, Pillnitz , Peters, W. Wolff , Lehmann und Biedermann.

Durch den Boden fixierte Basen und Säuren.

Aus diesen Versuchen kann zweifelsfrei erwiesen werden, dass Böden die Fähigkeit haben, die folgenden Basen mehr oder weniger zu binden: Ammoniak, Kali, Kalk, Magnesia und Soda; sowie die beiden Säuren Phosphorsäure und Kieselsäure. Die Reihenfolge, in der die verschiedenen Basen befestigt werden, ist ein wichtiger Punkt. Es scheint, dass der Boden eine größere Affinität zu den wertvolleren Düngemitteln wie Ammoniak, Kali und Kalk hat und dass diese Stoffe zunächst fixiert werden. Dass es bei der Beseitigung einer der oben genannten Basen aus seiner Lösung nur auf Kosten einer anderen Basis gehen kann. Daher muss bei der Kalifixierung entweder auf Kalk, Magnesia oder Soda verzichtet werden. Wenn ferner eine in Lösung befindliche Base, wie Sulfat oder Chlorid, vom Boden absorbiert wird, wird nur die Base fixiert, während die Schwefelsäure oder das Chlor in Lösung bleiben. Schließlich hängt die Menge der von einem Boden aufgenommenen Base von der Konzentration seiner Lösung, von der Art ihrer Kombination und der Temperatur ab. Way fand in seinen Experimenten heraus, dass ein Lehmboden mehr Kraft hat als ein Torfboden und dass ein Torfboden mehr Kraft hat als ein Sandboden.

Ursachen dieser Fixierung.

So viel zur Tatsache der Bodenabsorption; Über die Ursache oder die Ursachen dieser Absorption wurden zahlreiche Theorien aufgestellt. Diese können in zwei Klassen eingeteilt werden: diejenigen, die auf die physikalischen Eigenschaften des Bodens zurückzuführen sind; und diejenigen andererseits, die es mit einer chemischen Wirkung erklären.

Zur letzteren Klasse gehörten Way's. Er erklärte dies mit der Bildung von hydratisierten Doppelsilikaten im Boden, bestehend aus einem Silikat aus Aluminiumoxid und einem Silikat der fixierten Base. Brüstlein und Peters hingegen waren der Meinung, dass es rein körperlicher Natur sei. Es wurde die Theorie aufgestellt, dass dies auf die Bildung von unlöslichen Ulmaten und Humaten zurückzuführen ist, die durch die Vereinigung von Ulminsäure und Huminsäure zusammen mit den fixierten Basen entstehen. Unter anderen, die sich dieser interessanten Frage widmeten, seien Rautenberg und Heiden genannt.

Bei der Durchsicht der Beweise scheint es ziemlich sicher zu sein, dass es sich tatsächlich hauptsächlich um einen chemischen Vorgang handelt, der hauptsächlich auf die Bildung von Doppelsilikaten und zweifellos in gewissem Maße auf die Bildung von unlöslichen Humaten und Ulmaten zurückzuführen ist . Heidens Experimente scheinen jedoch darauf hinzuweisen, dass es teilweise auch physikalischer Natur ist.

Was die Aufnahme von Phosphorsäure betrifft, so handelt es sich nachweislich um einen chemischen Vorgang, der auf der Bildung unlöslicher Phosphate von Kalzium, Eisen, Aluminium und Magnesium beruht, wobei vor allem der Eisenanteil entscheidend ist.

In den letzten Jahren wurde viel analytische Arbeit geleistet, um die Aschemenge in verschiedenen Pflanzenarten und in den verschiedenen Pflanzenteilen zu bestimmen.

Wirkung von Düngemitteln.

Der Bereich der Agrarchemie, der in den letzten Jahren am weitesten entwickelt wurde, ist der Bereich, der sich mit den Problemen der *Düngung befasst*. Aus praktischer Sicht ist es von größtem Wert. Es ist schon eine ganze Weile her, dass wir erkannt haben , dass die einzigen drei Zutaten, deren Verwendung als künstlicher Dünger in der Regel sinnvoll ist, *Stickstoff* , *Phosphorsäure* und *Kali sind* . Die Natur, die Wirkungsweise der verschiedenen Verbindungen und die Eigenschaften dieser drei Substanzen sowie ihr vergleichsweiser Einfluss auf die Förderung des Pflanzenwachstums sowie die wirtschaftliche Frage, welche Form unter verschiedenen Umständen für den Landwirt am wirtschaftlichsten ist , haben zusammen zu einer Vielzahl von „Feld"- und „Topf"-Experimenten geführt. Da die dieser Praxis zugrunde liegenden Prinzipien Gegenstand der folgenden Abhandlung sind, muss die weitere Erörterung dieser Frage den folgenden Kapiteln überlassen werden.

Notiz. — Der Leser, der sich für die historische Entwicklung der Agrarchemie interessiert, wird auf die Ansprache des Präsidenten von Sir JH Gilbert an die Chemical Section der British Association aus dem Jahr 1880 verwiesen.

FUSSNOTEN:

[1] Die Geschichte der chemischen Elemente. Von Sir Henry E. Roscoe, FRS (Wm. Collins, Sons, & Co.)

[2] Van Helmonts Wissenschaft war jedoch äußerst rudimentärer Natur, wie aus der von ihm vertretenen Überzeugung hervorgeht, dass die Gerüche, die aus dem Boden von Sumpfgebieten aufsteigen, Frösche, Nacktschnecken, Blutegel und andere Dinge hervorbringen; sowie durch das folgende Rezept, das er für die Herstellung eines Topfes mit Mäusen gab: „Drücke ein schmutziges Hemd in die Öffnung eines Gefäßes, das etwas Mais enthält, nach etwa einundzwanzig Tagen veränderte sich der aus dem schmutzigen Hemd ausgehende Ferment bewirkt durch den Geruch des Mais eine Umwandlung des Weizens in Mäuse. Der krönende Abschluss dieses Rezepts bestand jedoch darin, dass er behauptete, er sei selbst Zeuge dieser Tatsache gewesen, und als interessantes und bestätigendes Detail fügte er hinzu, dass die Mäuse ausgewachsen geboren seien. Siehe „Louis Pasteur: Sein Leben und Wirken ". Von seinem Schwiegersohn. Übersetzt von Lady Claude Hamilton. (Longmans, Green & Co.) S. 89.

[3] Anschließend erzählt er von einer Reihe von Experimenten von Cornelius Drebel und Albertus Magnus, die die erfrischende Kraft dieses Balsams zeigen, und dann von denen von Quercitan mit Rosen und anderen Blumen sowie von seinen eigenen mit Brennnesseln.

[4] Priestley erkannte jedoch nicht, dass *Kohlensäuregas* eine notwendige pflanzliche Nahrung war; im Gegenteil, er war der Ansicht, dass es eine schädliche Wirkung auf das Pflanzenwachstum habe. Percival war wirklich der Erste, der darauf hinwies, dass Kohlensäuregas ein pflanzliches Nahrungsmittel sei.

[5] Als Beispiel für die wissenschaftliche Begeisterung des Mannes wird berichtet, dass er Flaschen mit Sauerstoff, die er aus Kohlblättern gewonnen hatte, sowie Spulen aus Eisendraht, mit denen er Sauerstoff herstellen konnte, mit sich herumtrug veranschaulichen die brillante Verbrennung, die beim Verbrennen des letzteren in Sauerstoffgas erfolgte.

[6] Eine vollständige Darstellung von Sénébiers Forschungen finden Sie unter „ Physiologie" . végétale , Teilnehmer Eine Beschreibung der Pflanzenorgane und eine Darstellung der Phänomene Produkte par leur Organisation , par Jean Sénébier .' (5 Bände. Genf, 1800.)

[7] Wie Pflanzen wachsen. Von Professor SW Johnson. Macmillan & Co. (Einleitung, S. 4.)

[8] Siehe S. 40 bis 45.

[9] Elemente der Agrarchemie, in einem Vortragskurs für das Board of Agriculture. Von Sir Humphry Davy. (London, 1831.)

[10] Diese Abteilung der Agrarforschung wurde später von Sprengel, Schübler und anderen weitergeführt.

[11] Geboren 1802 in Paris; starb am 11. Mai 1887.

[12] Siehe S. 40.

[13] Obwohl ein Großteil von Boussingaults Arbeiten vor dem Jahr 1840 durchgeführt wurde, bereicherte er die Agrarchemie bis zu seinem Tod weiterhin mit zahlreichen wertvollen Beiträgen. Es ist vielleicht angebracht, hier die Namen seiner wichtigsten Beiträge zur Agrarwissenschaft zu nennen, die er nach 1840 geleistet hat.

1843 veröffentlichte er ein Werk mit dem Titel „ Economie Rurale ", die Ergebnisse seiner zahlreichen Experimente und Forschungen. Dieses Werk ist englischen Landwirten aus einer englischen Übersetzung bekannt, die 1845 erschien (Boussingaults „Rural Economy", übersetzt von G. Law. H. Ballière , London).

Im Jahr 1860 erschien der erste Band seines letzten großen Werkes „ Agronomie Chimie Agricole et Physiologie ". Dieses Werk, das aus sieben Bänden bestand, wurde erst 1884 fertiggestellt. Er starb am 11. Mai 1887. Es darf hinzugefügt werden, dass der Royal Die Society of London verlieh ihm 1887 die Copley-Medaille.

[14] Siehe British Association Proceedings, 1880, S. 511.

[15] Es sei darauf hingewiesen, dass die Menge an Ammoniak, die durch den Regen heruntergeschwemmt wird, zwar gering ist, Schloesing jedoch in einigen neueren Experimenten herausgefunden hat, dass ein feuchter Boden im Laufe eines Jahres insgesamt 38 Pfund Ammoniak aus der Luft aufnehmen kann Stickstoff, hauptsächlich Ammoniak, pro Acre. Siehe S. 132.

[16] Dem Beispiel Deutschlands sind auch andere Länder gefolgt, in denen inzwischen gut ausgestattete Forschungsstationen existieren. Das vielleicht eindrucksvollste Beispiel für die rasche Entwicklung der Mittel der Agrarforschung liefern die Vereinigten Staaten von Amerika. Gegenwärtig gibt es in diesem Land über fünfzig mehr oder weniger gut ausgestattete landwirtschaftliche Versuchsstationen, die alle großzügig mit staatlichen Beihilfen ausgestattet sind. Man kann hinzufügen, dass die älteste Gründung 1875 in Middletown, Connecticut, erfolgte.

[17] Sie kann daher behaupten, die zweitälteste Versuchsstation zu sein, wobei die von Boussingault in Bechelbronn im Elsass eingerichtete die älteste ist.

[18] Für einen Bericht über die Rothamsted-Experimente und eine kurze Biographie von Sir John Lawes wird der Leser auf eine Broschüre des Autors mit dem Titel „Sir JB Lawes, Bart., LL.D., FRS, and the" verwiesen

Rothamsted Experiments" („Scottish Farmer' Office, 93 Hope Street, Glasgow).

[19] Von diesen zahlreichen aufwändigen Experimenten haben vielleicht diejenigen, die unter Landwirten das größte Interesse geweckt haben, jene zum Weizenwachstum auf demselben Land Jahr für Jahr über einen Zeitraum von fast fünfzig Jahren durchgeführt. Das wichtige Licht, das diese Versuchsreihe auf die Theorie der Fruchtfolge und den Gegenstand der Getreidedüngung geworfen hat, ist sehr groß.

[20] In manchen Fällen mit Phosphor und Schwefel verbunden .

[21] Es muss darauf hingewiesen werden, dass die Pflanzenatmung nicht *nur* in der Nacht stattfindet. Es dauert wahrscheinlich immer an, aber seine Wirkung ist nur nachts erkennbar, da der umgekehrte Prozess der Kohlenstoffassimilation, der ungleich schneller abläuft, seine Wirkung tagsüber verdeckt.

[22] Die Länge des Tages hat einen wichtigen Einfluss auf das Pflanzenwachstum, wie das schnelle Wachstum der Vegetation in Norwegen und Schweden zeigt. In diesen Ländern gibt es einen späten Frühling und einen kurzen und keineswegs heißen Sommer, aber eine sehr lange Tageslichtperiode.

[23] Ein Punkt von großem Interesse, der durch diese Experimente verdeutlicht wurde, ist, dass nächtliche Ruhe nicht unbedingt für das Wachstum und die Entwicklung aller Pflanzen notwendig ist.

[24] Siehe S. 15 und 22.

[25] Siehe S. 22.

[26] Siehe Kapitel III., S. 120 und 131.

[27] Weitere Hinweise zu diesem Thema finden sich in Kapitel III., S. 136.

[28] Siehe S. 6.

[29] Siehe Phil. Trans., Teil II., 1861, S. 444-446. Lawes & Gilbert. Schloesing hat in der Luft in der Nähe von Paris 1 Pfund Ammoniak in 26.000.000 Kubikmetern gefunden; während Müntz nur etwa die Hälfte dieser Menge in einer ähnlichen Luftmenge auf dem Gipfel des Pic du Midi fand.

[30] Siehe Kapitel III., S. 119, 120; Anhang, S. 155.

[31] Einige neuere Experimente von Dyer und Smetham scheinen zu zeigen, dass sich vergleichsweise geringe Mengen Ammoniak in der Luft tatsächlich als schädlich für das Pflanzenleben erweisen. So fanden sie heraus, dass ein Volumen Ammoniak in 1000 Volumen Luft für winterharte Pflanzen tödlich war; während ein Band von 3000 Bänden zarte Exemplare tötete.

[32] Nach den Experimenten von Hellriegel und Wollny. Die Menge, die hinzugefügt werden darf, variiert je nach Blattoberfläche und der Länge der Wachstumsperiode der Pflanze. Am stärksten ist es bei Klee und Gräsern, am geringsten bei Kartoffeln und Wurzeln.

TEIL II.
GRUNDSÄTZE DER Düngung

KAPITEL I.
FRUCHTBARKEIT DES BODENS.

Es ist notwendig, klar zu verstehen, worauf die Fruchtbarkeit eines Bodens zurückzuführen ist, bevor wir hoffen können, die Theorie der Düngung zu beherrschen.

Was macht Fruchtbarkeit in einem Boden aus?

Die Frage: Was macht die Fruchtbarkeit eines Bodens aus? ist keineswegs leicht zu beantworten. Wenn wir sagen: Das Vorhandensein einer reichlichen Versorgung mit den Bestandteilen, die die Nahrung der Pflanze bilden, wird unsere Antwort unvollständig sein. Wenn wir in ähnlicher Weise antworten: „Ein gewisser physikalischer Zustand des Bodens" – auch hier wird sich herausstellen, dass er ebenso unbefriedigend ist; Denn die Fruchtbarkeit eines Bodens hängt sowohl von seinem physikalischen Zustand als auch von seiner chemischen Zusammensetzung und sogar von anderen Umständen ab. Bevor wir nun mit der Behandlung der Natur und Wirkung der verschiedenen Düngemittel fortfahren, wäre es vielleicht angebracht, einen kurzen Überblick über die bisherigen Fruchtbarkeitsbedingungen zu geben, jedenfalls so, wie wir sie derzeit kennen. Denn es ist vielleicht gut, den Leser zu warnen, dass wir trotz der großen Arbeit, die die Experimentatoren zu diesem Thema geleistet haben, noch viel zu lernen haben, bevor wir in der Lage sein werden, das Thema der Bodenfruchtbarkeit vollständig und klar zu verstehen alle seine Lager.

Abgesehen vom Einfluss des Klimas, der Breite, der Höhe und der Lage hängt die Fruchtbarkeit eines Bodens von den folgenden Eigenschaften ab. Diese können wir in drei Gruppen oder Klassen einteilen:

1. Physisch oder mechanisch.
2. Chemisch.3. Biologisch.

I. Physikalische Eigenschaften eines Bodens. — Es wird allgemein anerkannt, dass die physikalischen Eigenschaften eines Bodens einen sehr wichtigen Einfluss auf seine Fruchtbarkeit haben. Dies ist seit langem praktisch anerkannt und wurde in der Vergangenheit möglicherweise auf Kosten der nicht weniger wichtigen Funktionen der Chemikalie unangemessen in ihrer Bedeutung hervorgehoben. [33] Der Grund dafür ist zweifellos der Tatsache zuzuschreiben, dass es viel einfacher ist, die physikalischen Eigenschaften eines Bodens zu untersuchen als die chemischen; und dass wir zwar im Besitz einer sehr großen Menge nützlicher Informationen über Ersteres sind, uns aber derzeit erst an der Schwelle unserer Kenntnis über Letzteres befinden.

Vielfalt an Böden.

Es ist allgemein bekannt, dass sich Böden in ihrer mechanischen Beschaffenheit stark unterscheiden. Die frühe Erkenntnis dieser Tatsache wird durch die große Zahl von Fachbegriffen belegt, die bei Landwirten seit langem in Mode sind und diese Unterschiede beschreiben. So werden Böden üblicherweise als „schwer", „leicht", „steif", „stark", „warm", „kalt", „nass", „feucht", „torfig", „lehmig" beschrieben. „sandig", „lehmig" usw. usw.

Absorptionskraft für Wasser.

Eine der wichtigsten physikalischen Eigenschaften eines Bodens ist seine Fähigkeit, Wasser aufzunehmen.

Wasser ist für die Pflanzenwirtschaft ebenso wichtig und notwendig wie für die Tierwirtschaft. Daher ist es von größter Bedeutung, die Bedingungen zu untersuchen, die die Aufnahme dieses wichtigen pflanzlichen Nahrungsmittels durch den Boden regulieren.

Mit der Absorptionskraft eines Bodens ist seine Fähigkeit gemeint, jedes Wasser aufzunehmen, mit dem seine Partikel in Kontakt kommen. Diese Kraft hängt erstens von der Vorherrschaft seiner nächsten Bestandteile ab, nämlich *Sand* , *Ton* , *kohlensaurer Kalk* und *Humus* ; und zweitens von der Feinheit der Bodenpartikel.

Absorptionskraft von Sand, Ton, Humus.

Zunächst also im Hinblick auf die Aufnahmefähigkeit von Sand, Ton und Humus. Von diesen besitzt Sand diese Kraft am wenigsten, Ton in größerem Maße, während Humus sie am meisten besitzt. [34]

Das Ausmaß der Absorptionsfähigkeit eines Bodens hängt daher sehr stark von den Anteilen ab, in denen er diese drei Inhaltsstoffe besitzt. Je sandiger ein Boden ist, desto geringer ist seine Wasseraufnahmefähigkeit; und dies ist zweifellos einer der Gründe, warum ein sandiger Boden in der Regel ein unfruchtbarer Boden ist. Natürlich gibt es noch andere und noch wichtigere Gründe; Dass diese Absorptionskraft aber einen wichtigen Einfluss auf die Frage hat, wird schlüssig durch die Tatsache bewiesen, dass sandige Böden in einem Klima, in dem es häufig regnet, fruchtbarer sind als in einem, in dem viel trockenes Wetter vorherrscht. Die Unfähigkeit eines sandigen Bodens, eine große Menge Feuchtigkeit aufzunehmen, ist im ersteren Fall nicht mit so schädlichen Auswirkungen auf die Feldfrüchte verbunden, weil dem durch die klimatischen Bedingungen entgegengewirkt wird, die die Notwendigkeit, in einem Boden über große Absorptionsfähigkeiten zu verfügen, überflüssig machen Befugnisse.

Das Umgekehrte gilt natürlich, wie wir am Rande erwähnen dürfen, für lehmige Böden.

Feinheit der Bodenpartikel.

Die zweite Eigenschaft eines Bodens, von der seine Absorptionskraft abhängt, ist die Feinheit seiner Partikel. Der große Nutzen, den ein Boden in dieser Hinsicht aus einer guten Bodenbearbeitung zieht, war einer der Gründe, warum Tulls System der Pferdehackhaltung so erfolgreich war. [35] Je feiner die Bodenpartikel sind, so lässt sich allgemein sagen, desto größer ist die Absorptionskraft des Bodens.

Beschränken Sie sich auf die Feinheit.

Es gibt jedoch eine Grenze für die Feinheit, auf die die Partikel eines Bodens reduziert werden sollten; Denn durch Experimente wurde herausgefunden, dass bei Erreichen eines bestimmten Feinheitsgrads die Absorptionskraft mit jeder weiteren Pulverisierung abnimmt . Ein deutscher Experimentator fand zum Beispiel heraus, dass ein Gartenlehm, der in seinem natürlichen Zustand 114 Prozent des Wassers aufnehmen kann, bei sehr feiner Pulverisierung nur 62 Prozent des Wassers aufnehmen konnte. Hier wurde offensichtlich die Grenze überschritten, bis zu der es ratsam ist, einen Boden zu pulverisieren .

Grund des oben Gesagten.

Es ist nicht schwer zu erkennen, warum das so sein sollte. Die Menge an Wasser, die ein Boden aufnehmen kann, hängt von der Anzahl der darin enthaltenen Poren bzw. Lufträume einer bestimmten Größe ab. Wenn diese Poren groß und in geringer Anzahl vorhanden sind, ist die aufgenommene Wassermenge naturgemäß geringer, als wenn sie zahlreich und in geringerer Größe vorhanden sind. Je stärker ein Boden bis zu einem gewissen Grad aufgebrochen ist, desto mehr Poren werden gebildet, die so groß sind, dass das Wasser eindringen kann. Ab diesem Punkt werden die Poren zu klein und der Boden zu kompakt Partikel haften zu eng aneinander.

Rückhaltevermögen von Böden für Wasser.

Mit dieser Absorptionskraft der Böden, die wir gerade betrachtet haben, ist nun eng die Fähigkeit der Böden verbunden, das von ihnen aufgenommene Wasser festzuhalten oder zurückzuhalten. Wie man auf den ersten Blick erkennen wird, muss diese Kraft einen wichtigen Einfluss auf die Fruchtbarkeit eines Bodens haben.

Bedeutung der Remanenzkraft.

Da zwischen den Regenperioden oft eine beträchtliche Zeitspanne vergeht, müssen Böden, um das Pflanzenwachstum zu unterstützen, in der Lage sein, ihren Wasservorrat für Dürreperioden zu speichern. Dies ist umso notwendiger, wenn man bedenkt, dass bei schweren Feldfrüchten die Niederschläge oft nicht ausreichen, um das für das Wachstum notwendige Wasser bereitzustellen. Tatsächlich wurde geschätzt, dass die durchschnittliche Verdunstung von Böden ohne jegliche Bewirtschaftung der Niederschlagsmenge entspricht. Dass die Verdunstung aus mit Vegetation bedeckten Böden sehr viel größer ist, wurde eindrucksvoll durch eine Berechnung des verstorbenen berühmten amerikanischen Botanikers Professor Asa Gray gezeigt, der errechnete, dass eine bestimmte Ulme eine Blattoberfläche bot, von der aus eine aktive Transpiration erfolgte ging ständig weiter, etwa fünf Hektar groß; Während weiter berechnet wurde, dass eine bestimmte Eiche innerhalb eines Zeitraums von sechs Monaten tagsüber achteinhalbmal mehr Wasser verdunstete, als als Regen auf eine Fläche fiel, die im Umfang der Baumkrone gleich war. [36] Ebenso wie der Zustand der Feinheit der Bodenpartikel einen wichtigen Einfluss auf die Absorptionskraft des Bodens hat, hat er auch einen wichtigen Einfluss auf die Geschwindigkeit, mit der die Verdunstung stattfindet. Die Verdunstung erfolgt am stärksten in Böden, deren Partikel miteinander verdichtet sind, wobei die Kapillarwirkung in diesem Fall freier abläuft und eine Verdunstung aus einer größeren Bodentiefe bewirkt. Das Rühren der Bodenoberfläche, beispielsweise durch Hacken oder Eggen, hat aus diesem Grund einen wichtigen Einfluss auf die Verringerung der Verdunstung und die Minimierung des Dürrerisikos, indem die Kapillaranziehung unterbrochen wird. Die Menge der Verdunstung, die aus einem mit einer Kulturpflanze bedeckten Boden stattfindet, hängt weitgehend von der Art der Kulturpflanze ab; eine Pflanze mit tiefen Wurzeln, da sie ihre Feuchtigkeit aus einem größeren Bereich des Bodens bezieht und so den Boden effektiver trocknet als eine Pflanze mit flachen Wurzeln. In Rothamsted hat sich gezeigt, dass der Unterschied in den verdunsteten Mengen eines bewirtschafteten und eines kahlen Brachbodens einer Niederschlagsmenge von neun Zoll entspricht, wobei die Ernte Gerste ist. Der Anstieg ist natürlich auf das Wasser zurückzuführen, das die Ernte verdunstet. [37]

Man kann allgemein sagen, dass je größer die Absorptionskraft eines Bodens ist, desto größer ist auch sein Rückhaltevermögen; Denn Böden, die am meisten Wasser aufnehmen, geben es am wenigsten ab.

Während diese Eigenschaften zweifellos für fruchtbare Böden notwendig sind, braucht man nicht hinzuzufügen, dass ein Boden sie möglicherweise in einem zu großen Ausmaß besitzt. Der Boden, der nicht in der Lage ist, überschüssiges Wasser abzuleiten, wird kalt und feucht und lässt keine ordnungsgemäße Bodenbearbeitung zu. Seine Poren verstopfen völlig und die Luftzirkulation, die, wie wir sehen werden, so wichtig ist, wird unmöglich gemacht. Pflanzen in einem solchen Boden neigen dazu, zu erkranken und abzusterben, das Wasser stagniert und bestimmte chemische Einwirkungen werden verursacht, die zur Entstehung giftiger Gase führen, wie zum Beispiel Schwefelwasserstoff usw. Ein gutes Beispiel für den Nachteil der Überspeicherung ist ein steifer Lehmboden. Da solche Böden Schwierigkeiten haben , überschüssiges Wasser abzuleiten , sind sie äußerst schwer zu bearbeiten; Aus diesem Grund kann es zu Verzögerungen bei der Aussaat kommen.

Kraftwerke haben die Aufgabe, Wasser aus einem Boden aufzunehmen.

Es ist eine seltsame und in diesem Zusammenhang erwähnenswerte Tatsache, dass die Fähigkeit der Pflanzenwurzeln, ihre Feuchtigkeit aus dem Boden zu ziehen, offenbar von der Speicherfähigkeit des Bodens abhängt. Damit ist gemeint, dass Pflanzen in einem retentiven Boden nicht über die Möglichkeit verfügen, das Wasser in einem solchen Ausmaß zu erschöpfen wie in einem nicht retentiven Boden.

In einigen äußerst interessanten Experimenten des bekannten deutschen Botanikers Sachs wurde festgestellt, dass Pflanzen in einem lehmigen Boden, dessen Wasserhaltevermögen 52 Prozent betrug, verwelkten, wenn seine Feuchtigkeit 8 Prozent erreichte; In einem sandigen Boden hingegen – dessen Wasserspeicherkapazität 21 Prozent beträgt – verwelkte dieselbe Pflanzenart erst, wenn ihre Feuchtigkeit 1 1/2 Prozent erreichte. Hier sehen wir also, dass die Pflanze auf einer Bodenart leben und ausreichend Wasser für ihren Bedarf erhalten konnte, während sie auf einem anderen Boden verdurstete, obwohl dieser Boden genauso viel Feuchtigkeit enthielt.

Generell kann man sagen, dass Hellriegels Experimente gezeigt haben, dass jeder Boden Pflanzen mit allem Wasser versorgen kann, das sie benötigen, solange seine Feuchtigkeit nicht unter ein Drittel der Gesamtmenge sinkt, die er aufnehmen kann. [38]

So erhöhen Sie die Absorptionskraft von Böden.

Das Fehlen oder Vorhandensein der oben genannten Eigenschaften im Übermaß legt einiges darüber nahe, wie diese natürlichen Mängel bis zu einem gewissen Grad künstlich behoben werden können. Es liegt auf der Hand, dass, wenn organische Stoffe in einem Boden dessen Absorptionsvermögen erhöhen, eine einfache Methode zur Verbesserung eines Bodens, dem diese Eigenschaft fehlt, in der Zugabe von organischem Stoff besteht. Einer der Vorteile des Pflügens grüner Pflanzen auf sandigen Böden ist zweifellos auf diese Tatsache zurückzuführen; Auch die Zugabe von Hofdünger hat einen ähnlichen Effekt. Das Fehlen eines ausreichenden Rückhaltevermögens, wie es bei sandigen Böden vorkommt, legt als Abhilfe ebenfalls die Zugabe von Ton nahe; und *umgekehrt* , wenn der Boden zu lehmhaltig ist, ist die Zugabe von Sand die natürliche Verbesserungsmethode. [39]

Schrumpfung der Böden.

Beim Trocknen schrumpfen Böden. Am wenigsten schrumpfen Sand- und Kalkböden. Humusböden hingegen schrumpfen am stärksten.

Günstigste Wassermenge in einem Boden .

Die Frage, wie viel Wasser in einem Boden für das Pflanzenwachstum am günstigsten ist , ist eine sehr schwierige Frage. Zu viel Feuchtigkeit macht das Land kalt; Die Luft hat keinen Zugang zu den Bodenpartikeln, und die Pflanzen werden krank und sterben ab. Hellriegel hat herausgefunden, dass bis zu 80 Prozent dessen, was der Boden aufnehmen kann, für Pflanzen schädlich sind, und dass 50 bis 60 Prozent die beste Menge sind. [40]

Hygroskopische Kraft.

Eine Eigenschaft von Böden im Verhältnis zu Wasser, die sich deutlich von der Absorptionskraft unterscheidet, ist ihre hygroskopische Fähigkeit. Darunter versteht man ihre Fähigkeit, Wasser aus der Luft aufzunehmen, wenn es in gasförmiger Form vorliegt. Diese Eigenschaft ist identisch mit der Eigenschaft, auf die gleich eingegangen wird, nämlich der Fähigkeit, Gase zu absorbieren. Das Ausmaß, in dem Böden diese hygroskopische Eigenschaft besitzen, scheint weitgehend von den gleichen Bedingungen reguliert zu werden, die auch ihre normale Absorptionskraft regulieren. [41] Diese Eigenschaft wird im Fall von Böden in heißen Klimazonen als von großer Bedeutung angesehen, da ihr landwirtschaftlicher Wert in hohem Maße davon abhängt. Die auf diese Weise aufgenommene Wassermenge ist jedoch vergleichsweise unbedeutend. Abschließend lässt sich feststellen, dass es bestimmte Methoden zur Trocknung von Böden gibt, die mit zu viel Feuchtigkeit behaftet sind. Diese bestehen darin, Gräben zu öffnen und sie so von ihrem Wasserüberschuss zu befreien, oder bestimmte Baumarten wie Weiden und Pappeln zu pflanzen. Die Menge an grüner Oberfläche, die durch die große Anzahl an Blättern der Bäume entsteht, aus denen die ständige Verdunstung von Wasser erfolgt, ist sehr groß. Die Konsequenz ist, dass Bäume als Pumpmotoren betrachtet werden können. Aus diesem Grund haben Förster festgestellt, dass Lehmböden dazu neigen, feuchter zu werden, nachdem die darauf wachsenden Bäume gefällt wurden. [42]

Wärmekapazität im Boden.

Eine Eigenschaft, die weitgehend von den gerade betrachteten Eigenschaften abhängt, ist die Fähigkeit des Bodens, Wärme aufzunehmen und zu speichern. [43] Die Temperatur eines Bodens hängt natürlich weitgehend von der Temperatur der Luft ab; aber wir dürfen nicht vergessen, dass dies auch vom Boden selbst abhängt. Die von den Sonnenstrahlen abgegebene Wärme trifft auf den Boden, was zur Folge hat, dass zwar ein gewisser Teil der Wärme absorbiert wird, aber ein gewisser Teil – und dieser variiert je nach der Beschaffenheit des Bodens – der Wärme in die Luft abgestrahlt wird .

Die Temperaturänderungen des Bodens erfolgen naturgemäß langsamer als die Temperaturänderungen der Luft; Die von diesen Veränderungen betroffene Bodentiefe variiert auch in verschiedenen Klimazonen. Es wurde berechnet, dass in gemäßigten Klimazonen die von Tag zu Nacht auftretenden Temperaturschwankungen in einer Tiefe von weniger als einem Meter kaum zu spüren sind.

Die Erklärung von Tau.

Wir haben, so kann man sagen, im Allgemeinen zwei Prozesse im Gange. Tagsüber ist der Boden damit beschäftigt, die Wärme der Sonnenstrahlen aufzunehmen; Wenn die Nacht hereinbricht und die Sonne untergeht, kühlt sich die Luft unter die Temperatur des Bodens ab, der seine gespeicherte

Wärme an die Luft abgibt. Das Ergebnis ist, dass die Temperatur des Bodens bald unter die Temperatur der Luft sinkt und die Feuchtigkeit, die in der Luft in Form von Dampf vorhanden ist und mit der kalten Erdoberfläche in Kontakt kommt, zu Tau kondensiert, der wird abgelagert und ist am besten am frühen Morgen zu sehen, bevor die Sonne Zeit hatte, es wieder zu verdunsten. Im Sommer kommt es am häufigsten zu Tau, da dann der Temperaturunterschied zwischen Tag und Nacht am größten ist. Im Winter sieht man ihn als Raureif.

Bodenwärme.

Die Temperatur eines Bodens ist jedoch auf andere Quellen als die Sonnenstrahlen zurückzuführen. Bei der Zersetzung pflanzlicher Stoffe entsteht stets eine gewisse Wärmemenge. Böden, in denen sich eine große Menge verrottender pflanzlicher Stoffe befindet, erhalten daher mit Sicherheit mehr Wärme aus dieser Quelle als Böden rein mineralischer Natur.

Hitze im Hofdünger.

Ein gutes Beispiel für die Wärmemenge, die mit der Gärung oder dem Zerfall pflanzlicher Stoffe einhergeht, ist verrottender Hofmist. Die Gefahr eines Verlusts des flüchtigen Ammoniaks ist dadurch oft groß und es muss darauf geachtet werden, dass die Gärung nicht zu schnell abläuft und die Temperatur nicht zu hoch wird. [44] Der tatsächliche Temperaturanstieg eines Bodens, der durch die Zugabe bestimmter voluminöser organischer Düngemittel, wie z. B. Hofdünger, verursacht wird, kann daher beträchtlich sein. Bei einigen in Tokio, Japan, durchgeführten Experimenten wurde festgestellt, dass die Ausbringung von 20 Tonnen Wirtschaftsdünger pro Hektar die Temperatur des Bodens bis zu einer Tiefe von fünf Zoll erhöhte, und zwar über einen Zeitraum von fast einem Monat, durchschnittlich einen anderthalb Grad Fahrenheit. Die in einem Boden vorhandene Wassermenge hat, wie nebenbei bemerkt, einen erheblichen Einfluss auf die Regulierung seiner Temperatur, da ein feuchter Boden in der Regel ein kalter Boden ist.

Die Ursache der Gärungswärme.

Man könnte sich fragen: Wie wird der Verfall oder die Gärung pflanzlicher Stoffe, wie zum Beispiel Hofdünger, verursacht? oder vielmehr: Worauf ist es zurückzuführen? Der Zerfall einer Substanz ist lediglich ihre langsame Verbrennung oder Verbrennung. Wenn sich eine Substanz mit dem aktiven chemischen Element in der Luft – dem Sauerstoffgas – verbindet, spricht man von einer Oxidation . Nun ist diese Verbindung einer Substanz mit

Sauerstoff die Erklärung des Brennens, und die Phänomene des Brennens und Zerfalls werden durch denselben chemischen Vorgang erklärt. Wenn Körper zerfallen oder wenn sie verbrennen, verbinden sie sich mit Sauerstoff: Wenn diese Verbindung von Körper und Sauerstoff sehr schnell erfolgt und eine Flamme und eine sehr große Hitze entsteht, dann nennen wir es Brennen; Wenn es jedoch langsam vor sich geht, spricht man nicht von Verbrennung, sondern einfach von Oxidation oder Zerfall. Die letztendlichen Produkte sind jedoch dieselben, unabhängig davon, ob der Körper verbrennt oder verfällt; und der Prozess des Verfalls geht immer mit Hitze einher, ebenso wie der Prozess des Verbrennens. [45] Natürlich verrotten nicht nur die pflanzlichen oder organischen Stoffe im Boden, sondern auch die mineralischen Stoffe. Die Oxidation der Mineralstoffe im Boden erfolgt jedoch so langsam, und die durch diese Oxidation erzeugte Wärmemenge ist so gering, dass man kaum sagen kann, dass die Temperatur des Bodens dadurch stark beeinflusst wird.

Einfluss der Farbe eines Bodens.

Es gibt noch eine weitere Eigenschaft eines Bodens, von der seine Temperatur abhängt, und das ist seine Farbe . Dies mag auf den ersten Blick kaum der Beachtung wert erscheinen, hat aber nachweislich einen sehr auffälligen Einfluss auf die Temperatur eines Bodens. Dies ist natürlich am besten in Klimazonen zu beobachten, in denen es viel Sonne gibt. Dunkle Böden haben ein größeres Wärmeaufnahmevermögen als helle Böden; und Experimente, die durchgeführt wurden, um das Ausmaß dieses Einflusses zu bestimmen, haben gezeigt, dass unter bestimmten Bedingungen der Unterschied zwischen einem mit einer schwarzen Substanz bedeckten und einem mit einer weißen Substanz bedeckten Boden 13° bis 14° Fahren betrug. Unter sonst gleichen Bedingungen wird eine Ernte auf einem dunklen Boden schneller reif sein als eine auf einem hellen Boden . Ein mit Pflanzen bedeckter Boden ist kühler als ein Boden ohne Pflanzen.

Die Kraftböden haben die Fähigkeit, Gase zu absorbieren.

Wir haben gerade gesehen, dass eine Ursache für die Hitze des Bodens die Oxidation ist, die in allen Böden ständig vor sich geht, jedoch noch schneller in Böden, die eine große Menge pflanzlicher Stoffe enthalten. Dies lässt darauf schließen, dass ein oder zwei Worte über die Fähigkeit von Böden, Gase zu absorbieren, sprechen.

Die Hauptgase in der Atmosphäre sind Sauerstoff und Stickstoff. Beide Gase werden vom Boden absorbiert, wenn auch nicht in ähnlichen Anteilen. [46] Im Hinblick auf Ersteres ist bekannt, dass eine reichliche

Sauerstoffversorgung in den Poren des Bodens eine notwendige Voraussetzung für die Fruchtbarkeit ist. Dies wurde vor langer Zeit experimentell von de Saussure nachgewiesen, der zeigte, dass Pflanzen Sauerstoff über ihre Wurzeln aufnehmen. In bestimmten Phasen ihres Wachstums ist dieser Sauerstoffbedarf der Pflanze größer als zu anderen Zeiten. Beispielsweise müssen Samen im Keimungsprozess freien Zugang zu einer ausreichenden Sauerstoffversorgung haben. Diese Tatsache unterstreicht , wie wichtig es ist, für ein gutes Saatbett zu sorgen und darauf zu achten, dass die Saat nicht zu tief eingegraben wird.

Kohlensäure und Ammoniak.

Neben Sauerstoff und Stickstoff enthält die Luft weitere Gase, die vom Boden aufgenommen werden. Von diesen kommt Kohlensäure am häufigsten vor. Der weitaus größte Teil der Kohlensäure, die der Boden aus der Luft aufnimmt, wird im Regen gelöst ausgewaschen. [47] Von den anderen Bestandteilen der Atmosphäre sind die kombinierten Formen von Stickstoff – nämlich *Ammoniak* , *Salpetersäure* und *salpetrige Säure* – die wichtigsten. Diese werden alle vom Boden aufgenommen, aber wie Kohlensäure hauptsächlich durch den Regen abgeschwemmt. Die Menge an Ammoniak, die ein Boden aus der Luft aufnehmen kann, ist sehr viel größer als bisher angenommen. Einige neuere Experimente von Schloesing , auf die in einem folgenden Kapitel Bezug genommen wird, [48] zeigen dies. Ein feuchter Boden kann im Laufe eines Jahres weitaus mehr Ammoniak aufnehmen als der, der durch Regen ausgeschwemmt wird.

Die Gasaufnahmefähigkeit von Böden variiert.

Die Fähigkeit verschiedener Böden, diese Gase zu absorbieren, ist unterschiedlich. Diese Variation hängt nicht nur von ihren physikalischen Eigenschaften ab, sondern auch von ihren chemischen Eigenschaften. Böden mit viel organischer Substanz haben eine größere Kapazität zur Aufnahme von Gasen als rein mineralische Böden.

Aufnahme von Stickstoff.

Die Aufnahme von Stickstoff durch den Boden ist eine Frage von erheblicher Bedeutung. Auf sie wird später unter der Überschrift „Biologische Eigenschaften von Böden" eingegangen, da sie durch die Wirkung von Mikroorganismen bestimmt wird. [49]

Zusammenfassend lässt sich sagen, dass die wichtigsten physikalischen oder mechanischen Eigenschaften eines Bodens seine Fähigkeit zur Aufnahme und Speicherung von Wasser sind; seine Wärmekapazität; und seine Fähigkeit, Gase zu absorbieren. Es ist leicht zu erkennen, wie Bodenbearbeitungsvorgänge berechnet werden, um diese physikalischen Eigenschaften eines Bodens zu beeinflussen. So erhöht die Bodenbearbeitung bei steifem Boden seine Fähigkeit, die atmosphärischen Gase, hauptsächlich Sauerstoff, zu absorbieren, die für die Bereitstellung seiner Düngemittel so notwendig sind . Andererseits kann es in einem leichten und zu offenen Boden eine ganz gegenteilige Wirkung haben.

Es ist vielleicht auch sinnvoll, hier auf den wichtigen Einfluss hinzuweisen, den diese physikalischen Eigenschaften auf das Wachstum der Pflanze haben.

Pflanzenwurzeln benötigen eine gewisse Offenheit im Boden.

Eine der Funktionen des Bodens besteht darin, die Pflanze in einer aufrechten Position zu halten, und diese Funktion erfordert im Boden ein gewisses Maß an Kompaktheit oder Festigkeit. Andererseits darf der Boden aber auch nicht zu stark verdichtet sein, da sich die Pflanzenwurzeln sonst nur schwer nach unten durchdringen können. Dies ist insbesondere in den früheren Wachstumsperioden der Fall, wenn die Pflanzenwurzeln noch äußerst empfindlich sind und große Schwierigkeiten haben, großen Widerstand zu überwinden. Die Bedeutung der Vorbereitung eines weichen Saatbeets wird somit sofort als auf fundierten wissenschaftlichen Grundsätzen beruhend erkannt; und das aus einem doppelten Grund. Nicht nur, dass die junge Pflanze jede Möglichkeit zur Entwicklung ihrer Wurzeln benötigt, sondern auch, wie bereits erwähnt, ist eine reichliche Sauerstoffversorgung während des Keimungsprozesses von größter Bedeutung.

Boden und Pflanzenwurzeln.

Die gesamte Frage des Einflusses des mechanischen Zustands des Bodens auf die Entwicklung der Pflanzenwurzeln ist von größter Bedeutung und Interesse und wird nicht so allgemein anerkannt , wie sie sein sollte.

Natürliche Tendenz der Pflanzenwurzeln, nach unten zu wachsen.

Es kann als sicher angesehen werden, dass der verwickelte Zustand der Pflanzenwurzeln auf den Widerstand zurückzuführen ist, den die

Bodenpartikel bieten, und dass die natürliche Tendenz der Pflanzenwurzel darin besteht, nach unten zu wachsen. Kurz gesagt, die Wurzeln würden wahrscheinlich in einer ebenso symmetrischen Form wachsen wie die Stängel oder Zweige, wenn sie nicht durch die Bodenpartikel daran gehindert würden. Wo also der Boden so beschaffen ist, dass er viel Hindernis darstellt, kann das Wachstum der Pflanze nur verzögert werden. Der bedeutende deutsche Chemiker Hellriegel hat einige äußerst interessante Experimente über den Einfluss durchgeführt , den die Nähe der Bodenpartikel auf die Wurzelentwicklung hat. Bei diesen Experimenten wurden Erbsen und Bohnen in angefeuchtetem, mehr oder weniger kompakt gepresstem Sägemehl angebaut. Es wurde festgestellt, dass das Pflanzenwachstum sehr langsam vor sich ging oder ganz aufhörte, wenn das Sägemehl einigermaßen komprimiert wurde.

Wie wichtig es ist, dass Pflanzenwurzeln möglichst weit im Boden entwickelt sind, wird sofort deutlich, wenn wir bedenken, dass dies bedeutet, dass die Bodenfläche, aus der die Pflanze ihre Bodennahrung bezieht, dadurch stark vergrößert wird. Eine weitere wichtige Überlegung ist, dass die Pflanze – unter gleichen Bedingungen – umso besser in der Lage ist, der Wirkung von Dürre zu widerstehen, je tiefer Pflanzenwurzeln in einen Boden eindringen können, da sie Wasser für ihren Bedarf aus den tieferen Schichten des Bodens beziehen kann Boden, lange nachdem eine Pflanze, deren Wurzeln nicht so tief eindringen, verwelkt ist.

Pflanzen brauchen Platz.

Ein weiterer wichtiger Einfluss der Bodenbearbeitung auf das Pflanzenwachstum kann hier besprochen werden. Ein Problem von beträchtlicher Schwierigkeit stellt die Frage dar: Wie viele einzelne Pflanzen kann ein bestimmtes Stück Erde auf gesunde Weise tragen? Da Pflanzen Platz benötigen, ist es wichtig, dass sie nicht zu eng beieinander stehen.

Die Frage lässt sich im Großen und Ganzen auf die Frage Qualität versus Quantität auflösen.

Experimente zu diesem Thema haben gezeigt, dass eine bestimmte Bodenfläche nur das gesunde Wachstum einer bestimmten Anzahl von Pflanzen unterstützen kann. Wird der Grenzwert überschritten, kommt es zu einer unvollkommenen Entwicklung.

Die Anzahl der Pflanzen auf einer bestimmten Fläche wird durch die Bodenbearbeitung erhöht.

Es ist jedoch offensichtlich, dass je gründlicher ein Boden bearbeitet wird, desto mehr Pflanzen können darauf wachsen. Anstatt gezwungen zu sein, sich entlang der Bodenoberfläche auszubreiten und so viel Platz einzunehmen, wird es den Wurzeln keine Schwierigkeiten bereiten, nach unten zu schlagen. Auf diese Weise können zwei oder drei Pflanzen in einem gründlich bearbeiteten Boden auf demselben Raum wachsen, wie es vor der Bodenbearbeitung nur einer möglich war.

Amerikanische und englische Landwirtschaft.

Die obigen Überlegungen werfen ein beträchtliches Licht auf etwas, das vielen Landwirten als seltsame Anomalie erscheint, nämlich die Tatsache, dass der Ertrag an landwirtschaftlichen Erzeugnissen pro Hektar auf amerikanischen Farmen in der Regel sehr viel geringer ist als der Ertrag aus unseren eigenen verarmten Böden Land. Für viele scheint dies auf den ersten Blick in direktem Widerspruch zu unserer allgemeinen Überzeugung zu stehen und zu der Schlussfolgerung zu führen, dass die jungfräulichen Böden Amerikas tatsächlich in ihrer Fruchtbarkeit den Böden Großbritanniens unterlegen sind.

Diese Schlussfolgerung ist jedoch nicht erforderlich, da der Sachverhalt eine andere Erklärung zulässt. Die geringeren Erträge amerikanischer Farmen sind nicht auf die Tatsache zurückzuführen, dass der amerikanische Boden weniger fruchtbar ist als der britische – denn das stimmt nicht –, sondern auf die Tatsache, dass er weniger *intensiv* bewirtschaftet wird.

In Amerika ist Land billig und Arbeitskraft teuer; Es erweist sich daher als wirtschaftlicher, ein großes Stück Land weniger gründlich zu bewirtschaften als eine kleine Fläche gründlicher. In Großbritannien ist das Gegenteil der Fall: Arbeitskräfte sind billig und Land teuer. Es ist daher notwendig, das Land so weit wie möglich zu erweitern und eine möglichst schwere Ernte zu produzieren. Es besteht kaum ein Zweifel daran, dass sich der derzeitige Ertrag zumindest wahrscheinlich verdoppeln würde, wenn die amerikanische Landwirtschaft ebenso intensiv betrieben würde wie die britische.

Wir müssen nun die zweite Klasse von Eigenschaften betrachten, die die Fruchtbarkeit eines Bodens beeinflussen. Das sind *chemische Stoffe* .

II. Chemische Zusammensetzung eines Bodens. — Chemisch gesehen ist der Boden ein Körper von großer Komplexität. Es besteht aus den unterschiedlichsten Stoffen. Die zwischen diesen Stoffen und der Pflanze bestehenden Beziehungen sind nicht alle von gleicher Bedeutung; Einige davon – und diese stellen bei weitem den größten Anteil der

Bodensubstanz – sind lediglich damit beschäftigt, als mechanische Stütze für die Pflanze zu fungieren und dazu beizutragen, die physikalischen Eigenschaften im Boden aufrechtzuerhalten, die, wie wir gerade gesehen haben, diese Eigenschaften ausüben wichtige Funktionen in der Pflanzenentwicklung.

Düngemittel .

Ein kleiner Teil der Bodensubstanz ist jedoch viel aktiver an der Förderung des Pflanzenwachstums beteiligt, indem er als direkte Nahrung für die Pflanze fungiert. Wie wir bereits im Einleitungskapitel gesehen haben, [50] wurden in der Asche von Pflanzen folgende Stoffe gefunden: *Kali* , *Kalk* , *Magnesia* , *Eisenoxid* , *Phosphorsäure* , *Schwefelsäure* , *Soda, Kieselsäure* , Chlor, Mangan-, Lithium-, Rubid- , Aluminiumoxid-, Kupfer-, Brom- und Jodoxid. Das allgemeine Vorkommen einiger dieser Stoffe ist zweifelhaft; die Anwesenheit anderer wiederum wahrscheinlich rein zufällig; während einige nur in Pflanzen besonderer Natur vorkommen , wie zum Beispiel Jod und Brom, die nur in der Asche von Meerespflanzen vorkommen.

Von diesen Aschebestandteilen sind nur die ersten sechs Stoffe – die kursiv markierten – für das Pflanzenwachstum unbedingt notwendig. Zusätzlich zu diesen sechs Aschebestandteilen bezieht die Pflanze auch ihren *Stickstoff* , der eine notwendige Pflanzennahrung ist, hauptsächlich aus dem Boden. [51]

Bedeutung von Stickstoff, Phosphorsäure und Kali.

Aber von diesen sieben Bestandteilen des Bodens, die für das Pflanzenwachstum notwendig sind, werden einige vom Landwirt mit viel größerem Interesse betrachtet als andere. Dies liegt daran, dass sie normalerweise in sehr viel geringeren Mengen im Boden vorhanden sind, als dies bei den anderen ebenso notwendigen Nahrungsbestandteilen der Fall ist; dass sie, kurz gesagt, fast ausnahmslos im Boden vorhanden sind, in leicht verfügbarer Form, in geringeren Mengen, als die Pflanze sich zunutze machen kann, und oft, wie in verarmten oder unfruchtbaren Böden, in Mengen, die sogar zu gering sind, um normal zu sein Wachstum. Diese Bestandteile sind *Stickstoff* , *Phosphorsäure* und *Kali* . [52]

Wie wichtig es ist, dafür zu sorgen, dass alle notwendigen Pflanzeninhaltsstoffe in einem Boden in angemessener Menge vorhanden sind, wird sofort richtig eingeschätzt, wenn festgestellt wird, dass das Fehlen oder die unzureichende Menge eines einzelnen Inhaltsstoffs das Wachstum der Pflanze verhindern kann die anderen notwendigen Zutaten können sogar reichlich vorhanden sein.

Mit Kalk, Magnesia, Eisen und Schwefelsäure sind die meisten Böden reichlich versorgt. Die Stoffe, mit denen sich der Landwirt befassen muss, sind Stickstoff, Phosphate und Kali. Es sind daher in der Regel nur diese Stoffe, die als Düngemittel zugesetzt werden.

Chemischer Zustand der Düngemittelbestandteile im Boden.

Doch bei der Betrachtung der chemischen Eigenschaften eines Bodens reicht eine bloße Betrachtung der Menge der verschiedenen vorhandenen Inhaltsstoffe nicht aus. Ein sehr wichtiger Gesichtspunkt ist ihr chemischer Zustand. Bevor pflanzliche Nahrung von den Wurzeln der Pflanze aufgenommen werden kann, muss sie zunächst löslich gemacht werden. Die Menge an löslicher oder, wie man es nennt, *verfügbarer* pflanzlicher Nahrung im Boden ist sehr gering. Natürlich kommt es durch den im Boden fortwährenden Zersetzungsprozess ständig zu.

Menge löslicher Düngebestandteile .

Die genaue Beschaffenheit und Auflösungsfähigkeit des mehr oder weniger stark mit verschiedenen Säuren und Salzen beladenen Bodenwassers sowie die Auflösungskraft des Wurzelsaftes der Pflanze selbst geben die genaue Auskunft Eine Abschätzung der verfügbaren Düngebestandteile ist nahezu unmöglich. Eine ungefähre Schätzung kann jedoch durch Behandlung des Bodens mit reinem Wasser und verdünnten Säurelösungen erhalten werden. Die Behandlung des Bodens mit verdünnten Säurelösungen dient dazu, die Bedingungen, denen er im Boden ausgesetzt ist, möglichst genau zu simulieren. Durch die Behandlung eines Bodens mit Wasser erhalten wir eine bestimmte Menge pflanzlicher Nahrung, die im Wasser gelöst ist. Dies kann nur als ungefährer Hinweis auf die Menge angesehen werden, die der Pflanze zu diesem Zeitpunkt zur Verfügung steht. Aber dank der unzähligen komplizierten Reaktionen, die im Boden ablaufen, wird dieser lösliche Pflanzennahrungsstoff jeden Tag ständig hinzugefügt. Überlegungen wie die oben genannten, zusammen mit unserer Unkenntnis über die genauen Kombinationen, in denen die notwendigen Mineralien in die Pflanze gelangen, werden dazu dienen, die große Schwierigkeit dieses Teils des Themas aufzuzeigen. [53]

Wert der chemischen Analyse von Böden.

Vor allem aus diesen Gründen ist eine chemische Analyse eines Bodens in gewisser Hinsicht von geringem Wert für den Nachweis seiner tatsächlichen Fruchtbarkeit. Was es zufriedenstellender demonstriert, ist seine potenzielle Fruchtbarkeit. Es ist nützlich, um zu offenbaren, was darin vorhanden ist, jedoch nicht unbedingt in einem verfügbaren Zustand. Unter bestimmten Umständen kann es von großem Wert sein, beispielsweise wenn wir wissen möchten, was das Ergebnis bestimmter Behandlungsarten sein wird, beispielsweise der Anwendung von Kalk usw.

Es ist daher kaum ratsam, dem Leser eine Reihe von Bodenanalysen vorzulegen. Um eine ungefähre Vorstellung von der Zusammensetzung eines Bodens zu erhalten, finden sich im Anhang eine oder zwei repräsentative Analysen [54] sowie eine kurze Beschreibung der wichtigsten Mineralien, aus denen Böden bestehen.

Von erheblichem Interesse ist die Menge an Stickstoff, Phosphorsäure und Kali pro Hektar, die verschiedene Böden enthalten. Obwohl die Menge dieser Inhaltsstoffe, wenn sie in Prozent angegeben wird, sehr unbedeutend erscheint, zeigt sich, dass sie, wenn man sie in Pfund pro Acre berechnet, deutlich über der Menge liegt, die durch die verschiedenen Kulturen entfernt wird. Diese Frage wird in den folgenden Kapiteln behandelt.

Ein weiterer interessanter Punkt ist die chemische Form, in der die notwendigen Pflanzeninhaltsstoffe im Boden vorliegen. Für Informationen zu diesem Punkt wird der Leser auf den Anhang verwiesen. [55]

biologisch bezeichnet .

III. Biologische Eigenschaften eines Bodens. – Die wichtigen Funktionen, die, wie moderne Entdeckungen gezeigt haben, von winzigem organischem Leben in der terrestrischen Wirtschaft erfüllt werden, werden nirgends deutlicher veranschaulicht als in der wichtigen *Rolle* , die sie im Boden spielen.

Bakterien des Bodens.

Im Boden jedes bewirtschafteten Feldes wimmelt es von Bakterien, deren Aufgabe es ist, die Pflanzen mit der notwendigen Nahrung zu versorgen. Die Natur und die von ihnen ausgeübten Funktionen sind sehr unterschiedlich. Über viele von ihnen wissen wir sehr wenig; Allerdings wird unser Wissen jeden Tag durch die mühsamen Forschungen von Forschern in allen Teilen der Welt erweitert, und es ist davon auszugehen, dass wir schon bald im Besitz vieler Fakten über die Natur und die Methode der Entwicklung sein werden diese interessantesten Agenten in der terrestrischen Wirtschaft. Dass sie jedoch in enormer Zahl in allen Böden vorkommen, haben wir allen Grund zu der Annahme, dass eine Klasse von Organismen, die mit der Oxidation von Kohlensäuregas in Verbindung stehen, schätzungsweise in einer Menge von über einer halben Million in einem Gramm Boden vorhanden ist [56] (Wolny und Adametz). Eine Klasse – und ihre Bedeutung ist in der Landwirtschaft sehr groß – bereitet die Nahrung der Pflanzen zu, indem sie die organische Substanz im Boden in einfache Substanzen zersetzt, die von der Pflanze leicht aufgenommen werden können. Die sogenannte „Reifung" verschiedener organischer Düngemittel erfolgt , wie wir heute wissen , ausschließlich durch die Wirkung von Bakterien dieser Klasse. Das Pflanzenleben ist nicht in der Lage, von den komplexen Stickstoffverbindungen der organischen Substanz des Bodens zu leben, und ohne Bakterien wären diese Substanzen nicht verfügbar. Auf diese Frage wird im Kapitel „Hofdünger" näher eingegangen. Zu den wichtigsten dieser Bakterien gehören diejenigen, die die aktiven Agenten im Prozess sind, der als „Nitrifikation" bekannt ist – *also* der Prozess, bei dem organischer Stickstoff und Ammoniaksalze in Nitrite und Nitrate umgewandelt werden. Das Vorhandensein dieser Organismen scheint für die Fruchtbarkeit jedes Bodens unabdingbar zu sein. Andererseits gibt es Organismen, die die Arbeit der Nitrifikationsbakterien umkehren können, indem sie Nitrate in andere Formen von Stickstoff umwandeln. Durch die Nitratreduzierung im Boden geht oft viel wertvoller Stickstoff verloren, der in freiem Zustand entweicht, so dass die Wirkung von Bakterien nicht gerade vorteilhafter Natur ist.

Drei Klassen von Organismen im Boden.

Soweit das Thema derzeit untersucht wurde, können die Mikroorganismen im Boden in drei Klassen eingeteilt werden. [57]

Erste Klasse von Organismen.

Wir haben zunächst solche, deren Funktion es ist, die Bodeninhaltsstoffe zu oxidieren . Organismen dieser Klasse können auf unterschiedliche Weise agieren. Sie können die organische Substanz des Bodens assimilieren und in Kohlensäuregas und Wasser umwandeln; oder sie können es andererseits unter Abgabe von Sauerstoff oxidieren . Einige dieser Organismen, deren Wirkung der ersten Art zuzuordnen ist, wählen die bemerkenswertesten Materialien zur Assimilation. Es wurde festgestellt, dass für seine Entwicklung Eisenkarbonat erforderlich ist, das es zum Oxid oxidiert (Winogradsky); während ein anderer, [58] der sogenannte Schwefelorganismus , nach Ansicht einiger Schwefel in Schwefelwasserstoff und nach Ansicht anderer in Sulfate umwandelt. Zu dieser Organismenklasse gehören die nitrifizierenden Organismen. Wie wir in einem späteren Kapitel ausführlicher sehen werden, wurden bereits zwei unterschiedliche Organismen isoliert und untersucht, die mit diesem Prozess in Zusammenhang stehen – einer davon bewirkt die Bildung von Nitriten aus organischem Stickstoff oder Ammoniaksalzen und der andere die Umwandlung von Nitriten in Nitrate. Die zweite Wirkungsweise dieser oxidierenden Organismen besteht in der Abgabe von Sauerstoff. Diese Tatsache ist von großem Interesse, da man bis vor kurzem annahm, dass die gesamte Entwicklung von Sauerstoff in der Pflanzenphysiologie von der Anwesenheit von Licht abhängt und auch eng mit Chlorophyll oder dem grünen Farbstoff der Pflanzen verbunden ist. Es scheint jedoch, dass bei den Bodenorganismen diese Bedingungen nicht notwendig sind und die Sauerstoffentwicklung sowohl bei farblosen Organismen als auch bei Licht stattfinden kann. Von Organismen dieser Art wimmelt es wahrscheinlich in jedem Boden. Ein typisches Beispiel ist der Organismus, der bei der Oxidation von Kohlensäuregas aktiv ist und von dem bereits berichtet wurde, dass er in großer Zahl im Boden vorkommt. [59]

Die zweite Klasse von Organismen im Boden.

Die zweite Klasse von Organismen sind Organismen, die Bodeninhaltsstoffe reduzieren oder zerstören. Die aus landwirtschaftlicher Sicht wichtigsten davon sind diejenigen, die die Freisetzung von Stickstoff aus seinen Verbindungen bewirken. Bei der Verwesung organischer Materie wirken die Organismen wahrscheinlich hauptsächlich in völliger Abwesenheit von Luftsauerstoff; es scheint jedoch, dass sie auch in Gegenwart von Sauerstoff wirken können. Durch sie kann der Boden einen Teil seines Stickstoffs in „freier" Form verlieren. Zu dieser Klasse gehören die bereits erwähnten denitrifizierenden Organismen, die die Nitrate und Nitrite im Boden reduzieren. [60]

Dritte Klasse von Organismen.

Die dritte Klasse von Organismen sind diejenigen, durch deren Wirkung der Boden bereichert wird. Von dieser Klasse sind diejenigen am wichtigsten, die den freien Stickstoff aus der Luft binden. Die Natur dieser Organismen ist immer noch etwas unklar, aber dass Hülsenfrüchte die Kraft haben, diese Stickstoffquelle zu nutzen, ist mittlerweile eine fest erwiesene Tatsache. Weitere Hinweise auf diese interessanten Organismen werden möglicherweise auf ein anderes Kapitel verschoben.

Der wichtige Punkt, der betont werden muss, ist, dass für die gesunde Entwicklung dieser Organismen, die in jedem fruchtbaren Boden so notwendig sind, bestimmte Bedingungen gegeben sein müssen. Auf diese notwendigen Voraussetzungen wird später noch näher eingegangen. Es genügt zu beachten, dass sie sowohl mit den physikalischen Eigenschaften als auch mit der chemischen Zusammensetzung des Bodens zusammenhängen. Dies liefert einen weiteren Grund für die Notwendigkeit, dass der mechanische Zustand eines Bodens zufriedenstellend ist.

Reprise.

Aus dem, was wir gesagt haben, geht hervor, dass die Frage der Bodenfruchtbarkeit eine sehr komplizierte Frage ist und von zahlreichen und unterschiedlichen Bedingungen abhängt; dass die Eigenschaften, die Fruchtbarkeit ausmachen, obwohl sie in ihrer Natur scheinbar sehr unterschiedlich sind, sich in Wirklichkeit gegenseitig in sehr großem Maße beeinflussen; dass nicht nur das Vorhandensein der notwendigen Pflanzenbestandteile in einem Boden für die Fruchtbarkeit notwendig ist, sondern dass der Boden auch über bestimmte physikalische oder mechanische Eigenschaften verfügt; während wir schließlich gesehen haben, dass das Vorhandensein bestimmter mikroorganischer Lebewesen auf sehr direkte und praktische Weise mit dem Problem der Fruchtbarkeit zusammenhängt.

Die Bedeutung der Bedingungen, die nicht rein chemischer Natur sind, wurde bisher etwas hervorgehoben , aus dem Grund, dass im Folgenden die Aufmerksamkeit fast ausschließlich den rein chemischen Bedingungen der Fruchtbarkeit gewidmet wird. Es ist also gut zu erkennen , dass die letztgenannten Bedingungen zwar bei weitem die wichtigsten sind, soweit es den Landwirt praktisch betrifft, da sie am stärksten unter seiner Kontrolle stehen, sie jedoch nicht die einzigen Bedingungen sind und auch nicht von ihm kontrolliert werden selbst in der Lage, die Fruchtbarkeit zu kontrollieren.

FUSSNOTEN:

[33] Diese Aussage bedarf möglicherweise einer Präzisierung. Während die wichtige *Rolle* der physikalischen Eigenschaften des Bodens in den frühen Jahren der Wissenschaft erkannt wurde , wurde in den letzten Jahren fast ausschließlich die chemische Zusammensetzung des Bodens untersucht. Die physikalischen Eigenschaften des Bodens haben in den Augen des Agrarchemikers in letzter Zeit eine weitere Bedeutung erlangt, und zwar aufgrund des wichtigen Einflusses, den sie auf das haben, was wir hier die biologischen Eigenschaften eines Bodens genannt haben – nämlich die Entwicklung jener fermentativen Prozesse, bei denen Pflanzen- Essen wird größtenteils zubereitet.

[34] Ein gutes Beispiel für die Aufnahmefähigkeit eines Bodens, der viel pflanzliches Material enthält, sind Torfmoore, die schwammartig enorme Wassermengen aufnehmen können. (Siehe Anhang, Anmerkung I., S. 98.)

[35] Jethro Tull, ein früher bekannter Agrarautor, der um die Mitte des letzten Jahrhunderts lebte, vertrat die Theorie, dass die Nahrung der Pflanzen aus den winzigen Erdpartikeln des Bodens bestehe, alles, was der Geschickte brauchte Der Bauer sollte dafür sorgen, dass sein Boden ordnungsgemäß bearbeitet wurde. Dementsprechend veröffentlichte er ein Werk mit dem Titel „Horse-hoeing Husbandry", in dem er ein System der gründlichen Bodenbearbeitung befürwortete. (Siehe Historische Einführung, S. 10.)

[36] Siehe Einleitung, S. 55.

[37] Siehe Einleitungskapitel, S. 55.

[38] Es ist nicht genau bekannt, warum ein Überschuss an Wasser das normale Wachstum der Pflanze verhindern sollte. Wahrscheinlich liegt es daran, dass in einem solchen Fall der freie Sauerstoffzugang behindert wird. Dadurch werden die Wurzeln diesem notwendigen Gas nicht ausreichend ausgesetzt und fermentative Prozesse nach Art der Nitrifikation werden nicht gefördert. Es kann auch daran liegen, dass die Pflanzennahrungslösung zu verdünnt ist, wenn ein solcher Wasserüberschuss vorherrscht.

[39] Siehe Anhang, Anmerkung II., S. 98.

[40] Einige Experimente von E. Wollny zeigen dies. Bei Experimenten mit *Sommerraps stellte er fest*, dass die besten Ergebnisse erzielt wurden, wenn der Boden nur 40 Prozent seines gesamten Wasserhaltevermögens enthielt; Wenn die Menge entweder verringert oder erhöht wurde, sanken die erzielten Ergebnisse. Die Auswirkung von zu wenig oder zu viel Wasser zeigt sich in der Entwicklung der verschiedenen Organe der Pflanze sowie in ihrer Wachstumsperiode, wobei zu viel Wasser das Wachstum zu verzögern scheint. Auch die Qualität der Pflanze scheint durch diesen Zustand beeinflusst zu werden. Experimente von Wollny an Getreidekörnern zeigen, dass nicht nur die Textur des Korns beeinflusst wird, sondern dass viel Feuchtigkeit auch den Stickstoffanteil verringert. Wollny ist der Meinung, dass für Nutzpflanzen im Allgemeinen die beste Menge zwischen 40 und 75 Prozent der gesamten Wasserhaltekapazität des Bodens liegt.

[41] Siehe Anhang, Anmerkung III., S. 1. 99.

[42] Siehe S. 55.

[43] Der Einfluss der Bodentemperatur auf die Entwicklung der Pflanze ist am wichtigsten. Dies ist in der Keimphase besonders ausgeprägt, macht sich aber auch in späteren Wachstumsphasen bemerkbar. Bis zu einer bestimmten Temperatur ist die Entwicklung der Pflanze umso schneller, je wärmer der

Boden ist. In diesem Land wird die für das Wachstum günstigste Temperatur selten überschritten oder gar erreicht.

[44] Siehe Kapitel über Hofdünger.

[45] Wie wir weiter unten sehen werden, wird die Fermentation organischer Substanzen durch die Wirkung mikroorganischen Lebens verursacht.

[46] Siehe Anhang, Anmerkung IV., S. 100.

[47] Natürlich muss man bedenken, dass ein großer Teil der Kohlensäure im Boden durch den Zerfall pflanzlicher Stoffe entsteht. Böden sind zwanzig- bis hundertmal kohlensäurereicher als die Luft.

[48] Siehe Kapitel III., S. 119.

[49] Siehe Einleitung, S. 40.

[50] Siehe Einleitungskapitel, S. 54.

[51] Siehe S. 44 und 135.

[52] Gelegentlich auch *Kalk* .

[53] Siehe Anhang, Anmerkungen V. und VI., S. 100, 101.

[54] Anmerkung VI., S. 101.

[55] Anmerkung VII., S. 107.

[56] Es gibt sogar noch größere Schätzungen über die Anzahl der Keime in einem Gramm Boden – von drei Vierteln bis zu einer Million (Koch, Fülles und andere).

[57] Diese Organismen bestehen aus Schimmelpilzen, Hefen und Bakterien, wobei letztere am häufigsten vorkommen. Im Oberflächenboden kommen unter den Bakterien am häufigsten Bazillen vor. Mikrokozeen kommen nicht häufig vor.

[58] Untersucht von Winogradsky, Olivier, De Rey Pailhade und anderen.

[59] Organismen dieser Art wurden unter anderem von Heraüs , Hueppe und E. Wollny untersucht. Den beiden erstgenannten Forschern zufolge bewirken bestimmte farblose Bakterien bei Abwesenheit von Licht die Bildung von Humus und verkohlen einen Körper, der in seiner Natur Zellulose ähnelt.

[60] Untersucht von Springer, Gayon und Dupetit , Dehérain und Marguenne .

ANHANG ZU KAPITEL I.

HINWEIS I. (S. 68).

Die folgenden Bestimmungen von Schübler zeigen das Absorptionsvermögen verschiedener Arten von Bodensubstanzen. Diese wurden gewonnen, indem man abgewogene Mengen der Erde in Wasser einweichte, die überschüssige Flüssigkeit abtropfen ließ und die feuchte Erde wiegte.

	Prozent des Wassers, das von 100 Teilen der Erde aufgenommen wird.
Kieselsand	25
Gips	27
Kalkhaltiger Sand	29
sandiger Lehm	40
Starker Ton	50
Ackerboden	52
Fein kalkhaltig	85
Gartenerde	89
Humus	190

Es wurde berechnet, dass die Absorptionskraft einer Mischung verschiedener Substanzen nicht einfach der Summe ihrer einzelnen Bestandteile entspricht.

HINWEIS II. (S. 74).

VERDUNSTUNG .

Die Eigenschaft eines Bodens, Wasser zurückzuhalten, neigt dazu, die Verdunstung zu verlangsamen. Die folgende Tabelle von Schübler zeigt die Geschwindigkeit, mit der die Verdunstung in verschiedenen Böden abläuft.

Das Experiment wurde auf folgende Weise durchgeführt. Der Boden, mit dem das Experiment durchgeführt wurde, wurde mit Wasser gesättigt, auf einer Scheibe ausgebreitet und vier Stunden lang verdunsten gelassen, bevor er gewogen wurde. Außerdem wurde abgeschätzt, wie lange es dauert, bis 90 Prozent des Wassers verdunstet sind. Von 100 Teilen Wasser im feuchten Boden verdunsteten dort bei 60° Fahren. —

	In vier Stunden —	Zeit, die benötigt wird, um 90 Prozent zu verdampfen.	
Aus-	Prozent.	Std.	Protokoll
Quarz	88	4	4
Kalkstein	76	4	44
sandiger Lehm	52	5	1
Steifer Ton	46	6	55
Lehmiger Ton	46	7	52
Reiner grauer Ton	32	11	17
Lehm	32	11	15
Feines Calciumcarbonat	28	12	51
Humus	21	17	33
Magnesiumcarbonat	11	33	20

ANMERKUNG III. (S. 76).

HYGROSKOPISCHE KRAFT VON BÖDEN.

Davy stellte fest, dass die hygroskopische Kraft von Böden wie folgt ist. Er fand heraus, dass 100 Gewichtsteile von drei Proben verschiedener Sande in einer Stunde jeweils 3, 8 und 11 Teile Wasser absorbierten; während drei Lehme gleichermaßen 1,3, 1,6 und 1,8 Teile absorbierten.

Die folgenden Bodenproben wurden bei 212° Fahren getrocknet und einer mit Wasser gesättigten Atmosphäre und einer Temperatur von 62°

Fahren ausgesetzt. Dabei wurde festgestellt, dass sie in zwölf Stunden die folgenden Mengen absorbierten :

Quarzsand	0,0
Kalksteinsand	0,3
Magerer Ton	2.1
Fetter Ton	2.5
Tonerde	3,0
Reiner Ton	3.7
Gartenlehm	3.5
Humus	8,0

ANMERKUNG IV. (S. 81).

IN BÖDEN VORHANDENE GASE.

Die Luft, die wir in den Poren des Bodens vorfinden, ist deutlich *sauerstoffärmer* als normale Luft. Boussingault stellte fest, dass der Sauerstoffanteil in einem sandigen, frisch gedüngten und vom Regen nassen Boden nur 10,35 Prozent beträgt; während die Luft im Waldboden 19,5 Prozent Sauerstoff und 0,93 Prozent Kohlensäure enthielt. Der Sauerstoffanteil im Boden hängt von der Zerfallsgeschwindigkeit der organischen Anteile ab. Auch die Tiefe der Bodenschicht bestimmt die Menge. Dies ist darauf zurückzuführen, dass die Diffusion in der Tiefe langsamer erfolgt als in Oberflächennähe.

HINWEIS V. (S. 90).

MENGE AN LÖSLICHER PFLANZLICHER NAHRUNG IM BODEN.

Zwei der zuverlässigsten Methoden zur ungefähren Bestimmung der Menge löslicher Bodenbestandteile sind (1) die Behandlung des Bodens mit destilliertem Wasser und (2) die Analyse des Drainagewassers. Bei der ersteren dieser beiden Methoden wurde festgestellt, dass sogar die Menge der durch reines destilliertes Wasser herausgelösten Düngemittel schwankt . Diese Variation hängt von der Menge des verwendeten destillierten Wassers sowie von der Zeit ab, die der Boden mit dem Lösungsmittel in Kontakt bleibt. Durch das Waschen des Bodens mit unterschiedlichen Wassermengen wird festgestellt, dass unterschiedliche Mengen löslicher Bodeninhaltsstoffe ausgewaschen wurden; denn obwohl die ersten Wäschen den weitaus größeren Teil der löslichen Substanz enthalten, wird man feststellen, dass jede weitere Wäsche weitere Mengen enthält.

Eine Reihe von Versuchen hat gezeigt, dass 1000 Teile destilliertes Wasser aus verschiedenen Böden einen halben bis anderthalb Teile löslicher Bestandteile herauslösten; oder von 0,05 bis 0,15 Prozent. Von diesem löslichen Stoff sind 30 bis 67 Prozent mineralischer Natur und 33 bis 70 Prozent organischer Natur. Schlechte Sandböden liefern die geringste Menge, während torfige Böden die maximale Menge liefern. Die Menge an löslicher Substanz in einem normalen Torfboden kann zwischen 0,4 und 1,4 Prozent variieren; Diese besteht jedoch hauptsächlich aus organischer Substanz. (Siehe Johnsons „How Crops Feed", S. 312.)

Eine möglicherweise zufriedenstellendere Methode ist die Analyse des Drainagewassers eines Bodens. Es wurde festgestellt, dass die Zusammensetzung sehr stark variiert. Der Durchschnitt einer großen Anzahl von Analysen liegt bei 0,04 bis 0,05 Prozent gelöster Materie. Der größte Teil dieser gelösten Stoffe besteht aus organischen Stoffen, Salpetersäure, Kalk und Sodasalzen. Es muss jedoch berücksichtigt werden, dass auch das Drainagewasser keinen genauen Hinweis auf die Menge gelöster Stoffe in einem Boden gibt. Ein Großteil, vielleicht der größte Teil der gelösten Stoffe gelangt nie in das Abwasser. Der im Drainagewasser enthaltene Inhalt stellt in Wirklichkeit die überschüssige Menge gelöster Stoffe dar, die der Boden nicht zurückhalten kann und die daher vom Regen in die Kanalisation gespült wird. Die Zusammensetzung des Drainagewassers ist interessant, da sie zeigt, dass praktisch alle notwendigen Pflanzeninhaltsstoffe im Boden gelöst vorliegen.

HINWEIS VI. (S. 90).

CHEMISCHE ZUSAMMENSETZUNG DES BODENS .

Die wichtigsten im Boden vorkommenden Stoffe sind: Kieselsäure, Tonerde, Kalk, Magnesia, Kali, Soda, Eisenoxid, Manganoxid, Schwefelsäure , Phosphorsäure und Chlor. Von diesen Substanzen hat das Vorhandensein von Aluminiumoxid, Kieselsäure, Kalk und in bestimmten Fällen Magnesia zusammen mit dem organischen Teil des Bodens – dem Humus – den größten Einfluss auf die Beschaffenheit und die physikalischen Eigenschaften eines Bodens.

Um klar zu verstehen, worauf Böden ihre chemische Zusammensetzung verdanken, ist es notwendig, die Zusammensetzung einiger der wichtigsten Mineralien zu berücksichtigen, aus deren Zerfall Böden entstehen.

Während wir etwa siebzig Elemente in der Erdkruste kennen, besteht sie praktisch nur aus etwa sechzehn. Diese sechzehn sind: Sauerstoff, Silizium, Kohlenstoff, Schwefel , Wasserstoff, Chlor, Phosphor, Eisen, Aluminium , Kalzium, Magnesium, Natrium, Kalium, Fluor, Mangan und Barium. [61] Davon ist Sauerstoff der mit Abstand größte Bestandteil und macht grob gesagt etwa 50 Prozent aus.

Die Hauptmasse des Gesteins besteht aus Siliziumdioxid, das im Allgemeinen mit Aluminiumoxid, wie etwa Ton, zu Aluminiumsilikat und mit den gebräuchlicheren Alkalien und Erdalkalien verbunden ist. Eine weitere äußerst häufig vorkommende Verbindung ist Kalkkarbonat, das als Kalkstein, Kreide und Mergel ein Sechstel der gesamten Gesteine der Erde ausmacht.

Das Wort „Mineral" bezeichnet eine bestimmte chemische Verbindung natürlichen Vorkommens. Die Anzahl der Mineralien ist sehr groß und es ist unmöglich, hier näher darauf einzugehen. Es kann nur auf einige der prominenteren verwiesen werden, die sich hauptsächlich mit der Bildung von Böden befassen.

Die aus Silikaten gebildeten sind aus landwirtschaftlicher Sicht die wichtigsten, da sie eine sehr große Gruppe bilden; und durch ihren Zerfall entstehen hauptsächlich Böden. Sie bestehen aus Siliziumoxid und Aluminiumoxid sowie verschiedenen anderen Stoffen, hauptsächlich Alkalien und Erdalkalien. Es ist wichtig, eine Besonderheit hinsichtlich der Löslichkeit von Silikaten zu beachten. Wir haben zwei Klassen von Silikaten: die eine, die „Säure" genannt wird und einen Überschuss an Kieselsäure enthält; das andere ist „basisch" und enthält einen Überschuss an Base. Während nun ersteres mehr oder weniger unlöslich ist, ist letzteres löslich. Diese Tatsache hat eine wichtige Bedeutung für den Prozess des Zerfalls der Silikatminerale, den wir hier betrachten werden.

Die erste und wichtigste Klasse sind die *Felsspars* . Felsspat ist eigentlich kein bestimmtes Mineral mit einer bestimmten chemischen Zusammensetzung, sondern vielmehr der Name einer Klasse von Mineralien, von denen es verschiedene Arten gibt. Die Feldspäte bestehen aus Siliziumoxid und Aluminiumoxid sowie Kali, Soda und Kalk mit Spuren von Eisen und Magnesia. Ihre Hauptbestandteile sind jedoch Siliziumdioxid und Aluminiumoxid sowie Kali, Soda oder Kalk. Je nachdem, ob die Basis Kali, Soda oder Kalk vorherrscht, wird der Feldspat als Orthoklas, Albit bzw. Oligoklas bezeichnet.

Es folgen die Analysen der drei Mineralien (vom verstorbenen Dr. Anderson): –

	Orthoklas.		Albit.		Oligoklas.	
	1.	2.	1.	2.	1.	2.
Silizium	65,72	65,00	67,99	68.23	62,70	63,51
Aluminiumoxid	18.57	18.64	19.61	18.30	23,80	23.09
Eisenperoxid	Spuren	0,83	0,70	1.01	0,62	keiner
Manganoxid	Spuren	0,13	keiner	keiner	keiner	keiner
Kalk	0,34	1.23	0,66	1.26	4,60	2.44
Magnesia	0,10	1.03	keiner	0,51	0,02	0,77
Pottasche	14.02	9.12	keiner	2,53	1.05	2.19
Limonade	1,25	3.49	11.12	7,99	8.00	9.37
	100,00	99,47	100.08	99,83	100,79	101,37

Je nachdem, wie diese verschiedenen Feldspate in einem Boden vorhanden sind, wird auch die Qualität des Bodens sein. Es liegt auf der Hand, dass, da das Vorhandensein von Kali in einem Boden eines der charakteristischen Merkmale seiner Fruchtbarkeit ist, viel davon abhängt, in welchem Ausmaß der Orthoklas-Feldspat vorhanden ist; und auch nicht nur vom Ausmaß, sondern auch vom Zustand und Grad seines Zerfalls. Es ist wichtig, die Methode dieses Zerfalls zu beachten. Dies geschieht durch die Aufnahme von Wasser. Dieses Wasser wird nicht nur mechanisch aufgenommen, sondern geht tatsächlich in die Zusammensetzung des Minerals ein. Es liegt nicht nur als Feuchtigkeit vor, die bei normaler Siedetemperatur ausgetrieben werden kann, sondern es bildet das sogenannte Zusammensetzungswasser. Bei diesem Hydratationsprozess verliert das Mineral seinen Glanz und sein kristallines Aussehen und zerfällt zu einer — je nach Zerfallszustand – mehr oder weniger pulverförmigen Masse. Auch in seiner chemischen Zusammensetzung vollzieht sich eine sehr große Veränderung ; es verliert fast seine gesamte Basis. Dies geschieht auf folgende Weise. Wenn Wasser in die Zusammensetzung des Minerals eindringt, setzt es einen bestimmten Teil der Base frei; Dadurch entsteht ein basisches Silikat, das in Wasser löslich ist und in Lösung ausgewaschen wird. Diese Veränderung kann anhand der Analyse eines Kaolintons veranschaulicht werden, der durch den Zerfall von Orthoklas-Feldspat entstanden ist.

Kaolin-Ton entsteht durch Zerfall
von Orthoklas.

Silizium	46,80
Aluminiumoxid	36,83
Eisenperoxid	3.11
Kalkkarbonat	0,55
Pottasche	0,27
Wasser	<u>12.44</u>
	<u>100,00</u>

Der Hauptunterschied besteht hier im fast vollständigen Verlust von Kali und einem Teil der Kieselsäure und der Gewinnung von Wasser. Die anderen Bestandteile bleiben praktisch unlöslich.

Ein weiteres wichtiges Mineral ist *Glimmer*. Seine Zusammensetzung ist dem Feldspat nicht unähnlich. Es enthält Siliziumoxid, Aluminiumoxid und Eisen in beträchtlichen Mengen, außerdem Magnesia und Kali. Es gibt zwei Arten von Glimmer: den Glimmer, der Kali enthält, und den Glimmer, der im Übermaß Magnesia enthält. Die Analysen dieser beiden Arten lauten wie folgt (vom verstorbenen Dr. Anderson): −

GLIMMER.

	(*a*) Kali.	(*b*) Magnesia.
Silizium	46,36	42,65
Aluminiumoxid	36,80	12.96
Eisenperoxid	4.53	keiner
Eisenprotoxid	keiner	7.11
Manganoxid	0,02	1.06
Magnesia	keiner	25.75
Pottasche	9.22	6.03
Fluorwasserstoffsäure	0,70	0,62
Wasser	<u>1,84</u>	<u>3.17</u>
	<u>99,47</u>	<u>99,35</u>

Die Zersetzung von Glimmer erfolgt jedoch sehr langsam, da es sich um ein besonders hartes Mineral handelt.

Weitere wichtige Mineralien sind *Hornblende* und *Augit* . Diese bestehen aus Siliziumoxid, Aluminiumoxid, Eisenoxid, Manganoxid, Kalk und Magnesia. Dies sind die wichtigsten Mineralien, aus denen Böden entstehen. Es ist kaum notwendig zu erwähnen, dass nur wenige Böden nur aus einem dieser drei Mineralien bestehen. Fast alle Gesteine bestehen aus einer Mischung dieser Mineralien. Wo jedoch ein Mineral den Rest überwiegt, wird dadurch die Beschaffenheit des Bodens beeinflusst. Um dies zu veranschaulichen, kann es sinnvoll sein, die Zusammensetzung eines oder zweier der gewöhnlicheren Gesteine zu erwähnen.

1. *Granit , der in bestimmten Teilen des Nordens Schottlands so reichlich vorhanden ist und aus dem die Böden in der* Umgebung von Aberdeen entstehen , besteht aus einer Mischung von Quarz, Feldspat und Glimmer. Es hängt vom vorhandenen Feldspat ab – *also* davon, ob es sich um Orthoklas, Oligoklas oder Albit handelt –, ob der Boden reich an Kali ist oder nicht. Granit, der Orthoklas-Feldspat enthält, ergibt einen ziemlich fruchtbaren Boden. Ein wichtiger Gesichtspunkt, der diese Frage verkomplizieren kann, ist die Situation solcher Böden. Sie liegen in der Regel so hoch über dem Meeresspiegel, dass ihre Fruchtbarkeit auf diesem Gelände stark beeinträchtigt ist.

2. *Gneis* , ein weiteres gewöhnliches Gestein, hat eine ähnliche Zusammensetzung, nur dass es sehr wenig Feldspat und entsprechend mehr Glimmer enthält.

3. *Syenit* enthält Quarz, Feldspat und Hornblende.

Die Gesteine, zu denen Grünstein und Trap gehören, kommen weitestgehend über das Land verstreut vor. Es gibt zwei Arten: Diorit und Dolorit .

4. *Kalkstein* besteht aus zwei großen Klassen. Wir haben (1) Common, (2) Magnesian. Im Folgenden finden Sie die Analysen dieser beiden Klassen durch Dr. Anderson:

	Gemeinsam.		Magnesianisch.	
	Mid-Lothian	Sutherland.	Sutherland.	Dumfries.
Silizium	2,00	7.43	6.00	2.31

Eisenoxid und Aluminiumoxid	0,45	0,76	1,57	2,00
Kalkkarbonat	93,61	84.11	50.21	58,81
Karbonat von Magnesia	1,62	7.45	41.22	36.41
Phosphatkalk	0,56	—	—	—
Sulfatkalk	0,92	—	—	—
Organisches Material	0,20	—	—	—
Wasser	0,50	—	—	—
	99,86	99,75	99,00	99,53

Ton entsteht durch den Zerfall eines der kristallinen Gesteine; Die reinsten Tone werden aus Feldspat gebildet. Ein reiner Ton besteht lediglich aus Kieselsäure und Aluminiumoxid, alle anderen Bestandteile wurden ausgewaschen. Der Zerfall erreicht jedoch selten ein solches Ausmaß; Andernfalls wären Lehmböden völlig unfruchtbar, was sie insbesondere nicht sind. Die im Ton enthaltenen Verunreinigungen, die aus Alkalien , insbesondere Kali und anderen mineralischen Inhaltsstoffen der Pflanze bestehen, verleihen Lehmböden ihre Fruchtbarkeit. Allerdings unterscheiden sich Tone in ihrer Zusammensetzung sehr stark. Das Folgende ist eine Analyse eines Lehmbodens von Dr. Anderson: –

Silizium	60.03
Aluminiumoxid	14.91
Eisenperoxid	8,94
Kalk	2.08
Magnesia	4.22
Pottasche	3,87
Limonade	0,06
Wasser und Kohlensäure	5,67
	99,72

HINWEIS VII. (S. 91).

FORMEN, IN DENEN PFLANZLICHE NAHRUNGSMITTEL IM BODEN VORHANDEN SIND.

Die Formen, in denen die für die Pflanzenernährung notwendigen Basen im Boden vorhanden sind, liegen hauptsächlich in Form von *hydratisierten Silikaten* und in Verbindung mit organischen Säuren unter Bildung von Humaten usw. sowie in der Form von Sulfaten und Chloriden vor.

Phosphorsäure liegt in Verbindung mit Eisen, Aluminiumoxid oder Kalk vor, möglicherweise auch als Magnesium-Ammonium-Phosphat. Schwefelsäure liegt im Allgemeinen in mehr oder weniger unlöslichem Zustand in Verbindung mit Eisen und Kalk vor; wohingegen Chlor mit den Alkalibasen in leicht löslicher Form verbunden ist. Ein wichtiger Punkt ist die Form, in der die Pflanze diese Nahrungsbestandteile aufnimmt. In diesem Zusammenhang kann auf eine Theorie verwiesen werden, die von einem sehr angesehenen französischen Agrarchemiker, Professor Grandeau , aufgestellt wurde . Seine Theorie besagt, dass die notwendigen Bestandteile pflanzlicher Nahrung als Humate in die Pflanze aufgenommen werden oder dass das Medium dieser Übertragung zumindest Huminsäure und organische Säuren ähnlicher Natur sind. Diese Theorie ist zwar genial, wurde jedoch noch nicht durch ausreichende Beweise gestützt, um ihre Annahme ratsam erscheinen zu lassen. Es ist wahrscheinlich, dass die Pflanze ihre Nahrung nur in Form löslicher Salze aufnehmen kann. Es ist jedoch durchaus wahrscheinlich, dass die genaue Form, in der die verschiedenen Nahrungsstoffe in die Pflanze gelangen, weitgehend von den Umständen bestimmt wird. Laut Nobbe ist Kaliumchlorid die am besten geeignete Form von Kaliumsalzen, obwohl die Pflanze ihr Kalium in Form von Sulfat, Phosphat oder sogar Silikat aufnehmen kann.

FUSSNOTEN:

[61] Zusammensetzung der festen Erdkruste in 100 Gewichtsteilen :—

Sauerstoff	44,0 bis 48,7
Silizium	22,8 bis 36,2
Aluminium	9.9 bis 6.1
Eisen	9,9 bis 2,4
Kalzium	6,6 bis 0,9
Magnesium	2,7 bis 0,1
Natrium	2,4 bis 2,5

Kalium   1,7 bis 3,1

(Roscoes „Lektionen in Elementarchemie", S. 8.)

KAPITEL II.
FUNKTIONEN, DIE VON DÜNGEN AUSGEFÜHRT WERDEN.

Nachdem wir nun die allgemeinen Bedingungen betrachtet haben, von denen die Fruchtbarkeit des Bodens abhängt, sind wir in der Lage, uns mit der Natur und Funktion von Düngemitteln zu befassen.

Düngemittel können auf unterschiedliche Weise klassifiziert werden, und die unterschiedliche Klassifizierung verschiedener Autoren zu diesem Thema führt manchmal zu erheblicher Verwirrung.

Etymologische Bedeutung des Wortes Gülle.

Lassen Sie uns zunächst klar verstehen, was wir unter Mist verstehen. Das Wort Gülle kommt vom französischen Wort *manœuvrer*, was einfach „mit der Hand arbeiten" bedeutet, also „bebauen", und diese etymologische Bedeutung des Wortes verdeutlicht den alten Glauben an die Funktion von Gülle. Wir haben bereits in der historischen Einleitung gesehen, dass laut Tull die wahre und einzige Funktion von Düngern darin bestand, die Pulverisierung des Bodens durch Fermentation zu unterstützen. Als er sein System der *gründlichen Bodenbearbeitung weiterentwickelte* , behauptete er, dass auf Düngemittel verzichtet werden könne, da die Bodenbearbeitung dort, wo sie praktiziert werde, die Pulverisierung des Bodens bewirke.

Definition von Düngemitteln.

Diese alte Bedeutung legen wir dem Wort natürlich nicht mehr bei. Das Wort Gülle wird heute für jede Substanz verwendet, die durch ihre Anwendung zur Fruchtbarkeit eines Bodens beiträgt. Wie im vorigen Kapitel gezeigt wurde, sind die für das Pflanzenwachstum notwendigen Substanzen, die im Boden häufig fehlen, im Allgemeinen nur drei an der Zahl, nämlich *Stickstoff* , *Phosphorsäure* und *Kali* . Unter Gülle ist daher jeder Stoff zu verstehen, der diese Bestandteile einzeln oder zusammen enthält, und sein kommerzieller Wert wird durch die Menge dieser Stoffe bestimmt, die er enthält. Obwohl dies so ist, darf jedoch nicht vergessen werden, dass, wenn wir einen Dünger als eine Substanz definieren, die in irgendeiner Weise zur Fruchtbarkeit des Bodens beiträgt, andere als die oben genannten Substanzen durchaus als Dünger angesehen werden können. Wie wir gesehen haben, hängt die Fruchtbarkeit eines Bodens nicht nur von der

Anwesenheit bestimmter Bestandteile ab, sondern auch von deren chemischem Zustand , *also* davon, ob sie leicht löslich sind oder nicht. Darüber hinaus hängt es, wie wir auch gesehen haben, davon ab, dass der Boden bestimmte mechanische und biologische Eigenschaften besitzt. So gibt es Stoffe, die auf die inerten Düngestoffe des Bodens einwirken und diese durch ihre Wirkung in eine schneller verfügbare Form umwandeln. Es gibt weitere Stoffe, die durch ihre Anwendung einen erheblichen Einfluss auf die Beschaffenheit des Bodens haben und dadurch dessen physikalische und biologische Eigenschaften beeinflussen. Alle diese Stoffe sind gemäß der oben genannten Definition eines Mistes unter den Begriff zu fallen. Da die Fruchtbarkeit eines Bodens auf vielfältige Weise gefördert werden kann und die von Düngern ausgeübten Funktionen unterschiedlicher Art sind, können wir sie entsprechend ihrer jeweiligen Wirkung in verschiedene Klassen einteilen.

Verschiedene Gülleklassen.

Erstens können wir Düngemittel in zwei große Klassen einteilen: (1) solche, die dem Boden die notwendigen pflanzlichen Nahrungsbestandteile liefern und so direkt zur Fruchtbarkeit beitragen; und (2) solche, die die Bodenfruchtbarkeit indirekt beeinflussen. Die erste Klasse können wir *direkte* Düngemittel und die zweite *indirekte Düngemittel* nennen . Diese beiden Klassen lassen sich weiter in weitere kleinere Klassen unterteilen. Bei den Direktdüngern sind verschiedene Unterteilungen im Einsatz. Sie können in *allgemeine* Düngemittel und *spezielle Düngemittel* unterteilt werden , je nachdem, ob sie alle für das Pflanzenwachstum notwendigen Elemente oder nur einige davon enthalten. Oder sie können entsprechend ihrer Quelle in *natürliche* und *künstliche* , *mineralische* und *pflanzliche unterteilt werden* . Ebenso gibt es bei der zweiten Klasse eine Reihe von Unterteilungen, abhängig von der besonderen Art der Wirkung, die sie ausüben. Manche Düngemittel wirken in beiden Funktionen – sowohl direkt als auch indirekt – und damit ihr Wert voll gewürdigt wird, müssen sie unter beiden Gesichtspunkten untersucht werden. Das auffälligste Beispiel für einen solchen Mist ist Hofmist. Es gibt andere Düngemittel, die unter bestimmten Umständen auf zwei unterschiedliche Arten wirken können. Ein solcher Stoff ist Kalk. Es gibt Böden, in denen es tatsächlich an Kalk mangelt, um den Bedarf der Nutzpflanzen zu decken. Auf solchen Böden würde eine Kalkausbringung sowohl als direkter als auch als indirekter Dünger wirken. Es kann auch Ausnahmefälle geben, in denen Magnesiasalze oder auch Eisensalze als Direktdünger wirken können. Viele Düngemittel, die gemeinhin als reine Direktdünger gelten, würden einen indirekten Einfluss ausüben, wenn die Mengen, in denen sie ausgebracht würden, ausreichend groß wären. Dies ist in der Tat bei vielen künstlichen Düngemitteln wie Guano, Knochen, salpetersaurem Natron und basischer Schlacke der Fall. Es wurde behauptet, dass Natronlauge nicht nur die Fruchtbarkeit fördert, indem es dem Boden Stickstoff in seiner am besten verfügbaren Form zuführt, sondern dass das darin enthaltene Soda auch einen wertvollen indirekten Einfluss auf die Festigung des Bodens und die Erhöhung seiner Absorptionsfähigkeit ausübt. Wenn man jedoch die geringe Menge dieses Mistes bedenkt, die pro Hektar ausgebracht wird, muss sein mechanischer Einfluss unbedeutend sein. Gleiches gilt für Grundschlacken, die in ihrer Zusammensetzung einen erheblichen Anteil an freiem Kalk enthalten. Da dieser Mist jedoch manchmal in beträchtlichen Mengen ausgebracht wird, kann man davon ausgehen, dass sein indirekter Wert nicht ganz unerheblich ist. Tatsächlich haben wir den Beweis dafür, dass die vorteilhafteste Wirkung auf Böden festgestellt wurde, die reich an organischer Substanz sind. [62] Die Wirkung von Knochen und Guano sowie aller anderen Dünger, die einen großen Prozentsatz an zersetzbarer organischer Substanz enthalten, ist ebenfalls doppelter Natur, da ihre Zersetzung oder Fäulnis im Boden zur Bildung von Kohlensäure und organischer Substanz führt Säuren, die eine chemische Wirkung auf die Bodeninhaltsstoffe ausüben können. Es gibt einen Punkt im Zusammenhang mit der Wirkung dieser Düngemittel, der Beachtung verdient: So gering ihr indirekter Wert auch sein mag, ihre Wirkung als direkter Dünger wird durch die Art und Weise, wie ihre organische Substanz verrottet, sehr beschleunigt . Kurz gesagt kann man sagen, dass sie gewissermaßen die Lösungsmittel liefern, die sie für die Anforderungen der Pflanze verfügbar machen. Es kann hier sinnvoll sein, die Düngemittel zu klassifizieren, mit denen wir uns später befassen wollen.

I. Düngemittel, deren Wirkung sowohl direkt als auch indirekt ist – z. B. *Gründüngung*, *Hofdünger*, *Kompost* und *Abwasser*.

II. Düngemittel, von denen angenommen werden kann, dass sie nur eine direkte Wirkung haben – z. B. *Guano* aller Art, *Knochen* in allen Formen, *Sodanitrat*, *Ammoniaksulfat*, *getrocknetes Blut*, *Superphosphate*, *mineralische Phosphate* aller Art, *Hörner* und *Hufe*, *Schädlinge*, *Wolle -Abfälle*, *Fisch-Guano*, *Kalisalz*, *Kalisulfat* und *Kainit*.

III. Düngemittel, von denen angenommen werden kann, dass sie nur einen indirekten Wert haben – z. B. *Kalk*, *mild* und *ätzend*, *Mergel*, *Gips*, *Salz* usw.

Wir werden nun mit der Erörterung der Natur und Wirkung dieser verschiedenen Düngemittel fortfahren, beginnend mit denen, die sowohl einen *direkten* als auch einen *indirekten* Einfluss ausüben. Zuvor kann es sinnvoll sein, das Vorkommen und die natürlichen Quellen der drei wichtigen Bodenbestandteile Stickstoff, Phosphorsäure und Kali zu betrachten, um zu sehen, inwieweit diese durch die verschiedenen natürlichen Prozesse ständig aus unseren Böden entfernt werden und inwieweit ihre natürlichen Quellen in der Lage sind, diesen Verlust auszugleichen – kurz gesagt, um die wirtschaftlichen Gründe für den Einsatz künstlicher Düngemittel klar zu verstehen.

FUSSNOTEN:

[62] Siehe Kapitel über Basisschlacke.

KAPITEL III.
DIE POSITION VON STICKSTOFF IN DER LANDWIRTSCHAFT.

Von den Düngemitteln ist Stickstoff bei weitem der wichtigste, und von der Anwesenheit und Beschaffenheit des darin enthaltenen Stickstoffs kann man sagen, dass die Fruchtbarkeit eines Bodens am meisten davon abhängt. Die meisten Böden sind mit verfügbaren Ascheinhaltsstoffen in der Regel besser versorgt als mit verfügbaren Stickstoffverbindungen. Da die meisten künstlichen stickstoffhaltigen Düngemittel teuer sind, steht Stickstoff auch aus wirtschaftlicher Sicht an erster Stelle. Daher ist eine gründliche Untersuchung der verschiedenen Formen, in denen es in der Natur vorkommt, der zahlreichen und komplizierten Veränderungen, die es im Boden erfährt, durch die es auf die Bedürfnisse der Pflanze vorbereitet wird, und der Beziehung seiner verschiedenen Formen zum Pflanzenleben und der natürlichen Quellen seines Verlusts und Gewinns ist von größter Bedeutung, wenn wir hoffen wollen, die schwierige Frage der Bodenfruchtbarkeit zu verstehen.

Die Rothamsted-Experimente und die Stickstofffrage.

Die Stellung von Stickstoff in der Landwirtschaft ist eine sehr schwierige und komplexe Frage. Es hat viel Aufmerksamkeit erregt und seiner Aufklärung viel aufwändige und sorgfältige Forschung gewidmet. Den Rothamsted-Experimenten verdanken wir die meisten Informationen, die wir zu diesem Thema besitzen, und die in diesem Kapitel enthaltenen Fakten basieren fast ausschließlich auf den Ergebnissen dieser berühmten Experimente, wie sie in den Memoiren und Schriften der Herren Lawes, Gilbert und Warington dargelegt sind .

Verschiedene Formen, in denen Stickstoff in der Natur vorkommt.

Auf die Stickstofffrage haben wir bereits in der historischen Einleitung hingewiesen. Um jedoch einen umfassenden Überblick über das Thema zu erhalten, kann es sinnvoll sein, einige der dort genannten Fakten noch einmal zusammenzufassen.

Stickstoff existiert, wie wir bereits gesehen haben, im „freien" oder elementaren Zustand, als Nitrate und Nitrite, als Ammoniak und in einer Vielzahl verschiedener organischer Formen.

Es kommt in der ersten dieser Formen in der Luft am häufigsten (ca. 80 %) vor. Dass dieser freie Stickstoff, dessen Menge praktisch unbegrenzt ist, [63] ursprünglich die Quelle aller seiner anderen Formen war, liegt natürlich auf der Hand. Aber diese Umwandlung von freiem Stickstoff in die verschiedenen Verbindungsformen, in denen er im Mineral-, Pflanzen- und Tierreich vorkommt, war ein Prozess, der durch eine Vielzahl indirekter Methoden und nur mit großem Zeitaufwand bewirkt wurde. Aus praktischen Gründen kann der freie Stickstoff der Luft hauptsächlich als eine nicht verfügbare Quelle für die meisten Körper, in denen er enthalten ist, angesehen werden. Man kann sagen, dass er von allen Stickstoffformen die am wenigsten aktive ist, soweit es das Pflanzenleben betrifft.

Verhältnis von „freiem" Stickstoff zur Pflanze.

Das Verhältnis des „freien" Stickstoffs zur Pflanze war Gegenstand zahlreicher Forschungen, insbesondere in den letzten Jahren, und ein kurzer Überblick über die wichtigsten Ergebnisse wurde bereits im Einleitungskapitel gegeben. [64]

Dass diese Stickstoffquelle für die Pflanze nicht so unzugänglich ist, wie früher angenommen wurde, ist mittlerweile hinreichend bewiesen. Die Überlegungen, die zu dieser Schlussfolgerung führten und die jüngsten aufwändigen Experimente zur Fixierung von freiem Stickstoff durch die Pflanze nahelegten – deren Ergebnisse unsere landwirtschaftliche Praxis offenbar weitgehend revolutionierten – waren darauf zurückzuführen Nachdem wir die Beziehung des Bodenstickstoffs zur Pflanze untersucht haben, ist es am besten, die weitere Erörterung dieser Frage aufzuschieben, bis wir uns mit den anderen Stickstoffquellen befasst haben.

Gebundener Stickstoff in der Luft.

Neben Stickstoff im freien Zustand enthält die Luft sehr geringe Mengen dieses Elements in gebundener Form. Wir haben es in winzigen Spuren als Nitrat und Nitrit, als Ammoniak [65] und auch in noch kleineren Spuren als organischer Stickstoff in den winzigen Staubpartikeln, von denen moderne Forschungen gezeigt haben, dass sie in so enormer Zahl in unserer Atmosphäre vorhanden sind. Es ist umstritten, woher diese Nitrate und Nitrite stammen (die in so geringen Mengen vorkommen, dass eine genaue Bestimmung ihrer Menge äußerst schwierig ist). Dass sich Stickstoff und Sauerstoff unter dem Einfluss intensiver Hitze, etwa des elektrischen

Funkens, zu Stick- und Stickoxiden verbinden, ist zweifelsfrei bewiesen. Eine Ursache dürften daher die elektrischen Entladungen sein, die an verschiedenen Stellen der Erdoberfläche mehr oder weniger häufig auftreten. Auch bei der Verbrennung stickstoffhaltiger Körper können Nitrate entstehen. [66] Bei der Verbrennung von Kohlegas ist es beispielsweise wahrscheinlich, dass geringe Mengen an Nitraten entstehen. Ebenso kann die langsame Verbrennung oder Zersetzung stickstoffhaltiger organischer Stoffe, die ständig auf der gesamten Erdoberfläche stattfindet, als eine weitere Quelle dieser Form von gebundenem Stickstoff angesehen werden. Ammoniak kann in ähnlicher Weise durch die schnelle oder langsame Verbrennung stickstoffhaltiger organischer Stoffe entstehen. Es kommt in der Luft als Ammoniaknitrat oder -nitrit sowie als Ammoniakkarbonat vor. [67]

Menge an kombiniertem Stickstoff, der im Regen fällt.

Die Bedeutung des gebundenen Stickstoffs in der Luft als Quelle für Bodenstickstoff lässt sich am besten anhand der Menge beurteilen, die jährlich in Form von Regen gelöst auf den Boden fällt. Es wurde festgestellt, dass dies erheblich schwankt. Bei den Niederschlägen in der Nähe großer Städte ist die Menge größer als bei den Niederschlägen auf dem Land. So betrug in Rothamsted in England die durchschnittliche Menge über mehrere Jahre nur 3,37 Pfund Stickstoff pro Jahr und Acre, davon 2,53 Pfund als Ammoniak und 84 als Salpetersäure. In Lincoln in Neuseeland fielen jährlich 1,74 Pfund pro Acre – als Ammoniak 0,74, als Salpetersäure 1,00; während auf Barbadoes die Menge 3,77 Pfund betrug, wovon 0,93 Pfund Ammoniak und 2,84 Pfund Salpetersäure waren. [68] Es ist sehr wahrscheinlich, dass der kombinierte Stickstoff, der vom Boden aus der Luft aufgenommen wird, deutlich darüber liegt. Böden, insbesondere wenn sie feucht sind, können viel größere Mengen des darin enthaltenen gebundenen Stickstoffs aus der Luft aufnehmen. Wir müssen bedenken, dass sich die Luft, die mit der Bodenoberfläche in Kontakt steht, ständig verändert und dass es daher zu einer ständigen Erneuerung der über den Boden strömenden Luft kommt. Das Ergebnis ist, dass die Luftmenge, aus der gebundener Stickstoff entfernt werden kann, sehr groß ist. [69]

Stickstoff im Boden.

Es wurde als bemerkenswerte Tatsache festgestellt, dass Stickstoff im Wesentlichen ein oberflächliches Element ist. Damit ist gemeint, dass es in der Regel nur auf der unmittelbaren Erdoberfläche vorkommt. Diese Aussage kann nur in gewissen Grenzen als wahr anerkannt werden. Die

Hauptquelle für Stickstoff sind neben der Atmosphäre natürlich pflanzliches und tierisches Gewebe. [70] Da pflanzliches und tierisches Gewebe nur in geringem Umfang auf der Erdoberfläche vorkommt, kommt Stickstoff daher hauptsächlich dort vor. Auch die natürlichen Vorkommen von Stickstoffsalzen, wie die Salpeterfelder Chiles und die Salpeterböden Indiens usw., kommen nur oberflächlich vor. Ungeachtet dieser Tatsachen muss jedoch die Menge an Stickstoff, die wahrscheinlich in beträchtlichen Tiefen von der Oberfläche vorhanden ist, sehr groß sein. Es gibt nur wenige Sedimentgesteine, die es nicht enthalten. In Rothamsted enthielt eine Probe kalkhaltigen Tons, die aus einer Tiefe von 500 Fuß entnommen wurde, 0,04 Prozent – also so viel, wie im Durchschnitt in den Tonunterböden von Rothamsted zu finden ist.

Stickstoff im Untergrund.

Im Großen und Ganzen kommt Stickstoff jedoch, wie gesagt, hauptsächlich im oberflächlichen Boden vor. Die im Untergrund von Rothamsted gefundene Menge scheint in verschiedenen Tiefen sehr leicht zu variieren, der Prozentsatz liegt zwischen 0,06 und 0,03. [71] Im Gegensatz zum Stickstoff des Oberflächenbodens scheint der Stickstoff im Untergrund sehr alten Ursprungs zu sein und stammt wahrscheinlich aus den Überresten tierischen und pflanzlichen Lebens im Schlamm, der sich am Meeresboden abgelagert hat. Bei lehmigem Untergrund kommt es häufiger vor als bei sandigem Untergrund.

Stickstoff des Oberflächenbodens.

Stickstoff neigt dazu, sich in den oberen Schichten des Oberflächenbodens anzusammeln, wobei die ersten 9 Zoll oder Fuß den bei weitem größten Anteil davon enthalten. In der Tabelle im Anhang [72] ist deutlich zu erkennen, mit welcher Geschwindigkeit der Betrag abnimmt, je weiter man nach unten geht. Messungen der jeweiligen Stickstoffmengen in jeweils 3 Zoll Bodentiefe, die bis zu einer Tiefe von einem Fuß des experimentellen Weizenfeldes in Rothamsted durchgeführt wurden, zeigten, dass der Prozentsatz zwischen den ersten 3 Zoll und den zweiten 3 Zoll sehr geringfügig schwankte. Es zeigte sich jedoch, dass ein deutlicherer Unterschied zwischen dem Stickstoff in den zweiten und dritten 3 Zoll bestand; während die vierten 3 Zoll deutlich ärmer waren und sich in ihrem Anteil an Stickstoff aus dem Untergrund kaum unterschieden. Dies war bei ungedüngtem Boden der Fall. Bei stark gedüngtem Boden zeigte sich, dass der durch den Mist bedingte Anstieg des Bodenanteils bis in die Tiefe eines Fußes spürbar war, jedoch nicht viel darunter. [73]

Eine sorgfältige Durchsicht der Tabellen im Anhang wird zeigen, dass die Stickstoffmenge sowohl bei Acker- als auch bei Weideböden in den ersten 3 Fuß stetig abnimmt, dass unterhalb dieser Tiefe jedoch kaum eine Abnahme zu beobachten ist und der Prozentsatz offensichtlich ziemlich konstant wird.

Die Menge an Stickstoff im Boden.

Es bestehen erhebliche Unterschiede in der Menge an Stickstoff, die in verschiedenen Böden vorhanden ist. Die meisten Analysen beziehen sich nur auf die im Oberflächenboden gefundene Menge – im Allgemeinen in den ersten 9 oder 12 Zoll. Da der Boden zudem kein völlig homogener Körper ist, ist es sehr schwierig, zuverlässige Ergebnisse zu erhalten. Daher hängt viel von der Art der Stichprobenziehung und der verwendeten Berechnungsgrundlage ab; und es kann sein, dass dies gelegentlich, zumindest bis zu einem gewissen Grad, die großen Diskrepanzen bei der Schätzung der in verschiedenen Böden vorhandenen Stickstoffmengen erklärt, die von verschiedenen Forschern festgestellt wurden.

Torfböden sind am reichsten an Stickstoff.

Torfböden sind von allen Böden am stickstoffreichsten. Professor SW Johnson stellte fest, dass der Stickstoffgehalt in fünfzig verschiedenen Torfproben zwischen 0,4 und 2,9 Prozent lag, wobei der Durchschnitt bei 1,5 Prozent lag. Auf der anderen Seite sind Mergel- und Sandböden am ärmsten, wobei die Analysen einer Reihe dieser Böden nur 0,004 bis 0,083 Prozent für erstere und 0,025 bis 0,074 Prozent für letztere ergeben. Als allgemeine Regel gilt, dass die meisten Ackerböden mehr als ein Zehntel Prozent Stickstoff enthalten, also beispielsweise über 3500 Pfund pro Hektar. Ein guter Weideboden, der in Rothamsted bis zu einer Tiefe von 9 Zoll entnommen wurde, enthielt etwa ein Viertel Prozent. In zehn bis zu einer Tiefe von 9 Zoll entnommenen Bodenproben aus verschiedenen Teilen Großbritanniens und Irlands fand Munro 0,128 bis 0,695 Prozent Stickstoff, der Durchschnitt lag bei 0,3278 Prozent. Es sei darauf hingewiesen, dass die Böden von Rothamsted im Vergleich zu den meisten Böden wahrscheinlich stickstoffarm sind. Die Untersuchungen von A. Müller ergaben, dass in einigen der von ihm analysierten Böden der Stickstoffgehalt bei knapp einem Prozent lag, während bei den anderen der Durchschnitt bei über einem halben Prozent lag; selbst die ärmeren Böden, die er untersuchte, enthielten durchschnittlich etwa ein Viertel Prozent. Andersons Analysen schottischer Weizenböden zeigten eine Variation von 0,074 bis 0,22 im Oberflächenboden, während er im Untergrund 0,15 bis 0,92 Prozent feststellte. Boussingaults Ergebnisse liegen ebenfalls sehr viel höher. Die

Stickstoffmenge in einer Reihe von Lehmböden, die aus sehr unterschiedlichen, von ihm untersuchten Orten stammten, betrug 6.000 bis 30.000 Pfund pro Acre – der Boden wurde bis zu einer Tiefe von 17 Zoll entnommen. [74]

Beschaffenheit des Stickstoffs im Boden.

Wenn wir die Stickstoffmenge, die durch verschiedene Kulturen entfernt wird (die selbst bei den am stärksten stickstoffreichen Kulturen oft nicht mehr als 150 Pfund pro Acre beträgt), mit der im Boden enthaltenen Menge vergleichen, ist die erstere Menge scheint im Vergleich zu Letzterem sehr unbedeutend zu sein. Vor diesem Hintergrund erscheint es auf den ersten Blick so, als sei die Zugabe von Stickstoff in Form von Gülle völlig überflüssig. Wir müssen jedoch bedenken, dass die *Gesamtmenge* an Stickstoff zwar im Vergleich zu der Menge, die durch Pflanzen entfernt wird, relativ groß ist, dass jedoch nur ein sehr kleiner Anteil für die Pflanze *verfügbar ist.* Dies führt uns dazu, die verschiedenen Formen, in denen Stickstoff im Boden vorhanden ist, und ihre jeweiligen Mengen zu betrachten.

Organischer Stickstoff im Boden.

Stickstoff kommt im Boden in Form von organischem Stickstoff, Salpetersäure, salpetriger Säure und Ammoniak vor. Der mit Abstand größte Anteil ist in der ersten dieser Formen vorhanden. Dies ist eine kluge Vorkehrung, denn andernfalls würde der Boden sehr schnell an Stickstoff verarmen; denn das, was als Nitrat vorliegt, kann es kaum zurückhalten, während das, was als Ammoniak vorliegt, durch den Prozess der *Nitrifikation bald in Nitrate umgewandelt wird* .

Der organische Stickstoff des Bodens ist, obwohl wir dazu neigen, ihn als solchen zu betrachten, keineswegs von homogenem Charakter oder von gleichem Wert als Quelle pflanzlicher Nahrung. Einige davon sind, wie jüngste Untersuchungen zeigen, in einem Zustand, in dem sie leichter in eine verfügbare Form umgewandelt werden können als der Rest. So scheint es im Prozess der Nitrifikation, einen Prozess, den wir gleich ausführlich betrachten werden, im Allgemeinen ein gewisser kleiner Teil zu geben, der eher bereit ist, sich dieser Veränderung zu unterziehen, als der Rest; so dass die Nitrifikation bei Verbrauch dieser geringen Menge langsamer vonstatten geht. Kurz gesagt, obwohl wir bisher nur sehr wenig über die Natur des organischen Stickstoffs im Boden wissen, können wir nicht daran zweifeln, dass in seiner Zusammensetzung eine ständige Reihe von Veränderungen stattfindet, die zur allmählichen Entwicklung verfügbarerer Formen führen, bis schließlich diese werden in Ammoniak und Nitrate umgewandelt.

Der Großteil des organischen Stickstoffs im Boden muss jedoch als *inaktiv betrachtet werden* und ist für die Kultur keineswegs verfügbar. Was die genaue chemische Form dieses Stickstoffs ist, ist äußerst schwer zu sagen. Mulder war der Meinung, dass ein beträchtlicher Anteil in Form von Ammoniakhumat vorlag. Diese Meinung beruhte, wie wir gleich sehen werden, auf falschen Begründungen. Es ist sehr wahrscheinlich, dass es sich in irgendeiner Form um Amidstickstoff handelt. Sein inerter Charakter widerspricht der Annahme, dass es lange Zeit als Albuminoidstickstoff verbleibt.

Unterschiedlicher Charakter von Oberflächen- und Untergrundstickstoff.

Ein sehr wichtiger Punkt ist, dass sich die stickstoffhaltige organische Substanz des Oberflächenbodens stark von der im Untergrund findet. Dieser Unterschied zeigt sich in der Variation im Verhältnis von Stickstoff zu Kohlenstoff, was auf die Tatsache hinweist, dass, wie wir natürlich annehmen sollten, der Ursprung des letzteren sehr viel älter ist als der Ursprung des ersteren. So betrug das Verhältnis in den ersten 9 Zoll alten Weidebodens in Rothamsted 1:13; während es im Untergrund, 3 Fuß von der Oberfläche entfernt, nur 1:6 betrug. Im Oberflächenboden nähert es sich daher in seiner Zusammensetzung eher der gewöhnlichen pflanzlichen Substanz.

Stickstoff als Ammoniak in Böden.

Die zweite Form, in der Stickstoff im Boden vorhanden ist, ist Ammoniak. In der Vergangenheit gab es sehr große Missverständnisse über die Menge an Stickstoff in dieser Form in Böden. Dieser Fehler war auf die bei der Schätzung angewandte Methode zurückzuführen, die darin bestand, den Boden mit siedenden Ätzalkalien zu behandeln und das abgegebene Ammoniak als solches zu zählen. Mittlerweile ist bekannt, dass bestimmte Formen organischen Stickstoffs – wie zum Beispiel Amide – bei dieser Behandlung langsam in Ammoniak umgewandelt werden. Aussagen, die in älteren Lehrbüchern zu finden sind und die den Ammoniakgehalt im Boden mit über einem Zehntel Prozent angeben, müssen daher als völlig unzuverlässig angesehen werden. Tatsächlich ist es sehr wahrscheinlich, dass Ammoniak in den meisten Böden nur in sehr geringen Spuren vorkommt. Aus dem, was wir über den Prozess der Nitrifikation wissen, sehen wir, dass es außer unter sehr außergewöhnlichen Umständen nahezu unmöglich ist, dass Ammoniak in irgendeiner Menge im Boden vorhanden ist.

Im Boden vorhandene Ammoniakmenge.

In gewöhnlichen Böden beträgt sie wahrscheinlich nicht mehr als 0,0002 bis 0,0008 Prozent, also durchschnittlich 0,0006 Prozent. [75] In nährstoffreichen Böden oder in Gartenböden kann die Menge erheblich höher sein. Daher Boussingault fand in einem Gartenboden 0,002 Prozent. Im Torf und im Torfschimmel wurde sogar ein höherer Prozentsatz gefunden, nämlich 0,018 für ersteren und 0,05 für letzteren.

Stickstoff liegt als Nitrat im Boden vor.

Die dritte Stickstoffform im Boden ist Salpetersäure. In dieser Form kommt es häufiger vor als als Ammoniak; aber dennoch ist seine Menge im Vergleich zum organischen Stickstoff unbedeutend. Wahrscheinlich liegen nicht mehr als 5 Prozent des gesamten Stickstoffs eines Bodens jemals als Nitrat vor. Dafür gibt es zwei Gründe. Erstens hat der Boden, wie wir bereits bemerkt haben, nur eine sehr geringe Fähigkeit, Stickstoff in dieser Form zu speichern; und zweitens werden die Nitrate bei ihrer Bildung schnell von der Pflanze aufgenommen, wenn der Boden mit wachsender Vegetation bedeckt ist. Aus diesem Grund ist die Stickstoffmenge in Form von Nitraten in brachliegenden Böden sehr viel größer als in bepflanzten Böden.

Position von Stickstoff im Boden.

Wie wir im folgenden Kapitel über die Nitrifikation ausführlicher sehen werden, ist die Bildung von Nitraten hauptsächlich auf den Oberflächenboden beschränkt, wobei der größte Anteil innerhalb der ersten 9 bis 12 Zoll gebildet wird. Aus diesem Grund finden wir die größte Menge an Nitraten im Oberflächenboden. Da sie aber nach ihrer Bildung leicht in die unteren Schichten des Bodens gespült werden, finden wir oft einen beträchtlichen Anteil jenseits der ersten 9 Zoll. Der Nitratgehalt im Boden hängt somit ganz wesentlich von der Jahreszeit und der Witterung ab. Bei trockenem Wetter, bei dem die Verdunstung des Bodenwassers mit beträchtlicher Geschwindigkeit erfolgt, besteht die Tendenz, dass sich die Nitrate im oberflächlichen Teil des Bodens konzentrieren. Bei nassem Wetter hingegen besteht die Tendenz, dass die Nitrate in die unteren Schichten gespült werden.

Menge an Nitraten im Boden.

Die Bestimmung der Nitratmenge in einem Boden ist wirtschaftlich nicht von großer Bedeutung; da dies sehr unterschiedlich ist und von so vielen unterschiedlichen Bedingungen abhängt, wie zum Beispiel der Jahreszeit, dem Zustand des Landes und dem vorherrschenden Wetter. Ein Punkt von weitaus größerer wirtschaftlicher Bedeutung ist die Gesamtmenge, die im Jahr gebildet wird, und die Geschwindigkeit, mit der die Nitrifikation stattfindet. Diese Fragen werden an anderer Stelle erörtert und müssen daher hier nicht behandelt werden. Einige interessante Analysen der Nitratmenge in Böden in verschiedenen Tiefen, die in Rothamsted durchgeführt wurden, verdienen jedoch eine sorgfältige Betrachtung.

Nitrate in Brachböden.

Im Anhang zum Kapitel über Nitrifikation [76] findet sich eine Tabelle mit den Nitratmengen, die in den ersten 27 Zoll brachliegenden Böden gefunden wurden. Die Mengen variieren zwischen 33,7 Pfund und 59,9 Pfund pro Acre. Die Analysen wurden im September oder Oktober durchgeführt. In vier der sechs Analysen wird festgestellt, dass der mit Abstand größte Anteil in den ersten 9 Zoll zu finden ist. In diesen Fällen war der vorangegangene Sommer trocken gewesen und die Nitrate waren daher nicht bis in die Tiefe abgeschwemmt worden. In den anderen beiden Fällen findet sich die größte Menge in den zweiten 9 Zoll des Bodens, und eine beträchtliche Menge findet sich auch in den dritten 9 Zoll.

Nitrate in bewirtschafteten Böden.

Bei bewirtschafteten Böden ist der Nitratgehalt deutlich geringer. Im Anhang finden Sie eine Tabelle mit einer ausführlichen Reihe von Nitratbestimmungen in bewirtschafteten Böden, die jedoch keinen Dünger erhielten und bis zu einer Tiefe von 9 Fuß entnommen wurden. [77] Die ersten 27 Zoll enthalten nur etwa 5 bis 14 Pfund pro Acre, und der größte Teil davon findet sich in den ersten 9 Zoll. Dies zeigt, wie schnell Nitrate von der wachsenden Pflanze aufgenommen werden. Ein interessanter Punkt, der diese Analysen zeigt, ist, dass Nitrate in bewirtschafteten Böden in einer bestimmten Tiefe fast vollständig verschwinden, in noch geringerer Tiefe jedoch wieder in geringen Mengen vorkommen.

Nitrate in gedüngten Weizenböden.

Schließlich geben wir im Anhang [78] die Menge an Nitraten an, die in unterschiedlich gedüngten Weizen- und Gerstenböden in Rothamsted gefunden wurde. Aus einer Durchsicht dieser Tabellen wird ersichtlich, dass die Menge an Nitraten (unter verschiedenen Düngebedingungen) in den ersten 27 Zoll zwischen 21,2 Pfund pro Acre und 52,2 Pfund für Weizenböden und 20,1 bis 44,1 Pfund pro Acre schwankt . pro Acre für die Gerstenböden.

Wir betrachten nun die Quellen des Bodenstickstoffs, die Bedingungen, die seinen Anstieg bestimmen, und das Ausmaß dieses Anstiegs sowie die Verlustquellen und die Bedingungen, die diesen Verlust bestimmen.

Das löste sich im Regen auf.

Es gibt mehrere natürliche Quellen für Bodenstickstoff. Wir haben zunächst einmal den Luftstickstoff. Betrachten wir hiervon zunächst den als gebundenen Stickstoff vorliegenden Stickstoff. Dieses besteht, wie wir bereits gesehen haben, hauptsächlich aus Nitraten, Nitriten und Ammoniak und erreicht den Boden gelöst im Regen oder in anderen meteorischen Formen von Wasser, wie Schnee, Hagel, Nebel, Raureif usw.

Das nimmt der Boden aus der Luft auf.

Es wird auch aus der Luft vom Boden aufgenommen, insbesondere wenn der Boden in feuchtem Zustand ist, wie die bereits erwähnten Versuche von Schloesing bewiesen haben. Die Gesamtmenge, die pro Acre und Jahr gelöst im Regen fällt, schwankt in den verschiedenen Teilen der Welt sehr stark, beträgt aber in jedem Fall jährlich nur ein paar Pfund pro Acre. [79] Die vom Boden aus der Luft aufgenommene Menge dürfte wahrscheinlich weitaus größer sein. Schloesing kam in seinen Experimenten zu dem Schluss, dass sich dieser Wert auf 38 Pfund pro Acre und Jahr belaufen könnte. Diese Ergebnisse wurden jedoch unter den für die Absorption günstigsten Umständen erzielt, nämlich bei feuchtem Boden und in der Nähe von Paris, wo die Luft vermutlich reicher an gebundenem Stickstoff ist als auf dem Land. Es sei erwähnt, dass der absorbierte Stickstoff fast ausschließlich in Form von Ammoniak vorlag. Es ist zu beachten, dass der Stickstoff, den der Boden auf diese Weise aus dem gebundenen Stickstoff der Luft gewinnt, kein reiner Gewinn ist. Was die Nitrate und Nitrite betrifft, so werden die meisten davon zweifellos durch elektrische Entladung gebildet, obwohl ein kleiner Teil von ihnen durch die Oxidation von Ammoniak mittels Ozon und Wasserstoffperoxid gebildet werden kann. Was das in den organischen Partikeln der Luft enthaltene Ammoniak und den gebundenen Stickstoff betrifft, dürfte ein nicht unerheblicher Anteil aus dem Boden stammen. Als Hauptquelle des in der Luft vorhandenen Ammoniaks sieht Schloesing den tropischen Ozean; Aber wir müssen bedenken, dass die Quelle eines Großteils des Stickstoffs im tropischen Ozean schließlich der Boden ist.

Lassen wir die Frage nach der Verfügbarkeit des freien Stickstoffs der Luft für einen Moment beiseite und betrachten wir die anderen Quellen von Bodenstickstoff.

Anreicherung von Bodenstickstoff unter natürlichen Bedingungen.

Die Hauptquelle sind natürlich die Überreste pflanzlichen und tierischen Gewebes. [80] Pflanzen sind die großen Stickstoffspeicher im Boden. Indem sie verfügbare Formen davon wie Nitrate assimilieren und in organischen Stickstoff umwandeln, verhindern sie den Verlust dieses wertvollsten aller Bodenbestandteile, der andernfalls eintreten würde.

Sie dienen auch dazu, den Stickstoff aus den unteren Bodenschichten zu sammeln und ihn im Oberflächenbereich zu konzentrieren. In einem Naturzustand, in dem der Boden ständig mit Vegetation bedeckt ist, wird der Prozess daher eine stetige Anreicherung von Stickstoff im Oberflächenboden sein. Inwieweit es zu dieser Anhäufung kommt und wie weit sie durch die Verlustbedingungen begrenzt wird, wird gleich geprüft. Dass es in sehr großem Ausmaß so weitergehen kann, wird durch die Existenz sogenannter *Neulandböden* in Ländern wie Amerika und Australien hinreichend bewiesen. Es gibt auch Fälle, in denen die Stickstoffanreicherung praktisch unbegrenzt ist, obwohl das Ergebnis in solchen Fällen nicht unbedingt ein fruchtbarer Boden ist. Solche Fälle sind Torfmoore. Kommen wir aber zur Anreicherung von Bodenstickstoff unter den gewöhnlichen Haltungsbedingungen.

Anreicherung von Stickstoff auf Weiden.

Der Fall, der unter den Bedingungen der gewöhnlichen Landwirtschaft am meisten einem Naturzustand ähnelt, ist der der Dauerweide. Daher ist es am besten, zunächst die Bedingungen zu untersuchen, unter denen in diesem Fall die Stickstoffgewinnung stattfindet.

Anstieg des Stickstoffgehalts im Boden von Weideland.

Dass der Stickstoffgehalt im Boden von Weideland stetig zunimmt, ist eine Tatsache allgemeiner Erfahrung. Je älter eine Weide ist, desto stickstoffreicher ist ihr Boden. Der Vergleich der Analysen des Bodens von Ackerland mit dem Boden von Weiden unterschiedlichen Alters zeigt dies auf eindrucksvolle Weise. [81] So wurde in Rothamsted festgestellt, dass die Stickstoffmenge in einem gewöhnlichen Ackerboden 0,140 Prozent betrug, während sie auf Weiden, die acht, achtzehn, einundzwanzig und dreißig Jahre alt waren, jeweils 0,151, 0,174, ... betrug. 204 und 0,241 Prozent. In den letzten beiden Analysen haben wir eine Aufzeichnung des tatsächlichen Stickstoffgewinns, der auf derselben Weide erzielt wurde, und zwar 0,04 Prozent in neun Jahren. Aus diesen Statistiken lässt sich schließen, dass der Oberflächenboden einer Weide jährlich um 50 Pfund pro Acre zunehmen kann. Ein Punkt von großem Interesse im Zusammenhang mit diesem Thema ist die Tatsache, dass es offenbar eine Grenze für die Stickstoffanreicherung auf Weiden gibt; denn es scheint, dass jahrhundertealte Weiden nicht reicher an Stickstoff sind als solche, die dreißig bis vierzig Jahre alt sind.

Stickstoffgewinn durch Hülsenfrüchte.

Ein anderer Fall, in dem die Stickstoffzufuhr zum Oberflächenboden sehr auffällig ist, betrifft Hülsenfrüchte wie Klee, Bohnen, Erbsen usw. Diese Tatsache ist seit langem von den Landwirten – insbesondere im Hinblick auf Klee – erkannt worden und hat maßgeblich zur Untersuchung der Frage des „freien" Stickstoffs beigetragen. Dass ein Boden, der eine Leguminosenpflanze trägt, den Stickstoffgehalt in einem sehr auffälligen Tempo erhöht, ist ein Problem, das gelöst werden muss. Eine teilweise Erklärung des Phänomens liegt in der außergewöhnlichen Fähigkeit einer Kulturpflanze wie Klee, mit Hilfe ihrer zahlreichen und verzweigten Wurzeln Stickstoff aus dem Untergrund zu sammeln. Dies wäre jedoch nur bedingt für den Stickstoffanstieg verantwortlich. Es muss eine andere Quelle geben, und die einzige andere Quelle ist die Luft. Dass der freie Stickstoff der Luft doch für den Bedarf der Pflanze zur Verfügung steht, ist eine Vermutung, die schon seit langem äußerst wahrscheinlich erscheint und sich in den letzten Jahren im Fall von zweifelsfrei als Tatsache erwiesen hat Hülsenfrüchte.

Die Fixierung von „freiem" Stickstoff.

Die Art und Weise, wie diese Pflanzen den freien Stickstoff nutzen können, ist noch ein Punkt, der viel Forschung erfordert. Soweit die Frage derzeit untersucht wird, scheint es, dass die Fixierung durch Mikroorganismen erfolgt, die in Tuberkeln oder Wurzelauswüchsen an den Wurzeln von Hülsenfrüchten vorhanden sind. [82] Dies wurde nicht nur außer Zweifel gestellt, sondern es wurden auch Versuche unternommen, die Bakterien, die diese Fixierung bewirken, zu isolieren und zu untersuchen. Aus Nobbes überaus interessanten Experimenten, die kürzlich durchgeführt wurden, geht hervor, dass die verschiedenen Arten von Hülsenfrüchten unterschiedliche Bakterien haben. So scheinen die Bakterien im Tuberkel der

Erbse einer anderen Ordnung anzugehören als die Bakterien im Tuberkel der Lupine und so weiter. Diese Entdeckung ist von großer Bedeutung und braucht kaum hervorgehoben zu werden, da sie viel Licht auf die Prinzipien der Fruchtfolge wirft.

Einfluss von Düngemitteln auf die Erhöhung des Bodenstickstoffs.

Es kann jedoch bezweifelt werden, ob es unter anderen Bedingungen zu einem positiven Stickstoffgewinn im Boden kommt. In anderen Fällen wird die Menge im Boden nur durch großzügige Düngung *aufrechterhalten* . In diesem Zusammenhang wurde eine sehr bemerkenswerte Tatsache hinsichtlich der Wirkung kontinuierlicher, großer Ausbringungen von Wirtschaftsdünger beobachtet. In Rothamsted wurde festgestellt, dass der Mist in einem solchen Fall nach einer Weile den Stickstoffgehalt im Boden nicht zu erhöhen scheint, obwohl ein Rätsel bleibt, wohin der Stickstoff gelangt. Bei der Ausbringung von Kunstdünger scheint es kaum zu einer nennenswerten Verbesserung des Bodenstickstoffs zu kommen. Der Bodenstickstoff wird nur durch die Ernterückstände erhöht. Auf diese Weise kann natürlich gesagt werden, dass künstliche Düngemittel durch die Erhöhung der Menge dieser Ernterückstände indirekt den Bodenstickstoff erhöhen. [83]

QUELLEN DES STICKSTOFFVERLUSTS.

Wir kommen nun zu den Verlustquellen. Die Hauptquelle ist natürlich die Entwässerung. Bewirtschaftete Flächen werden unter dieser Verlustquelle sehr viel stärker leiden als im Naturzustand. Unser modernes Haltungssystem, das eine gründliche Entwässerung einschließt, kann diese Verlustquelle kaum verfehlen.

Nitratverlust durch Entwässerung.

Der Stickstoff geht auf diese Weise in Form von Nitraten verloren. Es ist eine etwas auffallende und beachtenswerte Tatsache, dass von den drei wichtigen Düngemittelbestandteilen Stickstoff, Phosphorsäure und Kali nur der erste in seiner endgültigen und wertvollsten Form nicht durch die Substanz fixiert werden kann Boden und wird so vor dem Verlust durch Entwässerung bewahrt.

Da im Boden ständig Nitrat gebildet wird, muss der Verlust an Gesamtstickstoff erheblich sein. Dies liegt an der großen Löslichkeit der Nitrate und, wie bereits erwähnt, an der Unfähigkeit der Bodenteilchen, sie zu binden. Hiervon muss eine Ausnahme gemacht werden. Laut Knop sind geringe Mengen Salpetersäure in Form von stark *basischen Nitraten des Eisens und der Tonerde in unlöslichem Zustand im Boden enthalten* . Die Menge dieser unlöslichen Verbindungen beläuft sich jedoch wahrscheinlich auf eine sehr geringe Spur.

Dauerweide und „Zwischenfruchtanbau" verhindern Verluste.

Die Höhe des Verlusts variiert und hängt von einer Reihe unterschiedlicher Umstände ab – die Beschaffenheit des Bodens, das Klima und die Jahreszeit beeinflussen daher alle die Menge. Ein weiterer wichtiger Faktor ist die Art und Weise der Bodenbearbeitung. Bei ständiger Vegetationsbedeckung, wie bei Dauergrünland, ist der Verlust minimal. Unter solchen Bedingungen sind Pflanzenwurzeln immer bereit, die löslichen Nitrate bei ihrer Bildung in der unlöslichen organischen Form zu fixieren. Die Berücksichtigung dieser Tatsache stellt eines der stärksten Argumente für die Praxis des sogenannten „Zwischenfruchtanbaus" dar. Die Praxis besteht darin, schnell wachsende Grünpflanzen zu säen – z. B. *Senf*, *Wicken* usw. –, um den Boden unmittelbar nach der Ernte zu besetzen und ihn anschließend einzupflügen. Die Nitrate, von denen bekannt ist, dass sie am häufigsten gebildet werden B. am Ende des Sommers [84] und die sich ab dem Zeitraum, in dem das aktive Wachstum der Getreideernte und damit die Nitrataufnahme durch die Getreidepflanze aufgehört hat, im Boden ansammeln dürfen, werden somit in der organischen Substanz der Pflanze fixiert und vor der Gefahr eines Verlusts durch Entwässerung bei Herbstregen geschützt.

Andere Bedingungen, die den Nitratverlust verringern.

Die Beschaffenheit des Bodens ist ein weiterer wichtiger Faktor, der diesen Verlust reguliert. Manche Böden sind sehr viel offener und poröser als andere; In solchen Böden ist der Verlust durch Entwässerung natürlich am größten. Angesichts der großen Löslichkeit von Nitraten neigen wir jedoch auf den ersten Blick dazu, diese Verlustquelle zu überschätzen. Wir müssen bedenken, dass, während Nitrate ständig in die unteren Schichten des Bodens gespült werden, gleichzeitig eine ausgleichende Aufwärtsbewegung des Bodenwassers stattfindet. Dies ist auf die Verdunstung von Wasser von der Bodenoberfläche zurückzuführen, die eine kapillare Aufwärtsbewegung des Wassers von den unteren in die höheren Schichten induziert. [85] Diese Aufwärtsbewegung des Wassers wird bei mit Vegetation bedeckten Böden durch die Transpiration der Pflanzen sehr verstärkt. Das Klima und die Jahreszeit werden das Ausmaß dieser

Aufwärtsbewegung beeinflussen. Bei starken Niederschlägen ist die Niederschlagsmenge sehr viel geringer als in trockenen Klimazonen. Nach einer langen Dürreperiode werden die Nitrate in den oberen paar Zentimetern des Bodens konzentriert sein; und in heißen Klimazonen geschieht dies manchmal in einem solchen Ausmaß, dass die Bodenoberfläche tatsächlich mit einer Salzkruste bedeckt ist, die durch die schnelle Verdunstung des Bodenwassers unter dem Einfluss einer brennenden tropischen Sonne verursacht wird. Unter diesem Gesichtspunkt wird deutlich, wie sehr ein einzelner Regenschauer – auch wenn er zu diesem Zeitpunkt heftig ist – einen Nitratverlust durch Entwässerung verursacht, als eine anhaltende feuchte Witterung. Im ersteren Fall, bei dem die Schauer durch eine Trockenperiode getrennt sind, werden die in die unteren Bodenschichten gespülten Nitrate durch die durch die Verdunstung verursachte Kapillarwirkung langsam wieder nach oben befördert.

Verlustmenge durch Entwässerung.

Wie hoch der tatsächliche Schaden ist, der auf diese Weise entsteht, lässt sich kaum sagen. Worauf es unter bestimmten Umständen hinausläuft, wurde durch tatsächliche Experimente in Rothamsted entdeckt. Nimmt man die Umstände an, die für einen extremen Verlust am günstigsten sind – nämlich ungedüngtes Brachland –, beträgt die höchste in Rothamsted für ein Jahr registrierte Menge 54,2 Pfund pro Acre aus 20 Zoll tiefem Boden, während die kleinste Menge 20,9 Pfund beträgt. Im ersteren Fall beträgt Das Abflusswasser betrug 21,66 Zoll, während es im letzteren 8,96 Zoll betrug. Der Durchschnitt für dreizehn Jahre auf unverdünntem Brachboden lag bei 37,3 Pfund (für 20 Zoll), 32,6 Pfund (für 40 Zoll) und 35,6 Pfund (für 60 Zoll). Von besonderem Interesse ist in diesem Zusammenhang der jährliche Stickstoffverlust von über 2 Zentnern. Die Herstellung von Natronlauge kann auf einem vergleichsweise kargen, brachliegenden Ackerboden erfolgen.

Der Verlust ist auf bewirtschafteten Böden natürlich sehr viel geringer, sollte kurz gesagt, sehr gering ausfallen, insbesondere auf Dauergrünland, wo er auf ein Minimum reduziert ist. Nimmt man einen Durchschnitt, Mr Warington ist der Meinung, dass der Verlust in England auf 8 Pfund pro Jahr und Acre geschätzt werden kann. [86]

Verlust in Form von freiem Stickstoff.

Die andere natürliche Hauptursache für Stickstoffverluste ist das Entweichen aus dem Boden im „freien" Zustand. Diese Verlustquelle ist weitaus weniger wichtig als die durch Entwässerung verursachte Verluste und beträgt wahrscheinlich sehr gering. Dass es jedoch geschieht, steht außer Zweifel; und dass es – wie wir später sehen werden – unter bestimmten Umständen auf etwas sehr Bedeutendes hinauslaufen kann, ist auch bewiesen. Wo große Mengen stickstoffhaltiger organischer Stoffe zerfallen und daher die Zufuhr von Luftsauerstoff für eine vollständige Oxidation nicht ausreicht, kann „freier" Stickstoff in beträchtlichen Mengen freigesetzt werden. Ebenso kann es bei der Zersetzung pflanzlicher Stoffe unter Wasser entstehen. In Böden, die reich an organischer Substanz sind, kann es zu einer Reduktion sogar von Nitraten kommen, begleitet von der Freisetzung von freiem Stickstoff, der dadurch verloren geht.

Gesamtmenge des Stickstoffverlusts.

Wie hoch der Gesamtstickstoffverlust aus diesen verschiedenen Quellen ist, lässt sich nicht einfach berechnen. Als sich Sir John Lawes mit der Frage der Bodenfruchtbarkeit befasste, schätzte er vor einigen Jahren, indem er den Boden der alten Weide in Rothamsted mit dem Boden verglich, der seit 250 Jahren landwirtschaftlich genutzt wurde, dass in diesem Zeitraum etwa 3000 Pfund Stickstoff vorhanden waren pro Hektar waren vom Ackerland verschwunden . Beispiele für die Stickstoffabnahme in Rothamsted-Böden unter verschiedenen Kulturbedingungen finden Sie im Anhang. [87]

Stickstoffverlust durch Rückentwicklung.

Hier kann eine Quelle des Stickstoffverlusts erwähnt werden, die eher mit einer Verringerung der verfügbaren Stickstoffmenge als mit einem absoluten Stickstoffverlust im Boden zusammenhängt und den wir als *Verlust durch Rückentwicklung bezeichnen können* . Es wurde festgestellt, dass Stickstoff in einer verfügbaren Form, wie zum Beispiel Nitrat, in eine weniger verfügbare Form umgewandelt wird. Dieser Rückgang kann , wie im Fall der Nitrate, durch Reduktion erfolgen , *also* durch Entfernung des Sauerstoffs in Verbindung mit dem Stickstoff, der in vielen Fällen freigesetzt werden kann und somit teilweise, wenn auch nicht unbedingt vollständig, verloren geht. Diese Verringerung ist auf die Wirkung von Bakterien der denitrifizierenden Ordnung zurückzuführen. [88] Andererseits kann Stickstoff auch in eine Art unlösliche Form umgewandelt werden, die der Zersetzung zu widerstehen scheint und in einem inerten Zustand im Boden vorliegt, der für die Bedürfnisse der Pflanzen völlig unzugänglich ist. Ein eindrucksvolles Beispiel für diesen Rückgang des Stickstoffgehalts scheint der Fall von Wirtschaftsdünger zu sein. Bei den Rothamsted-Experimenten wurde, wie bereits auf den vorhergehenden Seiten dargelegt, festgestellt, dass, wenn Wirtschaftsdünger Jahr für Jahr in großen Mengen auf das gleiche Land ausgebracht wird, ein sehr beträchtlicher Prozentsatz seines Stickstoffs nicht austritt (d. *h* . innerhalb einer angemessenen Anzahl von Jahren) für die Nutzung der Kulturpflanze verfügbar werden. Was tatsächlich aus dem Stickstoff wird, ist ein Rätsel; aber es ist sehr wahrscheinlich, dass eine solche Rückentwicklung wie die oben erwähnte stattfindet, bei der der Stickstoff in eine inerte organische Form umgewandelt wird.

Künstliche Stickstoffverlustquellen.

Bisher wurden als Stickstoffverlustquellen sogenannte *natürliche* Quellen betrachtet. Damit ist gemeint, dass der Verlust von Stickstoff aus den oben genannten Quellen in einem natürlichen Zustand und nicht nur unter Anbaubedingungen erfolgt. Zweifellos ist der durch Entwässerung verursachte Verlust im Ackerbau sehr viel größer, als es der Fall wäre, wenn keine künstliche Entwässerung erfolgt; Dennoch muss unter allen Umständen mit diesem Verlust gerechnet werden. Andererseits sind mit *künstlichen* Verlustquellen solche gemeint, die völlig von unserem modernen Landwirtschaftssystem und unserem modernen System der Abwasserentsorgung abhängig sind, während der Stickstoff, der in dem Teil der landwirtschaftlichen Erzeugnisse enthalten ist, der für die Versorgung unserer Lebensmittel verwendet wird, nicht davon betroffen ist in den Boden zurückgeführt, geht aber völlig verloren.

In den Pflanzen entfernte Stickstoffmenge.

Die moderne Tendenz zur Zentralisierung in den Großstädten hat diesen Verlust – allen gegenteiligen Behauptungen zum Trotz – zur Notwendigkeit gemacht. Es ist jedoch äußerst schwierig, eine Schätzung der Höhe abzugeben. Wir wissen natürlich, wie viel Stickstoff dem Boden durch verschiedene Kulturen entzogen wird. Wir können jedoch nicht abschätzen, wie viel davon wieder in den Boden gelangen wird. Auf die Stickstoffmenge, die in den verschiedenen Kulturpflanzen enthalten ist, wird im Kapitel über die Düngung verschiedener Kulturpflanzen ausführlich eingegangen. Es dürfte jedoch nicht uninteressant sein, hier eine ungefähre Angabe über die Höhe dieses Verlustes zu machen, um die Betrachtung des Themas so umfassend wie möglich zu gestalten.

Jüngste Agrarergebnisse für Großbritannien geben an, dass die Gesamtproduktion von *Weizen* über 76 Millionen Scheffel, die von *Gerste* über 69 Millionen und die von *Hafer* über 150 Millionen Scheffel beträgt. Berechnet man die Stickstoffmenge, die diese Mengen Weizen, Gerste und Hafer insgesamt enthalten, und berechnet auch, wie viel *Ammoniaksulfat* und

Sodanitrat diese Stickstoffmengen darstellen, ergeben sich folgende Ergebnisse:

	Stickstoff.		Sulfat von Ammoniak.	Nitrat von Soda.
	Scheffel.	Tonnen.	Tonnen.	Tonnen.
Weizen	76.224.940	37.432	176.465	227.266
Gerste	69.948.266	27.324	128.813	165.896
Hafer	150.789.416	56.835	267.936	345.068
Gesamt	296.962.622	121.591	573.214	738.230

Natürlich können diese Angaben, was die Stickstoffmengen betrifft, nur als Näherungswerte angesehen werden, da bei solchen Berechnungen nur ungefähre Ergebnisse erzielt werden können. Auch wenn man diese Berechnungen lediglich als Näherungswerte ansieht, sind sie dennoch von höchstem Interesse und Bedeutung. Es ist von großer Bedeutung zu verstehen, dass in der jährlichen Produktion unserer drei gängigen Getreidearten – vorausgesetzt, sie werden alle außerhalb des Bauernhofs verzehrt – dem Boden eine Menge Stickstoff entzogen wird, die der Menge entspricht, die in über einer halben Million *Tonnen enthalten ist Sulfat von Ammoniak und eine dreiviertel Million Tonnen Salpeternatron.*

Wie bereits erwähnt, lässt sich nicht genau abschätzen, welcher Anteil dieses Gesamtstickstoffs wieder in den Boden gelangt. Im Falle von Weizen kann darauf hingewiesen werden, dass der Teil, der als Futtermittel verwendet wird, nämlich die *Kleie*, sehr viel stickstoffreicher ist als das Mehl. Während wir also nicht in der Lage sind, diese Quelle des Stickstoffverlusts genau abzuschätzen, kann nach dem, was bereits festgestellt wurde, keinen Moment daran gezweifelt werden, dass er enorm ist . Wir müssen bedenken, dass der stickstoffreichste Teil der Ernte derjenige ist, der im Allgemeinen entfernt wird – das Stroh, das bei der Produktion eines Scheffels Weizen, Gerste oder Hafer angebaut wird und weniger als die Hälfte der Stickstoffmenge enthält, die ein Scheffel Weizen, Gerste oder Hafer enthält Getreide selbst.

Stickstoffverluste auf dem Bauernhof.

Zusätzlich zu den Verlusten, die durch die Entfernung von Feldfrüchten aus dem Betrieb entstehen, gibt es noch ein oder zwei weitere Verlustquellen, auf die wir kurz hinweisen sollten.

Es besteht kaum ein Zweifel daran, dass in der Vergangenheit die unsachgemäße Behandlung von Hofdünger eine sehr erhebliche Verlustquelle war. Auf die Art und Weise, wie dieser Verlust eintreten kann, wird im Kapitel über Hofdünger ausführlich eingegangen. Es genügt hier zu sagen, dass dies durch Verflüchtigung des Stickstoffs in Form von kohlensäurehaltigem Ammoniak geschehen kann , die durch Unachtsamkeit verursacht wird, indem man zulässt, dass die Temperatur des Misthaufens zu hoch ansteigt; oder durch das Abfließen der löslichen Stickstoffverbindungen, was dadurch verursacht wird, dass die reichhaltige Schwarzlauge des Misthaufens weggespült und nicht richtig konserviert wird.

Stickstoff in der Milch entfernt.

Eine weitere Verlustquelle, die leicht übersehen wird, ist die Menge an Stickstoff, die der Milch entzogen wird. Professor Storer hat berechnet, dass im Falle einer Kuh, die in einem Jahr 2.000 Liter oder 4.300 Pfund Milch gibt und die gesamte Milch als solche verkauft wird, 22 Pfund Stickstoff von der Farm weggetragen würden. [89]

Ökonomie der Stickstofffrage.

Und bevor wir unsere Übersicht über die verschiedenen Quellen des Stickstoffverlusts abschließen, wäre es vielleicht angebracht, das Thema für einen Moment aus einem etwas umfassenderen Blickwinkel zu betrachten als dem, von dem aus wir es betrachtet haben. Der Gesamtvorrat an Stickstoff in gebundener Form ist begrenzt. Wie wir bereits betont haben, kann es als das Element betrachtet werden, von dem mehr als jedes andere Leben, sowohl tierisches als auch pflanzliches, abhängt. Dem tierischen Leben steht es allein in kombinierter Form zur Verfügung; Auch im Pflanzenleben kommt es überwiegend nur in kombinierter Form vor. In der Luft ist Stickstoff in unbegrenzter Menge vorhanden, er liegt jedoch fast ausschließlich in *ungebundener* Form vor und ist daher weitgehend nicht verfügbar. Die Umwandlung von Stickstoff aus dem freien Zustand in eine gebundene Form ist ein Prozess, der nur sehr langsam abläuft. Jede Quelle, die die Gesamtsumme unseres ohnehin schon allzu begrenzten Vorrats an gebundenem Stickstoff verringert, muss als äußerst ernstzunehmend angesehen werden. Die Frage der künstlichen Stickstoffverschwendung, die täglich um uns herum stattfindet, sollte daher für Ökonomen in der Tat ein sehr großes Interesse haben. Dieser Abfall hat in den letzten Jahren enorm zugenommen und scheint uns in nicht allzu ferner Zeit mit einer Stickstoffhungernot zu bedrohen. Dies hängt mit der Verwendung bestimmter stickstoffhaltiger Substanzen bei der Herstellung verschiedener Artikel und unserem derzeitigen System der Abwasserentsorgung zusammen.

Verlust von Stickstoffverbindungen in der Kunst.

Bei den genannten Artikeln handelt es sich um Sprengstoffe, Stärke, Textilstoffe, Malzliköre usw. Die Frage wird eindrucksvoll in einem ausführlichen Artikel über „The Economy of Nitrogen" im „Quarterly Journal of Science" behandelt. [90]

Verlust durch Verwendung von Schießpulver.

Der Sprengstoff – insbesondere Schießpulver – ist der wichtigste dieser Artikel. Schießpulver enthält 75 Prozent Salpeter , der wiederum etwa 10 Prozent Stickstoff enthält. Bei der Explosion von Schießpulver wird praktisch der gesamte Stickstoff in „freien" Stickstoff umgewandelt. Der Verlust ist somit gewissermaßen irreparabel. In dem oben erwähnten Papier werden unsere gesamten jährlichen Exporte dieser Substanz auf 19.000.000 Pfund geschätzt; während die jährliche Gesamtproduktion der Welt auf nicht weniger als 100.000.000 Pfund geschätzt wird. Der jährliche Stickstoffverlust aufgrund dieser Quelle allein würde sich auf etwa 10.000.000 Pfund belaufen. [91] Ähnlich verhält es sich mit dem Stickstoffverlust, wenn auch in geringerem Ausmaß die durch die Verwendung anderer Explosivstoffe entstehen, sowie bei der Herstellung der anderen oben genannten Artikel.

Verlust durch Abwasserentsorgung.

Der Verlust aufgrund unseres derzeitigen Systems der Abwasserentsorgung wurde bei der Bewältigung des Verlusts aufgrund der Entfernung von Feldfrüchten bereits berücksichtigt. Es kann jedoch sinnvoll sein, es unter dem Gesichtspunkt des Abwassers zu behandeln. Wenn man die Stickstoffmenge in den Ausscheidungen jedes Individuums als durchschnittlich eine halbe Unze annimmt, würde sich die jährliche Menge, die in den Ausscheidungen der Gesamtbevölkerung der Britischen Inseln ausgeschieden wird, auf 365.000.000 Pfund belaufen. [92] – davon die Die Menge allein im Londoner Abwasser beträgt 91.000.000 Pfund. [93] Durch das Wassersystem, das in diesem Land fast überall angewendet wird, geht die oben genannte Stickstoffmenge vollständig in den Boden verloren. Man könnte argumentieren, dass ein kleiner Teil davon schließlich in Seegras und

Fisch zurückgewonnen wird, die als Dünger verwendet werden können. Dies bedeutet jedoch, dass zu viel *sub specie æternitatis* argumentiert wird . Nicht der gesamte ursprünglich in den Ausscheidungen enthaltene Stickstoff gelangt ins Meer; denn es ist sehr wahrscheinlich, dass bei der Zersetzung des Abwassers eine beträchtliche Menge als „freier" Stickstoff entweicht.

Aus der obigen Darstellung der Quellen des Stickstoffverlusts und -gewinns im Boden kann man mit ziemlicher Sicherheit schließen, dass im natürlichen Zustand der Gewinn den Verlust ausgleicht, wenn nicht sogar mehr, unter Bedingungen von Im Ackerbau ist dies bei weitem nicht der Fall; und dass, wenn die Fruchtbarkeit des Bodens aufrechterhalten werden soll, auf stickstoffhaltige Düngemittel zurückgegriffen werden muss – kurz gesagt, dass die Anwendung künstlicher stickstoffhaltiger Düngemittel eine notwendige Voraussetzung der modernen Landwirtschaft ist.

Unsere künstliche Stickstoffversorgung.

Bevor wir dieses Kapitel abschließen, könnte es interessant sein, kurz die Hauptquellen unserer künstlichen Stickstoffversorgung aufzuzählen.

Nitrat von Soda und Sulfat von Ammoniak.

Die derzeit wichtigsten künstlichen stickstoffhaltigen Düngemittel sind Natronlauge und Ammoniumsulfat. Von den ersteren beläuft sich der jährliche Export aus Chili auf fast eine Million Tonnen, wovon etwa 120.000 Tonnen in das Vereinigte Königreich importiert werden. Dagegen beträgt die Gesamtproduktion von sulfatiertem Ammoniak in diesem Land etwa 130.000 Tonnen pro Jahr, [94] der größte Teil davon wird exportiert, so dass nur 30.000 bis 40.000 Tonnen für den Verbrauch übrig bleiben. Man muss bedenken, dass nitrathaltiges Natron nicht ausschließlich für Düngemittelzwecke verwendet wird; ein kleiner Teil der oben genannten Importe wird für chemische Produktionszwecke verwendet.

Peruanischer Guano.

Peruanischer Guano ist ein weiterer wichtiger stickstoffhaltiger Dünger, der heute sehr viel seltener vorkommt als früher, da die verschiedenen Guanolagerstätten nahezu erschöpft sind. Während sich die Einfuhren dieses wichtigen Düngers in das Vereinigte Königreich im Jahr 1870 auf fast 250.000 Tonnen beliefen, werden derzeit nicht mehr als 11.000 Tonnen importiert.

Knochen.

Eine weitere Stickstoffquelle sind Knochen, die natürlich vor allem als Phosphatmist wertvoll sind, aber auch etwa 3 bis 4 Prozent Stickstoff enthalten. Von diesem wertvollen Mist importieren wir derzeit etwa 30.000 Tonnen, während etwa 60.000 Tonnen in diesem Land gesammelt werden, was unseren Gesamtverbrauch auf 100.000 Tonnen erhöht.

Andere stickstoffhaltige Düngemittel.

Die oben genannten sind die wichtigsten stickstoffhaltigen Düngemittel; Es gibt jedoch eine Reihe anderer stickstoffhaltiger Düngemittel, die in diesem Land in sehr viel geringeren Mengen verwendet werden. Da die meisten dieser Stoffe in diesem Land hergestellt werden, ist es sehr schwierig, die Menge ihrer jährlichen Produktion genau abzuschätzen. Diese Substanzen sind wie folgt: Fisch-Guano, Fleischmehl-Guano, getrocknetes Blut, Shoddy, Scutch, Hörner und Hufe, Haare, Borsten, Federn, Lederreste usw. An Fisch-Guano kann der Gesamtverbrauch pro Jahr auf etwa 8000 Tonnen geschätzt werden, wovon ein Viertel in dieses Land importiert wird und die restlichen 6000 Tonnen im Inland hergestellt werden. An Fleischmehl-Guano, getrocknetem Blut, Huf-Guano usw. werden jährlich etwa 2500 Tonnen importiert, wobei die Eigenproduktion die Gesamtmenge auf etwa 10.000 Tonnen erhöht. Ungefähr 12.000 Tonnen minderwertiges Rohöl werden hierzulande hergestellt; während Scutch – die Bezeichnung für einen Mist, der aus den Abfallprodukten hergestellt wird, die bei der Herstellung von Leim und der Zurichtung von Häuten anfallen – nur in einer Menge von einigen tausend Tonnen pro Jahr produziert wird.

Es ist eine bemerkenswerte Tatsache, dass die Verwendung von Phosphatdüngern in den letzten Jahren zwar erheblich zugenommen hat, das Gleiche gilt jedoch nicht für Stickstoff. Nach Angaben von Herrn Hermann Voss wurden im Jahr 1873 etwa 34.000 [95] Tonnen Stickstoff in Form von Kunstdünger verwendet, während heute nur noch etwa 28.000 Tonnen verwendet werden , *also* etwa 6.000 Tonnen weniger.

Ölsaaten und Ölkuchen.

Es gibt immer noch eine sehr wichtige Stickstoffquelle, die bisher nicht erwähnt wurde: Ölsaaten und Ölkuchen, die als Futtermittel verwendet werden. Ölkuchen werden hierzulande sowohl hergestellt als auch in großen Mengen importiert. Aktuelle Agrarberichte zeigen, dass sich die Gesamtimporte von Ölkuchen auf 256.296 Tonnen belaufen; die von

Leinsamen bei 370.000 Tonnen; die von Raps bei 80.000 Tonnen; und die von Baumwollsaatgut bei 289.413 Tonnen.

Andere importierte Stickstoffquellen.

Bei der Prüfung dieser Frage müssen wir außerdem die große Menge an Mais, Erbsen, Bohnen, Weizen und Hafer berücksichtigen, die in dieses Land importiert werden, von denen ein gewisser Teil als Viehfutter verwendet wird und daher exportiert wird um ihren Mist anzureichern. Auch das zur Einstreuzwecke verwendete importierte Stroh darf nicht vergessen werden. Im Jahr 1887 waren es 52.393 Tonnen.

Abschluss.

Abschließend stellt sich die Frage, inwieweit die künstlichen Stickstoffquellen in der Lage sind, den Verlust auszugleichen? Nach Meinung einer so zuverlässigen Autorität wie Sir John Lawes ist dies nicht der Fall. Es gibt Böden, die fast ausschließlich auf importierte Fruchtbarkeit angewiesen sind und ohne diese nicht bewirtschaftet werden könnten. Bei einigen von ihnen ist es möglich, dass die Stickstoffimporte die Exporte übersteigen. Betrachtet man die landwirtschaftliche Fläche als Ganzes, ist er jedoch der Meinung, dass es zu einem deutlichen Stickstoffverlust kommt, den er auf *15 bis 20 Pfund pro Acre und Jahr schätzt* . [96]

FUSSNOTEN:

[63] Die Gesamtmenge an Stickstoff in der Luft wird auf etwa vier Millionen Milliarden Tonnen geschätzt.

[64] Siehe Einleitungskapitel, S. 40 bis 45.

[65] Obwohl Ammoniak häufiger vorkommt als Nitrate und Nitrite, macht es in der Luft nur wenige Teile pro Million aus. Laut Müntz enthält die Luft in großen Höhen mehr Ammoniak als in ihren tieferen Schichten. Das Gegenteil ist jedoch bei Nitraten der Fall, die nur in der Luft nahe der Erdoberfläche vorkommen. Siehe S. 49.

[66] Salpetersäure kann auch durch Oxidation von Ammoniak durch Ozon oder Wasserstoffperoxid entstehen.

[67] Laut Schloesing ist die Hauptquelle des in der Luft vorhandenen Ammoniaks der tropische Ozean, der unter der Wirkung der ständig stattfindenden starken Verdunstung nach und nach eine große Menge Stickstoff in dieser Form an die Atmosphäre abgibt. Die Stickstoffquellen

des Ozeans sind die Nitrate, die er aus der Entwässerung von Land, tierischen und pflanzlichen Stoffen, Abwässern usw. erhält.

[68] Siehe Anhang, Anmerkung I., S. 155.

[69] Um diesen Punkt zu veranschaulichen, kann erwähnt werden, dass der Wind an den am wenigsten windigen Tagen nur mit einer Geschwindigkeit von zwei Meilen pro Stunde weht – und dieser Wind ist, wie er hinzufügte, so langsam, dass er kaum auftritt spürbar – die Luft in einem Raum von 20 Fuß ändert sich mehr als fünfhundert Mal pro Stunde. Der so absorbierte kombinierte Stickstoff liegt wahrscheinlich vollständig in Form von Ammoniak vor. So scheint es zumindest nach einigen Experimenten von Schloesing zu sein . Siehe S. 132.

[70] Es gibt keine pflanzliche oder tierische Zelle, die keinen Stickstoff enthält.

[71] Dies ist insgesamt weniger als das, was von kontinentalen Forschern im Untergrund gefunden wurde. So stellte beispielsweise A. Müller fest, dass der Durchschnitt mehrerer Analysen des Untergrunds bei 0,15 Prozent lag, und der verstorbene Dr. Anderson stellte fest, dass der Stickstoffgehalt im Untergrund verschiedener schottischer Weizenböden bei 0,15 Prozent lag auf 0,97 Prozent.

[72] Siehe Anhang, Anmerkung II., S. 156.

[73] „Bei längerer Küchengartenkultur wird der Untergrund in weitaus größerer Tiefe mit stickstoffhaltigem Material angereichert; dies wurde durch die Analysen des Bodens des alten Küchengartens in Rothamsted gezeigt. Dies ist zweifellos auf die Praxis zurückzuführen.“ von tiefen Grabenaushubarbeiten durch Gärtner.“ – R. Warington , „Vorlesungen über Rothamsted-Experimente.“ USA Bulletin, S. 24.

[74] Der vergleichsweise unbedeutende Effekt, den die Zugabe verschiedener stickstoffhaltiger Düngemittel auf die Erhöhung des Gesamtstickstoffgehalts im Boden hat, wird eindrucksvoll in den Tabellen im Anhang, Anmerkung IV, S. 16 veranschaulicht . 157.

[75] Siehe Storer's Agric. Chem., Bd. ich . P. 357.

[76] Siehe Kapitel IV., Anhang, Anmerkung VII., S. 198.

[77] Siehe Anhang, Anmerkung III., S. 157.

[78] Siehe Anhang, Anmerkung IV., S. 157.

[79] Siehe Anhang, Anmerkung I., S. 155.

[80] Die ursprüngliche Quelle des Stickstoffs im Boden muss der Stickstoff in der Luft gewesen sein. Wenn Pflanzen zum ersten Mal auf einem rein

mineralischen Boden wachsen, müssen sie Stickstoff aus einer Quelle beziehen. Die kleinen, vom Regen heruntergeschwemmten Spuren liefern ausreichend Stickstoff, um den niederen Pflanzenarten ein spärliches Wachstum zu ermöglichen; wohingegen diese durch ihren Verfall ihren Nachfolgern eine reichlichere Quelle liefern, die schnell zunimmt, bis wir einen angemessenen Prozentsatz Humus angesammelt haben.

[81] Siehe Anhang, Anmerkung V., S. 158.

[82] Siehe Historische Einführung, S. 40-45.

[83] Der Beweis dafür ist die Tatsache, dass die Menge an Kohlenstoff in verschiedenen Böden proportional zum Stickstoff steigt oder fällt. Siehe S. 126.

[84] Siehe Kapitel IV. zum Thema Nitrifikation.

[85] Diffusion und Kapillaranziehung sind ein Mittel, um Nitrate nach Regenfällen wieder an die Bodenoberfläche zu bringen.

[86] Siehe Anhang, Anmerkung VI., S. 158 und Anmerkung VIII., S. 158. 160; auch S. 154.

[87] Siehe Anhang, Anmerkung VII., S. 159.

[88] Siehe folgendes Kapitel zur Nitrifikation, S. 178.

[89] Nach Angaben des Agricultural Returns für 1888 belief sich die Zahl der Milchkühe in Großbritannien auf 2.450.444. Wenn wir diese Zahl mit 22 multiplizieren, beträgt das Ergebnis 54.000.000 Pfund, oder in Tonnen 24.107. Diese Menge entspricht 154.067 Tonnen gewöhnlicher handelsüblicher Salpeternatron.

[90] Für 1878 (S. 146 *ff.*) Der am Thema interessierte Leser wird auf den Aufsatz selbst verwiesen.

[91] In Tonnen 4464 und entspricht 28.530 Tonnen salpetersaurem Natron.

[92] Dies sind 162.946 Tonnen, was 1.041.384 Tonnen salpetersaurem Natron entspricht.

[93] Dies sind 40.625 Tonnen, was 259.633 Tonnen salpetersaure Natron entspricht. Siehe Artikel im „Journal of Science", auf den bereits verwiesen wurde.

[94] Die Gesamtproduktion Europas kann mit 200.000 Tonnen angegeben werden.

[95] 10.500 Tonnen davon waren Guano.

[96] Herr Warington schätzt dies auf etwa 8 Pfund. Siehe S. 141.

ANHANG ZU KAPITEL III.

ANMERKUNG I. (S. 119).

BESTIMMUNG DER STICKSTOFFMENGE, DIE EINEM HEKTAR LAND
WÄHREND EINES JAHRES DURCH REGEN IN FORM VON AMMONIAK UND
SALPETERSÄURE ZUGEFÜHRT WIRD.

(*Aus Dr. Freams „Soils and Their Properties", S. 62.*)

| | Jahr. | Regenfall. | Stickstoff pro Millionen, wie | | Gesamt Stickstoff Pro Hektar. |
			Ammoniak.	Salpetersäure Säure.	
					Pfund.
Kuschen	1864-65	11.85	0,54	0,16	1,86
Kuschen	1865-66	17.70	0,44	0,16	2,50
Insterburg	1864-65	27.55	0,55	0,30	5.49
Insterburg	1865-66	23.79	0,76	0,49	6,81
Dahme	1865	17.09	1,42	0,30	6,66
Regenwalde	1864-65	23.48	2.03	0,80	15.09
Regenwalde	1865-66	19.31	1,88	0,48	10.38
Regenwalde	1866-67	25.37	2.28	0,56	16.44
Ida-Marienhütte, im Mittel von sechs Jahren	1865-70	22.65	—	—	9,92

Proskau	1864-65	17.81	3.21	1,73	20.91
Florenz	1870	36,55	1.17	0,44	13.36
Florenz	1871	42,48	0,81	0,22	9,89
Florenz	1872	50,82	0,82	0,26	12.51
Vallombrosa	1872	79,83	0,42	0,15	10.38
Montsouris, Paris	1877-78	23.62	1,91	0,24	11.54
Montsouris, Paris	1878-79	25.79	1,20	0,70	11.16
Montsouris, Paris	1879-80	15.70	1,36	1,60	10.52
	Bedeutung von 22 Jahre	27.63	—	—	10.23

HINWEIS II. (S. 122).

STICKSTOFF IN BÖDEN IN VERSCHIEDENEN TIEFEN.

(1) *Rothamsted-Böden.*

Tiefe.	Ackerboden.		Alter Weideboden.	
	Prozent.	Pfund pro Acre.	Prozent.	Pfund pro Acre.
1. 9 Zoll	0,120	3.015	0,245	5.351
2d 9 Zoll	0,068	1.629	0,082	2.313
3d 9 Zoll	0,059	1.461	0,053	1.580
4. 9 Zoll	0,051	1.228	0,046	1.412
5. 9 Zoll	0,045	1.090	0,042	1.301

	0,044	1.131	0,039	1.186
6. 9 Zoll	0,044	1.131	0,039	1.186
Insgesamt 54 Zoll	—	9.554	—	13.143
7. 9 Zoll	0,042	1.049	—	—
8. 9 Zoll	0,041	1.095	—	—
9. 9 Zoll	0,044	1.173	—	—
10. 9 Zoll	0,043	1.076	—	—
11. 9 Zoll	0,043	1.112	—	—
12. 9 Zoll	0,045	1.198	—	—
Insgesamt 9 Fuß	—	16.257	—	—

(2) *Manitoba-Böden.*

Tiefe.	Brandon.	Niverville.	Winnipeg.	Selkirk.
	Prozent.	Prozent.	Prozent.	Prozent.
1. Fuß	0,187	0,261	0,428	0,618
2. Fuß	0,109	0,169	0,327	0,264
3D-Fuß	0,072	0,069	0,158	0,076
4. Fuß	0,019	0,038	0,107	0,042

ANMERKUNG III. (S. 130).

STICKSTOFF ALS NITRAT IN BEWIRTSCHAFTETEN BÖDEN, DIE KEINEN STICKSTOFFDÜNGER ERHALTEN, IN LB. PRO ACRE (*Rothamsted Soils*).

	Weizen.				
	Nach	Nach	Buchara		Weiß

Tiefe.	Brache, 1883.	Kleeblatt, 1883.	Kleeblatt, 1882.	Wicken, 1883.	Luzern, 1885.	Kleeblatt, 1885.
	Pfund.	Pfund.	Pfund.	Pfund.	Pfund.	Pfund.
1. 9 Zoll	3.4	6.1	3.4	10.2	8.9	11.5
2d 9 Zoll	3.1	4.4	1,0	2.7	1.1	1.4
3d 9 Zoll	0,8	1.6	0,6	1.1	0,8	0,9
4. 9 Zoll	1,0	1.3	1,0	1.5	0,8	1.9
5. 9 Zoll	0,8	1.5	0,8	2.5	1,0	7.1
6. 9 Zoll	0,6	0,8	1.7	4.4	0,9	11.3
7. 9 Zoll	0,8	2.2	—	4.5	0,6	13.1
8. 9 Zoll	0,9	1.7	—	4.9	0,8	12.6
9. 9 Zoll	0,7	2.4	—	4.8	0,7	11.2
10. 9 Zoll	2,0	2.1	—	5.1	0,6	10.7
11. 9 Zoll	1.5	2.1	—	6.4	0,4	11.1
12. 9 Zoll	3.8	2.8	—	6.5	0,4	10.0

ANMERKUNG IV. (S. 124 und S. 131).

STICKSTOFF ALS NITRATE IN WEIZENBÖDEN MIT UNTERSCHIEDLICHER DÜNGUNG, OKTOBER 1881, IN LB. PRO ACRE (*Rothamsted Soils*).

Handlung.	Düngung.	1. 9 Zoll.	2. 9 Zoll.	3. 9 Zoll.	Gesamt 27 Zoll.	Überschuss über Grundstücke 3 und 4.
		Pfund.	Pfund.	Pfund.	Pfund.	Pfund.
3	Kein Mist, 38 Jahre	9.7	5.3	2.8	17.8	—
4	Kein Mist, 30 Jahre	9.2	4,0	1.8	15.0	—
16 *Uhr*	Kein Mist, 17 Jahre	10.6	5,0	2.3	17.9	1.5
5 *a*	Aschebestandteile, 30 Jahre	12.6	7.1	4.6	24.3	7.9
17 *Uhr*	Aschebestandteile, 1 Jahr	10.3	7.5	3.4	21.2	4.8
6 *a*	Asche und Ammoniumsalze, 200 Pfund.	16.5	7.5	4.7	28.7	12.3
7 *a*	Asche und Ammoniumsalze, 400 Pfund.	22.8	11.3	5.7	39.8	23.4
8 *Uhr*	Asche und Ammoniumsalze, 600 Pfund.	21.1	13.9	7.8	42,8	26.4
9 *Uhr*	Asche und Natriumnitrat, 550 Pfund.	19.7	10.0	8.2	37.9	21.5
9 *b*	Natriumnitrat, 550 Pfund.	16.3	20.1	17.7	54.1	37.7
10 *A*	Ammoniumsalze, 400 Pfund.	14.2	11.9	7.3	33.4	17.0

11 *Uhr*	Superphosphat- und Ammoniumsalze, 400 Pfund.	17.9	9.3	3.6	30.8	14.4
19	Rapskuchen, 1700 Pfund.	14.1	13.0	7.1	34.2	17.8
2	Hofmist, 14 Tonnen – 38 Jahre	30.0	15.4	6.8	52.2	35.8

STICKSTOFF ALS NITRATE IN UNTERSCHIEDLICH GEDÜNGTEN GERSTENBÖDEN, MÄRZ 1892, IN LB. PRO ACRE (*Rothamsted Soils*).

Handlung.	Düngung.	1. 9 Zoll.	2d 9 Zoll.	3d 9 Zoll.	Gesamt 27 Zoll.	Überschuss über Handlung 10
		Pfund.	Pfund.	Pfund.	Pfund.	Pfund.
10	Kein Mist	5.9	4.7	5.1	15.1	—
20-40	Aschebestandteile (Mittelwert)	6.7	7.0	6.4	20.1	4.4
1A	Ammoniumsalze, 200 Pfund.	6.1	8.3	7.0	21.4	5.7
2A-4A	Ammonium- und Aschebestandteile (Mittelwert)	7.7	7.8	7.6	23.1	7.4
1AA	Natriumnitrat, 275 Pfund.	9.7	6.8	9.0	25.5	9.8
2AA-4AA	Natriumnitrat- und Aschebestandteile (Mittelwert)	8.3	7.4	7.5	23.2	7.5

1C	Rapskuchen, 1000 Pfund.	10.6	13.7	7.9	32.2	16.5
2C-4C	Rapskuchen- und Aschebestandteile (Mittelwert)	8.8	11.9	8.7	29.4	13.7
7-1	Kein Mist, 10 Jahre – früher Mist	14.8	11.8	10.9	37,5	21.8
7-2	Hofmist, 14 Tonnen	18.6	14.6	10.9	44.1	28.4

ANMERKUNG V. (S. 134).

BEISPIELE FÜR DEN ANSTIEG DES STICKSTOFFGEHALTS IN
ROTHAMSTED-BÖDEN AUF WEIDEFLÄCHEN .

	Alter von Weide.	Stickstoff drin 1. 9 Zoll.
	Jahre.	Prozent.
Ackerland	—	0,140
Scheunenweide	8	0,151
Apfelbaumweide	18	0,174
Dr. Gilberts Wiese	21	0,204
Dr. Gilberts Wiese	30	0,241

HINWEIS VI. (S. 141).

Im Zusammenhang mit dem Verlust von Stickstoff in Form von Nitraten durch die Ableitung ist zu erwähnen, dass das Wasser vieler berühmter Flüsse große Mengen an Nitraten enthält. So wurde festgestellt, dass das Wasser der Seine fünfzehn Teile Nitrate pro Million Wasser enthält und das Wasser des Rheins acht Teile pro Million. Eine Vorstellung davon, wie viel das pro Jahr ausmacht, kann man aus der Aussage gewinnen, dass „der Rhein täglich 220 Tonnen Salpeter ins Meer abgibt, die Seine 270 und der Nil 1100 Tonnen". —(Storer's Agric. Chem., Bd. I , S. 318.)

HINWEIS VII. (S. 142).

BEISPIELE FÜR DEN STICKSTOFFRÜCKGANG IN ROTHAMSTED-BÖDEN.

	Stickstoff drin 1. 9 Zoll.
	Prozent.
Alte Weide	0,250
Ackerland in der gewöhnlichen Kultur	0,140
Weizen ungedüngt, 38 Jahre	0,105
Weizen und Brachland ungedüngt, 31 Jahre	0,096
Gerste ungedüngt, 30 Jahre	0,093
Rüben ungedüngt, 25 Jahre	0,085

DÜNGUNG, WEIZENPRODUKTION UND VERÄNDERUNG DER BODENZUSAMMENSETZUNG IM BROADBALK FIELD, ROTHAMSTED, VON 1865 BIS 1881.

Handlung.	Dünger pro Hektar, jährlich angewendet, 16 Jahre, 1865-81.	Durchschnitt produzieren Pro Hektar.		Stickstoff pro Hektar in 1. 9 Zoll des Bodens.		
		Angezogen Getreide.	Gesamt produzieren.	1865.	1881.	Gewinn bzw Verlust in 16 Jahre.
		Busch.	Pfund.	Pfund.	Pfund.	Pfund.

		11-7/8	1715	2507	2404	- 103
3	Ungedüngt	11-7/8	1715	2507	2404	- 103
5 *a*	Gemischter Mineralmist	12-3/4	1963	2574	2328	- 246
10 *A*	Ammoniumsalze, 400 Pfund.	17-7/8	2881	2548	2471	- 77
11 *Uhr*	Ammoniumsalze mit Superphosphat	23-1/4	3856	2693	2676	- 17
7 *a*	Ammoniumsalze, mit gemischtem Mineralmist	28	4993	2829	2908	+ 79
9 *Uhr*	Salpetersäure, 550 Pfund, und gemischter Mineralmist	36	6949	2834	2883	+ 49
16 *Uhr*	Ungedüngt*	13-1/2	2194	2907	2557	- 350
2	Hofmist, 14 Tonnen	31-1/2	5356	4329	4502	+ 173

* In den Jahren 1852-64 erhielten sie jährlich 800 Pfund Ammoniumsalze mit gemischtem Mineralmist und lieferten ein durchschnittliches Produkt von 39-1/2 Scheffeln Getreide und 46-5/8 Zentnern. aus Stroh.

ANMERKUNG VIII. (S. 141).

MENGE AN DRAINAGE UND STICKSTOFF ALS NITRAT IM DRAINAGEWASSER AUS UNVERDÜNNTEM, NACKTEM BODEN, 20 UND 60 ZOLL TIEF – DURCHSCHNITT VON DREIZEHN JAHREN.

		Menge von Drainage		Stickstoff pro Hektar			
				Pro Million aus Wasser		Pro Hektar.	
		20 Zoll	60 Zoll	20 Zoll	60 Zoll	20 Zoll	60 Zoll
	Regenfall.	Messgerät.	Messgerät.	Messgerät.	Messgerät.	Messgerät.	Messgerät.

	Zoll.	Zoll.	Zoll.			Pfund.	Pfund.
Marsch	1,70	0,85	0,94	7.3	8.9	1.41	1,89
April	2,25	0,72	0,79	8.3	9.0	1,35	1,61
Mai	2,48	0,80	0,79	8.4	9.1	1,53	1,63
Juni	2,59	0,78	0,78	9.2	9.1	1,62	1,60
Juli	2,85	0,68	0,62	13.5	11.8	2.08	1,66
August	2,69	0,84	0,76	15.1	13.3	2,87	2.28
September	2,70	0,97	0,82	17.7	13.4	3,86	2,50
Oktober	3.12	1,86	1,68	13.8	11.9	5,83	4.53
November	3.20	2.44	2.32	11.8	11.4	6,50	5,98
Dezember	2.34	1,88	1,88	9.5	10.6	4.06	4.51
Januar	2.13	1,79	1,93	7.4	8.9	2,99	3,88
Februar	2.16	1,84	1,74	7.7	9.1	3.19	3,57
März-Juni	9.02	3.15	3.30	8.3	9.0	5,91	6,73
Juli September	8.24	2,49	2.20	15.6	13.0	8.81	6.44
Oktober-Feb.	12,95	9,81	9.55	10.2	10.4	22.57	22.47
Ganzes Jahr	30.21	15.45	15.05	10.7	10.5	37.29	35,64

KAPITEL IV.
NITRIFIZIERUNG.

Die für die Pflanze wichtigste Stickstoffverbindung ist *Salpetersäure* . Als Nitrate nehmen die meisten Pflanzen den Stickstoff auf , den sie zum Aufbau ihres Gewebes benötigen. In der Natur wird der Stickstoff, der im Boden als Ammoniak und in verschiedenen organischen Formen vorliegt, ständig in Salpetersäure umgewandelt. Diese Umwandlung von Stickstoff in Nitrate, bekannt als *Nitrifikation* , ist ein Prozess von sehr großer Bedeutung und wird, wie bereits im Einleitungskapitel dargelegt, durch die Wirkung von Mikroorganismen (Fermenten) bewirkt. [97] Der Prozess der Nitrifikation sowie die Natur der anderen Veränderungen, die im Boden zwischen den verschiedenen Stickstoffverbindungen stattfinden, sind bisher nur sehr unvollkommen verstanden, aber es wurde viel Licht auf diesen äußerst interessanten Bereich der Landwirtschaft geworfen Forschung der letzten Jahre; und es kann nicht bezweifelt werden, dass die zunehmende Aufmerksamkeit, die ihm von verschiedenen Forschern sowohl auf dem Kontinent als auch in diesem Land zuteil wird, mit den wichtigsten Ergebnissen für die praktische Landwirtschaft behaftet sein wird.

Vorkommen von Nitraten im Boden.

Das Vorkommen von Salpeter [98] oder Kaliumnitrat in Böden ist seit langem bekannt, obwohl wir erst in den letzten Jahren HYPERLINK "https://gutenberg.org/files/27274/27274-h/27274-h.htm" \l "Footnote_98_98" genaue Erkenntnisse über die Art seiner Entstehung gewonnen haben. Während seine Menge in den meisten Böden, insbesondere in diesem Land, [99] sehr gering ist, gibt es bestimmte Teile der Welt, in denen Nitrate in großen Mengen gefunden werden. Die Nitratfelder von Chile und Peru sind die wichtigsten natürlichen Nitratquellen und werden im Kapitel über Soda-Nitrat erwähnt. Es gibt jedoch auch andere Teile der Welt (in China und Indien), in denen es salpeterreiche Böden gibt und die in der Vergangenheit eine Quelle für den Handel mit Erzeugnissen waren. [100]

Nitritböden Indiens.

Die wichtigsten dieser Salpeterböden liegen im Nordwesten Indiens, in der Provinz Bengalen. In diesen Bezirken ist der Boden leicht porös, reich an Kalk und liegt beträchtlich über dem Wasserspiegel. Sie sind die Standorte alter Dörfer und der Salpeter findet sich in Form von Ausblühungen auf der Oberfläche verschiedener Teile des Bodens. Das Vorkommen von Salpeter unter solchen Bedingungen ist teils auf den natürlichen Stickstoffreichtum des Bodens zurückzuführen, teils auf dessen künstliche Anreicherung durch die Aufnahme stickstoffhaltiger Exkremente der Dorfbewohner und ihres Viehs. Der ständige Verdunstungsprozess, der in einem so warmen Klima stattfindet, führt zu einer Aufwärtstendenz des Bodenwassers, was zu einer Konzentration des gesamten Stickstoffs führt, den der Boden in seiner Oberflächenschicht enthält. Dies geschieht so lange, bis sich eine regelmäßige Verkrustung bildet und der Boden von einer weißen Ablagerung von Salpeter bedeckt ist . Wann immer dies offensichtlich wird, wird der oberflächliche Teil des Bodens vom *Sorawallah* oder einheimischen Hersteller abgekratzt und gesammelt und behandelt, um den Salpeter in reinem Zustand zu gewinnen .

Salpeterplantagen .

Die große Nachfrage nach Salpeter , die größer war, als diese Salpeterböden decken konnten , führte bald zur halbkünstlichen Produktionsmethode, die früher in der Schweiz, in Frankreich, Deutschland, Schweden und in vielen anderen Teilen des Kontinents so weit verbreitet war . durch die sogenannten „ Salpeterbetten “, „ Nitrarien “ oder „ Salpeterplantagen “. Vor der Einführung dieser Herstellungsmethode war die Nachfrage nach Salpeter zur Herstellung von Schießpulver so groß geworden, dass nach jeder Quelle für Salpeter gesucht wurde. Als man herausfand, dass die Erde von den Böden von Ställen, Ställen und Höfen besonders reich an Salpeter war und in Mischung mit Holzasche eine wichtige Quelle dafür darstellte, wurde das Recht, diese in Frankreich zu entfernen, dem Salpeter übertragen Regierung nach den Salpetergesetzen , die bis zur Französischen Revolution galten. Dieser große Mangel führte jedoch bald zu einer sorgfältigen Untersuchung der Bedingungen, unter denen Kaliumnitrat in Salpeterböden gebildet wurde . [101] Diese Bedingungen, zu denen das Vorhandensein von reichem Stickstoff, Wärme, freier Belüftung des Bodens und einem gewissen Anteil an Feuchtigkeit gehörte, wurden im Laufe der Jahre immer besser verstanden, und das Ergebnis war die Einrichtung zahlreicher „ Salpeterplantagen “. Diese bestanden im Allgemeinen aus stickstoffreichen Schimmelhaufen , vermischt mit verwesendem tierischem Material, Müll verschiedener Art, Mistsubstanzen, Asche, Straßenabfällen und Kalksalzen. [102] Der Haufen war mit Reisig durchsetzt und wurde von Zeit zu Zeit mit flüssigem Mist aus Ställen, der hauptsächlich aus verdünntem Urin bestand, bewässert. Bei der Bildung des Haufens wurde darauf geachtet, die Masse porös zu halten, um den freien Zutritt der Luft zu ermöglichen. Durch die Überdachung wurde die Halde zusätzlich vor Regen geschützt. Im Laufe der Zeit entwickelten sich beträchtliche Mengen an Nitraten, und der Salpeter wurde gelegentlich durch Abkratzen von der Oberfläche gesammelt, wo er sich ebenso wie in den Salpeterböden konzentrierte . In allen Fällen wurden die Halden jedoch, wenn sie als reich genug an Salpeter galten , von Zeit zu Zeit mit Wasser behandelt, was durch anschließende Verdunstung den Salpeter in einem mehr oder weniger reinen Zustand ergab. [103]

Diese Art der Salpetergewinnung wird nicht mehr in großem Umfang praktiziert , da man es heute bequemer durch Behandlung von salpetersaurem Natron mit Kaliumchlorid erhält.

Ursache der Nitrifikation.

Wir haben auf diese Salpeterplantagen hingewiesen , da sie zeigen, dass die für die Entwicklung der Nitrifikation günstigsten Bedingungen erkannt wurden, lange bevor man etwas über die wahre Natur des Prozesses wusste. Erst 1877 wurde durch die beiden französischen Chemiker Schloesing und Müntz nachgewiesen, dass die Bildung von Nitraten im Boden auf die Wirkung von mikroorganischem Leben zurückzuführen ist. [104] wenn das Vorhandensein von Huminstoffen für die Reinigung des Abwassers durch den Boden unerlässlich wäre. Bei diesen Experimenten ließ man das Abwasser langsam durch eine bestimmte Tiefe des Bodens filtern (die Zeit, die für diese Filterung benötigt wurde, betrug acht Tage). Es wurde festgestellt, dass eine Nitrifikation des Abwassers stattfand. Durch die Behandlung des Bodens mit Chloroform [105] wurde festgestellt, dass dieses nicht mehr die Fähigkeit besaß, die Nitrifikation des Abwassers zu induzieren. Als jedoch eine kleine Menge eines nitrifizierenden Bodens hinzugefügt wurde, wurde die Kraft wiedererlangt. Daraus wurde natürlich geschlossen, dass die Nitrifikation durch eine Art Ferment bewirkt wurde. Diese Schlussfolgerung wurde bald durch spätere Experimente von Warington in Rothamsted bestätigt, die zeigten, dass die Kraft der Nitrifikation auf Medien übertragen werden konnte, die nicht nitrifizierten, indem man sie einfach mit einer nitrifizierenden Substanz impfte, und dass Licht für den Prozess ungünstig war. Seitdem war die Frage Gegenstand zahlreicher Untersuchungen von Herrn Warington in Rothamsted sowie von Schloesing und Müntz, Munro, Dehérain , PF Frankland, Winogradsky, Gayon und Dupetit , Kellner, Plath, Pichard, Landolt, Leone und anderen. Aus diesen Untersuchungen haben wir folgende Informationen über die Natur der an diesem Prozess beteiligten Organismen und die für ihre Entwicklung günstigsten Bedingungen erhalten .

Die Bedeutung ihrer Isolierung und mikroskopischen Untersuchung wurde in diesen Forschungen schon früh erkannt . Herren Schloesing und Müntz waren die ersten, die dies versuchten. Sie berichteten, dass ihnen dies gelungen sei, und beschrieben, dass der Organismus aus sehr kleinen, runden oder leicht verlängerten Körperchen bestehe, die entweder einzeln oder zu zweit zusammen vorkommen. Den neuesten Untersuchungen von Warington , Winogradsky und PF Frankland zufolge wird die Nitrifikation jedoch nicht durch einen *einzelnen* Mikroorganismus, sondern durch *zwei Mikroorganismen bewirkt* , die beide erfolgreich isoliert und untersucht wurden. [106] Der erste, der entdeckt und isoliert wurde, war der *salpetrige* Organismus, der die Umwandlung von Ammoniak in salpetrige Säure bewirkt; die zweite, die erst kürzlich von Warington und Winogradsky isoliert wurde , bewirkt die Umwandlung von salpetriger Säure in Salpetersäure. Jedes dieser Fermente hat somit seine besondere Funktion in diesem wichtigsten Prozess zu erfüllen, da das Salpeterferment nicht in der Lage ist, auf Ammoniak einzuwirken, da das Salpeterferment nicht in der Lage ist, Nitrite in Nitrate umzuwandeln. Beide Fermente kommen in enormen Mengen im Boden vor und scheinen, soweit wir bisher wissen, von denselben Bedingungen beeinflusst zu werden. Ihre Aktion wird somit gemeinsam voranschreiten. Fast alles, was wir bisher über ihre Natur wissen, betrifft das salpetrige Ferment.

Aussehen des Lachgasorganismus.

Herr Warington [107] beschreibt das Aussehen des nitrosen Organismus folgendermaßen: „Wie man ihn in einer Suspension in einer frisch nitrifizierten Lösung findet, besteht er größtenteils aus nahezu kugelförmigen Körperchen, die in ihrer Größe extrem variieren. Das größte dieser Körperchen erreicht kaum einen Durchmesser von 1/1000 von einem Millimeter; und einige sind so winzig, dass man sie auf Fotografien kaum erkennen kann, obwohl sie dort mit einer Oberfläche gezeigt werden, die eine Million Mal größer ist als ihre eigene. Die größeren sind häufig nicht streng kreisförmig. Diese Formen kommen überall in nitrifizierenden Kulturen vor. Die Manchmal sieht man größere Organismen dabei, sich zu teilen.“

Stickstofforganismus.

Soweit derzeit bekannt, ähnelt der Salpeterorganismus in seinem Aussehen dem Salpeterorganismus so sehr, dass es schwierig ist, ihn voneinander zu unterscheiden. Da die gleichen Bedingungen ihre Entwicklung beeinflussen, kann der Prozess als Ganzes betrachtet werden.

Es ist schwierig, sie zu isolieren.

Bei dem Versuch, diese Mikroorganismen zum Zwecke der Erforschung ihrer Natur zu isolieren, traten große Schwierigkeiten auf. Dies liegt daran, dass sie sich weigern, auf den gewöhnlichen festen Kulturmedien zu wachsen, die von Bakteriologen verwendet werden. Winogradsky ist es jedoch kürzlich gelungen, sie in *einem rein mineralischen* Medium, nämlich *Kieselgel, zu kultivieren* . [108]

Nitrifizierende Organismen benötigen keine organische Substanz.

Die Tatsache, dass sie sich in Medien ohne organische Stoffe entwickeln können, ist für die Pflanzenphysiologie von großem Interesse und wichtig. Dies impliziert, dass sie ihren Kohlenstoff aus Kohlensäure gewinnen können – eine Fähigkeit, von der man annahm, dass sie unter den lebenden Strukturen nur grüne Pflanzen besaßen. Bei Organismen ohne Chlorophyll muss die Quelle ihres protoplasmatischen Kohlenstoffs, so wurde bisher allgemein angenommen, irgendeine *organische Substanz sein.* Obwohl es den Anschein hat, dass sich die nitrifizierenden Organismen bei Gelegenheit von organischen Stoffen ernähren können, wurde doch zweifelsfrei bewiesen, dass sie sich auch in Medien, in denen diese völlig fehlen, frei entwickeln können und unter solchen Umständen in der Lage sind, organische Stoffe zu ernähren Kohlenstoff aus rein mineralischer Quelle. [109] Diese Tatsache, die das, was man für ein grundlegendes Gesetz der Pflanzenphysiologie hielt, untergräbt, ist eine der wichtigsten der vielen wichtigen und interessanten Tatsachen, die diese Nitrifikationsforschungen hervorgebracht haben. [110]

GÜNSTIGE BEDINGUNGEN FÜR DIE NITRIFIKATION.

Wir können nun mit der Diskussion der für die Nitrifikation günstigen Bedingungen fortfahren .

Vorhandensein von Nahrungsbestandteilen.

Zu diesen Bedingungen zählt zunächst das Vorhandensein bestimmter Nahrungsbestandteile. Sowohl für das tierische als auch für das pflanzliche Leben ist eine gewisse Menge mineralischer Nahrung unbedingt erforderlich. Unter diesen ist Phosphorsäure eine der wichtigsten, und in den

Experimenten zur Nitrifikation wurde festgestellt, dass sich die nitrifizierenden Organismen in keinem Medium ohne Phosphorsäure entwickeln werden. Dass andere mineralische Nahrungsbestandteile notwendig sind, ist sehr wahrscheinlich, obwohl der Einfluss ihres Fehlens auf die Entwicklung des Prozesses nicht in ähnlicher Weise untersucht wurde. Wahrscheinlich sind Kali-, Magnesia- und Kalksalze notwendig. In den in den Experimenten zu diesem Thema verwendeten Kultivierungslösungen bestanden die zugesetzten mineralischen Nahrungsbestandteile aus Kalk, Magnesia, Kalisalzen und Phosphorsäure. [111]

Wie wir oben gesehen haben, ist die Anwesenheit von organischem Material für den Prozess nicht erforderlich. In dieser Hinsicht unterscheiden sich diese Organismen von allen anderen bisher entdeckten Fermenten.

Vorhandensein einer verkaufsfähigen Base.

Eine weitere notwendige Voraussetzung ist das Vorhandensein einer ausreichenden Menge einer Base im Boden, mit der sich die Salpetersäure bei ihrer Bildung verbinden kann . [112] Der Prozess läuft nur in leicht alkalischer Lösung ab. Die Substanz, die als versalzungsfähige Basis dient, ist *Kalk* . Das Vorhandensein einer ausreichenden Menge kohlensaurem Kalk im Boden wird daher als von größter Bedeutung angesehen. Dies ist eine Erklärung für einen der vielen Vorteile, die Kalk den Böden verleiht. Die Aktivität der Nitrifikation kann in vielen Böden durch das Fehlen ausreichender Kalksalze behindert werden, und in solchen Fällen können die auffallendsten Ergebnisse nach der Anwendung mäßiger Beizungen mit Kreide erzielt werden. Das Fehlen der nitrifizierenden Organismen in bestimmten Böden, beispielsweise Torf- und Waldböden, kann damit erklärt werden. Da in solchen Böden Huminsäuren vorhanden sind, fehlt die erforderliche Alkalität.

Findet nur in leicht alkalischen Lösungen statt.

Allerdings ist zwar eine gewisse geringe Alkalität notwendig, diese darf jedoch eine bestimmte Stärke nicht überschreiten, da sonst der Prozess verzögert wird. Aus diesem Grund nitrifizieren starke Urinlösungen nicht. Die in ihnen durch Fäulnis erzeugte Menge an kohlensaurem Ammoniak macht die Entwicklung der Nitrifikation unmöglich, da die Alkalität der Lösung zu groß wird. [113] Die praktische Bedeutung dieser Tatsache ist beträchtlich, da sie zeigt, wie wichtig es ist, den Urin vor der Ausbringung als Mist sehr stark zu verdünnen. Wenn große Mengen Kalk, insbesondere gebrannter Kalk, auf Böden aufgetragen werden, führt dies dazu, dass die

Nitrifikationswirkung vorübergehend gestoppt wird. Das Vorhandensein von alkalischen Carbonaten im Boden kann daher, sofern sie nicht in geringen Mengen vorliegen, den Prozess ernsthaft beeinträchtigen. [114]

Wirkung von Gips auf die Nitrifikation.

Pichard hat herausgefunden, dass die Wirkung bestimmter Mineralsulfate äußerst günstig für den Prozess ist, darunter *Gips* . Warington hat einige Experimente zur Wirkung von Gips bei der Förderung der Nitrifikation durchgeführt. Der Grund für seine günstige Wirkung liegt wahrscheinlich darin, dass es die Alkalität nitrifizierender Lösungen neutralisiert . Dadurch wird ermöglicht, dass der Prozess unter ungünstigen Bedingungen ablaufen kann . Wo daher die Alkalinität für die maximale Entwicklung der Nitrifikation zu groß ist, wird sich Gips als die beste spezifische Substanz erweisen. [115] Der praktische Wert von Gips als Zusatz zu bestimmten Düngemitteln, bei denen die Nitrifikation so schnell wie möglich gefördert werden soll, wie etwa Abwasser und Wirtschaftsdünger, wird somit sofort deutlich. Sofern ein angemessener Grad an Alkalität aufrechterhalten wird, scheint die Anwesenheit großer Mengen salzhaltiger Stoffe den Prozess nicht zu beeinträchtigen.

Vorhandensein von Sauerstoff.

Die Nitrifikationsbakterien gehören offenbar zur aeroben [116] Klasse der Fermente , *das heißt* , sie können sich ohne freie Sauerstoffzufuhr nicht entwickeln. Der Luftausschluss reicht aus, um sie abzutöten, und in den Teilen des Bodens, in denen der Luftzutritt nicht frei möglich ist, wird sich die Nitrifikation als entsprechend schwach erweisen. So wurde bei Versuchen mit verschiedenen Bodenanteilen festgestellt, dass in den unteren Bodenschichten nur geringe Anzeichen einer Nitrifikation auftreten. Nach Versuchen von Schloesing auf feuchtem Boden, in Atmosphären, die keinen Sauerstoff bzw. wechselnde Mengen davon enthielten, konnte die nitrifikationsfördernde Wirkung des Sauerstoffs eindrucksvoll nachgewiesen werden. In einer Atmosphäre aus reinem Stickstoff, völlig ohne Sauerstoff, fand dieser Prozess nicht mehr statt, aber die bereits im Boden vorhandenen Nitrate wurden reduziert und es entstand freier Stickstoff. In einer Atmosphäre hingegen, die 1,5 Prozent Sauerstoff enthielt, fand eine beträchtliche Menge an Nitrifikation statt; während bei Anwesenheit von 6 Prozent die Nitrifikation in doppeltem Ausmaß stattfand. Eine Zugabe von 10 bis 15 Prozent verdoppelte die Menge nochmals. Bei einer Erhöhung der zugesetzten Feuchtigkeitsmenge wurde festgestellt, dass die Wirkung höherer Sauerstoffanteile weniger ausgeprägt war. Der Grund dafür ist, dass der Sauerstoff wahrscheinlich als gelöster Sauerstoff fungiert; Die Zugabe von Wasser bedeutet gleichzeitig eine Zugabe von verfügbarem Sauerstoff. Diese Bedingung verdeutlicht den Wert von Bodenbearbeitungsarbeiten. Je gründlicher ein Boden bearbeitet wird, desto gründlicher wird die Belüftung seiner Partikel stattfinden und desto günstiger wird folglich dieser notwendige Zustand der Nitrifikation sein. Die Vorteile, die die Bodenbearbeitung auf tonigen Böden mit sich bringt, werden in dieser Hinsicht besonders groß sein.

Temperatur.

Eine weitere und wichtigste Bedingung für die Geschwindigkeit, mit der die Nitrifikation stattfindet, ist *die Temperatur* . Nach Schloesing und Müntz liegt die Temperatur, bei der die maximale Entwicklung stattfindet, bei 37° C [117] (99° F), bei dieser Temperatur ist es zehnmal so aktiv wie bei 14° C (57° F). Bei Temperaturen um ca. 5° C (40° F) ist die Wirkung äußerst schwach. Bei 12 °C (54 °F) ist sie deutlich spürbar und nimmt von dort bis 37 °C (99 °F) rasch zu. Von 37 °C (99 °F) bis 55 °C (131 °F), bei dieser Temperatur findet keine Nitrifikation statt, nimmt seine Aktivität ab; bei 45°C (113°F) ist sie weniger aktiv als bei 15°C (59°F), und bei 50°C (122°F) ist sie sehr gering. Diese Ergebnisse von Schloesing und Müntz wurden von Warington nicht genau bestätigt . Er hat herausgefunden, dass bei einer Temperatur zwischen 3° und 4° C (37° und 39° F) ein beträchtlicher Anteil der Nitrifikation stattfindet, während die höchste Temperatur, bei der er sie gefunden hat, deutlich unter 55° C liegt ° C (131° F.) Daher war er nicht in der Lage, die Nitrifikation in einer Lösung zu starten , die auf 40° C (104° F.) gehalten wurde. Es scheint daher, dass sich die nitrifizierenden Fermente bei niedrigeren Temperaturen entwickeln können als die meisten Organismen; und obwohl die Nitrifikation während des Frosts völlig aufhört, muss es doch in einem Klima wie unserem eigenen einen beträchtlichen Teil des Winters geben, in dem die Nitrifikation mäßig aktiv ist.

Vorhandensein einer ausreichenden Menge an Feuchtigkeit.

Das Vorhandensein von Feuchtigkeit im Boden ist eine weitere notwendige Voraussetzung für die Nitrifikation. Es hat sich gezeigt, dass es durch Austrocknung sofort gestoppt und tatsächlich zerstört wird. Unter sonst gleichen Bedingungen verläuft der Prozess bis zu einem gewissen Grad umso schneller, je mehr Feuchtigkeit ein Boden enthält. Zu viel Wasser ist jedoch ungünstig , da es geeignet ist, den freien Zugang der Luft, der, wie wir gerade gezeigt haben, so notwendig ist, auszuschließen und die Temperatur zu senken. Während einer Dürreperiode wird die Geschwindigkeit, mit der die Nitrifikation stattfindet, daher wahrscheinlich erheblich verringert sein.

Keine starke Sonneneinstrahlung.

Es wurde festgestellt, dass der Prozess in der Dunkelheit viel aktiver abläuft; In der Tat Warington hat in seinen Experimenten herausgefunden, dass die Nitrifizierung gestoppt werden konnte, indem man das Gefäß, in dem sie stattfand, einfach der Einwirkung von Sonnenlicht aussetzte.

Durch Gifte werden nitrifizierende Organismen zerstört.

Es wurde bereits darauf hingewiesen, dass die Nitrifikation durch die Wirkung von Antiseptika wie Chloroform, Schwefelkohlenstoff und Karbolsäure gehemmt wird. Eine weitere Substanz, von der festgestellt wurde, dass sie eine schädliche Wirkung hat, ist Eisensulfat oder „Copperas", eine Substanz, die in schlecht entwässerten Böden oder in Böden, in denen sich viel aktiv verfaulendes organisches Material befindet, vorkommen kann. Maercker hat herausgefunden, dass in Moorböden, die Eisensulfat enthalten, keine Nitrate oder nur Spuren von Nitraten gefunden werden konnten. Ein Stoff wie Gaskalk würde, wenn er nicht längere Zeit der Einwirkung der Atmosphäre ausgesetzt wird, aufgrund der darin enthaltenen giftigen Schwefelverbindungen ebenfalls eine schlechte Wirkung auf die Eindämmung der Nitrifikation haben. Es scheint, dass auch Kochsalz den Prozess hemmt; und diese antiseptische Wirkung, die Salz auf die Nitrifikation ausübt, wirft ein gewisses Licht auf die Natur seiner Wirkung, wenn es, wie es oft geschieht, zusammen mit künstlichem stickstoffhaltigem Dünger angewendet wird.

Denitrifikation.

Im Zusammenhang mit dem Prozess der Nitrifikation ist es von Interesse zu bemerken, dass in Böden auch ein Prozess entgegengesetzter Natur stattfinden kann, nämlich die *Denitrifikation* – ein Prozess, der darin besteht, die Nitrate zu Nitriten, Lachgas oder freiem Stickstoff zu reduzieren . Dass es bei der Zersetzung von Abwasser unter Bildung von freiem Stickstoff zu einer Reduzierung von Nitraten kommt, wurde erstmals 1867 vom verstorbenen Dr. Angus Smith beobachtet; und die Reduktion von Nitraten zu Nitriten sowie Stickstoff- und Stickoxiden bei Fäulnisveränderungen wurde später von verschiedenen Experimentatoren beobachtet, die außerdem beobachteten, dass eine solche Reduktion im Falle einer Fäulnis

stattfindet, die in der Gegenwart großer Wassermengen oder anderswo
stattfindet es gibt viel organisches Material.

Denitrifikation wird auch durch Bakterien bewirkt.

Diese Veränderung sollte rein chemischer Natur sein und wurde erst
kürzlich entdeckt, dass sie , wie die Nitrifikation, durch Bakterien bewirkt
wird. Einige haben vermutet, dass die Denitrifikation von denselben
Organismen durchgeführt werden könnte , die auch die Nitrifikation
bewirken, und dass der Ablauf des Prozesses lediglich von äußeren
Bedingungen abhängt. Es gibt jedoch keinen Grund anzunehmen, dass dies
so ist, und mehrere denitrifizierende Organismen wurden identifiziert.

Günstige Bedingungen für die Denitrifikation.

Dass es sich um einen Prozess handelt, der in ordnungsgemäß
bearbeiteten Böden einigermaßen abläuft, ist nicht anzunehmen. Die
Bedingungen, die die Denitrifikation begünstigen , sind genau das Gegenteil
von denen, die die Nitrifikation begünstigen . Erst bei Sauerstoffausschluss
oder, was praktisch dasselbe bedeutet, wenn sich große Mengen organischer
Substanz in aktiver Fäulnis befinden und daher die Sauerstoffversorgung
mangelhaft ist, kommt es zur Denitrifikation. Wie wir bereits gesehen haben,
fand Schloesing heraus, dass bei einem feuchten Boden, der in einer
sauerstofffreien Atmosphäre gehalten wird, eine Reduktion seiner Nitrate zu
freiem Stickstoff stattfindet.

Findet in wassergesättigten Böden statt.

Der Ausschluss von Sauerstoff aus einem Boden kann durch Sättigung
des Bodens mit Wasser erfolgen ; und Warington hat in Experimenten, die
in einem Ackerboden durchgeführt wurden, der keineswegs reich an
organischer Substanz ist, herausgefunden, dass auf diese Weise eine
vollständige Reduzierung der Nitrate erreicht werden kann. Es scheint daher,
dass der Prozess der Denitrifikation in wassergesättigten Böden oder bei der
Fäulnis von Abwasser in Gegenwart großer Wassermengen stattfindet. Ob
diese Reduktion zur Bildung von Nitriten, Lachgas oder freiem Stickstoff
führt, hängt von verschiedenen Bedingungen ab. Dieser Prozess ist aus
wirtschaftlicher Sicht von großer Bedeutung, da er uns eine Verlustquelle
offenbart, die bei der Vergärung von Gülle entstehen kann. Bei der
Verrottung unseres Hofdüngers ist es möglich, dass die denitrifizierenden
Organismen aktiver sind, als wir bisher vermutet haben, und dass es dadurch
zu einem erheblichen Stickstoffverlust kommt.

Die nitrifizierenden Organismen sind wahrscheinlich hauptsächlich auf den Boden beschränkt und kommen normalerweise nicht im Regen oder in der Atmosphäre vor. Dass sie jedoch an Stellen gefunden werden, die wir für äußerst unwahrscheinlich halten könnten, zeigen einige kürzlich durchgeführte interessante Untersuchungen von Müntz, der entdeckte, dass die nackten Oberflächen von Felsspat-, Kalk-, Schiefer- und anderen Gesteinen auf dem Gipfel liegen in den Bergen der Pyrenäen, Alpen und Vogesen eine große Zahl von ihnen hervorbrachte und dass sie bis zu einer beträchtlichen Tiefe in den Rissen und Spalten der Felsen vorkamen. Die nitrifizierenden Organismen kommen auch im Flusswasser, in Abwässern und Brunnenwässern vor.

Tiefe, in der sie auftreten.

In Waringtons früheren Experimenten kam er zu dem Schluss, dass das Vorkommen der nitrifizierenden Organismen fast ausschließlich auf die oberflächlichen Schichten des Bodens beschränkt war und dass man sie nur selten unterhalb einer Tiefe von 18 Zoll antraf. Seine nachfolgenden Experimente änderten diese Schlussfolgerung jedoch erheblich und zeigten, dass die Nitrifikation bis zu einer Tiefe von mindestens 6 Fuß stattfinden kann. [118] Aber obwohl es in dieser Tiefe stattfinden kann, ist es wahrscheinlich in der Regel auf den Oberflächenboden beschränkt, da nur dort die Bedingungen für die Luftzirkulation ausreichend günstig sind . Natürlich hängt viel von der Beschaffenheit des Bodens ab , *also* von seiner Beschaffenheit. In einem tonigen Untergrund ist das Haupthindernis für die Nitrifikation die Schwierigkeit, eine ausreichende Belüftung zu erreichen. In Lehmböden ist es daher wahrscheinlich, dass fast die gesamte Nitrifikation in der Oberflächenschicht stattfindet; in sandigen Böden kann es auch in größerer Tiefe stattfinden. [119]

Wirkung von Pflanzenwurzeln bei der Förderung der Nitrifikation.

In diesem Zusammenhang ist die Wirkung der Pflanzenwurzeln erwähnenswert, die einen besseren Luftzugang zu den unteren Schichten des Bodens ermöglichen und so die Nitrifikation fördern. Dies wurde bei verschiedenen Kulturen beobachtet. So wurde festgestellt, dass die Wirkung der Nitrifikation in den unteren Schichten eines Bodens, auf dem eine Hülsenfrucht wuchs, ausgeprägter war als auf dem Boden, auf dem eine Gramineenpflanze wuchs. „Die Bedingungen, die die Nitrifikation im

Untergrund begünstigen würden, sind solche, die es der Luft ermöglichen würden, in den Untergrund einzudringen, wie künstliche Entwässerung, eine Trockenzeit, das Wachstum einer üppigen Ernte, die eine starke Verdunstung des Wassers im Boden verursacht. Solche Bedingungen, durch Entfernung der Wasser, das die Poren des Untergrunds füllt, führt dazu, dass die Luft mehr oder weniger tief eindringt und die Nitrifikation möglich wird. Die Nitrifikation des Untergrunds wird daher in den trockeneren Perioden des Jahres am aktivsten sein" (Warington).

Natur der zur Nitrifikation fähigen Stoffe.

Welche stickstoffhaltigen Substanzen diesen Nitrifikationsprozess durchlaufen können, ist noch nicht genau bekannt. Die Frage ist natürlich von großer Bedeutung, da die Geschwindigkeit, mit der ein stickstoffhaltiger Körper nitrifiziert, ein wichtiger Faktor bei der Bestimmung seines Werts als Dünger ist. Leider wissen wir zu diesem Thema bisher sehr wenig. Wir sind uns bewusst, dass der im Huminstoff des Bodens vorhandene Stickstoff leicht nitrifizierbar ist. Bei den Versuchen zur Nitrifikation wurden hauptsächlich Ammoniaksalze als stickstoffhaltige Körper verwendet, so dass es schwierig ist zu sagen, ob bei anderen stickstoffhaltigen Substanzen nicht auch mikroorganisches Leben anderer Art aktiv war und den Stickstoff umgewandelt hat in Ammoniak umgewandelt und damit den Weg für den Prozess der Nitrifikation bereitet.

Dass verschiedene Düngemittel , wie Knochen, Horn, Wolle und Rapskuchen, leicht nitrifizierbar sind, wurde durch Experimente gezeigt. Es wurden auch Laborexperimente mit so unterschiedlichen stickstoffhaltigen Substanzen wie Ethylamin, Thiocyanaten, Gelatine, Harnstoff, Asparagin und Milchalbuminoiden durchgeführt . Aber bei all diesen Experimenten lässt sich nicht sagen, inwieweit diese Körper direkt von den nitrifizierenden Organismen beeinflusst wurden oder inwieweit sie zunächst eine vorbereitende Veränderung durchgemacht haben, bei der ihr Stickstoff zunächst in Ammoniak umgewandelt wurde. Es ist zumindest sehr wahrscheinlich, dass alle organischen Formen des Stickstoffs zunächst in Ammoniak umgewandelt werden müssen, bevor sie nitrifiziert werden können.

Geschwindigkeit, mit der die Nitrifikation stattfindet .

Eine Frage, die praktisch von nicht geringer Bedeutung ist, ist die Geschwindigkeit, mit der die Nitrifikation stattfindet. Aus dem bereits Gesagten über die Art der für den Prozess günstigen Bedingungen wird sofort ersichtlich, dass dies davon abhängt, inwieweit diese Bedingungen im

Boden vorhanden sind. Tatsächlich variiert die Geschwindigkeit, mit der die Nitrifikation stattfindet, in den verschiedenen Böden sehr stark. Ein größerer Unterschied in der Geschwindigkeit, mit der dies geschieht, wird jedoch sogar in den gleichen Böden zu verschiedenen Jahreszeiten festgestellt. In diesem Land, wo die für seine Entwicklung günstigste Temperatur selten erreicht wird, geht es nie mit der gleichen Geschwindigkeit weiter wie in tropischen Klimazonen. Eine der Ursachen für die größere Fruchtbarkeit tropischer Böden ist zweifellos auf die sehr viel längere Dauer und Intensität der Nitrifikationsperiode zurückzuführen. Da jedoch die Temperatur nicht die einzige Bedingung ist und das Vorhandensein von Feuchtigkeit ebenso notwendig ist, kann es sein, dass ihre Entwicklung in vielen tropischen Klimazonen durch die extreme Trockenheit des Bodens über längere Zeiträume ernsthaft verzögert wird.

Findet hauptsächlich in den Sommermonaten statt .

Obwohl in diesem Klima, wie bereits erwähnt, die Nitrifikation wahrscheinlich während der meisten Wintermonate stattfindet, da die Temperatur unserer Böden nur gelegentlich unter der Mindesttemperatur liegt, bei der der Prozess stattfindet, kann dies dennoch der Fall sein Es besteht kein Zweifel, dass der größte Teil der Bodennitrate während einiger Monate im Sommer produziert wird. Eine gute Vorstellung von dieser Menge liefern die interessanten Experimente über die Zusammensetzung des Entwässerungswassers, die in Rothamsted durchgeführt wurden und auf die wir gleich noch eingehen werden. Es kann jedoch darauf hingewiesen werden, dass es nicht immer sicher ist, die Menge an Nitraten im Abwasser als unfehlbaren Indikator für diese Rate heranzuziehen, da diese Menge bis zu einem gewissen Grad von der Niederschlagsmenge abhängt und dies auch tun würde kann bei einer längeren Dürreperiode irreführend sein. Im Großen und Ganzen liefert es uns jedoch äußerst nützliche Daten zur Aufklärung dieses wichtigen Problems.

Am schnellsten geht der Prozess in Brachfeldern vonstatten.

In den Rothamsted-Experimenten wurde gezeigt, dass der Prozess am besten auf Feldern abläuft, die brach liegen; und in dieser Tatsache liegt die Erklärung für einen der vielen Gründe, warum die Praxis, Felder brach liegen zu lassen, die in früheren Zeiten so üblich war und in manchen Teilen des Landes immer noch auf Lehmböden praktiziert wird , so vorteilhaft für die Landwirtschaft war so behandeltes Land. Dennoch ist die Praxis, Böden brach zu lassen, unter diesem Gesichtspunkt kaum zu rechtfertigen, da der

Nitratverlust durch die Einwirkung von Regen in unserem feuchten Klima sehr groß ist.

Laborexperimente zur Nitrifikationsrate.

Es wurden mehrere interessante Experimente durchgeführt, um Daten zur Abschätzung der Geschwindigkeit zu liefern, mit der der Prozess in unseren Böden unter bestimmten Bedingungen ablaufen kann. Ein altes Experiment, das von Boussingault durchgeführt wurde , veranschaulicht allgemein, wie schnell der Prozess unter günstigen Umständen abläuft. Eine kleine Portion nährstoffreicher Erde wurde auf eine durch ein Glasdach geschützte Platte gelegt und von Zeit zu Zeit mit Wasser angefeuchtet. Die unter diesen Umständen gebildete Menge an salpetersaurem Kali wurde von Zeit zu Zeit während eines Zeitraums von zwei Monaten geschätzt. Im ersten Monat (August) wurde der Prozentsatz von 0,01 auf 0,18 erhöht (entspricht etwa 5 Zentner Kalinitrat pro Acre). Der Anstieg im zweiten Monat (September) war sehr viel geringer, nämlich nur etwa ein Siebtel des Betrags. [120] Der untersuchte Boden war ein äußerst nährstoffreicher Gartenboden, und alle Bedingungen für die Nitrifikation waren äußerst günstig .

Von den jüngsten Experimenten zur Nitrifikationsgeschwindigkeit sind die von Schloesing vielleicht die auffälligsten . Er vermischte sulfathaltiges Ammoniak mit einer Menge Erde, die ziemlich reich an organischer Substanz war und 19 Prozent Wasser enthielt. Während der zwölf Tage der aktiven Nitrifikation wurden pro Tag nicht weniger als 56 Teile Stickstoff pro Million Boden nitrifiziert. Bei einer Bodentiefe von 9 Zoll entspräche dies mehr als 1 Zentner. pro Acre – eine Stickstoffmenge, die der Menge entspricht, die in 6 Zentnern enthalten ist. handelsübliches Natriumnitrat. Diese Experimente sind interessant, da sie zeigen, welche Nitrifikationsrate unter den günstigsten Umständen wahrscheinlich maximal ist und wo reichlich leicht nitrifizierbarer Stickstoff vorhanden ist. Dass es in unseren Böden überhaupt jemals zu einer Nitrifikation in diesem Ausmaß kommt, ist keineswegs anzunehmen.

Warington hat in seinen Rothamsted-Experimenten herausgefunden, dass die höchste Rate bei der Arbeit mit normalem Ackerboden (erste 9 Zoll) von der Rothamsted-Farm 0,588 Teile pro Million luftgetrockneter Erde pro Tag betrug – also *1,3* Pfund pro Acre (entspricht etwa 8 Pfund Soda-Nitrat). Ähnlicher Boden zeigte, wenn er mit Ammoniaksalzen versorgt wurde, fast das Doppelte dieser Menge. Höhere Ergebnisse erzielten Lawes und Gilbert mit fruchtbaren Manitoba-Böden, wobei die durchschnittliche Rate bei 0,7 Teilen pro Million pro Tag lag.

Die letzten dieser interessanten Laborexperimente zur Nitrifikationsrate, auf die wir uns beziehen werden, stammen von Dehérain . Er experimentierte mit Böden, die unterschiedliche Mengen an Stickstoff und Feuchtigkeit enthielten. Bei einem Boden mit 0,16 Prozent Stickstoff erreichte er über einen Zeitraum von 90 Tagen Nitrifikationsraten zwischen 0,71 und 1,09 pro Million Teile Boden. Die maximale Menge wurde gebildet, wenn der Boden 25 Prozent Feuchtigkeit enthielt. Auf einem Boden, der wesentlich reicher ist – nämlich 261 Prozent Stickstoff – fand eine höhere Nitrifikationsrate statt – 1,48 Teile pro Million. Die höchste in diesen Experimenten erhaltene Rate ergab, in Pfund pro Acre berechnet, etwa 5 1/2, was einer Bodentiefe von 9 Zoll entspricht. Wenn der Boden abwechselnd getrocknet und angefeuchtet wurde, war der Prozess am schnellsten.

Ein Teil des Bodenstickstoffs ist leichter nitrifizierbar als der Rest.

Schließlich kann man bemerken, dass in den oben zitierten Experimenten und anderen ähnlichen Experimenten der Prozess zunächst am schnellsten abläuft und danach stetig abnimmt. Dies ist auf die Tatsache zurückzuführen, dass in den meisten Böden im Allgemeinen eine bestimmte Menge Stickstoff in einem leichter nitrifizierbaren Zustand vorliegt als in den übrigen, so dass die Nitrifikation langsamer vonstatten geht, wenn dieser oxidiert wird. Es scheint außerdem, dass der Stickstoff des Untergrunds weniger leicht nitrifiziert wird als der des Oberflächenbodens.

Aus Feldversuchen abgeleitete Nitrifikationsrate.

Während die obigen Experimente viel Licht auf die Frage werfen, mit welcher Geschwindigkeit die Nitrifikation unter verschiedenen Umständen ablaufen kann, sind die Ergebnisse, die durch tatsächliche Analysen von Böden und ihren Entwässerungsgewässern geliefert werden, von noch größerem praktischen Wert; und die Rothamsted-Experimente liefern uns glücklicherweise eine Reihe dieser wertvollen Ergebnisse.

Menge an Nitraten, die in den Böden von Brachfeldern gebildet wird.

Diese Untersuchungen mussten auf Boden durchgeführt werden, der von brachliegenden Feldern stammte; denn auf *bewirtschafteten Feldern konnte* keine genaue Schätzung der Menge an gebildetem Nitrat vorgenommen werden . In den ersten 27 Zoll Boden von sechs separaten Feldern wurde festgestellt, dass der Nitrat-Stickstoff-Gehalt zwischen 36,3 Pfund und 59,9 Pfund pro Acre schwankte. In vier dieser Felder wurde der größte Anteil in den ersten

9 Zoll Boden gefunden; in den restlichen zwei, in den zweiten 9 Zoll;
während die dritten 9 Zoll in zwei Feldern einen fast ebenso großen Anteil
aufwiesen wie die ersten 9 Zoll. [121]

Die Position der Nitrate hängt von der Jahreszeit ab.

Der Nitratgehalt im Boden hängt stark von der Jahreszeit ab; denn, wie
bereits erwähnt, ist ihre Produktion fast ausschließlich auf den
Oberflächenboden beschränkt, und nur wenn sie vom Regen
heruntergespült werden, gelangen sie in die unteren Schichten. Eine
Regenzeit hat daher zur Folge, dass ihr Anteil in den unteren Bodenschichten
steigt.

Nitrate in Entwässerungsgewässern.

Da es einen gewissen Anteil an Nitraten gibt, der sogar unter die ersten
27 Zoll des Bodens gelangt, zeigen die obigen Ergebnisse nicht deren
Gesamtproduktion. Um diese Menge genau abschätzen zu können , müssen
wir die Menge ermitteln, die im Abwasser entweicht. Auch hier liefern uns
die Rothamsted-Experimente wertvolle Daten. Die im Abwasser
vorkommende Menge schwankt naturgemäß sehr stark und hängt
weitgehend von der Niederschlagsmenge ab; Im Durchschnitt von zwölf
Jahren hat sich jedoch herausgestellt, dass diese Menge zwischen 30 und 40
Pfund pro Acre ausmacht – eine Menge, die nicht viel geringer ist als die
Menge, die in den ersten 27 Zoll des Bodens selbst gefunden wird. Es muss
beachtet werden, dass dies aus vergleichsweise kargem Boden stammte und
bei reicheren Böden zweifellos eine viel größere Menge produziert werden
würde. Wenn wir dann die Ergebnisse zusammenzählen, stellen wir fest, dass
in Böden wie denen in Rothamsted, wenn sie kahl brachliegen, in etwa
vierzehn Monaten zwischen 80 und 90 Pfund Stickstoff in Nitrate
umgewandelt werden – eine Menge, die etwa 5 Zentnern entspricht.
Salpetersäure. Es ist eine Tatsache von nicht geringer praktischer Bedeutung,
dass fast die Hälfte dieser großen Menge im Abwasser zu finden ist.

Menge, die zu verschiedenen Zeiten im Jahr produziert wird.

Einige Hinweise auf die Geschwindigkeit, mit der die Nitrifikation in den
verschiedenen Monaten des Jahres stattfindet, ergeben sich aus einer
Untersuchung der Ergebnisse der Analysen von Entwässerungsgewässern,
auf die wir uns gerade bezogen haben. Es muss jedoch beachtet werden, dass
dies uns nur einen sehr ungefähren Hinweis liefert. Der Monat mit der
höchsten Menge an Nitraten im Abflusswasser muss nicht unbedingt als der

Monat angesehen werden, in dem die Nitrifikation am aktivsten war, da die Menge hauptsächlich von den Niederschlägen abhängt. Zur Veranschaulichung wird festgestellt, dass das Abflusswasser während der Herbst- und frühen Wintermonate die meisten Nitrate enthält, nicht weil die Nitrifikation dann am aktivsten ist, sondern weil die Niederschläge am größten sind und ein großer Teil der Nitrate während der Trockenzeit gebildet wird Sommermonate wird erst dann aus dem Boden gewaschen. Der Nitratgehalt im Abwasser nimmt vom Herbst bis in die Wintermonate stetig ab und ist im Frühjahr am geringsten. Die Gesamtmenge an Nitraten im Abwasser ist daher kein sicherer Richtwert. Was uns jedoch einen zuverlässigeren Hinweis liefert, ist der *Prozentsatz* an Nitraten im Abflusswasser. Betrachtet man die Ergebnisse der Analysen des Abflusswassers (siehe Anhang) unter diesem Gesichtspunkt, so zeigt sich, dass dieses im September am größten und im April am geringsten ist. [122]

Nitrifizierung von Gülle.

Ein noch nicht besonders behandeltes Thema, das aber von großer praktischer Bedeutung ist, ist die Nitrifikation von Güllestoffen. Es ist bedauerlich, dass dieser wichtigen Frage bisher nur wenig Forschung gewidmet wurde und das Wissen, über das wir verfügen, daher sehr begrenzt ist.

Ammoniaksalze sind am leichtesten nitrifizierbar.

Eine Tatsache, an der kaum Zweifel bestehen können, ist jedoch, dass Stickstoff in Form von Ammoniaksalzen von allen Stickstoffverbindungen am leichtesten nitrifizierbar ist. Tatsächlich ist es, wie wir bereits angedeutet haben, sehr wahrscheinlich, dass die Umwandlung der verschiedenen Formen von organischem Stickstoff in Ammoniak ein Zwischenstadium bei der Nitrifikation dieser Körper ist. Jedenfalls scheint es immer so zu sein, dass, wenn man eine Mischung von Stickstoffverbindungen, einschließlich Ammoniaksalzen, nitrifizieren lässt, der Stickstoff in Form von Ammoniak zuerst nitrifiziert wird.

Am leichtesten nitrifizierbarer Mist mit Ammoniumsulfat.

Daraus folgt, dass schwefelsaures Ammoniak, der häufigste ammoniakhaltige Dünger, einer der am schnellsten nitrifizierten Dünger ist, wenn er auf den Boden aufgetragen wird. Die Geschwindigkeit, mit der die Nitrifikation dieses Mists stattfindet, variiert natürlich je nach der ausgebrachten Menge und anderen Umständen, wie der Beschaffenheit des

Bodens, dem Wetter usw. Dass die Umwandlung von Ammoniak in Nitrate unter günstigen Umständen sehr schnell erfolgt, wurde durch eine Reihe von Experimenten gezeigt. Dehérain hat herausgefunden, dass, wenn Ammoniaksulfat in einer Menge von 2 Zentnern mit dem Boden vermischt wurde. Pro Acre erfolgte die Nitrifikation mit einer Rate von 1/100 des Stickstoffs pro Tag.

Nitrifikationsrate anderer Düngemittel.

Von anderen stickstoffhaltigen Düngemitteln steht Guano offenbar in der Geschwindigkeit, mit der es im Boden nitrifiziert wird, dem Ammoniaksulfat am nächsten; während neben Guano Gründüngung, getrocknetes Blut, Fleischmehl usw. stehen. Wie zu erwarten ist, nitrifiziert ein Mist wie Shoddy sehr langsam. Die Geschwindigkeit, mit der die Stickstoffverbindungen im Hofdünger nitrifiziert werden, wenn sie in den Boden eingearbeitet werden, hängt stark von den Umständen ab. Sie verläuft wahrscheinlich schneller als die gewöhnliche Nitrifikation von Bodenstickstoff. Es ist eine etwas überraschende Tatsache, dass die Zugabe von Natronlauge zum Boden zunächst eine Hemmung der Nitrifikation bewirken kann. Dass die Zugabe von Kochsalz, auch in geringen Mengen, zu diesem Ergebnis führt, ist jedenfalls sicher. Das Vorhandensein von Salz in einer Menge von einem Tausendstel des Bodengewichts hat eine schädliche Wirkung.

Böden, die sich am besten für die Nitrifizierung eignen.

Um es noch einmal zusammenzufassen: Die Nitrifikation erfolgt durch die Wirkung von Mikroorganismen, die in allen Böden mehr oder weniger stark vorkommen. Für seine günstige Entwicklung sind Luft, Wärme, Feuchtigkeit, die Abwesenheit von starkem Licht, das Vorhandensein einer versalzungsfähigen Base – nämlich kohlensaurer Kalk –, das Vorhandensein bestimmter mineralischer Nahrungsbestandteile wie Phosphate und ein gewisses Maß an Alkalität erforderlich . Sie kommt daher in kargen Sandböden am wenigsten vor. Für die Entwicklung eignen sich am besten nährstoffreiche, leichte, gut belüftete, gleichmäßig feuchte, warme und kalkhaltige Böden. Unter sonst gleichen Bedingungen entwickelt es sich in einem feinkörnigen Boden besser als in einem grobkörnigen Boden, da bei ersterem die Belüftung und gleichmäßige Befeuchtung des Bodens am besten gewährleistet ist.

Fehlende Nitrifikation in Waldböden.

Ein Punkt von erheblichem Interesse ist das praktische Fehlen dieses Prozesses in Waldböden. Das Fehlen oder Vorkommen von Nitraten in Waldböden wird durch die niedrige Normaltemperatur dieser Böden und ihre extreme Trockenheit erklärt. Dieser letztere Zustand ist auf die enorme Verdunstung von Wasser durch die Bäume zurückzuführen, insbesondere im Sommer, wodurch der Boden fast lufttrocken wird. Letztendlich kann dies auf den Mangel an mineralischen Nahrungsbestandteilen zurückzuführen sein.

Wichtiger Einfluss der Nitrifikation auf die landwirtschaftliche Praxis.

Bevor wir dieses Kapitel abschließen, ist es vielleicht sinnvoll, die Aufmerksamkeit auf die wichtige Bedeutung zu lenken, die die Nitrifikation für die landwirtschaftliche Praxis hat. Das Licht, das unser gegenwärtiges Wissen über diesen äußerst interessanten Prozess – so unvollkommen es auch sein mag – auf die Theorie der Fruchtfolge wirft, ist sehr auffallend, denn es zeigt, wie die Einführung einer geschickten Fruchtfolge durchgeführt werden kann, um den Verlust enormer Mengen zu verhindern einer der wertvollsten aller unserer Bodenbestandteile – derjenige, von dessen Vorhandensein die Fruchtbarkeit am meisten abhängt – nämlich Stickstoff.

Es ist wünschenswert, dass der Boden mit Vegetation bedeckt ist.

Die ständige Produktion von Nitraten im Boden, die Unfähigkeit des Bodens, diese zu speichern, und die daraus resultierende Gefahr, dass sie durch die Entwässerung entfernt werden, sind ein starkes Argument dafür, unsere Böden so konstant wie möglich mit Vegetation zu bedecken.

Dauerweide wirtschaftlichster Bodenzustand.

Unter dem Gesichtspunkt der Erhaltung von Nitraten im Boden kann man sagen, dass Dauerweide der wirtschaftlichste Zustand für den Boden ist. In einem solchen Fall werden die Nitrate assimiliert, sobald sie gebildet werden, und durch Umwandlung in den Boden Werden sie in organischen Stickstoff eingepflanzt, sind sie sofort vor jeglichem Verlustrisiko geschützt. Eine Betrachtung des Prozesses der Nitrifikation liefert daher viele Argumente für die Anlage von Land als Dauerweideland – eine Praxis, die in den letzten Jahren in vielen Teilen des Landes zunehmend praktiziert wurde. Da es jedoch nicht möglich oder wünschenswert ist, diese Praxis über bestimmte Grenzen hinaus durchzuführen, ist die Fruchtfolge am besten geeignet, die der Bedingung, den Boden mit Vegetation bedeckt zu halten, am nächsten kommt und in dieser Hinsicht der Dauerweide am nächsten kommt empfohlen.

Nitrifikation und Fruchtfolge.

Das Hauptrisiko eines Nitratverlustes besteht im Zusammenhang mit einer Getreideernte wie Weizen. Wo Rüben auf Weizen folgen, gibt es eine Zeitspanne, in der der Boden unbedeckt bleibt und in der es zu einem äußerst schwerwiegenden Nitratverlust kommen kann. Das Verlustrisiko wird durch die Tatsache erhöht, dass die Aufnahme von Nitraten durch Getreide vor der Saison seiner maximalen Produktion im Boden aufhört. Im Herbst, der kritischsten Zeit überhaupt, bleibt der Boden dann frei von Vegetation, was zu erheblichen Verlusten führen muss. Um diesen Verlust zu minimieren , wurde auf den Anbau von Zwischenfrüchten zurückgegriffen. Da diese Praxis jedoch an anderer Stelle behandelt wird, braucht hier nichts weiter gesagt zu werden.

FUSSNOTEN:

[97] Da die Bildung von Nitriten ein Prozessschritt ist, umfasst der Begriff *Nitrifikation* sowohl die Bildung von Nitriten als auch von Nitraten.

[98] Nitre scheint bereits im 13. Jahrhundert bekannt gewesen zu sein.

[99] Lawes und Gilbert haben beispielsweise gezeigt, dass es in den Rothamsted-Böden nur wenige Teile pro Million Boden beträgt.

[100] Siehe Anhang, Anmerkung I., S. 196.

[101] Die künstliche Herstellung von Salpeter scheint erstmals im 17. Jahrhundert von Glauber durchgeführt worden zu sein .

[102] Es wurde festgestellt, dass der Kalkabfall von alten Gebäuden, insbesondere die Teile, die mit der Erde in Berührung gekommen sind, oder der Putz von den Wänden feuchter Keller, Scheunen, Ställe usw., reich an Kalksalpeter ist. und stellen, wie seit langem bekannt ist, selbst einen wertvollen Dünger dar. Die Bildung des Salpeterkalks kann durch den Kontakt des Kalks mit stickstoffhaltigen Stoffen verschiedener Art erklärt werden.

[103] Da ein Großteil der Salpetersäure in dieser Lösung als Kalksalpeter vorlag, wurde sie üblicherweise mit einer Lösung von Kaliumcarbonat behandelt, was zur Ausfällung des Kalks als Carbonat führte und reinen Salpeter in Lösung zurückließ die folgende Gleichung:

$$K_2CO_3 + Ca(NO_3)_2 = 2 KNO_3 + CaCO_3.$$

Unter der französischen Herstellungsweise galt das Verfahren als zufriedenstellend entwickelt, wenn 1000 Pfund Erde nach Ablauf von zwei Jahren 5 Pfund Salpeter ergaben .

[104] Pasteur hatte bereits 1862 die Meinung geäußert, dass die Nitrifikation möglicherweise in irgendeiner Weise mit Fermenten zusammenhängt. A. Müller (siehe „Journal of Chemical Society", 1879, S. 249) war der erste, der die Meinung vertrat, dass die Nitrifikation auf die Wirkung eines Fermentes zurückzuführen sei. Zu dieser Schlussfolgerung gelangte er durch die Beobachtung, dass das Ammoniak im Abwasser zwar in Salpetersäure umgewandelt wurde, in den im Labor hergestellten Ammoniaklösungen oder Urin jedoch keine Veränderung stattfand.

[105] Auch mit Schwefelkohlenstoff und Phenol (Carbolsäure) wurde im Zusammenhang mit ihrer antiseptischen Wirkung auf die Nitrifikation experimentiert. In diesen Experimenten hatte ersteres eine ähnliche Wirkung wie Chloroform; Das Phenol behinderte es jedoch, suspendierte es jedoch nicht vollständig, was wahrscheinlich auf die Schwierigkeit zurückzuführen ist, den Phenoldampf in gründlichen Kontakt mit den Bodenpartikeln zu bringen.

[106] Winogradsky hat den salpeterhaltigen Organismus *Nitrosomonas* und den salpeterhaltigen Organismus *Nitrobaeter benannt* .

[107] Aus einer Reihe von Vorträgen, die er im Zusammenhang mit dem Lawes Agricultural Trust in den Vereinigten Staaten hielt.

[108] Dieses Kieselgel besteht aus dialysierter Kieselsäure, Ammoniumsulfat, Kaliumphosphat, Magnesiumsulfat, Calciumchlorid und Magnesiumcarbonat.

[109] Diese Tatsache ist umso bemerkenswerter, wenn wir bedenken, dass dieser Abbau der Kohlensäure am besten im Dunkeln erfolgt , da Licht der Nitrifikation abträglich ist.

[110] Siehe Anhang, Anmerkung II., S. 196 und Anmerkung III., S. 197.

[111] Siehe Anhang, Anmerkung V., S. 198.

[112] Dies wird durch die Tatsache gezeigt, dass die Nitrifikation in einer Lösung von kohlensaurem Ammoniak nur so lange andauert, bis die Hälfte des Ammoniaks nitrifiziert ist. Dann hört es auf. Da die Base, mit der sich die salpetrige Säure bei ihrer Bildung verbindet, vollständig aufgebraucht ist, ist eine Nitrifikation nicht mehr möglich. Das Gleiche gilt auch für Urinlösungen. Eine Nitrifikation findet also nur dann statt, wenn ausreichend Base vorhanden ist.

[113] Siehe Anhang, Anmerkung IV., S. 197.

[114] Es scheint, dass eine Alkalität von viel mehr als vier Teilen Stickstoff pro Million dem Prozess abträglich ist.

[115] Laut Warington werden Lösungen, die 50 Prozent Urin enthalten, bei Zugabe von ausreichend Gips nitrifizierbar. Der Gips neutralisiert die Alkalität nitrifizierender Lösungen, indem er das alkalische Ammoniumcarbonat in neutrales Ammoniumsulfat umwandelt, wobei das Calciumcarbonat ausgefällt wird.

[116] Siehe Kapitel über Hofdünger.

[117] Um diese Tatsache praktisch zu veranschaulichen, benötigte eine Lösung, die bei 10° C gehalten wurde, zehn Tage, während eine Lösung, die bei 30° C gehalten wurde, nur acht Tage für die Nitrifikation benötigte.

[118] In 69 Versuchen wurde kein Versagen der Nitrifikationsproduktion durch Aussaat mit Erde aus einer Tiefe von 2 Fuß festgestellt. Ebenso kam es in elf Versuchen nur zu einem Ausfall mit Erde aus einer Tiefe von 3 Fuß. Bei Lehmboden aus einer Tiefe von 6 Fuß betrug der Erfolg 50 Prozent. Mit Ton aus einer Tiefe von 8 Fuß wurde keine Nitrifikation erreicht. Bei kalkhaltigem Untergrund kam es zu einem völligen Versagen. Der Prozess nimmt daher an Aktivität ab, je tiefer wir gehen.

[119] Koch hat herausgefunden, dass in den von ihm untersuchten Böden in einer Tiefe unter 3 Fuß nur wenige Organismen gefunden wurden.

[120] Siehe Anhang, Anmerkung VI., S. 198.

[121] Die vollständigen Analyseergebnisse finden Sie im Anhang, Anmerkung VII, S. 198.

[122] Den geringsten Betrag finden wir im Monat April. Im Wasser betrugen die Mengen bei einem Durchmesser von 20 bzw. 60 Zoll 1,35 Pfund bzw. 1,61 Pfund pro Acre (Niederschlag 2,25 Zoll). Von da an bis November erhöht sich der Betrag stetig. Im letzten Monat erreicht es sein Maximum, nämlich 6,50 Pfund (20-Zoll-Spurweite) und 5,98 Pfund (60-Zoll-Spurweite) pro Acre (Niederschlag 2,30 Zoll). Siehe Anhang zu Kapitel III, Anmerkung VIII, S. 160.

ANHANG ZU KAPITEL IV.

ANMERKUNG I. (S. 162).

ALTE THEORIEN DER NITRIFIKATION.

Den alten Theorien zufolge wurde die Nitrifikation als ein einfacher Fall der Oxidation von Stickstoff durch den Sauerstoff der Luft oder durch Ozon angesehen. Die Vereinigung von Stickstoff und Sauerstoff findet jedoch wahrscheinlich nur bei sehr hohen Temperaturen statt, wie sie bei elektrischen Entladungen entstehen. Es ist unnötig darauf hinzuweisen, dass eine solche Verbindung von Stickstoff und Sauerstoff in Böden wahrscheinlich nicht auftritt. Anderen Theorien zufolge erfolgte die Nitrifikation durch Oxidation von Ammoniak. Ammoniak kann jedoch nur mit bestimmten starken Oxidationsmitteln wie Ozon oder Wasserstoffperoxid zu Salpetersäure oxidiert werden . Da diese Stoffe jedoch nicht im Boden vorkommen, ist es sehr zweifelhaft, ob auf diese Weise jemals Salpetersäure im Boden gebildet wird. Es ist jedoch möglich, wie einige meinen, dass Eisenoxid in der Lage ist, diese Umwandlung auszulösen. Insgesamt deuten die meisten Beweise jedoch darauf hin, dass die gesamte im Boden produzierte Salpetersäure durch mikroorganisches Leben gebildet wird.

HINWEIS II. (S. 170).

Die wichtige Tatsache, dass Nitrifikation in Lösungen stattfinden kann, die praktisch frei von organischem Material sind, wurde erstmals von Dr. JHM Munro gezeigt („Chemical Society Journal", August 1886, S. 561). Es wurde weiter von Warington und PF Frankland bestätigt . Winogradsky hat jedoch die aufschlussreichsten Experimente zu diesem Thema durchgeführt. „Er bereitete Gefäße und Lösungen vor, die sorgfältig von organischem Material gereinigt wurden, und säte diese Lösungen mit dem nitrifizierenden Organismus. Als er feststellte, dass sich der nitrifizierende Organismus unter diesen Bedingungen enorm vermehrte und seine volle Kraft entfaltete , fuhr er fort, die Menge an kohlenstoffhaltigem organischem Material zu bestimmen." gebildet in Lösungen nach der Einführung des Organismus. Indem er die Nitrifikation intensivierte, konnte er durch den Prozess der Nassverbrennung beträchtliche Mengen an Kohlenstoff aus den nitrifizierten Lösungen gewinnen. In seinen dritten Memoiren veröffentlicht er Zahlen, die offenbar einen engen Zusammenhang zwischen zeigen die Menge an oxidiertem Stickstoff und die Menge an assimiliertem Kohlenstoff; das Verhältnis beträgt etwa 35:1." – Siehe Bulletin des US-

Landwirtschaftsministeriums, Nr. 8, mit Vorträgen zu Rothamsted-Experimenten von R. Warington , FRS, S. 50.

ANMERKUNG III. (S. 170).

Die Oxidationskraft der Bodenmikroorganismen beschränkt sich nicht nur auf die Oxidation von Ammoniak oder organischem Material. Müntz hat gezeigt, dass der Boden in der Lage ist, Jodide zu Hypojodiden und Jodaten sowie Bromide zu Hypobromiden und Bromaten zu oxidieren . Dies ist ein sehr wichtiges Ergebnis und scheint darauf hinzuweisen, dass die Nitrifikation Teil einer allgemeinen Oxidationswirkung ist und dass wir nicht annehmen dürfen, dass Nitrite oder Nitrate produziert werden, weil sie an sich für den Organismus von Vorteil sind.

ANMERKUNG IV. (S. 172).

„Wenn Urin in verschiedenen Verdünnungsgraden mit Erde behandelt wurde, wobei 1 Gramm Erde zu 100 cm³ verdünntem Urin hinzugefügt wurde, begann die Nitrifikation in der 1-prozentigen Lösung nach 11 Tagen, in der 5-prozentigen Lösung nach 20 Tagen Tage, in der 10-prozentigen Lösung in 62 Tagen, in der 12-prozentigen Lösung in 90 Tagen. Die Alkalität der letztgenannten Lösung betrug zu Beginn der Nitrifikation 447 mg Ammoniak pro Liter . Eine Lösung mit einer Alkalität von 500 mg Ammoniak pro Liter ist offenbar nicht nitrifizierbar ." – American Department of Agriculture Bulletin, Warington's Lectures on Rothamsted Experiments, S. 51.

ANMERKUNG V. (S. 171).

Professor PF Frankland verwendete in seinen Experimenten die folgenden Lösungen:

	grms .	}
NH_4Cl	.5	}
H_3PO_4	.1	} In 1000 ml destilliertem Wasser.
$MgSO_4$	.02	}
$CaCl_2$	.01	}

CaCO$_3$ 5.00 }

HINWEIS VI. (S. 185).

Experiment von Boussingault zur Nitrifikationsrate.

1857.	Prozent von Kalinitrat.	= Pfund pro Acre.
5. August	.01	34
17. August	.06	222
2. September	.18	634
17. September	.22	760
2. Oktober	.21	728

HINWEIS VII. (S. 188).

STICKSTOFF ALS NITRATE IN ROTHAMSTED-BÖDEN NACH KAHLER BRACHE IN LB. PRO HEKTAR.

Tiefe von Boden.	Wechseln Weizen Und Brache.	Vier-Gänge-Rotation.		Claycroft Feld.	Fosters Feld.
		Super-Phosphat nur.	Gemischter Mist.		
	1878.	1878.	1878. / 1882.	1881.	1881.
	Pfund.	Pfund.	Pfund. / Pfund.	Pfund.	Pfund.
1. 9 Zoll	28.5	22.3	30.0 / 40.1	16.4	14.6
2d 9 Zoll	5.2	14.0	18.8 / 14.3	26.5	24.6

3D 9 Zoll.	—	—	—	5.5	15.9	17.3
Gesamt	33.7	36.3	48,8	59.9	58,8	56,5

Kapitel V.
Die Stellung der Phosphorsäure.

Wir betrachten nun die Stellung der Phosphorsäure in der Landwirtschaft. Die Frage ist jedoch ihrer Natur nach sehr viel einfacher als die des Stickstoffs und kann daher in viel kürzerem Raum erörtert werden.

Wie wir bereits betont haben, sind die meisten Böden besser mit den verfügbaren Inhaltsstoffen der Aschepflanzen versorgt als mit den verfügbaren Stickstoffverbindungen. Auch die von der Pflanze aufgenommene Menge an Phosphorsäure ist geringer als die an Stickstoff; und schließlich sind die im Boden vorkommenden verschiedenen chemischen Verbindungen der Phosphorsäure bei weitem nicht so zahlreich wie die des Stickstoffs. Phosphorsäure ist jedoch in ihrer Bedeutung als Bodenbestandteil dem Stickstoff gleichgestellt.

Vorkommen von Phosphorsäure in der Natur.

Dass Phosphorsäure überall vorkommt, lässt sich aus der Tatsache schließen, dass auf der Erdoberfläche fast überall pflanzliches Leben vorkommt; denn ohne sie können Pflanzen nicht wachsen. Obwohl es praktisch überall vorkommt, ist seine Menge in den meisten Böden sehr gering. Da seine einzige Quelle im Boden der Zerfall der verschiedenen Gesteine ist, kann zunächst eine kurze Beschreibung seines Vorkommens im Mineralreich gegeben werden.

Mineralische Phosphorsäurequellen.

Es wurde erstmals gegen Ende des letzten Jahrhunderts im Mineralreich entdeckt; aber wir haben erst in den letzten Jahren genaue Kenntnisse über seinen Anteil in den verschiedenen Gesteinen erlangt, aus denen Böden gebildet werden. Dies hat sich in vielen Fällen als sehr unbedeutend erwiesen. Am häufigsten kommt es als *Apatit vor* , ein Mineral, das aus Calciumphosphat mit geringen Mengen Calciumfluorid oder Calciumchlorid besteht. Dieser Apatit oder Phosphorit kommt in bestimmten Teilen der Welt in großen Mengen vor; In den meisten Gesteinen kommt es jedoch in der Regel nur in geringen Mengen vor. Man kann feststellen, dass die älteren Gesteine in der Regel reicher daran sind als die neuerer Formation; und Daubeny hat auf diese Tatsache aufmerksam gemacht, da sie einen nützlichen Leitfaden für die Schätzung des wahrscheinlichen Reichtums eines Bodens an Phosphorsäure liefert. Je älter also ein Gestein ist, desto reicher ist es wahrscheinlich an Phosphorsäure.

Apatit und Phosphorit.

Von Apatit gibt es eine Vielzahl von Arten, die sich sowohl in ihrem Aussehen als auch in ihrer Zusammensetzung unterscheiden. Es kommt hauptsächlich in kristalliner Form und manchmal in regelmäßigen Kristallen vor, kommt aber auch in amorpher Form vor. Die Farbe kann weiß, gelb, braun, rot, grün, grau oder blau sein. Es werden zwei Klassen von Apatit gefunden. Das erste besteht aus Calciumphosphat zusammen mit Calciumfluorid; und in anderen Apatitarten wird das Calciumfluorid durch Calciumchlorid ersetzt. Phosphorit ist ein anderer Name für Apatit, wird aber hauptsächlich für unreinen, amorphen Apatit verwendet. Der Anteil an Phosphatkalk in verschiedenen Apatitarten kann mit 70 bis 90 Prozent angegeben werden. Es kommt in Kanada in sehr großen Mengen vor, wobei der kanadische Apatit sehr reich an Kalkphosphat ist – 80 bis 90 Prozent. In vielen Teilen der Welt bildet es Teile von Bergmassen und wird abgebaut, zerkleinert und für künstliche Düngemittelzwecke verwendet. Weitere Einzelheiten zu seinem Vorkommen und seiner chemischen Zusammensetzung finden Sie im Anhang. [123]

Koprolithen.

In vielen Teilen der Welt wurden runde Knötchen gefunden, die größtenteils aus Phosphatkalk bestehen und denen der Name „Koprolithen" gegeben wurde, in der Annahme, dass sie aus versteinerten tierischen Exkrementen bestanden. Diese Koprolithen oder Osteoliten , wie sie auch genannt werden, variieren in ihrem prozentualen Anteil an Phosphat im Kalk. Manchmal sind es 80 Prozent, in der Regel aber deutlich weniger. Sie stellten auch in der Vergangenheit eine wichtige Quelle für Gülle dar und werden im Folgenden erwähnt.

Guano.

Schließlich kommt Phosphorsäure in großen Mengen in Guano-Ablagerungen vor, die hauptsächlich an der Westküste Südamerikas vorkommen. Diese Ablagerungen, die als Quelle für künstlichen Dünger von enormer Bedeutung waren, sind tierischen Ursprungs und werden in einem speziell diesem Thema gewidmeten Kapitel ausführlich besprochen; so dass wir sie hier nur erwähnen müssen.

Phosphorsäure kommt auch in Form von Kalkphosphat in bestimmten Gesteinen als „Schichten" und „Taschen" vor.

Universelles Vorkommen in gewöhnlichen Gesteinen.

Während es jedoch in beträchtlichen Mengen in verschiedenen Teilen der Welt vorkommt und man sich keine Sorgen über seine Fülle für künstliche Düngerzwecke machen muss , ist sein Vorkommen in den gewöhnlichen Gesteinen, wie wir bereits dargelegt haben, sehr hoch praktisch universell, ist in vielen Fällen sehr klein.

Fownes identifizierte es erstmals 1844 in den felspathischen Gesteinen; und seitdem wurde sein Anteil an Granit, Lava, Trachyt, Basalt, Porphyr, Dolomit, Gneis, Syenit, Dolerit, Diorit und einer Reihe anderer Gesteine von zahlreichen Forschern bestimmt. Für Analysen dieser Gesteine wird der Leser auf den Anhang verwiesen. [124]

Vorkommen im Boden.

Dass kein Boden tatsächlich ohne Phosphorsäure ist, ist sehr wahrscheinlich, aber in vielen Böden ist sie in geringsten Spuren vorhanden, und selbst in fruchtbaren Böden ist sie selten in Mengen über zwei Zehntel Prozent vorhanden; während die Hälfte dieser Menge als Durchschnitt für die meisten einigermaßen fruchtbaren Böden angenommen werden kann. Dies wären etwa 3500 Pfund pro Acre, wenn man den Boden auf eine Tiefe von 9 Zoll berechnet. In Ausnahmefällen wurde ein Ausmaß von 0,3 Prozent gefunden; und in der berühmten russischen *Schwarzerde* wurden 0,6 Prozent gefunden. [125] Wie Stickstoff kommt es in der größten Menge an der Oberfläche des Bodens vor, aber seine Menge in verschiedenen Tiefen variiert nicht in dem gleichen Ausmaß, wie wir festgestellt haben, dass es bei Stickstoff der Fall ist.

Zustand, in dem Phosphorsäure im Boden vorhanden ist.

Im Gegensatz zu Stickstoff kommt Phosphorsäure im Boden fast ausschließlich in *unlöslicher* Form vor; und wenn es in löslicher Form auf den Boden aufgetragen wird, wird es schnell in einen unlöslichen Zustand umgewandelt. Die am häufigsten vorkommenden Formen sind Phosphate von Kalk, Eisen und Aluminiumoxid. Es ist wichtig, sich an diese Tatsachen zu erinnern, da sie erklären, warum Phosphorsäure in keiner Menge im Abwasser vorkommt. Es zeigt auch, wie gering das Risiko von

Entwässerungsverlusten bei der Ausbringung von künstlichem Phosphatdünger auf den Boden ist.

Vorkommen in Pflanzen.

Der Anteil an Phosphorsäure in Pflanzen unterliegt, wie auch bei anderen Aschebestandteilen, erheblichen Schwankungen und hängt von einer Vielzahl von Bedingungen ab, wie z. B. dem Entwicklungsstand der Pflanze, der Beschaffenheit des Bodens, dem Klima, der Jahreszeit, der Behandlung mit Dünger usw . Alle diese Bedingungen haben einen gewissen Einfluss. Es wurde festgestellt, dass die verschiedenen Pflanzenteile es in unterschiedlichen Mengen enthalten. Die Tendenz der Phosphorsäure besteht darin, mit fortschreitendem Wachstum in die höheren Teile der Pflanze zu wandern und sich schließlich im Samen anzureichern. Um dies zu veranschaulichen, kann erwähnt werden, dass der innere Teil des Stängels einer reifen Haferpflanze nur ein Siebzehntel der Menge an Phosphorsäure enthielt, die im gleichen Teil des Stängels einer jungen Haferpflanze gefunden wurde. Ebenso kann erwähnt werden, dass die Asche des Roggen- und Weizenkorns fast die Hälfte ihres Gewichts an Phosphorsäure enthält, während der Prozentsatz in der Asche anderer Pflanzenteile nur 5 bis 16 Prozent beträgt. Der Phosphoranteil ist bei jungen Pflanzen höher als bei ausgewachsenen Pflanzen; es ist auch bei schnell entwickelten Pflanzen größer als bei langsam entwickelten Pflanzen.

In der Pflanze kommt Phosphor hauptsächlich in den Albuminoiden vor; und seine Aufnahme aus dem Boden erfolgt in der größten Menge während der Zeit des maximalen Wachstums. In Bohnen und Erbsen wurde ein phosphorhaltiges Öl gefunden.

Vorkommen bei Tieren.

Dass Phosphor in verschiedenen Formen in tierischem Gewebe vorkommt, ist allgemein bekannt. Es kommt sowohl im Gehirn und in den Nerven als auch in nahezu allen Körperflüssigkeiten von Tieren vor. Am häufigsten kommt es jedoch in den Knochen vor, deren mineralischer Anteil fast ausschließlich aus Phosphatkalk besteht – eine Tatsache, die Knochen zu einem so wertvollen künstlichen Dünger macht. Insgesamt kommt Phosphorsäure im tierischen Körper zu 2,3 Prozent vor. Es gibt einen Punkt, auf den wir die Aufmerksamkeit des Studenten weiter unten bei der Erörterung der Natur des Hofdüngers lenken werden – und zwar darauf, dass der Urin der gewöhnlichen Nutztiere praktisch keine Phosphorsäure enthält.

Wie wir es bereits beim Stickstoff getan haben, können wir nun versuchen, uns eine Vorstellung von den Quellen des Verlusts und der Zunahme von Phosphorsäure im Boden zu machen. Die Verlustquellen können in natürliche und künstliche unterteilt werden. Von den natürlichen Verlustquellen gibt es nur eine, und das ist der Verlust durch Entwässerung.

Verlust von Phosphorsäure durch Entwässerung.

Wir haben bereits gesehen, dass Phosphorsäure im Boden als unlösliches Phosphat vorliegt. Im Abwasser kommt es nur in Spuren vor. Obwohl die Menge, wenn man sie in Prozent angibt, winzig erscheint und neben dem Stickstoffverlust (aus derselben Quelle) auch klein erscheint, ist sie doch, wenn man sie für große Gebiete betrachtet, ausreichend auffällig. So wurde geschätzt, dass in der Elbe jährlich 2,3 Millionen Pfund (1200 Tonnen) Phosphorsäure durch Entwässerung aus den böhmischen Feldern abtransportiert werden . Dies ist zwar eine sehr unbedeutende Menge im Vergleich zum jährlichen Stickstoffverlust einer gleichen Fläche; Aber andererseits muss man bedenken, dass die Quellen, aus denen dieser Inhaltsstoff den Boden bereichert, nicht so zahlreich sind wie die von Stickstoff; die einzigen Quellen für Phosphorsäure sind der auf den Boden ausgebrachte Mist, und das wird noch kommen durch den allmählichen Zerfall phosphathaltiger Mineralien.

Künstliche Verlustquellen.

Die anderen Verlustquellen lassen sich unter den Begriff „künstlich" einordnen und hängen mit der landwirtschaftlichen Praxis zusammen. So wie wir gesehen haben, dass im Fall von Stickstoff ständig enorme Mengen dieses Stoffes aus dem Boden in den Feldfrüchten entfernt werden, die außerbetrieblich verzehrt werden, so werden auch enorme Mengen an Phosphorsäure auf die gleiche Weise entfernt. Zur Veranschaulichung dieser Tatsache kann erwähnt werden, dass Professor Grandeau kürzlich geschätzt hat, dass in den gesamten in einem Jahr in Frankreich angebauten Pflanzen etwa 298.200 Tonnen Phosphorsäure enthalten sind; während die im Dung von Nutztieren zurückgegebene Menge nur 157.200 beträgt, oder nur etwa die Hälfte dessen, was in den Feldfrüchten entfernt wird, bleibt ein Defizit von 147.000 Tonnen, das durch die Zugabe von künstlichem Phosphatdünger ausgeglichen werden muss, wenn die Fruchtbarkeit von Nutztieren beeinträchtigt wird Der Boden ist zu pflegen. Dieselbe Behörde hat berechnet, dass sich in den Knochen aller Nutztiere in Frankreich nicht weniger als 76.820 Tonnen Phosphorsäure befinden.

Als Beispiel dafür, dass in vielen Fällen die aus dem Betrieb entfernte Menge an Phosphorsäure sehr oft viel größer ist als die wiederhergestellte Menge, kann ein von Crusius zitierter Fall angeführt werden. Dies war eine Farm von 670 Acres (Sachsen), die nur Hofdünger erhalten hatte und von der im Laufe von sechzehn Jahren 985,67 cwt. Phosphorsäure war in den Ernten verkauft worden; während nur 408,33 cwt. war im Mist wiederhergestellt worden, was zu einem Verlust von 577,34 cwt führte.

Phosphorsäure in Milch entfernt.

Eine weitere Verlustquelle ist die in der Milch entzogene Phosphorsäure. In der jährlichen Gesamtmilchleistung einer Kuh können 11 bis 12 Pfund Phosphorsäure enthalten sein.

Verluste bei der Behandlung von Hofdünger.

Das Risiko eines Phosphorsäureverlustes ist bei der Behandlung von Wirtschaftsdünger nicht so groß wie bei Stickstoff. Aufgrund mangelnder Vorsichtsmaßnahmen besteht jedoch ein erhebliches Risiko, dass die löslichen Phosphate durch Regen weggespült werden.

Verlust im Abwasser.

Der Verlust an Phosphorsäure, der durch die derzeitige Methode der Abwasserentsorgung entsteht, ist nicht so groß wie der Verlust an Stickstoff, da die Menge an Phosphorsäure, die in menschlichen Ausscheidungen enthalten ist, sehr viel geringer ist. Grob kann man sagen, dass es etwas weniger als ein Drittel des auf diese Weise verlorenen Stickstoffs ausmacht.

Quellen der künstlichen Gewinnung von Phosphorsäure.

Um diese Verluste auszugleichen, verfügen wir über einen praktisch unbegrenzten Vorrat an mineralischen Phosphaten zur Verwendung als Kunstdünger sowie über große Mengen anderer Düngemittel, von denen viele bereits im Zusammenhang mit Stickstoff erwähnt wurden, wie Knochen und Guanos aller Art. Vor kurzem wurde auch eine große Phosphorsäurequelle in der Grundschlacke erschlossen, einem reichhaltigen phosphathaltigen Nebenprodukt, das in Stahlwerken in beträchtlichen Mengen beim Grundprozess der Stahlherstellung anfällt. Wir haben auch große Mengen Phosphorsäure in den importierten Futtermitteln, für Statistiken verweisen wir unsere Leser auf ein früheres Kapitel. Die Frage nach der tatsächlichen Menge, die in diesen Quellen enthalten ist, ist nicht von demselben Interesse wie im Fall des Stickstoffs und braucht uns daher nicht zu beschäftigen. Die Bedeutung der Phosphorsäure in der Landwirtschaft haben wir durch die oben gemachten Ausführungen hinreichend aufgezeigt. Alle weiteren Betrachtungen zu Phosphorsäure müssen daher auf zukünftige Kapitel verschoben werden.

FUSSNOTEN:

[123] Siehe Anhang, Anmerkung I., S. 210.

[124] Siehe Anhang, Anmerkung II., S. 211.

[125] Diese Ergebnisse, wie auch alle Bodenprozentsätze, werden für den Boden im trockenen Zustand berechnet.

ANHANG ZU KAPITEL V.

ANMERKUNG I. (S. 201).

ZUSAMMENSETZUNG VON APATIT (Voelcker).

(Krageröe , Norwegen.)

Kalk	52.16
Phosphorsäure	41,25
Chlor	4.10
Fluor	1.23
Eisenoxid	0,29
Aluminiumoxid	0,38
Kali und Soda	0,17
Wasser	0,42
	100,0

Apatit kommt in beträchtlichen Mengen in Amerika, Deutschland, Frankreich, Spanien, Ungarn, Norwegen und Großbritannien vor. Laut Rose besteht Apatit aus drei Molekülen tribasischem Calciumphosphat ($Ca(PO_4)_2$), kombiniert mit einem Molekül Calciumfluorid (Ca F_2) bzw. einem Molekül Calciumchlorid (CaCl$_2$).

Die Zusammensetzung des reinen Minerals sollte sein:

Chlorapatit.

	Prozent.
Calciumphosphat	89,38
Calciumchlorid	10.62

Fluorapatit.

Calciumphosphat	92,31
Calciumfluorid	7.69

HINWEIS II. (S. 203).

Im Folgenden finden Sie eine Liste der häufigeren Gesteine, in denen der Phosphorsäureanteil bestimmt wurde. Die Ergebnisse stammen aus Analysen von Nesbit, Schramm, Bergemann, Rose, Dehérain , Handtke , Petersen, Nessler, Muth, Fleischmann, Storer und anderen:

	Prozent.			
Felsspar	1.7			
Granit	0,09	0,25	0,58	0,68
Lava	1.21	1.8		
Trachyt	0,30	0,66		
Basalt	0,50	1.11		
Porphyr	0,26			
Mergel	1,45	2.31	3.8	
Kalksteine	0,064	0,176		
Dolomit	1.24			
Lias Kreide	1,39			
Gneis	0,18	0,78	1,51	
Syenit	0,10			
Dolerit	0,3	1.1	1.2	
Diorit	0,5	0,69		

KAPITEL VI.
DIE POSITION VON KALI IN DER LANDWIRTSCHAFT.

Schließlich können wir noch die Stellung des *Kalis* in der Landwirtschaft betrachten, dem einzigen Aschebestandteil der Pflanze neben der Phosphorsäure, die in der Regel als Dünger zugesetzt werden muss.

Kali von geringerer Bedeutung als Phosphorsäure.

Es ist von weitaus geringerer Bedeutung als Phosphorsäure, da es viel häufiger im Boden vorkommt und unter den gewöhnlichen Bedingungen der Landwirtschaft, obwohl es durch den Anbau in beträchtlichen Mengen aus dem Boden entfernt wird, vorkommt seinen Weg wieder zurück in den Hofmist; denn es hat nicht die gleiche Tendenz, sich in großen Mengen im Korn oder Samen anzusammeln, wie wir gesehen haben, dass dies bei Phosphorsäure der Fall ist. Aus diesem Grund enthält Stroh einen viel größeren Anteil an Kali als Phosphorsäure, und daher kann Hofdünger als ziemlich reich an Kali angesehen werden.

Vorkommen von Kali.

Von allen Kaliquellen ist der Ozean als wichtigste Quelle anzusehen. Millionen und Abermillionen Tonnen liegen in gelöstem Zustand im Salzwasser des Ozeans vor. [126] Ebenso wie Phosphorsäure kann man sagen, dass ihr Vorkommen in den Gesteinen, die die Erdkruste bilden, praktisch universell ist. Viele der häufig vorkommenden Gesteine und Mineralien sind äußerst reichhaltig daran und liefern durch ihren Zerfall große Mengen an den Boden. Einige dieser Gesteine enthalten es in so großer Menge, dass sie als Kalidünger erprobt wurden; und wären andere wertvollere Quellen weniger verfügbar als sie tatsächlich sind, könnte eine solche Vorgehensweise durchaus empfehlenswert sein. Mit einem vulkanischen Gestein namens *Palagonit* und dem am häufigsten vorkommenden Kalimineral, nämlich Feldspat, wurde auf diese Weise mit beachtlichem Erfolg experimentiert.

Felsspat und andere Kalimineralien.

Dass sich Feldspat, wenn er schließlich gemahlen wird, als wertvolle Kaliquelle erweisen sollte, ist nicht verwunderlich, wenn man bedenkt, dass einige Sorten davon über 16 Prozent enthalten. Es wurde berechnet, dass ein einziger Kubikfuß dieses Minerals ausreicht, um einen Eichenwald mit einer Fläche von 26.910 Quadratfuß für einen Zeitraum von nicht weniger als fünf Jahren mit Kali zu versorgen. [127] Aus dieser Aussage lässt sich eine Vorstellung von der enormen *potenziellen* Fruchtbarkeit eines Bodens gewinnen, der Feldspat enthält, soweit es Kali betrifft. Es muss jedoch beachtet werden, dass nur Orthoklas oder Kalifelspat große Mengen Kali enthalten, während andere Felsspatgesteine wie Oligoklas und Labradorit vergleichsweise arm daran sind. Ein weiteres häufig vorkommendes Mineral, das reich an Kali ist, ist Glimmer, der nachweislich 5 bis 13 Prozent enthält. Daraus folgt, dass Gesteine, die große Mengen dieser Mineralien in ihrer Zusammensetzung enthalten – wie zum Beispiel Granit, der oft 5 bis 6 Prozent Kali enthält – durch ihren Zerfall Böden bilden, die reich an diesem Inhaltsstoff sind.

Staßfurter Salze.

Neben den bereits erwähnten Quellen kommt Kali aber auch in anderen Formen auf der Erdoberfläche vor. Bis vor wenigen Jahren wurde es zu kommerziellen Zwecken aus der Asche von Pflanzen gewonnen, die, wie wir gleich sehen werden, äußerst reich an diesem Inhaltsstoff sind; aus Salzwasser – aus dieser Quelle entstanden die sogenannten „Salzgärten" an der Küste Frankreichs; und aus Salpeterböden in verschiedenen Teilen Indiens, auf die bereits ausführlich Bezug genommen wird. Vor kurzem wurden jedoch in der Nähe von Staßfurt in Deutschland große Mineralvorkommen entdeckt , die seit ihrer Entdeckung das gesamte für die Gülle und andere Zwecke benötigte Kali liefern. In diesen Lagerstätten (ähnliche wurden auch in Kalusz in den Karpaten gefunden) gibt es nicht weniger als fünf verschiedene Mineralien, die Kali enthalten. Die Form, in der es vorliegt, ist Sulfat oder Chlorid, so dass es für Pflanzen leicht verfügbar ist und insgesamt von sehr viel größerem Wert ist als die Form, in der es in den bereits erwähnten Mineralien vorkommt, nämlich als unlösliches Silikat . Von den Staßfurter Kalisalzen ist das bekannteste als Gülle das *Kainit* , das etwa 32 Prozent Kalisulfat enthält. Eine Liste der anderen Kalimineralien mit Angaben zu ihrer Zusammensetzung und dem Anteil an Kali, die sie enthalten, finden Sie im Anhang. [128]

Vorkommen von Salpeter .

Wir hatten bereits in Kapitel IV Gelegenheit, bei der Erörterung der Frage der Nitrifikation auf das Vorkommen von Kalinitrat in bestimmten Böden Indiens hinzuweisen, die in der Vergangenheit eine große Quelle für Salpeter darstellten, der im Handel verwendet wurde.

Vorkommen von Kali im Boden.

Aus dem, was über den Kalireichtum bestimmter häufig vorkommender Mineralien wie Feldspat gesagt wurde, ist es nur natürlich, zu schließen, dass die meisten Böden große Mengen dieser Substanz enthalten müssen; und das ist so. Das Wunder ist, dass Kali, wenn es als künstlicher Dünger ausgebracht wird, eine so deutliche Wirkung auf die Steigerung der Fruchtbarkeit des Bodens haben sollte, wie es oft der Fall ist. Wir müssen jedoch bedenken, dass ein Boden zwar große Mengen Kali enthalten kann, jedoch nur ein sehr kleiner Prozentsatz davon in verfügbarer Form für den Bedarf der Pflanze vorhanden sein kann.

Kali befindet sich hauptsächlich in unlöslichem Zustand im Boden.

Kali kommt in Böden fast ausschließlich in sehr unlöslicher Form vor, nämlich in Verbindung mit Kieselsäure als Kalisilikat. Erst durch den langsamen Zerfall von Kaligesteinen wird das darin enthaltene Kali für die pflanzliche Nutzung freigesetzt. Bei der Ausbringung als Kunstdünger hingegen liegt es in löslicher Form vor. In den meisten Böden liegt die wasserlösliche Menge wahrscheinlich zwischen 0,001 und 0,009 Prozent; die in verdünnten Säurelösungen zu 0,1 bis 0,5 Prozent löslich ist; und das unlöslich von 0,2 bis 3,5 Prozent des Bodens. Es ist sehr wahrscheinlich, dass eine bestimmte Menge Kali im Boden in Verbindung mit Humin- und Ulminsäuren vorhanden ist und unlösliche Kaliumhumate und -ulmate bildet.

Kali in Pflanzen.

Von allen Aschebestandteilen der Pflanzen kommt Kali am häufigsten vor, da es durchschnittlich etwa 50 Prozent der gesamten Asche der Pflanzen ausmacht – etwa 90 Prozent der Alkalien . Tatsächlich war Pflanzenasche lange Zeit die Hauptquelle für Kali. Bestimmte Pflanzen entziehen dem Boden sehr große Mengen. Als Beispiele hierfür seien die Kartoffel, der Weinstock, die Tabakpflanze und der Hopfen genannt. Sie kommt in Getreidekörnern in großen Mengen vor, wenn auch, wie bereits erwähnt, nicht im gleichen Verhältnis wie Phosphorsäure. Es kommt in größter Menge an den Enden der Pflanze vor, beispielsweise in Zweigen und neuen Blättern. [129]

Kali im tierischen Gewebe.

Es kommt auch in allen Teilen des tierischen Körpers vor. Besonders reich an Kalisalzen sind die Blutkörperchen, die etwa das Zehnfache der im Serum enthaltenen Menge enthalten. Es kommt besonders häufig in der Schafwolle vor, die möglicherweise mehr Kali enthält als der gesamte Körper der Schafe. Auch tierischer Urin enthält erhebliche Mengen Kali.

Quellen des Kaliverlusts.

Die Fähigkeit des Bodens, lösliche Kaliverbindungen zurückzuhalten, entspricht zwar nicht der Fähigkeit, Phosphorsäure zurückzuhalten, liegt aber weit über der Fähigkeit, Nitrate zurückzuhalten. Die Folge ist, dass Kali nur in vergleichsweise geringen Spuren im Abwasser vorkommt. [130] Nehmen wir das gleiche Beispiel, das wir bereits zur Veranschaulichung des Phosphorsäureverlusts angeführt haben, stellen wir fest, dass die Menge, die im Laufe eines Jahres in den Gewässern der Elbe aus Böhmen verschleppt wird, 97.000.000 Pfund (43.300 Tonnen) beträgt.

Kali wurde in den Feldfrüchten entfernt.

Die Menge an Kali, die durch die verschiedenen Kulturpflanzen aus dem Boden entfernt wird, wird in einem späteren Kapitel betrachtet. Wir müssen hier nur sagen, dass die Klasse der Nutzpflanzen, die die größte Menge entfernen, die Hackfrüchte sind, insbesondere die Mangelfrüchte . Beim Getreide ist der Verlust am geringsten. Die im Getreidestroh enthaltene Kalimenge ist etwa dreimal so groß wie die im Getreide entfernte Menge.

Kali in Milch entfernt.

Schließlich können wir uns auf das in der Milch entfernte Kali beziehen, das im Durchschnitt 10 Pfund pro Jahr für jede Kuh zu sich nehmen kann.

Kalidünger.

Unter den Kalidüngern sind Sulfat und Chlorid oder, wie es kommerziell genannt wird, das „Muriat" die wichtigsten. Die Hauptquelle für Kalidünger sind die bereits erwähnten Staßfurter Lagerstätten. Auch Holzasche wurde in der Vergangenheit in großen Mengen verwendet (hauptsächlich als Kalimist) und wird in einigen Teilen der Welt auch heute noch verwendet. Eine bedeutende Quelle für künstlichen Kalidünger ist die Abfallproduktion aus Zuckerrüben, einem so großen Industriezweig in Deutschland. Kali kommt als Bestandteil bestimmter anderer Düngemittel vor, die wertvoller für Stickstoff und Phosphorsäure sind, wie zum Beispiel Guano und getrocknetes Blut.

FUSSNOTEN:

[126] Laut Boguslawski und Dittmar beträgt die Gesamtmenge an Kali, berechnet als Kalisulfat in Salzwasser, 1141×10^{12} Tonnen.

[127] Siehe Storers „Agricultural Chemistry", Bd. ii. P. 291.

[128] Siehe Anhang, Anmerkung I., S. 220.

[129] Siehe Anhang, Anmerkung II., S. 220.

[130] Laut Way wurde in verschiedenen Proben von Abwasser nur ein Gehalt von 0,00003 bis 0,00031 Prozent gefunden.

ANHANG ZU KAPITEL VI.

ANMERKUNG I. (S. 215).

MENGE AN KALI IN VERSCHIEDENEN MINERALIEN.

Teufelsspars—

Anteil an Kali.

(*a*) Orthoklas $9.11 \{ 10.28 \quad 11.07 \quad 12.12 \quad 12.47$

$\{ 13.49 \quad 14.35 \quad 15.21 \quad 16.7$

(*b*) Oligoklas $\quad$ 0,50

(*c*) Labradorit $\quad$ 0,33

Glimmer $\quad 5.61 \{ 6.20 \quad 7.23 \quad 8.26 \quad 8,95$

$9.00 \{ 10.25 \quad 12.40 \quad 13.15$

Amphibol $\quad$ 0,25 $\quad$ 2,96

Pyroxen $\quad$ 0,34 $\quad$ 2,48

Leuzit $\quad$ 13.60 $\quad$ 18.61

Zeolithe $\quad$ 0,30 $\quad$ 9.35 $\quad$ 0,98 $\quad$ 4,93

Staßfurter Kalisalze— Prozent.

(*a*) Polyhallit , *Kaliumsulfat* $\quad$ 28

(*b*) Karnallit (KCl.MgCl$_2$ 6H$_{20}$), *Kaliumchlorid* $\quad$ 24 bis 27

(*c*) Sylvin, reines *Kaliumchlorid* .

(*d*) Kainit (K$_2$SO$_4$ MgSO$_4$ MgCl$_2$ 6H$_2$O), *Kaliumsulfat* $\quad$ 32

(*e*) Schoenit (K $_2$ SO $_4$, MgSO $_4$, 6H $_2$ O),
reines *Kalium Magnesiumsulfat* .

HINWEIS II. (S. 217).

Die Menge an Kali, die bei der Herstellung von Kali in großem Maßstab aus verschiedenen Pflanzen gewonnen werden kann, wird durch die folgenden Aussagen veranschaulicht. 1000 Pfund der folgenden vegetativen Produkte ergeben die folgenden Mengen an Kali:

	Pfund.
Altes Fichtenholz	1/2
Altes Pappelholz	3/4
Altes Eichenholz	1-1/2
Maisstängel	17-1/2
Bohnenstangen	20
Weinrebe	40

(Storer, „Agricultural Chemistry",
Bd. II, S. 108.)

TEIL III.
Düngemittel

Kapitel VII.
Hofdünger

Hofmist ist der älteste und zweifellos immer noch beliebteste aller Dünger. Es hat sich in langjähriger Erfahrung bewährt und seine Position als eines der wichtigsten unserer Düngemittel unter Beweis gestellt. Es ist daher höchst wünschenswert, seine Zusammensetzung einigermaßen detailliert zu untersuchen und zu sehen, wovon die Variation darin abhängt; und schließlich die Wirkungsweise als Dünger zu untersuchen.

Dass es sich um einen wertvollen Dünger handelt, ist kaum verwunderlich, da es ursprünglich aus pflanzlicher Substanz besteht und daher alle in der Pflanze selbst vorhandenen Elemente enthält.

Seine Zusammensetzung ist sehr variabel und wahrscheinlich würden keine zwei Proben genau ähnliche Analysen ergeben. In dieser Tatsache liegt eine der Hauptschwierigkeiten bei der Behandlung des Themas, und alle auf den folgenden Seiten gemachten Aussagen über seine chemische Zusammensetzung müssen nur als *ungefähr angesehen werden*.

Wir können seine Bestandteile in drei Klassen einteilen.

1. Der Anteil, der auf *feste Ausscheidungen zurückzuführen ist*.

Urin besteht.

3. Das *Stroh* oder anderes Material, das als Einstreu verwendet wird.

Die Zusammensetzung der Gülle hängt vom Anteil dieser drei Stoffe sowie von der Zusammensetzung der Stoffe selbst ab. Es wird daher zu einem klareren Verständnis des Themas führen, wenn wir zunächst kurz die chemische Zusammensetzung der festen Ausscheidungen und des Urins der Nutztiere untersuchen.

1. *Feste Ausscheidungen.*

Der Güllewert der festen Ausscheidungen von Tieren – *also* der Anteil an *Stickstoff*, *Phosphorsäure* und *Kali* – hängt von verschiedenen Bedingungen ab.

Es ist bekannt, dass die festen Ausscheidungen von Pferden, Schafen, Kühen und Schweinen unterschiedliche Eigenschaften besitzen und in ihrer Zusammensetzung variieren.

Einen noch größeren Einfluss hat jedoch die Beschaffenheit des Lebensmittels. Dies liegt daran, dass die festen Ausscheidungen aus unverdauter Nahrung bestehen. Wir können von einem Tier, das schlecht ernährt wird, kaum die gleiche Qualität fester Ausscheidungen erwarten wie von einem Tier, das sehr viel reichhaltigere Nahrung erhält. Auch hier variiert der Prozentsatz der in den festen Ausscheidungen ausgeschiedenen Nahrung bei verschiedenen Tieren. [131]

Eine weitere Überlegung, die in die Frage einfließt, ist das Alter sowie die Behandlung des Tieres. Ein junges Tier nimmt während seiner Wachstumsperiode aus seiner Nahrung eine größere Menge der drei düngenden Substanzen Stickstoff, Phosphorsäure und Kali in seinen Organismus auf, als dies bei einem erwachsenen Tier der Fall ist, dessen Gewicht weder zunimmt noch abnimmt . Ein arbeitendes Pferd wird in ähnlicher Weise mehr Stickstoff, Phosphate und Kali in seinem Mist zurückgeben als ein nicht arbeitendes Pferd, das an Gewicht zunehmen darf. Die Art der Zusammensetzung der festen Ausscheidungen hängt daher von der Art des *Futters* , *dem Alter* , *der Rasse* , *dem Zustand* und *der Behandlung* des Tieres ab.

Lassen Sie uns nun kurz den Einfluss der obigen Überlegungen untersuchen. Die festen Exkremente der gewöhnlichen Nutztiere werden im Allgemeinen dadurch unterschieden, wie schnell sie sich bei der Haltung zersetzen bzw. vergären. Daher wird Pferdemist allgemein als „heißer" Mist bezeichnet; Kuhmist hingegen wird als „cool" bezeichnet. Warum das so sein sollte, ist nicht ganz klar. Wahrscheinlich liegt es daran, dass ersteres weniger Wasser enthält, sowie daran (und das hat wahrscheinlich mehr damit zu tun), dass es einen größeren Prozentsatz an Düngemitteln, insbesondere Stickstoff, enthält und somit günstigere Bedingungen bietet schnellere Gärung als beim feuchteren und weniger reichhaltigen Kuhmist.

Die Zusammensetzung der festen Ausscheidungen verschiedener Tiere variiert, wie wir gerade gesagt haben, je nach der Art ihrer Nahrung; so dass es unmöglich ist, irgendwelche Analysen als absolut repräsentierend für seine Zusammensetzung zu betrachten. Es könnte jedoch interessant sein, die Analysen von Pferdemistproben mit denen einiger anderer gewöhnlicher Nutztiere zu vergleichen, um eine *ungefähre* Vorstellung von diesem Unterschied zu erhalten.

Stoeckhardt hat herausgefunden, dass in 1000 Pfund der frischen festen Ausscheidungen der unten genannten Tiere die folgenden Mengen an *Stickstoff* , *Phosphorsäure* und *Alkalien vorhanden waren* :

			PHOSPHORSÄURE	

	WASSER.		STICKSTOFF.		SÄURE.		ALKALIEN.	
				Reduziert Zu		Reduziert Zu		Reduziert Zu
	Pfund.	Prozent.	Pfund.	Prozent.	Pfund.	Prozent.	Pfund.	Prozent.
Pferde (Winterfutter)	760	76	5	.50	3-1/2	.35	3	.30
Kühe (Winterfutter)	840	84	3	.30	2-1/2	.25	1	.10
Schweine (Winterfutter)	800	80	6	.60	4-1/2	.45	5	.50
Schafe (2 Pfund Heu pro Tag)	580	58	7-1/2	.75	6	.6	3	.30

Aus der obigen Tabelle ist ersichtlich, dass der Schafmist den geringsten Wasseranteil enthält *und* reicher an *Stickstoff* und *Phosphorsäure ist* als alle anderen drei. Der Anteil an Alkalien , von denen Kali das wichtigste ist, ist jedoch nicht so groß. Dies lässt sich möglicherweise auf die interessante und bekannte Tatsache zurückführen, dass in der Wolle von Schafen ein großer Anteil Kali enthalten ist. [132]

Die festen Exkremente der Schafe sind daher gewichtsmäßig die wertvollsten als Mist, da sie mehr Stickstoff und Phosphate enthalten als die anderen und gleichzeitig viel trockener sind.

Wenn wir jedoch die Zusammensetzung der festen Ausscheidungen im trockenen Zustand vergleichen, werden wir folgende Ergebnisse finden (basierend auf den Analysen von Stoeckhardt):

Phosphorsäure

Stickstoff,   Säure,   Alkalien
,

	Prozent.	Prozent.	Prozent.
Pferd	2.08	1,45	1,25
Kuh	1,87	1,56	0,62
Schwein	3,00	2,25	2,50
Schaf	1,78	1,42	0,71

Aus dem oben Gesagten ist ersichtlich, dass die Trockensubstanz der festen Ausscheidungen des Schweins am reichsten an düngenden Substanzen ist. Allerdings darf, wie bereits erwähnt, nicht zu viel Wert auf eine einzelne Analyse gelegt werden, da vieles von verschiedenen Bedingungen abhängt, insbesondere von der Ernährung. [133] Die zuverlässigste Methode zur Untersuchung dieser Frage besteht daher darin, sie in ihrem Zusammenhang mit der verzehrten Nahrung zu untersuchen. Wolff hat aus zahlreichen Untersuchungen errechnet, dass, bezogen auf die Menge an festen Ausscheidungen, die das Futter produziert, folgender Prozentsatz an *organischen Stoffen* , *Stickstoff* und *mineralischen Stoffen* , die ursprünglich in der Trockenmasse des Futters vorhanden waren, im Kot ausgeschieden wird: —

	Kuh.	Ochse.	Schaf.	Pferd.	Durchschnitt.
Organisches Material	39,5	42,5	44,0	44.1	42,5
Stickstoff	47,5	33.9	46,7	32.4	40.1
Mineralstoffe	53.9	64,6	57.9	62,5	59,7

Bei der Schätzung des Mistwertes verschiedener Tiere ist eine Tatsache zu berücksichtigen, nämlich dass die von einem Tier ausgeschiedene Menge an Mist viel größer ist als die von einem anderen. So ist beispielsweise die von der Kuh ausgeschiedene Menge viel größer als die vom Pferd; so dass auf diese Weise die geringere Qualität des ersteren bis zu einem gewissen Grad durch seine größere Quantität ausgeglichen wird.

2. *Urin.*

Die festen Ausscheidungen besitzen jedoch einen sehr viel geringeren Güllewert als der Urin. Bei den ersteren handelt es sich, wie bereits erwähnt, um unverdaute Nahrungssubstanzen: Alle darin enthaltenen Düngemittel sind solche, die weder verdaut noch in den tierischen Organismus aufgenommen werden konnten . Der Urin hingegen enthält die verdauten Düngerstoffe.

Die Menge an Stickstoff und Mineralstoffen im Urin entspricht jedoch nicht unbedingt der Gesamtmenge dieser Stoffe. Daher wird bei einem heranwachsenden oder gemästeten Tier immer eine bestimmte Menge dieser Stoffe aufgenommen, um das tierische Gewebe aufzubauen und sich an Fleisch anzulagern.

Dabei ist zu erkennen, dass die Zusammensetzung des Urins in gleicher Weise variiert wie die des Kots. Beim Urin ist jedoch ein kompensierender Einfluss zu berücksichtigen. Urin ist ein Abfallprodukt, und bei einem jungen Tier gibt es mehr Abfall als bei einem erwachsenen Tier.

Ein weiterer sehr wichtiger Faktor, der die Zusammensetzung des Urins bestimmt, ist die Art der Nahrung, insbesondere die Menge des getrunkenen Wassers. Das liegt natürlich auf der Hand: Je mehr Wasser getrunken wird, desto schlechter muss die Zusammensetzung des Urins sein. Aber auch hier, wie beim Mist, wird dies weitgehend durch die insgesamt ausgeschiedene Menge ausgeglichen – je verdünnter der Urin, desto größer wird seine Menge sein; so dass die mindere Qualität auf diese Weise durch die erhöhte Quantität ausgeglichen wird.

Unter Berücksichtigung der gerade dargelegten Tatsache, dass die Zusammensetzung des Urins je nach den verschiedenen Bedingungen variiert, können wir aus den folgenden Analyseergebnissen von Stoeckhardt eine ungefähre Vorstellung von seiner Zusammensetzung erhalten . In 1000 Teilen wurden folgende Mengen *Wasser*, *Stickstoff*, *Phosphorsäure* und *Alkalien* gefunden.

Aus der folgenden Tabelle ist ersichtlich, dass der Urin von Schweinen (der 97 Prozent Wasser enthält) viel weniger Stickstoff und Alkalien enthält als der Urin von Schafen, Pferden oder Kühen. [134] Obwohl dies der Fall ist, ist die darin enthaltene Menge an Phosphorsäure größer als die im Schafsurin enthaltene.

WASSER.		STICKSTOFF.		PHOSPHORSÄURE SÄURE.		ALKALIEN	
Pro 1000 Teile.	Pro Cent.	Pro 1000 Teile.	Pro Cent.	Pro 1000 Teile	Pro Cent.	Pro 1000 Teile.	Pro Cent.

Schafe (2 Pfund Heu pro Tag)	865	86,5	14	1.4	.5	.050	20	2,0
Schweine (Winterfutter)	975	97,5	3	.3	1,25	.125	2	.2
Pferde (Heu und Hafer)	890	89,0	12	1.2	—	—	15	1.5
Kühe (Heu und Kartoffeln)	920	92,0	8	.8	—	—	14	1.4

Phosphorsäure kommt im Urin von Nutztieren in geringsten Spuren vor; praktisch kann man davon ausgehen, dass sie im Urin von Pferden und Kühen nicht vorhanden ist und im Urin von Schafen nur in geringen Mengen vorhanden ist. Der Schweineurin enthält es tatsächlich in größeren Mengen; aber der Prozentsatz ist immer noch so gering, dass er die Aussage rechtfertigt, dass der Urin der gewöhnlichen Nutztiere kein vollständiger Mist ist und durch Phosphate ergänzt werden muss, wenn er allein verwendet werden soll. Die unvollständige Natur des Urins als Mist ist ein starkes Argument dafür, ihn zusammen mit den festen Ausscheidungen zu verwenden , die, wie wir gesehen haben, erhebliche Mengen an Phosphorsäure enthalten. Aus diesem Grund sind die Abflüsse verrotteter Misthaufen aus düngertechnischer Sicht wertvoller als der Urin selbst, da dieser den löslichen Teil der Phosphate in den festen Ausscheidungen enthält. [135] Der Urin aller Tiere ist jedoch nicht gleich arm an Phosphaten. Bei fleischfressenden Tieren wie dem Hund findet man sie in erheblichen Mengen im Urin.

Die obigen Tabellen zeigen, dass der wertvollste Urin (Gewicht für Gewicht) der von Schafen ist, da er die größte Menge an Alkalien (einschließlich Kali) und Stickstoff enthält; dass als nächstes der Urin des Pferdes kommt; dann das der Kuh; während, wie bereits erwähnt, das Schwein am ärmsten ist.

Um unseren Überblick über die Zusammensetzung des Urins mit der des Mists zu vereinheitlichen, wollen wir sehen, wie sich der Urin gewöhnlicher Nutztiere hinsichtlich der Zusammensetzung seiner Trockensubstanz verhält. Die folgenden Ergebnisse (basierend auf unseren Berechnungen auf den zuvor angegebenen Zahlen von Stoeckhardt) zeigen dies:

Stickstoff, Phosphorsäure, Alkalien ,

Prozent. Prozent. Prozent.

Schwein	12.0	5	8
Pferd	10.9	verfolgen	13.6
Schaf	10.4	3.7	14.9
Kuh	10.0	verfolgen	17.5

Aus diesen Zahlen sehen wir, dass die Trockensubstanz des Schweineurins von den vier gewöhnlichen Nutztieren am reichsten an Stickstoff und Phosphorsäure, aber am ärmsten an Alkalien ist; In Bezug auf die Menge an Stickstoff, die es enthält, liegt die des Pferdes an zweiter Stelle, aber im Großen und Ganzen gibt es in dieser Hinsicht nur sehr geringe Unterschiede zwischen Pferd, Kuh und Schaf. [136]

Wie beim Mist lässt sich dieses Thema am besten im Zusammenhang mit der verzehrten Nahrung untersuchen. Auch hier verdanken wir Wolffs Untersuchungen wertvolle Hinweise. Er hat herausgefunden, dass die folgenden Prozentsätze an *organischen Stoffen* , *Stickstoff* und *Mineralstoffen* , die ursprünglich in der Trockenmasse der Nahrung vorhanden waren, im Urin ausgeschieden werden:

	Kuh.	Ochse.	Schaf.	Pferd.	Durchschnitt.
Organisches Material	4,0	4.4	2,0	3.3	3.4
Stickstoff	31.0	54,8	42.3	60.7	47.2
Mineralstoffe	43.1	34.3	41,0	37,5	39,0 [137]

Wir haben nun kurz die Zusammensetzung der festen Exkremente und des Urins gewöhnlicher Nutztiere betrachtet und auch einige der Hauptursachen für die Variation in ihrer Zusammensetzung aufgezählt.

Die festen Ausscheidungen bestehen, wie wir gesehen haben, aus *unverdauter Nahrung, während der Urin die* vom tierischen Organismus *verdauten* Düngerbestandteile der Nahrung enthält . [138] Letzterer ist, Gewicht für Gewicht, als Dünger in der Regel weitaus wertvoller als ersterer. Aus der Tabelle im Anhang [139] ist ersichtlich, dass die Anteile der ursprünglich in der verzehrten Nahrung enthaltenen Stickstoff- und Aschebestandteile, die in den Exkrementen ausgeschieden werden, je nach den Umständen variieren. Wolff fasst seine Ergebnisse zusammen und weist darauf hin, dass die festen und flüssigen Exkremente in der Regel etwa 46 Prozent der organischen Substanz, 87,3 Prozent des Stickstoffs und 98,7 Prozent der mineralischen Substanz enthalten; während die Experimente von Lawes und Gilbert in Rothamsted zeigen, dass bei Mastochsen und -schafen sowie bei Pferden mehr als 95 Prozent des Stickstoffs und 96 Prozent oder mehr der

Aschebestandteile im Mist ausgeschieden werden. Das Schwein behält einen größeren Anteil des Stickstoffs – etwa 85 Prozent kommen im Mist vor –, während bei der Milchkuh nur etwa 75 Prozent über den Kot zurückgegeben werden. Im Allgemeinen können wir sagen, dass der ursprünglich in der Nahrung enthaltene Stickstoff beim Durchgang durch das tierische System nur sehr geringe Verluste erleidet und dass die Aschebestandteile praktisch überhaupt keinen Verlust erleiden.

Was die Verteilung der Düngerbestandteile betrifft, hängt viel von der Art der Nahrung ab. Fast immer wird mehr als die *Hälfte* des gesamten ausgeschiedenen Stickstoffs im Urin gefunden, in vielen Fällen sogar viel mehr. [140] Von den mineralischen Bestandteilen dürfte durchschnittlich etwa ein Drittel über den Urin ausgeschieden werden. Von dieser mineralischen Substanz kann man feststellen, dass fast alle Alkalien (Kali und Soda), also etwa 98 Prozent, im Urin gefunden werden. Von Phosphorsäure und Kalk hingegen finden sich im Urin kaum noch Spuren. Eine Ausnahme in Bezug auf Kalk bildet jedoch Pferdeurin, der etwa 60 Prozent des in der Nahrung aufgenommenen Kalks enthält. Für Informationen zum Thema Schweinegülle wird der Leser auf Anhang, Anmerkung V verwiesen. [141]

Bevor wir diesen Teil des Themas verlassen, ist es möglicherweise wünschenswert, unseren Lesern die Zusammensetzung von Kot und Urin zusammen vorzustellen, damit wir uns eine Vorstellung von ihrem relativen Wert Gewicht für Gewicht machen können. Da der Stickstoff bei weitem den wertvollsten Anteil der Güllebestandteile darstellt, reicht es aus, wenn wir sie hinsichtlich ihres prozentualen Anteils an diesem Bestandteil vergleichen.

Berechnet am

Wasser, Stickstoff, Trockensubstanz,

	Prozent.	Prozent.	Prozent.	Analysen von
Schaf	67	.91	2.7	Jürgensen.
Pferd	76	.65	2.7	Boussingault.
Schwein	82	.61	3.4	Boussingault.
Kuh	86	.36	2.6	Boussingault.

Aus diesen Zahlen sehen wir, dass die Ausscheidungen der Schafe in ihrem natürlichen Zustand am wertvollsten sind; die des Pferdes und des Schweins kommen als nächstes; während die der Kühe am ärmsten sind und ein Drittel so viel Stickstoff enthalten wie die der Schafe und halb so viel wie die der Pferde und Schweine. Dieser Unterschied ist jedoch fast ausschließlich auf den unterschiedlichen Wasseranteil zurückzuführen, den die Ausscheidungen der verschiedenen Tiere in ihrem natürlichen Zustand enthalten; denn im trockenen Zustand enthalten sie, mit Ausnahme des Schweins, praktisch die gleiche Menge.

Zusammenfassend sind also folgende wichtige Punkte zu beachten:

1. Dass bei der Passage der Nahrung durch das System der gewöhnlichen Nutztiere nur ein sehr geringer Prozentsatz der düngenden Substanzen Stickstoff, Phosphorsäure und Kali assimiliert und im Tierkörper zurückgehalten wird; und dass die Ausscheidungen daher zumindest theoretisch nahezu die gleiche Menge an Düngemitteln enthalten sollten wie die ursprüngliche Nahrung.

2. Dass selbst bei einem Masttier der Verlust an Düngemitteln , der durch die Nahrung beim Durchgang durch das System entsteht, nicht groß ist.

3. Bezogen auf die Gesamtmenge der festen Ausscheidungen und des ausgeschiedenen Urins enthält letzterer in der Regel mehr Stickstoff als ersterer; Darüber hinaus ist der Stickstoff im Urin wertvoller, da er sich in löslichem Zustand befindet.

4. Was die Verteilung der Aschebestandteile betrifft, so sind *Kalk* , *Phosphorsäure* und *Magnesia* fast ausschließlich in den festen Exkrementen zu finden; während der Urin fast das gesamte *Kali* enthält .

5. Dass die besten Ergebnisse nur dann zu erwarten sind, wenn die flüssigen und festen Ausscheidungen zusammen als Mist verwendet werden.

Da die Zusammensetzung des Mists so stark von der Art des Nahrungsmittels abhängt, finden Sie im Anhang, Anmerkung VI., [142] eine Tabelle mit der Mistzusammensetzung einiger gebräuchlicher Futtermittel.

3. *Wurf.*

Wir müssen nun den dritten Bestandteil des Hofdüngers betrachten, nämlich die *Einstreu* , die im Allgemeinen aus Stroh besteht.

Die Verwendungszwecke der Einstreu können neben der Bereitstellung eines trockenen und bequemen Bettes für das Tier kurz wie folgt zusammengefasst werden:

1. Um den flüssigen Teil der Ausscheidungen aufzunehmen und zurückzuhalten.

2. Die Menge des Mists zu erhöhen und so eine gleichmäßigere Verteilung bei der Ausbringung auf dem Feld sicherzustellen, als dies sonst möglich wäre.

3. Den Wert als Dünger sowohl physikalisch als auch chemisch steigern.

4. Um die Zersetzung der Ausscheidungen zu verzögern und zu regulieren.

Natürlich erfüllt Einstreu auch aus hygienischer Sicht eine sehr nützliche Funktion, da sie dazu dient, den Stall frischer und sauberer und freier von schädlichen Gasen zu halten, die sie aufnimmt, als dies sonst der Fall wäre.

Stroh verwendet. Abgesehen davon, dass es eines der Nebenprodukte des Bauernhofs ist, ist es in vielerlei Hinsicht hervorragend geeignet, sowohl aufgrund seiner besonderen Form – seine röhrenförmige Struktur eignet sich hervorragend für diesen Zweck – als auch aufgrund seiner Zusammensetzung, die größtenteils aus Holz besteht Zellulose, eine sehr saugfähige Substanz. Stroh verfügt somit über eine beträchtliche Absorptionskraft. An Güllebestandteilen ist es nicht sehr reich; Denn von den verschiedenen Teilen der reifen Pflanze enthält Stroh den geringsten Prozentsatz an Stickstoff und Phosphaten. Dies liegt daran, dass mit zunehmender Reifung des Strohs ein erheblicher Teil dieser Inhaltsstoffe vom Halm in die Samen gelangt und dort gespeichert wird.

Im Allgemeinen kann man sagen, dass Stroh nicht mehr als *ein halbes Prozent* Stickstoff enthält, *also* 11,2 Pfund pro Tonne. Der Stickstoffanteil variiert natürlich; Die aufgezeichneten Analysen [143] für Weizenstroh reichen von 0,22 bis 0,81 Prozent oder liefern einen Durchschnitt von 0,48 Prozent , *also* 10,75 Pfund pro Tonne. Gerstenstroh ist etwas stickstoffreicher, die aufgezeichneten Analysen reichen von 0,41 bis 0,85 Prozent oder ergeben einen Durchschnitt von 0,57 Prozent , *also* 12,76 Pfund pro Tonne; während Haferstroh das reichhaltigste der gewöhnlichen Strohhalme ist und zwischen 0,32 und 1,12 Prozent liegt, *was einem Durchschnitt von 0,72 Prozent entspricht* – also 16,12 Pfund pro Tonne.

Zusammensetzung von Stroh. [144]

ASCHE.		ZUSAMMENSETZUNG DER ASCHE.		Nummer
		Pfund. pro Tonne.		
Pro	Pfund.		Phosphorsäure	von

	Cent.	pro Tonne.	Pottasche.	Säure.	Kalk.	Analysen.
Weizen (Winter)	5.54	124.09	18.61	5.05	7.18	8
Weizen (Sommer)	5.14	115.13	25.76	6.47	7.12	6
Roggen (Winter)	5.33	119,39	20.61	5,89	9.73	8
Rtye (Sommer)	6.14	137,53	42,41	6,73	10.53	1
Gerste	4,90	109,76	26.83	5,75	8.73	8
Hafer	5.09	114.01	26.22	4.17	9.12	4

Stroh enthält jedoch verhältnismäßig viel mehr mineralische Stoffe als Stickstoff; denn mit Ausnahme der Phosphate ist darin eine beträchtliche Menge an anorganischem Düngemittel in Form von Kali, Kalk usw. vorhanden. Von den gesamten Aschebestandteilen machen sie im Durchschnitt im Allgemeinen etwa 5 Prozent aus – oder 112 Pfund pro Tonne. Der größte Prozentsatz des Düngemittels in diesen 5 Prozent ist Kali, der in der Asche des Strohs der gewöhnlicheren Feldfrüchte zwischen 30 und 15 Prozent schwankt. Die obige Tabelle zeigt die Unterschiede in der Zusammensetzung der Strohhalme einiger häufiger landwirtschaftlicher Nutzpflanzen und kann als Referenz nützlich sein. Die Nutzpflanzen sind Weizen (Winter und Sommer), Gerste, Hafer und Roggen (Winter und Sommer), die Menge wird ebenfalls in Pfund pro Tonne berechnet. Die Ergebnisse stellen den Durchschnitt mehrerer Analysen dar. [145] Aus der Tabelle geht hervor, dass der Anteil an Phosphaten, wie bereits festgestellt, sehr gering ist.

Doch obwohl sich Stroh gut für die Zwecke eignet, für die Einstreu verwendet wird, ist es nicht der einzige Stoff. Seine fast ausschließliche Verwendung als Einstreu ist vor allem darauf zurückzuführen, dass es sich um ein Nebenprodukt des landwirtschaftlichen Betriebes handelt.

Lehm als Streu. – Im Allgemeinen jede Substanz, die über ein großes Absorptions- und Rückhaltevermögen für Stickstoff und den löslichen Dünger verfügt Stoffe, die in Hofmist enthalten sind und deren Preis gering ist, eignen sich gut als Einstreu. Gewöhnlicher Lehmboden besitzt die oben genannten Eigenschaften und ist außerdem eine Substanz, die man umsonst bekommen kann, und wird unter bestimmten Umständen und in bestimmten Ländern tatsächlich zu diesem Zweck verwendet, oft zusammen mit Stroh.

Ein großer Einwand gegen Lehm ist jedoch, dass er eine schmutzige Einstreu bildet. Darüber hinaus besitzt es einen sehr geringen Anteil an Düngemitteln . Die Tendenz bei der Verwendung von gewöhnlichem Lehm würde daher darin bestehen, den Mist zu stark zu verdünnen und außerdem die Gärung in einem unerwünschten Ausmaß zu verzögern. Daher ist Lehm, außer in Ausnahmefällen, nicht als gute Einstreu anzusehen.

Torf als Einstreu. — Einige Bodenarten eignen sich jedoch gut für diesen Zweck. Die besten davon sind diejenigen, die reich an organischer Substanz sind, die sogenannten Torfböden. Wenn Torf getrocknet und von allen erdigen Stoffen befreit ist, bildet er ein ausgezeichnetes Absorptionsmittel für den flüssigen Teil des Mists und übertrifft in dieser Hinsicht das Stroh selbst. Darüber hinaus ist es im Allgemeinen sehr viel stickstoffreicher — einige Torfe enthalten nachweislich zwischen 4 und 5 Prozent Stickstoff. In etwa dreißig von Professor SW Johnson analysierten Torfproben schwankte der Stickstoffanteil zwischen 0,4 und 2,9, was einem Durchschnitt von 1,5 Prozent entspricht.

Während es eine sehr große Kapazität zur Aufnahme von Flüssigkeiten besitzt, besitzt es in beispiellosem Maße die Fähigkeit, die löslichen Stickstoffverbindungen zurückzuhalten. Dies ist zweifellos eine der wichtigsten Eigenschaften, die Torf als Einstreu empfehlen. [146]

Einige interessante Experimente zum Wert von Torfmoos als Einstreu wurden kürzlich von Dr. Bernard Dyer durchgeführt. [147] Bei diesen Experimenten hat Herr Dyer herausgefunden, dass sowohl seine Fähigkeit zur Flüssigkeitsaufnahme als auch zur Flüssigkeitsspeicherung sehr viel größer ist als die von Stroh. Während Stroh nur das Dreifache seines Gewichts an Wasser aufnehmen konnte, wurde festgestellt, dass Torfmoos fast das Zehnfache seines Gewichts an Wasser aufnimmt. Auch hinsichtlich der Wasserspeicherfähigkeit wurde festgestellt, dass diese über der von Stroh liegt. Beide Eigenschaften sind, wie man kaum betonen muss, für einen Wurf von sehr großem Wert. Ein weiterer interessanter Punkt bei diesen Experimenten war die jeweilige Menge an Stickstoff, die von Torfmoos und Stroh aufgenommen und zurückgehalten wurde. Es zeigte sich, dass das Torfmoos in dieser Hinsicht wiederum einen Vorteil gegenüber dem Stroh hatte. Schließlich zeigte sich, dass der durch das Torfmoos erzeugte Mist reicher an Düngemitteln war als der durch die Verwendung von Stroh erzeugte. [148] Diese Experimente sind interessant, da sie die Tatsache belegen, dass wir in Torfmoos eine Substanz haben, die als ausgezeichneter Ersatz für das teurere Stroh fungieren kann und zunehmend als Futtermittel mit großem Nutzen für den Landwirt verwendet werden könnte .

Eine weitere Substanz, die als ausgezeichnete Streu vorgeschlagen wurde, ist der *Adlerfarn* . Nach einigen Analysen von Herrn John Hughes ist der

Adlerfarn, insbesondere wenn er in jungem Zustand geschnitten wird, eine Substanz von erheblichem Düngerwert. Im getrockneten Zustand ist es wesentlich reicher an Stickstoff, Kali und Kalk als Stroh. Die Saugfähigkeit dürfte allerdings nicht so groß sein. Wo es leicht und kostengünstig erhältlich ist, wie in vielen Teilen Schottlands und Irlands, könnte es durchaus für die Müllentsorgung verwendet werden. [149]

getrocknete Blätter wurden als Einstreu verwendet. Herbstblätter enthalten jedoch nur einen sehr geringen Anteil an Düngemitteln . Dies ist auf die Tatsache zurückzuführen, dass bei Herannahen des Winters der größte Teil ihres Kali-, Phosphorsäure- und Stickstoffgehalts in den Körper der Bäume übergeht. Laut Professor Storer enthalten getrocknete Blätter nur 0,1 bis 0,5 Prozent Kali, 0,006 bis 0,3 Prozent Phosphorsäure und etwa 0,75 Prozent Stickstoff. Blätter sind jedoch nicht nur arm an Dungbestandteilen, sondern eignen sich auch schlecht als Einstreu, da sie nur langsam gären. Bei dieser Gärung entsteht eine große Menge kaltsaurer Huminsäure, die den Wert der Gülle stark beeinträchtigt. [150]

Nachdem wir nun die Zusammensetzung der drei einzelnen Bestandteile von Hofdünger betrachtet haben – nämlich den *Mist* oder die *festen Ausscheidungen* , den *Urin* und die *Einstreu* – sind wir in der Lage, die Zusammensetzung von Hofdünger zu betrachten. In diesem Zusammenhang ist es sinnvoll, die von den verschiedenen Nutztieren produzierten Dünger getrennt zu betrachten.

1. *Pferdemist.*

Die Zusammensetzung von Pferdemist ist vielleicht die einheitlichste aller Dünger, die von den verschiedenen Nutztieren produziert werden. Dies liegt daran, dass die Nahrung des Pferdes im Allgemeinen aus der gleichen Art besteht und aus Hafer, Heu und Stroh besteht.

Die gesamten von einem Pferd an einem Tag ausgeschiedenen Exkremente wurden nach dem Durchschnitt der Experimente von Boussingault und Hofmeister auf 28,11 Pfund berechnet, wovon nur 6,37 Pfund aus Trockenmasse bestanden. [151] Diese 28,11 Pfund enthielten 0,18 Pfund Stickstoff und 0,92 Pfund Mineralstoff. Die zur Aufnahme dieser Kotmenge erforderliche Strohmenge kann mit 4 bis 6 Pfund angegeben werden. Die Mengen an Stickstoff und Mineralstoffen in 4 Pfund Stroh betragen 0,01 bzw. 0,23 Pfund. Die Gesamtmenge an Stickstoff und Asche im Hofmist, den ein Pferd an einem Tag produziert, würde daher 0,19 Pfund Stickstoff und 1,15 Pfund Mineralstoff betragen; oder, wenn wir die größere Menge Stroh nehmen, etwas mehr.

Wenn wir diese Zahlen heranziehen, stellen wir fest, dass die Menge an Mist, die ein Pferd in einem Jahr produziert, zwischen 11.720 und 12.450 Pfund beträgt (*d. h* . zwischen 5-1/4 und 5-1/2 Tonnen), [152] mit einem Gehalt von 69 bis 73 Pfund Stickstoff und 420 bis 460 Pfund Mineralstoffe. [153]

Zur Behandlung von Pferdemist im Stall mögen vielleicht noch ein paar Worte hilfreich sein. Das große Ziel besteht darin, den Verlust wertvoller Düngebestandteile zu verhindern . Dieser Verlust kann zwei Ursachen haben. Es kann in erster Linie durch das Abfließen der löslichen Bestandteile der Gülle verursacht werden; oder zweitens kann es an der Verflüchtigung der flüchtigen Bestandteile liegen .

Die erste dieser beiden Verlustquellen hängt von den Vorkehrungen ab, die zur Gewährleistung eines ordnungsgemäßen, undurchlässigen Bodenbelags im Stall getroffen werden. Diese Verlustquelle ist äußerst schwer zu verhindern, da fast alle Materialien, die für Bodenbeläge verwendet werden, einen bestimmten Prozentsatz des Urins absorbieren. Durch den umsichtigen Einsatz von Abfall lässt sich dieser Verlust jedoch auf ein geringfügiges Maß minimieren .

Dr. Heiden gibt an, dass die Menge an Stroh, die in Deutschland als Einstreu für Pferde verwendet wird, zwischen 4 und 6 Pfund pro Tag beträgt. Die Menge sollte entsprechend dem Wasseranteil der Ausscheidungen reguliert werden; Die wässrigeren Ausscheidungen erfordern natürlicherweise eine größere Einstreumenge. Die bedeutendsten Experten auf diesem Gebiet empfehlen, dass die Streumenge einem Viertel der Nahrung in ihrem natürlichen Zustand oder etwa einem Drittel ihrer Trockensubstanz entsprechen sollte.

Die zweite Verlustquelle, die auf die Verflüchtigung der flüchtigen Inhaltsstoffe zurückzuführen ist, kann durch den Einsatz bestimmter Konservierungsstoffe weitgehend verhindert werden.

Da Pferdemist vergleichsweise trockener Natur ist, ist es äußerst schwierig, ihn gründlich mit der Einstreu zu vermischen . Aus diesem Grund ist der aus Pferdeausscheidungen gebildete Mist besonders anfällig für eine schnelle Vergärung. [154] Im Prozess der Gärung wird, wie weiter unten noch näher erläutert wird, der Stickstoff in kohlensäurehaltiges Ammoniak umgewandelt. Da Stickstoff in dieser Form äußerst flüchtig ist, besteht ein erhebliches Verlustrisiko aus dieser Quelle. Um diese Tatsache zu veranschaulichen, kann erwähnt werden, dass Boussingault durch Experimente herausgefunden hat, dass der Gesamtprozentsatz an Stickstoff, der in frischem Pferdemist enthalten ist, im Prozess der Fermentation durch Verlust aus dieser Quelle auf die Hälfte seiner ursprünglichen Menge reduziert werden könnte.

Verflüchtigung verwendeten Konservierungsmittel werden in der Fachsprache „Fixierer" genannt. Dies erreichen sie, indem sie sich chemisch mit dem flüchtigen Ammoniak verbinden und damit nichtflüchtige Verbindungen bilden.

Als Säurefixierer wurden Salz- und Schwefelsäure empfohlen . Ersteres ist für diesen Zweck jedoch nicht gut geeignet. Es ist eine stark rauchende Säure und bildet bei Kontakt mit Ammoniak dichte weiße Dämpfe. Gegen die Verwendung von Schwefelsäure besteht kein Einwand. Ammoniaksulfat, das in diesem Fall gebildete Salz, ist eine der stabilsten (oder am wenigsten flüchtigen) Ammoniakverbindungen. Wenn es verwendet wird, sollte es weitgehend mit Wasser verdünnt und das Ganze mit Sand vermischt werden. Es wurde festgestellt, dass eine solche Mischung, selbst wenn sie in sehr kleinen Mengen über den Stallboden gestreut wird, wirksam jeglichen Verlust des flüchtigen Ammoniakcarbonats verhindert.

Es ist jedoch grundsätzlich nicht ratsam, als Fixiermittel eine saure Substanz zu verwenden, da eine solche Substanz schädlich auf die Hufe des Pferdes wirken kann.

Solche Substanzen wie *Gips* , *Kupfer* und *Sulfatmagnesia* sind zwar gleichermaßen wirksam, unterliegen aber nicht diesem Einwand. Die oben genannten Stoffe verdanken ihre Wirksamkeit der Tatsache, dass es sich um Verbindungen der Schwefelsäure handelt , die durch Verbindung mit dem flüchtigen Ammoniak und Bildung von Ammoniaksulfat dessen Austritt verhindern.

Es wurde nachgewiesen, dass Gips oder schwefelsaurer Kalk, obwohl er verhältnismäßig gesehen eine unlösliche Substanz ist, bei Kontakt mit kohlensaurem Ammoniak die Umwandlung des Ammoniaks in schwefelsaures Ammoniak bewirkt . Es wird auch angenommen, dass es die Zersetzung des Mists verzögert. [155] Copperas oder Eisensulfat ist zwar ein lösliches Salz und wirkt daher schneller bei der Fixierung des Ammoniaks, ist jedoch aufgrund des schädlichen Einflusses, den es bekanntermaßen auf das Pflanzenleben ausübt, nicht so gut geeignet. Es ist nur richtig, sich daran zu erinnern, dass es Umstände geben kann, unter denen Copperas in kleinen Mengen sogar vorteilhaft als Dünger wirken kann, wie die Experimente von Griffiths zu zeigen scheinen. Der obige Einwand kann jedoch nicht gegen Sulfatmagnesia vorgebracht werden. Außer der Fixierung des Ammoniaks kann schwefelsaure Magnesia höchstwahrscheinlich auch die lösliche Phosphorsäure fixieren. Zu diesem Zweck wurde auch Kainit vorgeschlagen, das aus einer Mischung von Sulfaten und Chloriden von Kalium und Magnesium besteht. Durch die Verwendung eines solchen Fixiermittels würde der Wert des resultierenden Mists erheblich gesteigert. Abschließend muss daran erinnert werden, dass alle oben genannten Fixiermittel weitgehend auf die gleiche Weise wirken, nämlich durch die Umwandlung des flüchtigen Ammoniakcarbonats in Ammoniaksulfat. [156]

2. *Kuhmist.*

Die Zusammensetzung des aus den Exkrementen der Kuh gebildeten Mists ist weitaus weniger konstant als beim Pferdemist. Eine durchschnittliche Aussage über diese Zusammensetzung ist daher sehr viel schwieriger zu erhalten. Allerdings ist die Zahl der zur Bildung dieses Durchschnitts verfügbaren Analysen sehr groß. Der von Kühen produzierte Mist enthält einen hohen Wasseranteil. Dies liegt an der großen Menge Wasser, die sie trinken. Man schätzt, dass Milchkühe zu ihrem Winterfutter für jedes Pfund Trockenmasse 4 Pfund Wasser und im Sommer etwa 6 Pfund Wasser trinken.

Nach einigen Experimenten von Boussingault beliefen sich die Exkremente einer Kuh an einem Tag auf 73,23 Pfund, wovon nur 9,92 Pfund Trockenmasse waren. [157] Diese Exkremente enthielten 0,256 Pfund Stickstoff und 1,725 Pfund Mineralstoffe. Die zur Verwendung als Einstreu für diese Menge an Exkrementen erforderliche Strohmenge kann mit 6 bis 10 Pfund angenommen werden. Der von einer Kuh pro Tag gebildete Mist würde daher 0,274 bis 0,286 Pfund Stickstoff enthalten 2,046 bis 2,278 Pfund Mineralstoff. In einem Jahr würde dies zwischen 100 und 104,4 Pfund Stickstoff und zwischen 746,8 und 831,5 Pfund Mineralstoff betragen; oder ab 6 cwt. 75 lb. bis 7 cwt. 47 Pfund.

Kuhmist vergärt aufgrund seiner wässrigeren Beschaffenheit und schlechteren Qualität sehr viel langsamer als Pferdemist. Bei alleiniger Anwendung ist die Wirkung von Kuhmist sehr langsam und seine Wirkung bleibt mindestens drei bis vier Jahre lang spürbar. Es ist schwierig, es gleichmäßig über den Boden zu verteilen, da es, wenn es etwas getrocknet ist, dazu neigt, harte Massen zu bilden, die, wenn sie im Boden vergraben werden, der Zersetzung sehr lange widerstehen können. Die Ursache dafür liegt darin, dass in den festen Ausscheidungen eine beträchtliche Menge an schleimigen und harzigen Stoffen vorhanden ist, die das Eindringen von Feuchtigkeit und Luft in das Zentrum der Masse verhindern. Diese Tendenz von Kuhmist, der Zersetzung zu widerstehen, wird bei den Exkrementen einer reichlich gefütterten Kuh erheblich verringert.

Das Risiko eines Verlusts von flüchtigem Ammoniak ist daher bei ihm nicht so groß, wie wir es bei „heißem" Pferdemist gesehen haben. Ungeachtet dieser Tatsache lässt sich vieles von dem, was über die Verwendung von Konservierungsmitteln für Pferdemist gesagt wurde, auch auf Kuhmist übertragen. Dies liegt daran, dass sich der Mist eine Zeit lang im Hof ansammeln kann. Die Menge an Stroh, die als Einstreu verwendet werden sollte, schwankt, wie gesagt, zwischen 6 und 10 Pfund pro Tag. Die beste Methode zur Berechnung dieser Menge besteht laut Dr. Heiden darin, ein Drittel des Gesamtgewichts der Trockensubstanz des Lebensmittels zu nehmen. Die oben genannte Behörde empfiehlt außerdem, das Stroh am besten in Blöcken von etwa einem Fuß Länge auszubringen; und das aus folgenden Gründen:

1. Das Streuen ist bequemer.

2. Die Aufnahme des Flüssigkeitsanteils ist vollständiger.

3. Das Entfernen des Mists aus dem Stall ist einfacher.

4. Der Mist lässt sich leichter verteilen, wenn er auf dem Feld ausgebracht wird.

Zu den Vorteilen, die sich daraus ergeben, dass sich der Mist im Hof ansammeln kann, können folgende genannt werden :

1. Die gründlichere Absorption des Urins durch den Strohhalm und folglich die gleichmäßigere Mischung des wertvolleren Urins mit den weniger wertvollen festen Ausscheidungen.

2. Eine gewisse Verzögerung der Zersetzung, die durch das Treten des Mistes unter den Füßen bewirkt wird.

3. Der Schutz des Mistes vor Regen und Wind und die Sicherstellung einer gleichmäßigen Temperatur.

Diesen Vorteilen steht das Risiko einer ernsthaften Beeinträchtigung der Gesundheit des Tieres gegenüber. Obwohl dies ein sehr wichtiger Punkt ist, fällt er kaum in den Rahmen dieser Arbeit. Es kann jedoch darauf hingewiesen werden, dass der umsichtige Einsatz einiger der zuvor erwähnten chemischen Fixiermittel viel dazu beitragen kann, die Luft im Stall oder auf dem Hof frei von schädlichen Gasen zu halten. [158]

3. Schweinegülle.

Das Futter des Schweins ist in seiner Beschaffenheit so unterschiedlich, dass es nahezu unmöglich ist, auch nur annähernd eine durchschnittliche Analyse seiner Exkremente zu erhalten. Wenn das Futter des Schweins reichhaltig ist, kann der Mist in seiner Qualität den anderen Mist durchaus ebenbürtig sein. Laut Boussingault beträgt die Gesamtmenge an Exkrementen, die ein Schwein in 24 Stunden durchschnittlich ausscheidet, etwa 3,6 kg, wovon 6,5 kg Trockenmasse sind. [159] Die Menge an Stickstoff, die diese Exkremente enthalten, beträgt nur 0,05 Pfund und an mineralischen

Inhaltsstoffen 0,313 Pfund. Wenn wir die Menge Stroh, die am besten geeignet ist, diese Menge an Exkrementen zu absorbieren, mit 4 bis 8 Pfund annehmen, dann Wir werden feststellen, dass der von einem Schwein produzierte Mist 0,06 bis 0,074 Pfund Stickstoff und 0,545 bis 0,772 Pfund Mineralstoffe enthält. Diese für ein Jahr berechneten Mengen ergeben 22 bis 27 Pfund Stickstoff und 1 Zentner Stickstoff. 87 lb. bis 2 cwt. 57 Pfund Mineralstoff. Das ist ungefähr so viel Stickstoff, wie in 1-1/4 bis 1-1/2 cwt enthalten wäre. Salpeternatron (Reinheit 95 %); oder ab etwas weniger als 1 cwt. bis etwas über 1 Zentner. Ammoniaksulfat (97 Prozent Reinheit).

Wie bereits erwähnt, sind die Exkremente des Schweins in der Regel sehr stickstoffarm. Dies erklärt die Tatsache, dass Schweinegülle ein „kalter" Mist ist, der langsam gärt. [160]

4. Schafmist.

Der Mist und der Urin der Schafe sind, wie wir bereits gesehen haben, gewichtsmäßig die wertvollsten aller gewöhnlichen Nutztiere. Das Gesamtgewicht der von einem Schaf an einem Tag ausgeschiedenen Exkremente kann im Durchschnitt [161] auf 3,78 Pfund geschätzt werden, wovon 0,97 Pfund Trockenmasse sind. Diese Exkremente enthalten 0,038 Pfund Stickstoff und 0,223 Pfund Mineralstoffe. Nimmt man die Strohmenge, die am besten geeignet ist, diese Menge an Exkrementen zu absorbieren, nämlich drei Fünftel eines Pfunds, dann enthält der Mist, den ein Schaf an einem Tag produziert, 0,0429 Pfund Stickstoff und 0,264 Pfund Mineralstoffe. Das heißt, in einem Jahr würden die Mengen an Stickstoff und Mineralstoffen im von einem Schaf produzierten Mist 15,66 Pfund Stickstoff und 96,36 Pfund Mineralstoffe betragen.

Aufgrund seines Stickstoffreichtums und seines trockenen Zustands ist Schafmist besonders anfällig für Gärung. Obwohl es reicher an Düngemitteln ist als Pferdemist, erfolgt die Gärung nicht so schnell. Dies ist auf den härteren und kompakteren physikalischen Charakter der festen Ausscheidungen zurückzuführen. Das Risiko eines Verlusts von flüchtigem Ammoniak ist in diesem Fall außerordentlich groß. Der Einsatz künstlicher „Fixierer" ist daher dringend zu empfehlen. [162]

Vergärung von Hofdünger.

Nachdem wir nun die Natur der verschiedenen Dünger, die von den vier gewöhnlichen Nutztieren produziert werden, getrennt betrachtet haben, ist es wichtig, die genaue Art der Gärung, Zersetzung oder Fäulnis zu berücksichtigen, die im Misthaufen stattfindet.

Es ist nun mehr als dreißig Jahre her, dass Pasteur zeigte, dass die Gärung, die bei der Aufbewahrung einer Urinprobe einsetzte, auf die Wirkung eines winzigen Organismus zurückzuführen war, zu dessen Fortpflanzung eine gewisse Menge an Wärme, Luft und Feuchtigkeit erforderlich war die Anwesenheit bestimmter Nahrungsbestandteile, insbesondere stickstoffhaltiger Körper, war notwendig.

Nachfolgende Forschungen von Pasteur und anderen haben schlüssig gezeigt, dass das mikroorganische Leben, das an der Fäulnis oder dem Zerfall organischer Materie jeglicher Art beteiligt ist, in zwei große Klassen eingeteilt werden kann:

1. Diejenigen, die für ihre Entwicklung reichlich Sauerstoff benötigen und bei Sauerstoffmangel sterben – sogenannte *Aerobier*.

2. Diejenigen, die sich im Gegenteil in völliger Abwesenheit von Sauerstoff entwickeln und die, wenn sie Sauerstoff ausgesetzt werden, sterben – sogenannte *Anaerobier*.

Bei der Gärung des Misthaufens müssen wir uns daher die beiden Klassen von Organismen als die aktiven Agenten vorstellen. Im inneren Teil des Misthaufens, wo die Zufuhr von Sauerstoff zwangsläufig begrenzt ist, wird die dort stattfindende Gärung durch den anaeroben Organismus bewirkt – *dh* den Organismus, der keinen Sauerstoff benötigt; Während auf dem Oberflächenteil, der der Luft ausgesetzt ist, der aerobe (oder Sauerstoff benötigende) Organismus ähnlich aktiv ist. Mit fortschreitendem Zerfall nimmt die Zahl der aeroben Organismen allmählich zu. Durch ihre Instrumentalität entstehen größtenteils die Endprodukte der Zersetzung. Die Funktionen der anaeroben Organismen können im Gegenteil als weitgehend vorbereitender Natur angesehen werden. Indem sie die komplexen organischen Substanzen im Mist in neue und einfachere Formen aufbrechen, treiben sie den Fäulnisprozess in den Anfangsstadien voran; und wenn dies erreicht ist, sterben sie ab und machen der aeroben Substanz Platz, die, wie wir gerade gesehen haben, die endgültige Umwandlung der organischen Materie in so einfache Substanzen wie *Wasser* und *Kohlensäuregas bewirkt*.

Die Bedingungen, die die Vergärung von Hofdünger beeinflussen, lassen sich wie folgt zusammenfassen: [163] –

1. *Temperatur.* — Je höher die Temperatur, desto schneller verrottet der Mist.

2. *Offenheit gegenüber der Luft.* — Man erkennt natürlich, dass die Aussetzung der Gülle an die Luft dazu führt, dass sich ein aerober Organismus entwickelt und so eine schnellere Gärung gefördert wird. Wenn andererseits die Gülle beeinträchtigt wird, wird hauptsächlich die langsamere, aber regelmäßigere Gärung aufgrund des anaeroben Organismustyps gefördert. Es ist zu

bedenken, dass bei der ordnungsgemäßen Verrottung von Hofmist beide Arten der Gärung gefördert werden sollten. Tatsächlich hängt die erfolgreiche Verrottung des Mists von der sorgfältigen Regulierung der beiden Fermentationsklassen ab. Es muss außerdem berücksichtigt werden, dass auch bei einer gewissen Offenheit eines Misthaufens eine anaerobe Gärung stattfinden kann. Dies ist auf die Tatsache zurückzuführen, dass die Entwicklung von Kohlensäuregas in einem solchen Fall so groß ist, dass der Zutritt des Luftsauerstoffs in die Poren des Haufens ausgeschlossen ist.

3. Die *Feuchtigkeit* des Misthaufens ist ein weiterer wichtiger Einfluss. Dies wirkt sich natürlich auf zwei Arten aus. Erstens, indem man die Temperatur senkt. Wenn festgestellt wird, dass der Misthaufen unter „Feuerzähnen" leidet, besteht die in der Praxis übliche Methode darin, die Temperatur durch Befeuchten des Misthaufens mit Wasser zu senken. Zweitens wirkt es als Gärungsverzögerer, indem es die Zufuhr von Luftsauerstoff begrenzt und so, wie wir gerade gesehen haben, eine aerobe Gärung verhindert.

4. Der vierte Haupteinfluss bei der Regulierung der Gärung des Misthaufens ist seine *Zusammensetzung* und insbesondere die Menge an Stickstoff, die er in löslicher Form enthält. Man kann sagen, dass die Geschwindigkeit, mit der die Gärung in einer organischen Substanz stattfindet, hauptsächlich vom Prozentsatz der darin enthaltenen löslichen stickstoffhaltigen Stoffe abhängt: Je höher diese Menge ist, desto schneller geht die Gärung vonstatten. In Hofmist sind immer zahlreiche lösliche Stickstoffkörper enthalten. Diese kommen vor allem im Urin vor, etwa *Harnstoff*, *Harn-* und *Hippursäure* sowie *Ammoniaksalze*.

Zersetzungsprodukte von Hofmist.

Die wichtigsten Veränderungen, die bei der Verrottung von Hofmist auftreten, lassen sich kurz wie folgt aufzählen:

1. Die allmähliche Umwandlung eines großen Teils der organischen Elemente im Mist in Gase. Von diesen gasförmigen Produkten ist *Kohlensäuregas* (CO_2) das am häufigsten vorkommende. In dieser Form entweicht der kohlenstoffhaltige Stoff, der den Hauptanteil der Gülle ausmacht, in die Luft. Kohlenstoff entweicht auch in Verbindung mit Wasserstoff in Form von *vergastem Wasserstoff* oder *Sumpfgas* (CH_4), einem Produkt der Zersetzung organischer Stoffe in Gegenwart einer großen Menge Wasser, in die Luft. Dieses Gas sprudelt daher durch stehendes Wasser auf. Neben Kohlensäure ist *Wasser* (H_2O) das am häufigsten vorkommende gasförmige Zersetzungsprodukt. Der im Mist in verschiedenen Formen enthaltene Stickstoff wird durch den Zersetzungsprozess hauptsächlich in *Ammoniak umgewandelt*, das in

Verbindung mit der Kohlensäure Ammoniakcarbonat bildet, ein sehr flüchtiges Salz. Auf diese Tatsache ist eine der großen Verlustquellen bei der Zersetzung von Hofdünger zurückzuführen. Wenn die Temperatur des Misthaufens zu hoch ansteigt, verflüchtigt sich das kohlensäurehaltige Ammoniak . Es ist auch wahrscheinlich, dass ein nicht unerheblicher Teil des Stickstoffs im freien Zustand in die Luft entweicht. Das letzte der wichtigsten gasförmigen Zersetzungsprodukte ist *geschwefelter* und *phosphorettierter Wasserstoff*. Auf diese Gase ist ein Großteil des Geruchs von verrottendem Hofmist zurückzuführen.

2. Die zweite Klasse der gebildeten Stoffe sind *lösliche organische Säuren*, wie *Humin-* und *Ulminsäuren* . Die Funktion dieser Säuren ist sehr wichtig. Sie verbinden sich mit dem Ammoniak und den alkalischen Substanzen im mineralischen Teil der Gülle und bilden Humate und Ulmate von Ammoniak, Kali usw. Es sind diese Ulmate , die die Schwarzlauge bilden, die aus dem Misthaufen austritt.

In sehr verfaultem Hofmist können Spuren von *Salpetersäure gefunden werden;* Es muss jedoch daran erinnert werden, dass die Bildung von Nitraten unter den gewöhnlichen Bedingungen der aktiven Vergärung von Wirtschaftsdünger praktisch unmöglich ist, außer vielleicht im allerletzten Stadium.

3. Die dritte Klasse von Veränderungen betrifft den mineralischen Anteil der Gülle. Die Bildung so vieler Kohlensäuren und anderer organischer Säuren hat zur Folge, dass sich die Menge an *löslichen* Mineralstoffen erheblich erhöht.

Analysen von Hofdünger.

Unser Wissen über die Zusammensetzung von altem und frischem Hofmist verdanken wir vor allem den wertvollen Forschungen des verstorbenen Dr. Augustus Voelcker. Alle, die sich für diese wichtige Frage interessieren, sollten die Originalarbeiten zu diesem Thema lesen, die Dr. Voelcker im „Journal of the Royal Agricultural Society" veröffentlicht hat. Typische Analysen, die die Variation in der Zusammensetzung von Hofdünger in verschiedenen Zersetzungsstadien veranschaulichen, finden Sie im Anhang. [164] Aus dem bereits Gesagten geht hervor, dass die Zusammensetzung von Hofdünger sehr unterschiedlicher Natur ist.

Die Feuchtigkeitsmenge variiert von Natur aus am stärksten und diese Schwankung hängt vom Alter des Mists und den Bedingungen ab, unter denen er verrotten darf. Es kann zu mindestens 65 Prozent in frischer bis zu 80 Prozent in gut verrottetem Mist aufgenommen werden. Die gesamte organische Substanz kann zwischen 13 und 14 Prozent betragen, wobei der

Stickstoffgehalt zwischen 0,4 und 0,65 Prozent liegt. Die gesamte mineralische Substanz wird etwa 4 bis 6,5 Prozent betragen, wobei der Kaligehalt 0,4 bis 0,7 Prozent und der Phosphorsäuregehalt 0,2 bis 0,4 Prozent beträgt. [165]

Als Mr Warington [166] hat darauf hingewiesen, dass eine Tonne Hofmist somit 9 bis 15 Pfund Stickstoff, etwa die gleiche Menge Kali und 4 bis 9 Pfund Phosphorsäure enthalten würde. Diese Mengen an Stickstoff und Phosphorsäure, berechnet auf (95 Prozent) salpetersaures Natron, (97 Prozent) sulfatiertes Ammoniak und (25 Prozent) Superphosphat, ergeben jeweils 57,25 bis 96 Pfund salpetersaures Natron, 45 to 75 Pfund Ammoniaksulfat und 35 bis 79 Pfund Superphosphat. Das heißt, um dem Boden so viel Stickstoff zuzuführen, wie in einer Tonne salpetersaurem Natron enthalten ist, müssten wir 23 bis 41 Tonnen Hofdünger verwenden: Ebenso enthält eine Tonne sulfathaltiges Ammoniak so viel Stickstoff wie 30 bis 50 Tonnen Hofdünger. Ebenso enthält eine Tonne Superphosphatkalk so viel Phosphorsäure wie 28 bis 64 Tonnen Hofmist.

Der Wert von verrottetem Mist ist gewichtsmäßig höher als der von frischem Mist. Dies ist auf die Tatsache zurückzuführen, dass die Wassermenge zwar zunimmt, der Verlust an organischem Material, das nicht stickstoffhaltiger Natur ist, die Wasserzunahme jedoch mehr als ausgleicht. Der Mist wird dadurch qualitativ konzentrierter. Der Verlust an Gesamtgewicht soll laut Wolff bei der Verrottung von Hofmist in zwei bis drei Monaten 16 bis 20 Prozent, also ein Sechstel bis Fünftel seines Gesamtgewichts, nicht überschreiten. Der Mist wird jedoch nicht nur reicher an Güllebestandteilen, sondern auch die Formen, in denen die Güllebestandteile in verrottetem Mist vorhanden sind, sind wertvoller, da sie löslicher sind. Diese Aussagen dürfen nicht als Beleg dafür gewertet werden, dass es wirtschaftlicher ist, Hofdünger in verrottetem Zustand auszubringen als in frischem Zustand. Der Unterschied darf nicht aus den Augen verloren werden, der zwischen relativer Steigerung – Steigerung des Anteils wertvoller Bestandteile – und absoluter Steigerung besteht. Die Wertsteigerung der Gülle durch die Veränderung der Gülleinhaltsstoffe vom unlöslichen in den löslichen Zustand kann auf Kosten eines erheblichen absoluten Verlusts dieser wertvollen Inhaltsstoffe erfolgen . Dies ist ein Punkt, der bei der Erörterung der relativen Vorzüge von frischem und verfaultem Hofmist wahrscheinlich allzu oft außer Acht gelassen wird; und es ist wichtig, dass es klar verstanden wird. Mit den Worten des verstorbenen Dr. Voelcker: „Direkte Experimente haben gezeigt, dass 100 Zentner frischer Hofmist auf 80 Zentner reduziert werden, wenn man sie liegen lässt, bis das Stroh halb verfault ist; 100 Zentner frischer Hofmist werden auf 60 reduziert.“ 100 cwt frischer Hofmist werden bei vollständiger Zersetzung auf 40-50 cwt reduziert. Dieser Verlust wirkt sich nicht nur auf das Wasser und andere weniger wertvolle Bestandteile des Hofmistes aus, aber auch seine düngendsten Inhaltsstoffe. Chemische Analysen haben gezeigt, dass 100 Zentner gewöhnlicher Hofmist etwa 40 Pfund Stickstoff enthalten und dass während der Gärung in der ersten Phase 5 Pfund Stickstoff in Form von flüchtigem Ammoniak abgegeben werden der zweite wiegt 10 Pfund, der dritte wiegt 20 Pfund. Vollständig zersetzter Mist hat somit etwa die Hälfte seines wertvollsten Bestandteils verloren." [167] Während durch Verflüchtigung und Entwässerung natürlich ein sehr großer absoluter Verlust der wertvollen Bestandteile – der Stickstoff- und Aschebestandteile – des Hofdüngers auftreten kann , kann dieser Verlust durch die Ergreifung der erforderlichen Vorsichtsmaßnahmen sehr stark minimiert werden . Was den Gesamtverlust betrifft, dürfte dieser in zwei bis drei Monaten nur 16 bis 20 Prozent betragen, also ein Sechstel bis ein Fünftel des Gewichts. [168] Durch den bereits erwähnten Einsatz von Fixiermitteln wird dieser Verlust deutlich minimiert . Das Auftragen von Fixiermitteln auf den Mist erfolgt am besten noch im Stall oder Stall. Dies kommt der Gesundheit des Tieres zugute, während gleichzeitig der Mist vor Verlusten aus dieser Quelle geschützt wird.

Über die relativen Vorzüge von abgedeckten und nicht abgedeckten Misthaufen gibt es große Meinungsverschiedenheiten. Es handelt sich um eine dieser Fragen, über die auf die eine oder andere Weise keine endgültige Entscheidung getroffen werden kann, da sie weitgehend von den individuellen Umständen des Einzelfalls abhängt. Dass unter Deck produzierter Mist wertvoller ist als im Freien produzierter Mist, wird ohne weiteres zugegeben. Die Frage ist jedoch, ob die Wertsteigerung groß genug ist, um die zusätzlichen Kosten zu rechtfertigen, die mit dem Bau überdachter Gerichte verbunden sind. Dies hängt von den individuellen Umständen des Einzelfalls ab und kann nicht pauschal entschieden werden. Für Experimente zum relativen Wert von unter Deck und im Freien hergestelltem Mist siehe Anhang. [169]

Die Art der Ausbringung von Wirtschaftsdünger auf dem Feld ist eine Frage, die eher dem praktischen Landwirt als dem Wissenschaftler obliegt und weitgehend nach wirtschaftlichen Gesichtspunkten entschieden werden muss. Es gibt jedoch einen Aspekt der Frage, der hier durchaus behandelt werden könnte. Der erste Punkt bei der Herstellung von gutem Mist hängt mit seiner gleichmäßigen Verteilung zusammen. Es ist von großer Bedeutung, dass die Exkremente der verschiedenen Nutztiere gründlich miteinander vermischt werden. Durch die innige Verbindung des „heißen" Pferdemistes mit dem „kalten" Kuh- und Schweinemist wird eine gleichmäßige Gärung sichergestellt. Wenn dies nicht richtig durchgeführt wird und der Mist zu trocken wird, kann es zu Feuerfang oder zu schneller Gärung kommen. Wie wir gleich sehen werden, ist es auch wichtig, dass der Mist bei der Ausbringung auf dem Feld eine einheitliche Qualität aufweist.

Der Mist sollte fest gestampft werden, um die Gärungsgeschwindigkeit zu mäßigen. Wenn der Misthaufen dem Regen ausgesetzt ist, wird die Wassermenge, die er auf natürliche Weise erhält, wahrscheinlich völlig ausreichen, wenn nicht sogar zu viel, um eine ordnungsgemäße Fermentationsrate zu gewährleisten – außer vielleicht bei sehr warmem Wetter. Das wichtigste Ziel besteht darin, eine regelmäßige Gärung sicherzustellen. Besonders zu vermeiden ist die plötzliche Einwirkung größerer Wassermengen auf die Gülle. Das Ergebnis einer solchen Auswaschung des löslichen Stickstoffs ist eine Verzögerung der Gärung, außerdem besteht die Gefahr eines großen tatsächlichen Verlusts durch Entwässerung. [170]

Ausbringung von Hofdünger auf dem Feld.

Bei der Ausbringung des Mists auf dem Feld und vor dem Pflügen können zwei Vorgehensweisen angewendet werden. Erstens kann der Mist in größeren oder kleineren Haufen auf dem Feld verteilt werden und man lässt ihn einige Zeit in diesen Haufen verbleiben, bevor er ausgebracht wird; und zweitens kann es direkt über das Feld verteilt werden und so eine Zeit lang liegen bleiben. Schließlich kann der Mist sofort untergepflügt werden; und es kann festgestellt werden, dass eine solche Methode, sofern die Umstände dies zulassen, die sicherste und wirtschaftlichste Methode ist. [171]

Bei der Erörterung der Vor- und Nachteile dieser beiden Methoden weist Dr. Heiden zunächst im Hinblick auf die Verteilung des Mists in kleinen Haufen auf dem Feld darauf hin, dass dies aus folgenden Gründen nicht zu empfehlen ist :

1. Weil dadurch die Verlustwahrscheinlichkeit durch Verflüchtigung erhöht wird. Der Mist wird mehrmals statt nur ein- oder zweimal verteilt.

2. Es ist geeignet, eine ungleiche Verteilung sicherzustellen. Die getrennten Haufen laufen Gefahr, ihre löslichen stickstoffhaltigen Stoffe zu verlieren, die in den Boden unter den Haufen eindringen. Die anderen nicht von den Misthaufen bedeckten Teile des Feldes werden somit mit ausgewaschenem Hofmist gedüngt, dem die wertvollsten Bestandteile entzogen sind. Das Ergebnis ist, dass bestimmte Teile des Feldes zu stark gedüngt sind, andere hingegen zu schwach.

3. Die ordnungsgemäße Gärung des Mists kann durch den Verlust seines wichtigsten Wirkstoffs, nämlich der löslichen stickstoffhaltigen Substanz, und auch durch die Trocknungswirkung des Windes beeinträchtigt werden.

Die gleichen Einwände gelten weitgehend auch hinsichtlich der Ausbringung von Mist auf den Feldern in großen Haufen. In einem Punkt kann man sagen, dass die Verlustrisiken aufgrund der geringeren Darstellungsfläche geringer sind. Andererseits können sie größer sein, da die Gärung schneller abläuft. Die landwirtschaftliche Praxis macht diesen Brauch jedoch oft notwendig; und wenn Vorkehrungen getroffen werden, den Haufen nicht zu lange liegen zu lassen und ihn mit Erde zu bedecken, kann das Risiko eines schweren Verlusts unerheblich werden.

Im Hinblick auf die zweite Vorgehensweise – nämlich das Ausbringen des Mists auf dem Feld und dessen Liegenlassen – ist Dr. Heiden der Meinung, dass dies nur dann erfolgen sollte, wenn das Feld eben ist. Bei unebenem Untergrund liegen die Risiken natürlich auf der Hand. Es wurde bestätigt, dass es zu einem erheblichen Verlust an flüchtigem Ammoniak – Ammoniakkarbonat – kommen kann, wenn man Hofdünger eine Zeit lang freiliegen lässt. Dies konnte nur dann erfolgen, wenn die bisherige Behandlung des Hofdüngers schlecht war. Hellriegel hat gezeigt, dass bei richtig aufbereitetem Hofdünger auf diese Weise keine Verlustgefahr besteht. Man muss bedenken, dass die Aufnahmefähigkeit des Bodens für Ammoniak sehr groß ist und die Menge an flüchtigem Ammoniak im Hofdünger vergleichsweise so gering ist, dass es kaum möglich ist, dass etwas auf diesem Weg entweicht. Hellriegels Experimente haben dies auf sehr eindrucksvolle Weise gezeigt. Er hat herausgefunden, dass es bei kalkhaltigem Boden und in den Sommer- und Herbstmonaten praktisch zu keinem Ammoniakverlust kommt. Die folgenden Überlegungen können zur Unterstützung dieser Ausbringungsmethode im Gegensatz zum sofortigen Einpflügen des Mists weiter angeführt werden, nämlich:

1. Dass die Gärung schneller erfolgt.

2. Dass es zu einer gleichmäßigeren Verteilung der Mistbestandteile im Mist führt, indem der flüssige Teil des Mists allmählich und gründlich mit den Bodenpartikeln vermischt wird.

Diesen unbestrittenen Vorteilen steht jedoch ein schwerwiegender Nachteil entgegen, nämlich dass der Mist vor dem Einpflügen einem großen Teil seiner löslichen Stickstoffverbindungen beraubt wird, die, wie wir wiederholt beobachtet haben, so notwendig sind zur Gärung; und dass es daher beim Pflügen nicht so leicht gärt. Aus diesem Grund ist es bei leichten oder sandigen Böden sehr zu empfehlen, von einer solchen Praxis abzusehen und den Mist direkt unterzupflügen.

Was die Tiefe angeht, bis zu der es ratsam ist, den Mist einzupflügen, ist hier zu beachten, dass er nicht zu tief sein sollte, um den Zutritt von ausreichend Feuchtigkeit zu ermöglichen, um eine ordnungsgemäße Gärung zu gewährleisten und ein schnelles Abwaschen zu verhindern Nitrate gelangen in die Kanalisation. Abschließend muss kaum darauf hingewiesen werden, dass es äußerst wichtig ist, dass der Mist gleichmäßig und gründlich mit den Bodenpartikeln vermischt wird. Wenn der Mist zu Klumpen zusammenbacken kann, kann er der Gärung mehrere Jahre lang erfolgreich widerstehen.

Wert und Funktion von Hofdünger.

Die praktische Erfahrung hat längst gezeigt, dass Hofdünger insgesamt der wertvollste und universellste aller Düngemittel ist; und die Wissenschaft hat viel dazu beigetragen, den Grund dafür zu erklären. Der Einfluss von Hofdünger ist so vielfältig, dass es schwierig ist, seine verschiedenen Funktionen überhaupt aufzuzählen. Wie bereits erwähnt, ist sein indirekter Wert als Dünger wahrscheinlich genauso groß, wenn nicht sogar größer als sein direkter Wert. Zum Abschluss unserer Untersuchung des Wirtschaftsdüngers werden wir versuchen , seine wichtigsten Eigenschaften so kurz wie möglich zusammenzufassen .

Erstens, was seinen Wert als Lieferant der notwendigen Elemente pflanzlicher Nahrung betrifft. Es besteht kaum ein Zweifel, dass dies vom einfachen Landwirt stark übertrieben wurde und wird. Es wird oft behauptet, dass es sich um einen „allgemeinen" Dünger handelt. Inwieweit es in dieser Hinsicht gegenüber anderen Düngemitteln den Vorrang verdient, wird sich in der Fortsetzung zeigen. Da es aus pflanzlichen Stoffen besteht, enthält es zwar alle notwendigen pflanzlichen Inhaltsstoffe. [172] Wie in der Einleitung gezeigt wurde, besteht bei den meisten Böden praktisch keine Notwendigkeit, einer Gülle mehr als die drei Bestandteile *Stickstoff* , *Phosphorsäure* und *Kali* beizufügen . Sein Wert als Direktdünger muss also von der Menge und dem Verhältnis dieser drei Bestandteile abhängen. Diese Stoffe sind, wie wir bereits gesehen haben, nur in sehr geringen Mengen enthalten. Unter diesem Gesichtspunkt ist es ein vergleichsweise schlechter Dünger. Darüber hinaus befindet sich nur ein bestimmter Prozentsatz dieser Stoffe in einem löslichen oder sofort verfügbaren Zustand, wobei der verrottete Mist in dieser Hinsicht weitaus wertvoller ist als der frische Mist.

Auch hier ist ein Punkt von großer Bedeutung bei einem Universaldünger das Verhältnis, in dem die notwendigen pflanzlichen Nahrungsmittel vorhanden sind. Wenn man sich die Frage stellt: Sind Stickstoff, Phosphorsäure und Kali im Wirtschaftsdünger in dem Verhältnis vorhanden, in dem Nutzpflanzen diese Bestandteile benötigen? Die Antwort muss verneinend sein. Heiden [173] hat diesen Punkt, soweit es die Beziehungen zwischen den beiden Aschebestandteilen betrifft, sehr eindrucksvoll durch einige Berechnungen über die Menge veranschaulicht, die im Verlauf verschiedener Rotationen aus dem Boden entfernt würde. [174] Bei fünf unterschiedlichen Rotationen wurde festgestellt, dass das Verhältnis zwischen entnommener Kali- und Phosphorsäure wie folgt war: [175] (1) 2,96 zu 1; (2) 2,76 zu 1; (3) 2,95 zu 1; (4) 4,13 bis 1; (5) 3,78 zu 1. Dies würde einen Mittelwert von 3,32 zu 1 ergeben. Dies ist nicht das Verhältnis, in dem diese Inhaltsstoffe im Allgemeinen in Hofdünger vorhanden sind. Man kann sagen, dass Hofdünger wesentlich reicher an mineralischen Bestandteilen der Pflanzen ist als an Stickstoff. Professor Heiden stellte fest, dass im Fall eines Bauernhofs in Waldau die Ernte im Laufe von zehn Jahren von einem *Morgen* (0,631 Acre) die folgenden Mengen abgetragen hat:

Pfund.

Stickstoff	329
Pottasche	263
Phosphorsäure	121

Um diese Mengen bereitzustellen, müssten die folgenden Güllemengen bereitgestellt werden :

1. Für den Stickstoff 26 oder 27 Tonnen (Mist mit 0,606 Prozent Stickstoff).

2. Für das Kali 20 bis 25 Tonnen (Mist mit 0,672 Prozent Kali).

3. Für die Phosphorsäure 13 bis 19 Tonnen (Mist mit 0,315 Prozent Phosphorsäure).

Daraus ist ersichtlich, dass Hofdünger im Verhältnis zu seinen Aschebestandteilen zu wenig Stickstoff enthält.

nicht nur die Menge der von der Kulturpflanze entfernten Düngemittelbestandteile berücksichtigen. Zwei weitere Überlegungen müssen berücksichtigt werden, nämlich die Menge der bereits im Boden vorhandenen Bestandteile und die Fähigkeit der verschiedenen Nutzpflanzen, die Inhaltsstoffe aus dem Boden zu gewinnen. Wenn wir diese beiden Überlegungen bei der Einschätzung des Wertes von Wirtschaftsdünger als allgemeinem Dünger berücksichtigen, werden wir feststellen, dass sie das unzureichende Verhältnis zwischen Stickstoff und mineralischen Bestandteilen verdeutlichen. Die Herren Lawes und Gilbert haben bei den Rothamsted-Experimenten mit Hofmist herausgefunden, dass dieser zwar die mineralischen Inhaltsstoffe wiederherstellte, als ausreichende Stickstoffquelle jedoch unzureichend war. Stickstoff kommt von allen Düngemitteln im Boden am wenigsten vor. Es wurde daher festgestellt, dass der Inhaltsstoff, in dem Hofdünger angereichert werden muss, Stickstoff ist. Bezüglich Phosphorsäure und Kali wurde bereits gezeigt, dass das Verhältnis zwischen ihnen wahrscheinlich größer ist als bei einem guten durchschnittlichen Mist. Allein aufgrund dieser Argumentation müssten wir zu der Annahme geneigt sein, dass sich Hofdünger am besten mit Kali verstärken ließe. Das Gegenteil ist jedoch der Fall, das weiß jeder Landwirt. Dies liegt erstens daran, dass das Kali im Gegensatz zur Phosphorsäure vollständig löslicher Natur ist und daher für den Bedarf der Pflanze sofort verfügbar ist; und zweitens darauf, dass die Notwendigkeit für die Anwendung von Kali als Dünger im Allgemeinen bei weitem nicht so groß ist wie im Fall von Phosphorsäure. Das Ergebnis ist, dass der Hofdünger in der Regel durch Phosphorsäure wertvoller ergänzt wird als durch Kali.

Ein weiterer Punkt von großer Bedeutung bei der Beurteilung des Werts von Wirtschaftsdünger als chemischer Dünger ist der geringere Wert, den ein Großteil des darin enthaltenen Stickstoffs im Vergleich zum Stickstoff in künstlichen Düngern wie Sodanitrat und Ammoniaksulfat hat. Den Rothamsted-Experimenten zufolge ist der Stickstoff in Hofmist nicht halb so wertvoll wie im Sulfat von Ammoniak. Ein Großteil des Stickstoffs steht nur sehr langsam zur Verfügung; Nicht wenig davon dauert möglicherweise Jahre, bis es in Nitrate umgewandelt wird. [176]

Was den direkten Wert von Hofdünger als Dünger betrifft, haben wir Folgendes gesehen:

1. Dass es eine sehr geringe Menge der drei düngenden Inhaltsstoffe enthält.

2. Dass das Verhältnis, in dem diese drei Zutaten vorhanden sind, nicht das beste Verhältnis für die Anforderungen der Kulturpflanzen ist.

3. Dass die Form, in der ein Teil dieser Inhaltsstoffe – Stickstoff und Phosphorsäure – vorliegt, nicht besonders wertvoll ist.

Daher ist Hofdünger nicht als direkter chemischer Dünger besonders wertvoll. Wir müssen nach seinen vielleicht wertvollsten Eigenschaften in seinem indirekten Einfluss suchen.

Es fügt dem Boden eine große Menge organischer Substanz hinzu. Die meisten Böden werden durch die Zugabe von *Humus verbessert*. Durch diese *Humuszugabe* wird die Wasseraufnahme- und -speicherfähigkeit des Bodens erhöht , gleichzeitig kann der Boden mehr Feuchtigkeit aus der Luft anziehen. Dies ist oft von großer Bedeutung, etwa in der Zeit der Samenkeimung. [177] Auch der Einfluss, den es auf die Beschaffenheit des Bodens im Prozess der Gärung ausübt, ist sehr groß. Dies ist insbesondere bei Böden der Fall, deren Textur zu dicht ist, beispielsweise bei schweren Lehmböden. Es öffnet ihre Poren zur Luft und macht sie bröckeliger. Wo eine solche Beeinflussung am meisten erforderlich ist, wie z. B. auf lehmigen Böden, sollte der Mist in frischem Zustand ausgebracht werden, damit der maximale Einfluss des Mistes in dieser Richtung spürbar wird. Auf leichten

Böden hingegen, deren Bröckeligkeit und Offenheit bereits zu groß ist und die keiner Vergrößerung bedürfen, wird der Mist am besten in verrottetem Zustand ausgebracht. Darüber hinaus trägt es durch seine Zersetzung erheblich zur Erwärmung des Bodens bei. Somit hat es auf kalten, feuchten Böden einen sehr deutlichen Vorteil. Auch der Einfluss, den es bei seiner Zersetzung auf die im Boden vorhandenen Düngemittel ausübt, ist keineswegs unerheblich. Bei der Gärung entstehen große Mengen Kohlensäuregas. Diese Kohlensäure wirkt wahrscheinlich in doppelter Funktion. Erstens wird es die Lösungskraft des Bodenwassers stark erhöhen und es so in die Lage versetzen, eine größere Menge mineralischer Pflanzennahrung freizusetzen; und zweitens trägt es dazu bei, eine bestimmte Menge Bodenstickstoff zu konservieren, indem es seine Umwandlung in Nitrate verhindert.

Da seine indirekten und mechanischen Eigenschaften im frischen Zustand am größten sind, ist es besser, es in diesem Zustand auf Böden anzuwenden, denen diese mechanischen Eigenschaften am meisten fehlen. Wir können daher sagen, dass Hofdünger am besten in verrottetem Zustand auf leicht sandigen Böden und auf Böden mit hohem Kultivierungszustand ausgebracht wird, wo seine mechanischen Eigenschaften nicht so sehr erforderlich sind.

Ein wichtiger Punkt muss noch diskutiert werden, nämlich die Menge, mit der der Hofdünger ausgebracht werden sollte. Dies sollte natürlich von einer Reihe von Umständen abhängen – der Menge des als Ergänzung zum Hofdünger verwendeten Kunstdüngers, der Häufigkeit seiner Anwendung und der Beschaffenheit des Bodens.

Diese Überlegungen variieren naturgemäß so sehr, dass die Mengen an Hofdünger, die in den einzelnen Fällen sinnvoll auszubringen sind, sehr unterschiedlich sind. Es besteht eine hohe Wahrscheinlichkeit, dass die Ausbringungsmenge von Hofdünger in der Vergangenheit deutlich über dem gewinnbringend eingesetzten Wert lag. Unter praktischen Landwirten setzt sich immer mehr die Meinung durch, dass kleinere und häufigere Ausbringungen von Hofdünger auf den Boden zu besseren Ergebnissen führen würden als der alte Brauch, immer nur eine große Menge Dünger auf einmal auszubringen. Dies ist eine Meinung, zu deren Untermauerung die Wissenschaft stichhaltige Argumente vorbringen kann. Erst in den letzten Jahren haben wir die verschiedenen Risiken, denen alle Düngemittel im Boden ausgesetzt sind, ausreichend erkannt und erkannt, wie wichtig es daher ist, diese Risiken so weit wie möglich zu minimieren , indem man sie nur einmal in den Boden einbringt viel Mist, da er sicher zurückgehalten werden kann.

„Der berühmte alte deutsche Schriftsteller Thaer betrachtete 17 oder 18 Tonnen als reichliches Dressing; 14 Tonnen nannte er gut und 8 oder 9 Tonnen leicht. Andere deutsche Autoritäten sprechen von 7 bis 10 Tonnen als leicht, 12 bis 18 Tonnen wie üblich, 20 oder mehr Tonnen als schwere Anwendung und 30 Tonnen als sehr schwere Anwendung." [178]

In der Neuauflage von Stephens' „Book of the Farm" [179] sind es 8 bis 12 Tonnen pro Acre für Wurzeln und 15 bis 20 Tonnen für Kartoffeln, zusammen mit künstlichen Erzeugnissen, die ab 25 Shilling kosten können. bis 60er Jahre. pro Acre zusätzlich werden als allgemeine Beizmittel angegeben.

Die meisten neueren Experimente mit Wirtschaftsdünger scheinen darauf hinzudeuten, dass der zusätzliche Ernteertrag im ersten Jahr nach der Ausbringung selbst bei so genannten Kleindüngern nicht ausreicht, um die Kosten für den Mist zu decken. Natürlich ist die Wirkung von Hofdünger, wie allgemein betont wird, dauerhafter Natur und wahrscheinlich während der gesamten Fruchtfolge oder sogar noch länger spürbar. Dies ist bis zu einem gewissen Grad zweifellos wahr; Dennoch kann stark bezweifelt werden, ob Hofdünger im Vergleich zu künstlichem Dünger tatsächlich ein wirtschaftlicher Dünger ist. Die Notwendigkeit, den Boden und nicht die Ernte zu düngen, wird in unserem Zeitalter des scharfen Wettbewerbs nicht mehr geglaubt; und die Rothamsted-Experimente haben gezeigt, dass es höchst zweifelhaft ist, ob der Boden auch nur annähernd in angemessenem Maße von der Ausbringung großer Mengen Wirtschaftsdünger profitiert. Dies setzt natürlich für den Hofdünger den Wert voraus, den er beim Verkauf erzielen würde, oder anders ausgedrückt, den Preis, den er kosten würde, wenn der Landwirt ihn kaufen müsste. Hofdünger ist ein notwendiges Nebenprodukt des landwirtschaftlichen Betriebes und kann daher kaum im gleichen Licht betrachtet werden wie der Kunstdünger, den der Landwirt kauft. [180]

FUSSNOTEN:

[131] Siehe Anhang, Anmerkung I., S. 279.

[132] „Die große Menge an Kali in ungewaschener Wolle ist sehr bemerkenswert: Ein Vlies muss manchmal mehr Kali enthalten als der gesamte Körper des geschorenen Schafes." – Waringtons „Chemistry of the Farm", S. 78.

[133] Siehe Anhang, Anmerkung II., S. 279.

[134] Der Urin des Schweins ist aufgrund der Art seiner Nahrung im Allgemeinen ein sehr armer stickstoffhaltiger Mist.

[135] Siehe Anhang, Anmerkung XV., S. 290.

[136] Siehe Anhang, Anmerkung III., S. 280.

[137] Siehe Anhang, Anmerkung XVIII., S. 291.

[138] Der im Urin vorhandene Stickstoff stammt, wie man gut betonen kann, aus den Abfällen des stickstoffhaltigen Gewebes sowie aus stickstoffhaltigen Stoffen der verdauten Nahrung.

[139] Anmerkung IV., S. 281.

[140] Warington drückt diesen Sachverhalt mit den folgenden Worten bewundernswert aus: „Wenn die Nahrung stickstoffhaltig und leicht verdaulich ist, wird der Stickstoff im Urin bei weitem überwiegen. Wenn andererseits die Nahrung unvollständig verdaut ist, kann der Stickstoff in den festen Exkrementen dies tun." bilden die größere Menge. Wenn Pferden schlechtes Heu gegeben wird, übersteigt der Stickstoffgehalt in den festen Exkrementen den im Urin enthaltenen. Mais, Kuchen und Wurzeln ergeben dagegen einen großen Stickstoffüberschuss im Urin. („Chemistry of the Farm", S. 137).

[141] Siehe S. 281.

[142] Siehe S. 282.

[143] Siehe Heidens „ Düngerlehre ", Bd. ii. P. 58.

[144] Heidens „Düngerlehre", Bd. IP 404.

[145] Die folgenden Stickstoffmengen sind in Roggen-, Erbsen- und Bohnenstroh enthalten :

	Von Prozent.	Durchschnitt Prozent.	Pfund. pro Tonne.
Roggenstroh	.30 bis .73	.57	12.76
Erbsenstroh	.76 bis 1,61	1.21	27.10
Bohnenstroh	1,15 bis 2,62	1,92	43.00

[146] Dr. JMH Munro empfiehlt zusätzlich zum Stroh das Einstreuen von etwas fein gesiebtem Torfpulver als ausgezeichnetes Mittel, um den Verlust von flüchtigem Ammoniak bei der Gärung von Gülle zu verhindern.

[147] Siehe „Mark Lane Express", 7. Oktober 1889, S. 475.

[148] Siehe Anhang, Anmerkung VII, S. 283.

[149] Für Analysen siehe Anhang, Anmerkung VIII, S. 283.

[150] Laut Storer wären in einer Tonne Herbstlaub bester Qualität 6 Pfund Kali, weniger als 3 Pfund Phosphorsäure und 10 oder 15 Pfund Stickstoff enthalten. Ein weiterer Stoff, der als Einstreu verwendet werden kann, ist Sägemehl. Diese Substanz ist ein gutes Absorptionsmittel, hat aber als Güllesubstanz wenig Wert.

[151] Heidens „Düngerlehre", Bd. ii. S. 34, 66. In Boussingaults Experimenten bestand die Nahrung aus 15 Pfund *Heu*, 4,54 Pfund *Hafer* und 32 Pfund Wasser; Die gesamten Exkremente beliefen sich auf 31,16 Pfund und enthielten 7,42 Pfund Trockenmasse. In Hofmeisters Experimenten bestand die Nahrung aus 5,23 Pfund *Heu*, 6,18 Pfund *Hafer*, 1 Pfund *gehäckseltem Stroh* und 25,57 Pfund Wasser; Die Exkremente beliefen sich auf 25,07 Pfund und enthielten 5,32 Pfund Trockenmasse.

[152] Dabei ist die Wassermenge, die der Mist aufnehmen wird, nicht berücksichtigt und wird sich wahrscheinlich verdoppeln.

[153] Siehe Anhang, Anmerkung IX., S. 283.

[154] Die schnelle Vergärung von Pferdemist ist sowohl auf seine mechanische als auch auf seine chemische Natur zurückzuführen. Das Pferd zerkleinert seine Nahrung nicht in so kleine Stücke und sein Urin ist reich an Stickstoff.

[155] Schulze empfiehlt für jedes Pferd ein Drittel Pfund Sulfatkalk pro Tag.

[156] Siehe Anhang, Anmerkung X., S. 284.

[157] Die Nahrung bestand aus 30 Pfund *Kartoffeln*, 15 Pfund *Heu* und 120 Pfund *Wasser*.

[158] Für weitere Analysen von Kuhmist siehe Anhang, Anmerkung XI., S. 286.

[159] Dies gilt für ein sechs bis acht Monate altes Schwein, das mit Kartoffeln gefüttert wird.

[160] Es wurde behauptet, dass die alleinige Verwendung von Schweinemist den angebauten Produkten einen unangenehmen Geschmack verleihen kann.

[161] Entnommen aus einer sehr großen Anzahl von Analysen einer Reihe von Experimentatoren. Siehe Heidens „ Düngerlehre ", Bd. ich . P. 99.

[162] Siehe Storer, „Agricultural Chemistry", Bd. ii. P. 96.

Von großer Bedeutung ist die Frage nach der Menge und dem Wert der in einem Betrieb pro Jahr anfallenden Wirtschaftsdünger. Es ist äußerst schwierig, diese Frage zufriedenstellend zu beantworten. Zur Berechnung dieses Betrags wurde auf verschiedene Methoden zurückgegriffen. Es wäre vielleicht angebracht, diese ziemlich ausführlich darzulegen. Einige Praktiker schätzen die Menge, indem sie berechnen, dass jede Tonne Stroh 4 Tonnen Mist produzieren sollte. Eine andere Methode besteht darin, die Menge anhand der Betriebsgröße abzuschätzen. Sir John Lawes hat die Zusammensetzung des Hofdüngers berechnet, der auf einem Bauernhof mit einer Fläche von 400 Acres produziert werden sollte, der nach dem Viergangsystem bewirtschaftet wird. Er geht davon aus, dass die Hälfte der Wurzeln und 100 Tonnen Heu auf dem Gehöft verbraucht werden; dass das gesamte Stroh der Maisernte als Nahrung und Einstreu im Haus verbleibt; dass zwölf Pferde Mais haben, der 10 Pfund Hafer pro Kopf und Tag entspricht; und dass etwa zehn Schilling pro Acre für den Kauf von Kuchen als Futtermittel ausgegeben werden. Unter diesen Bedingungen sollte die Menge an Hofdünger 855 Tonnen (oder durchschnittlich 8 1/2 Tonnen für jede der 100 Acres Wurzelfrucht) frischen, *unzersetzten Mist betragen* . (Zur Zusammensetzung siehe Anhang, Anmerkung XVII., S. 291.) Eine andere Methode besteht darin, als Berechnungsdaten die Anzahl der Rinder, Pferde, Schafe usw. zu verwenden, die den Mist produzieren. Lloyd geht davon aus, dass ein Masttier im Jahr 3 Tonnen Stroh benötigt und etwa 12 Tonnen Mist produziert. Ein Landwirt sollte daher 8 Tonnen Mist für jeden Hektar des Teils seines Landes produzieren, der im Viergang-Wechsel zum Rübenanbau verarbeitet wird.

Die letzte Methode besteht darin, als Daten die Menge der verbrauchten Lebensmittel und die bei der Herstellung des Mists verwendete Einstreu zu verwenden. Von diesen Methoden hält Heiden die letzte für allein befriedigend und vertrauenswürdig. Indem er diese Methode auf das Pferd anwendet, zeigt er anhand von Experimenten, dass nachweislich etwas mehr als 47 Prozent der Trockenmasse seiner Nahrung in den festen und flüssigen Ausscheidungen entleert werden. Geht man von einem durchschnittlichen Wasseranteil in den Ausscheidungen von etwa 77,5 aus, beträgt der Trockenmasseanteil in den Ausscheidungen 22,5. Das heißt, jedes Pfund Trockenmasse in der vom Pferd gefressenen Nahrung ergibt etwas mehr als 2 Pfund an Exkrementen. Dazu kommt natürlich noch die als Einstreu verwendete Strohmenge, die bei 6,5 Pfund verzehrt werden darf.

Aus diesen Daten können wir die Menge an Mist berechnen, die ein Pferd in einem Jahr produziert, und dabei bestimmte Annahmen über den Umfang der geleisteten Arbeit treffen. Dies geht Heiden durch die Annahme vor, dass ein Pferd im Laufe eines Jahres 260 Tage zu je zwölf Stunden oder 130 ganze Tage arbeitet und 235 Tage im Stall verbringt. Auf der Grundlage der oben genannten Daten schätzt er, dass ein gut genährtes Arbeitspferd etwa 50 Pfund Mist pro Tag oder 6,5 Tonnen pro Jahr produzieren wird. Natürlich handelt es sich dabei nicht unbedingt um den gesamten Mist, den das Pferd tatsächlich produziert, aber wie viel vom restlichen Mist tatsächlich den Weg zum Hof findet, lässt sich nicht sagen. Laut dem „Book of the Farm“,

Abteilung III. P. 98, ein Bauernpferd produziert im Jahr etwa 12 Tonnen Mist.

Es wurde berechnet, dass Kühe etwa 48 Prozent der Trockenmasse ihrer Nahrung in den festen und flüssigen Ausscheidungen ausscheiden, die durchschnittlich 87,5 Prozent Wasser enthalten. Das heißt, jedes Pfund Trockenmasse liefert 3,84 Pfund Gesamtausscheidungen. Heiden berechnet, dass ein 1000 Pfund schwerer Ochse an einem Tag 113 Pfund Mist produzieren sollte, indem er die erforderliche Menge Stroh für die Einstreu hinzufügt (die bei einem Drittel des Gewichts der Trockenmasse des Futters verwendet werden kann). 20 Tonnen im Jahr. Das „Buch der Farm", Abteilung III. P. 98 gibt die Jahresmenge mit 10 bis 14 Tonnen an. Laut Wolff kann man davon ausgehen, dass die frischen Exkremente (sowohl flüssige als auch feste) der gewöhnlichen Nutztiere (mit Ausnahme des Schweins) im Durchschnitt pro 100 Pfund Trockenmasse in der verzehrten Nahrung etwa 50 Pfund enthalten. , oder eine Hälfte. Wenn man die Trockenmasse in der verwendeten Einstreu auf etwa ein Viertel der Trockenmasse des Futters schätzt, würde dies bedeuten, dass für jeweils 100 Pfund Trockenmasse, die in Lebensmitteln verzehrt werden, 75 Pfund Trockenmist (d. h. , 50 Pfund trockener Kot + 25 Pfund trockener Einstreu), was im nassen Zustand – *also* mit 75 Prozent Wasser – 300 Pfund Hofmist ergeben würde . Die täglich benötigte Futtermenge pro 1000 Pfund Lebendgewicht der gewöhnlichen Nutztiere beträgt grob gesagt 24 Pfund Trockenfuttermaterial und 6 Pfund Stroh als Einstreu. Die tägliche Gülleproduktion für 1000 Pfund Lebendgewicht würde daher 18 Pfund Trockenmist oder 72 Pfund Nassmist betragen. (Siehe Anhang, Anmerkung XVII., S. 291.) Laut JC Morton und Evershed erfordert die Fütterung von Ochsen in Boxen 20 Pfund Stroh pro Kopf und Tag als Einstreu. Ein Ochse produziert also in sechs Monaten 8 Tonnen frischen Dung, wobei er 32 Zentner verbraucht. von Müll. Das bedeutet, dass jede Tonne Einstreu 5 Tonnen frischen Mist ergibt. Schätzungen zufolge muss in offenen Höfen fast doppelt so viel Einstreu verwendet werden.

[163] Es wurde berechnet, dass Schafmist, wenn man ihn von selbst gären lässt, dies unter normalen Umständen in etwa vier Monaten tun sollte, Pferdemist in sechs Monaten und Kuhmist in acht Monaten.

[164] Siehe Anhang, Anmerkung XII., S. 286.

[165] Siehe Heidens „ Düngerlehre ", Bd. ii. P. 156.

[166] Warington , „Chemistry of the Farm", S. 33.

[167] Jüngste Experimente von Müntz und Girard in Frankreich haben gezeigt, dass der Verlust in Schafsausscheidungen durch Verflüchtigung des Ammoniakkarbonats über 50 Prozent betrug. Durch den Einsatz von

Stroheinstreu konnte dieser Wert auf etwa die Hälfte und durch Erdeinstreu auf ein Viertel reduziert werden.

[168] Siehe Anhang, Anmerkung XIII., S. 288.

[169] Siehe Anhang, Anmerkung XIV., S. 289.

[170] Siehe Anhang, Anmerkung XV., S. 290.

[171] Für die Frühjahrsausbringung wird in der Regel verrotteter Hofmist verwendet, da in diesem Zustand der Dünger schneller zur Verfügung steht. Auf leichtem Boden ist es am besten, es kurz vor der voraussichtlichen Nutzung in verrottetem Zustand auszubringen. (Siehe S. 261.)

[172] Die Gesamtmenge an Pflanzennahrung in einer Tonne Hofdünger beträgt zusammen weniger als 1/20 ihres Gesamtgewichts.

[173] Siehe Heidens „ Düngerlehre ", Bd. ii. P. 171.

[174] Ausführliche Informationen finden Sie im Anhang, Anmerkung XVI., S. 290.

[175] Storer reproduziert diese Ergebnisse in seinem „Agricultural Chemistry", Bd. ii. P. 21.

[176] Dieser Aspekt von Hofdünger wurde von Herrn FJ Cooke, einem bekannten Landwirt aus Norfolk, treffend dargelegt. Als Kommentar zu den Ergebnissen der Rothamsted-Experimente sagt er: „Es ist klar genug, dass der Glaube des Landwirts an den bodenbereichernden Charakter seines selbstgemachten Mists völlig berechtigt ist; die einzige Frage ist tatsächlich, ob diese Qualität." nicht zu hoch geschätzt werden. Schließlich ernten wir die Früchte unserer Anstrengungen nicht so sehr durch die Mästung unseres Landes, sondern vielmehr durch die Fülle der darauf angebauten Ernte. Der Mann mit wissenschaftlichem Verstand behält sein Ziel im Auge Dabei geht es vor allem um die *Produktion guter Feldfrüchte* und die billigste Art, diese anzubauen. Die untersuchten Experimente zeigen, dass der Reichtum an Land viel zu teuer erkauft werden kann und dass der Reichtum an Nutzpflanzen keineswegs im notwendigen Verhältnis zum Reichtum des Bodens steht, was manchmal der Fall war Man hat es sich vorgestellt. Wir können uns der „dauerhaften Qualitäten" unseres Mists rühmen, aber die Antwort der Wissenschaft auf diese Experimente ist, dass der Mist so groß ist, dass das Leben eines einzelnen Menschen vielleicht nicht lang genug ist, um ihn zu erschöpfen. Im Extravaganten Bei der Verwendung von Mist müssen daher neben vielen anderen Überlegungen wie die Länge des Geldbeutels sowie die Länge und Art der Amtszeit eindeutig berücksichtigt werden.

[177] Siehe Artikel über „Manurial Experiments with Turnips" des Autors in „Transactions of the Highland and Agricultural Society of Scotland"; 1891.

[178] Storer's „Agricultural Chemistry", Bd. ich . P. 498.

[179] Abteilung III. P. 130.

[180] Herr FJ Cooke, der bereits zitiert wurde, hat dem Autor freundlicherweise seine Ansichten zu den besonderen Funktionen von Hofdünger als Dünger mitgeteilt. Er sagt: „Ich betrachte es im Großen und Ganzen als vor allem wertvoll, wenn es darum geht, auf gutem Land nach der Ernte die besonderen Vorteile wiederherzustellen, die gutes Land allein bieten kann, und weil es besser als jeder andere Dünger hilft, wenn es auf schlechtem Land ausgebracht wird. um es in den besonderen Vorzügen, die allein zu guten Böden gehören, auf das Niveau von gutem Land zu bringen. Ich spreche jetzt von einem inhärenten Wert guter Böden, der über den hinausgeht, der ihnen als bloße Reservoirs reichlicher pflanzlicher Nahrung zukommt. Zum Beispiel einer kann einen armen Boden durch künstlichen Dünger mit viel mehr Nahrung – und zwar in einem gut löslichen Zustand – versorgen, als die darauf anzubauende Pflanze benötigt, und dennoch keine so gute Ernte erzielen wie auf einem von Natur aus reicheren, aber ansonsten ähnlichen Boden reichlich mit sofort verfügbarer Nahrung gefüllt. Dies kann auf eine perfektere Verteilung der pflanzlichen Nahrung im nährstoffreichen Boden oder auf die gleichmäßige Art und Weise zurückzuführen sein, in der sie der Ernte zur Verfügung steht, sowie aus anderen Gründen. Aber was auch immer die Ursache sein mag Darin liegt meiner Meinung nach die allgemeine Tatsache, dass Wirtschaftsdünger arme Böden sozusagen auf natürlichere Weise anreichern kann – das heißt auf eine Art und Weise, die sie besseren Böden ähnlicher macht, als es künstlicher Dünger kann."

Daher ist der indirekte Nutzen des Hofdüngers für den Landwirt wahrscheinlich größer als sein direkter Wert als bloßer Dünger. Und die bei allen Strohbauern übliche Bereitstellung und Nutzung ist hinreichend begründet. Das Ausmaß jedoch, in dem dieser Kurs nutzbringend durchgeführt werden kann, ist eines der wichtigsten der vielen schwierigen wirtschaftlichen und wissenschaftlichen Probleme, mit denen der Landwirt konfrontiert ist.

Auf der wirtschaftlichen Seite müssen natürlich die Herstellungskosten im Einzelfall berücksichtigt werden, die durch den Marktwert des Strohs bestimmt werden, sowie die unterschiedlichen Umstände und Bedingungen, unter denen die verschiedenen Nutztiere gehalten und gefüttert werden (die Zahlen liegen mir vor). eines bekannten Landwirts, der angibt, dass sich die Kosten für jede Tonne selbstgemachten Mist auf 20 Schilling oder mehr belaufen); der Preis, den die resultierenden Ernten voraussichtlich erzielen werden; die aktuellen Kosten für künstliche Düngemittel usw. usw. Während

auf wissenschaftlicher Seite die Beschaffenheit des Bodens, die besondere
Fruchtfolge usw. berücksichtigt werden müssen.

Es waren unter anderem genau diese wissenschaftlichen und doch sehr
konkreten und praktischen Probleme, die wir in der Reihe von
Feldversuchen, die die Norfolk Chamber of Agriculture über mehrere Jahre
hinweg durchgeführt hat, zu beleuchten versucht haben. (Siehe Nachdruck
der Zusammenfassung desselben im letztjährigen Bericht des
Landwirtschaftsausschusses.)

ANHANG ZU KAPITEL VII.

ANMERKUNG I. (S. 225).

UNTERSCHIED IN DER MENGE AN AUSGESCHIEDENEN
AUSSCHEIDUNGEN FÜR VERZEHRTE LEBENSMITTEL .

Bezüglich der Unterschiede in der Zusammensetzung der festen Ausscheidungen, die von verschiedenen Masttieren ausgeschieden werden, die mit der gleichen Futtermenge gefüttert werden, siehe Waringtons „Chemistry of the Farm", S. 125, wo gezeigt wird, dass das Schaf bei gleicher Menge Lebendgewicht bei gleichem Gewicht Trockenfutter sehr viel mehr Mist produziert als das Schwein, während der Ochse sogar mehr produziert als das Schaf. Dabei handelt es sich natürlich nicht um die Gesamtmenge an Gülle, die von den verschiedenen Tieren produziert wird, sondern nur um die Menge an Gülle, die durch den Verzehr gleicher Futtermengen entsteht. Dies scheint auf die größere Fähigkeit des Schweins zurückzuführen zu sein, seine Nahrung aufzunehmen.

HINWEIS II. (S. 227).

FESTE AUSSCHEIDUNGEN VON SCHAFEN, OCHSEN UND KÜHEN .

Im Gegensatz zu den Analysen von Stoeckhardt könnte es sinnvoll sein, diejenigen zu zitieren, die auf den Experimenten von Lawes und Gilbert basieren und von Warington („Chemistry of the Farm", S. 138) zitiert wurden:

I. — SCHAFE (MIT *Wiesenheu* gefüttert).

	FESTE EXKREMENTE.	
	Frisch.	Trocken.
Wasser	66.2	—
Organisches Material	30.3	89,6
Asche	3.5	10.4
Stickstoff	.7	2,0

II. – OCHSEN (gefüttert mit *Kleeheu* und *Haferstroh* , mit 8 Pfund *Bohnen* pro Tag).

	Frisch.	Trocken.
Wasser	86,3	—
Organisches Material	12.3	89,7
Asche	1.4	10.3
Stickstoff	.3	1.9

III. – KÜHE (gefüttert mit *Heu* und *Luzernenheu*).

	Mangel.	Luzerner Heu.
Wasser	83,00	79,70
Stickstoff	.33	.34
Phosphorsäure	.24	.16
Pottasche	.14	.23

ANMERKUNG III. (S. 232).

URIN WIRD VON SCHAFEN, OCHSEN UND KÜHEN AUSGESCHIEDEN.

Das Folgende sind die Ergebnisse für Urin, wobei die Tiere wie in Anmerkung II gefüttert wurden : –

	SCHAF.		OCHSEN.	
	Frisch.	Trocken.	Frisch.	Trocken
Wasser	85,7	—	94.1	—
Organisches Material	8.7	61,0	3.7	63,0
Asche	5.6	39,0	2.2	37,0
Stickstoff	1.4	9.6	1.2	20.6

KÜHE.

	Mangel.	Luzerner Heu.
Wasser	95,94	88,25
Stickstoff	.12	1,54
Phosphorsäure	.01	.006
Pottasche	.59	1,69

ANMERKUNG IV. (S. 233).

PROZENTSATZ DER IN DEN FESTEN UND FLÜSSIGEN EXKREMENTEN AUSGESCHIEDENEN NAHRUNG .

Laut Wolff zeigt die folgende Tabelle den Prozentsatz der Trockensubstanz des Futters, der in den festen und flüssigen Exkrementen von Kuh, Ochse, Schaf und Pferd ausgeschieden wird:

	Kuh.	Ochse.	Schaf.	Pferd.	Durchschnitt.
Feste Ausscheidungen	38,0	44,0	42.6	46,7	42,8
Urin	5.8	6.3	6.8	5.7	6.2
Gesamt	43,8	50.3	49.4	52.4	49,0

ANMERKUNG V. (S. 234).

SCHWEINEKOT .

Die von Schweinen ausgeschiedenen Exkremente sind arm an Güllebestandteilen, da die Nahrung, mit der sie gefüttert werden, im Allgemeinen von sehr schlechter Beschaffenheit ist. Bei ihnen ist der Urin immer sehr viel reicher an Güllebestandteilen als die festen Ausscheidungen. Die relative Zusammensetzung der festen Ausscheidungen und des Urins lässt sich am besten anhand einiger von Wolff zu diesem Thema durchgeführter Experimente veranschaulichen. Die Experimente wurden mit zwei neuneinhalb Monate alten Schweinen mit einem Gewicht von jeweils 121,9 Kilogramm (ein Kilogramm entspricht etwa 2 1/4 Pfund) durchgeführt. Der erste verzehrte täglich 1000 Gramm Gerste, 5000 Gramm Kartoffeln und 2572 Gramm Sauermilch. Der zweite verzehrte die gleichen Mengen Kartoffeln und Sauermilch wie der erste und 1000 Gramm Erbsen.

Die folgende Tabelle gibt die Ergebnisse der täglich entleerten Ausscheidungen und des Urins in Gramm an:

| | | Trocken | | | | | | Phosphorsäure |
		Substanz.	Stickstoff.	Asche.	Pottasche.	Kalk.	Magnesia.	Säure.
Solide	IC H.	217,7	8.7	28.6	7.3	4.4	3,0	10.3
Exkremente	II.	161.1	9.1	31.1	5.9	4.9	2.8	11.1
Urin	IC H.	112,8	19.3	56.2	33,0	0,4	0,9	6.7
	II.	137,7	30.6	62.2	37.1	0,2	1.1	7.1

ANMERKUNG VI. (S. 236).

DÜNGERBESTANDTEILE IN 1000 TEILEN GEWÖHNLICHER LEBENSMITTEL .

Basierend auf den Analysen von Lawes und Gilbert.

(Waringtons „Chemistry of the Farm", S. 139.)

	Trocken Gegenstand.	Stickstoff.	Pottasche.	Phosphorsäure Säure.
Baumwollkuchen, entdekort	918	70.4	15.8	30.5
Vergewaltigungskuchen	887	50,5	13.0	20.0
Leinsamenkuchen	883	43.2	12.5	16.2
Baumwollkuchen, ohne Dekor	878	33.3	20.0	22.7
Leinsamen	882	32.8	10.0	13.5
Palmkernmehl, englisch	930	25.0	5.5	12.2

Bohnen	855	40.8	12.9	12.1
Erbsen	857	35.8	10.1	8.4
Malzstaub	905	37.9	20.8	18.2
Kleie	860	23.2	15.3	26.9
Hafer	870	20.6	4.8	6.8
Reismehl	900	19.1	6.1	23.8
Weizen	877	18.7	5.2	7.9
Roggen	857	17.6	5.8	8.5
Gerste	860	17.0	4.7	7.8
Mais	890	16.6	3.7	5.7
Braugetreide	234	7.8	0,4	3.9
Klee-Heu	840	19.7	18.6	5.6
Wiesenheu	857	15.5	16.0	4.3
Bohnenstroh	840	13.0	19.4	2.9
Haferstroh	857	6.4	16.3	2.8
Gerstenstroh	857	5.6	10.7	1.9
Weizenstroh	857	4.8	6.3	2.2
Kartoffeln	250	3.4	5.8	1.6
Schweden	107	2.2	2,0	0,6
Möhren	140	2.1	3,0	1.1
Mangel	120	1.8	4.6	0,7
Rüben	80	1.6	2.9	0,8

HINWEIS VII. (S. 241).

ANALYSEN VON STALLMIST, JEWEILS MIT TORFMOOSSTREU UND WEIZENSTROH (von BERNARD DYER , B.Sc.)

Torfmoosstreu. Weizenstroh.

	Prozent.	Prozent.
Gesamtstickstoff	0,88	0,61
Entspricht Ammoniak	1.07	0,74
Phosphorsäure	0,37	0,43
Entspricht dreibasischem Kalkphosphat (oder Tricalciumphosphat)	0,80	0,94
Pottasche	1.02	0,59

ANMERKUNG VIII. (S. 242).

ANALYSEN VON BRACKEN (von J. HUGHES , FCS)

	Torfmoosstreu.	Weizenstroh.
	Nr. 1	Nr. 2
	Junger Farn.	Alter Farn.
	Prozent.	Prozent.
Wasser	11.66	14,90
*Organisches Material	83,38	80,54
+Mineralstoff	4,96	4.56
	100,0	100,0
Enthält—		
*Stickstoff	2.42	0,90
+Silica	1,60	2,81
Pottasche	1.15	0,10
Limonade	0,64	0,26
Kalk	0,44	0,62
Magnesia	0,13	0,47

Phosphorsäure   0,60   0,30

ANMERKUNG IX. (S. 244).

ANALYSEN VON PFERDEMIST.

Für eine ausführlichere Diskussion dieser Frage sei der Leser auf Heidens „ Düngerlehre ", Bd. ii. P. 185, und auch zu Storers „Agricultural Chemistry", Bd. ich . P. 575. Die Angaben in den verschiedenen Lehrbüchern über die vom Pferd produzierte Mistmenge sind so, dass sie den Studenten natürlich verwirren. Diese Diskrepanz ist jedoch auf die unterschiedlichen Methoden zurückzuführen, die die verschiedenen Autoren zur Berechnung dieses Betrags anwenden. Das Thema wird in der Fußnote zu S. 17 weiter erläutert. 252. Die folgenden Analysen von Pferdemist können als Referenz nützlich sein. Sie stammen aus Storers „Agricultural Chemistry", Bd. ich . P. 496:—

	1.	2.	3.	4.	5.	Durchschnitt.
Wasser	75,76	69.30	67,23	72.13	71.30	71.15
Trockenmasse	24.24	24.82	32,72	27.87	28.70	27.67
Aschezutaten	5.07	5.05	6.49	3.37	3.30	4,65
Pottasche	0,51	0,63	0,22	0,59	0,53	0,49
Limette>	0,30	0,74	0,17	0,41	0,21	0,36
Magnesia	0,19	0,29	0,20	0,17	0,14	0,20
Phosphorsäure	0,41	0,67	0,35	0,12	0,28	0,36
Ammoniak	0,26	0,12	0,15	0,44	—	0,24
Gesamtstickstoff	0,53	0,69	0,47	0,67	0,58	0,59

HINWEIS X. (S. 247).

DIE NATUR DER CHEMISCHEN REAKTIONEN VON AMMONIAK-
„FIXIERERN".

Für den Studierenden könnte die genaue Art der ablaufenden chemischen Reaktionen von Interesse sein.

Erstens muss klar verstanden werden, dass die Form, in der Ammoniak aus dem Misthaufen entweicht, nicht, wie in landwirtschaftlichen Lehrbüchern fälschlicherweise behauptet wird, „freies" Ammoniak ist.

Immer wenn Ammoniak mit Kohlensäure in Kontakt kommt, entsteht Ammoniakcarbonat. Wenn man bedenkt, dass Kohlensäure bei weitem das am häufigsten vorkommende gasförmige Produkt der Zersetzung organischer Materie ist, erkennt man sofort, dass freies Ammoniak unter solchen Umständen nicht existieren kann.

1. Im Fall von *Salzsäure* stellt die folgende chemische Gleichung die Art der Reaktion dar:

$$2HCl \qquad (NH_4)_2CO_3 \qquad 2NH_4Cl \qquad H_2O+CO_2$$

$$(\text{Salzsäure} \quad + \quad \binom{\text{Karbonat}}{\text{von}} = \binom{\text{sal-}}{\text{Ammoniak,}} + \text{Kohlensäure} \; \big(\cdot\big)$$

(Säure,)   Ammoniak,)

2. Im Fall von *Schwefelsäure* lautet die Gleichung :

$$H_2SO_4 \qquad (NH_4)_2CO_3 \qquad (NH_4)_2SO_4 \qquad H_2O+CO_2$$

$$\big(\text{Schwefelsäure,}\big) + \binom{\text{Karbonat}}{\text{von}} = (\text{Sulfat von} + \big(\text{Kohlensäure}\cdot\big)$$

Ammoniak,)   Ammoniak,)

3. Mit *Gips* ($CaSO_4$)—

$$CaSO_4 \qquad (NH_4)_2CO_3 \qquad CaCO_3 \qquad (NH_4)_2SO_4$$

$$(\text{Gips,}) \quad + \quad \binom{\text{Karbonat}}{\text{von}} = (\text{Kalzium} + (\text{Sulfat von}$$

Ammoniak,)   Karbonat,)   Ammoniak.)

4. Mit *Kupferas* ($FeSO_4$)—

$$FeSO_4 \qquad (NH_4)_2CO_3 \qquad FeCO_3 \qquad (NH_4)_2SO_4$$

$$(\text{Sulfat von} \quad + \quad \binom{\text{Karbonat}}{\text{von}} = (\text{eisenhaltig} + (\text{Sulfat von}$$

Eisen,)   Ammoniak,)   Karbonat,)   Ammoniak.)

5. Mit *Magnesiumsulfat* ($MgSO_4$) –

$$\underset{\text{4}}{\text{MgSO}} \quad + \quad \underset{\text{3}}{(\text{NH}_4)_2\text{CO}} \quad = \quad \text{MgCO}_3 \quad + \quad \underset{\text{4}}{(\text{NH}_4)_2\text{SO}}$$

$$\text{(Sulfat von} \quad + \quad \left(\begin{array}{c}\text{Karbonat}\\\text{von}\end{array}\right) \quad = \quad \left(\begin{array}{c}\text{Karbonat}\\\text{von}\end{array}\right) \quad + \quad (\text{Sulfat von}$$

$$\text{Magnesia,)} \qquad \text{Ammoniak,)} \qquad \text{Magnesia,)} \qquad \text{Ammoniak.)}$$

Es wurde darauf hingewiesen, dass Magnesiumsulfat möglicherweise nicht nur das Ammoniak, sondern auch die Phosphorsäure bindet. Wenn Magnesiumsulfat, lösliche Phosphorsäure und Ammoniak miteinander in Kontakt gebracht werden, entsteht das doppelte unlösliche Phosphat aus Ammonium und Magnesium ($MgNH_4 PO_4$ 6Aq). Obwohl eine solche Reaktion möglich ist, ist es höchst unwahrscheinlich, dass sie überhaupt stattfindet. Das Doppelphosphat ist ein kristallines Salz, das sich erst nach längerer Zeit und in Gegenwart eines großen Ammoniaküberschusses abscheidet.

HINWEIS XI. (S. 250).

ANALYSEN VON KUHDUNG . [181]

	1.	2.	3.	4.	5.	6.	Durchschnitt.
Wasser	85,30	77,71	74.02	72,87	75,00	77,50	77.06
Trockenmasse	14.70	22.30	25,98	27.13	25.00	22.50	22.93
Aschezutaten	2.04	4.71	3,94	6,70	6.22	2.20	4.30
Pottasche	0,36	0,46	0,56	1,69	0,39	0,40	0,64
Kalk	0,29	0,37	0,58	0,41	0,24	0,31	0,48
Magnesia	0,19	0,11	0,13	—	0,18	0,11	—
Phosphorsäure	0,16	0,13	0,07	0,20	0,14	0,16	0,14
Ammoniak	0,06	0,16	0,07	—	0,27	—	0,14
Gesamtstickstoff	0,38	0,54	0,41	0,79	0,46	0,34	0,48

ANMERKUNG XII. (S. 259).

ZUSAMMENSETZUNG VON FRISCHEM UND VERFAULTEM HOFDÜNGER (VOELCKER) .

Zusammensetzung von frischem Mist, bestehend aus Pferde-, Kuh- und Schweinemist, etwa vierzehn Tage alt: –

Wasser	66.17
* Lösliche organische Substanz	2,48
Lösliche anorganische Materie	1,54
+ Unlösliche organische Substanz	25.76
Unlösliche anorganische Substanz	4.05
	100,00
* Stickstoffhaltig	.149
Entspricht Ammoniak	.181
+ Stickstoffhaltig	.494
Entspricht Ammoniak	.599
Gesamtprozentsatz an Stickstoff	.643
Entspricht Ammoniak	.780
Ammoniak in flüchtigem Zustand	.034
Ammoniak in Form von Salzen	.088

Zusammensetzung der gesamten Asche:—

Löslich in Wasser, 27,55 Prozent;—

Lösliche Kieselsäure	4.25
Phosphatkalk	4.25
Kalk	1.10
Magnesia	0,20
Pottasche	10.26
Limonade	0,92
Natriumchlorid	0,54
Schwefelsäure _	0,22
Kohlensäure und Verlust	4.71

Nicht in Wasser löslich. 72,45 Prozent :—

Lösliche Kieselsäure	17.34
Unlösliche Kieselsäure	10.04
Eisen- und Aluminiumoxid mit Phosphaten	8.47
(Enthält Phosphorsäure, 3,18 pro cnet .)	
(Entspricht Knochen- Erde , 6,88 Prozent .)	
Kalk	20.21
Magnesia	2,56
Pottasche	1,78
Limonade	0,38
Schwefelsäure _	1.27
Kohlensäure und Verlust	10.40
	100,00

Die Zusammensetzung des sechs Monate alten verfaulten Mists ist wie folgt:

Wasser	75,42
* Lösliche organische Substanz	3,71
Lösliche anorganische Substanz	1,47
+ Unlösliche organische Substanz	12.82
Unlösliche anorganische Substanz	6.58
	100,00
* Stickstoffhaltig	.297
Entspricht Ammoniak	.360
+ Stickstoffhaltig	.309
Entspricht Ammoniak	.375

Gesamtmenge an Stickstoff	.606
Entspricht Ammoniak	.735
Ammoniak in flüchtigem Zustand	.046
Ammoniak in Form von Salzen	.057

Zusammensetzung der gesamten Asche:—

Löslich in Wasser, 18,27 Prozent:—

Lösliche Kieselsäure	3.16
Phosphatkalk	4,75
Kalk	1,44
Magnesia	0,59
Pottasche	5.58
Limonade	0,29
Natriumchlorid	0,46
Schwefelsäure _	0,72
Kohlensäure und Verlust	1.28

Unlöslich in Wasser, 81,7 Prozent: –

Lösliche Kieselsäure	17.69
Unlösliche Kieselsäure	12.54
Phosphatkalk	—
Oxide von Eisen-Aluminiumoxid mit Phosphaten	11.76
(Enthält Phosphorsäure, 3,40 Prozent.)	
(Entspricht Knochen-Erde, 7,36 Prozent.)	
Kalk	20.70

Magnesia	1.17
Pottasche	0,56
Limonade	0,47
Natriumchlorid	—
Schwefelsäure _	0,79
Kohlensäure und Verlust	<u>16.05</u>
	<u>100,00</u>

ANMERKUNG XIII. (S. 263).

VERGLEICH VON FRISCHEM UND FAULEM MIST (WOLFF).

	Frisch.	Mäßig faul
	(Bei gleicher Trockenmassemenge.)	
Trockenmasse	25.00	25.00
Asche	3,81	4,76
Stickstoff	0,39	0,49
Pottasche	0,45	0,56
Kalk	0,49	0,61
Magnesia	0,12	0,15
Phosphorsäure	0,18	0,23
Schwefelsäure _	0,10	0,13
Silizium	0,86	1.08

ANMERKUNG XIV. (S. 263).

LORD KINNAIRDS EXPERIMENTE. [182]

„Lord Kinnaird hat die Einzelheiten eines sehr sorgfältigen Experiments dargelegt. Er versuchte, den Vergleichswert von Mist, der in einem offenen

Hof gelagert wurde, mit dem, der unter einem Dach gehalten wurde, zu testen. Er wählte die gleiche Art von Rindern aus und gab ihnen die gleiche Art und Menge an Futter , und bettete sie mit der gleichen Art von Stroh ein. Ein Feld von 20 Acres einheitlichem Land wurde ausgewählt. Nachdem dieses gleichmäßig aufgeteilt worden war, ergaben 2 Acres von jedem 10 die folgenden Ergebnisse:

Mit unbedecktem Mist angebaute Kartoffeln.

	Tonnen.	cwt.	Pfund.
Erste Messung – 1 Acre produziert	7	6	8
Zweite Messung – 1 Acre produziert	7	18	99

Mit gedecktem Mist angebaute Kartoffeln.

	Tonnen.	cwt.	Pfund.
Erste Messung – 1 Acre produziert	11	17	56
Zweite Messung – 1 Acre produziert	11	12	26

Dies zeigt eine Steigerung von etwa 4 Tonnen Kartoffeln pro Hektar mit dem abgedeckten Mist.

„Im nächsten Jahr war das Wetter nass, das Getreide weich und nicht in sehr gutem Zustand, aber die Erntemenge war wie folgt :

Weizen, der mit unbedecktem Mist angebaut wird.

	In Getreide produzieren.		Gewicht pro Scheffel.	Im Stroh produzieren.		
Acre.	Scheffel.	Pfund.	Pfund.	Steine.		Pfund.
Erste	41	19	61-1/2	152	von	22
Zweite	42	38	61-1/2	160	von	22

Weizen, der mit gedecktem Mist angebaut wird.

| Erste | 53 | 5 | 61 | 220 | von | 22 |
| Zweite | 53 | 47 | 61 | 210 | von | 22" |

ANMERKUNG XV. (S. 231, 264).

ENTWÄSSERUNG VON MISTHAUFEN .

Wie wichtig es ist, den flüssigen Anteil nicht vom festen Anteil zu trennen, wurde bereits im Zusammenhang mit der Zusammensetzung der festen Ausscheidungen und des Urins hervorgehoben. Diese beiden Bestandteile der Gülle ergänzen einander, und der Wert von Wirtschaftsdünger als Allgemeindünger wird erheblich beeinträchtigt, wenn der flüssige Anteil nicht zusammen mit dem festen Anteil ausgebracht wird. In einem wichtigen Punkt unterscheiden sich die Abflüsse von Misthaufen vom Urin, nämlich im prozentualen Anteil an Phosphaten, der praktisch frei von Phosphorsäure ist.

Das Folgende ist eine Analyse der Abflüsse aus einem Misthaufen (Wolff): —

Trockensubstanz	18.0
Asche	10.7
Stickstoff	1.5
Pottasche	4.9
Kalk	0,3
Magnesia	0,4
Phosphorsäure	0,1
Schwefelsäure _	0,7
Silizium	0,2

ANMERKUNG XVI. (S. 270).

MENGEN AN KALI UND PHOSPHORSÄURE, DIE DURCH DIE FOLGENDEN ROTATIONEN AUS EINEM PREUSSISCHEN MORGEN (0,631 ACRE) entfernt wurden.

	Pottasche.	Phosphorsäure Säure.
	Pfund.	Pfund.
1. Weizen	16.40	10.67
Hafer	10.47	4.59
Kartoffeln	66,41	18.33
Heu	39,54	11.32
	132,82	44,91

Das Verhältnis von Kali zu
Phosphorsäure beträgt 2,96 zu 1.

2. Weizen	16,90	10.67
Gerste	17.44	10.65
Kartoffeln	66,41	18.33
Heu	39,54	11.32
	140,29	50,97

Das Verhältnis von Kali zu
Phosphorsäure beträgt 2,76 zu 1

3. Roggen	20.03	12.15
Hafer	10.97	4.59
Kartoffeln	66,41	18.33
Heu	39,54	11.32
	136,95	46,39

Das Verhältnis von Kali zu
Phosphorsäure beträgt 2,95 zu 1.

4. Weizen	16,90	10.67
Hafer	10.97	4.59
Mangel	148,54	25.62
Heu	39,54	11.32
	215,95	52,20

Das Verhältnis von Kali zu
Phosphorsäure beträgt 4,13 zu 1.

5. Roggen	20.03	12.15
Gerste	17.44	10.65
Mangel	148,54	25.62
Heu	39,54	11.32
	225,55	59,74

Das Verhältnis von Kali zu
Phosphorsäure beträgt 3,78 zu 1.

ANMERKUNG XVII. (S. 253, 254).

ZUSAMMENSETZUNG VON HOFDÜNGER (FRISCH), (berechnet von SIR JOHN LAWES).

	Gesamt trocken Gegenstand.	Gesamt Mineral Gegenstand.	Phosphorsäure berechnet als Phosphat von Kalk.	Pottasche.	Stickstoff.
Prozent	30.0	2,77	.50	.53	.64
Pro Tonne (in Pfund)	67.2	62,0	11.1	12.0	14.3

ANMERKUNG XVIII. (S. 232).

DER URIN.

Eine wichtige Überlegung, die wir im Text nicht berücksichtigt haben, ist die Menge des ausgeschiedenen Urins. Es ist diese Überlegung, die den Urin so viel wertvoller macht als die festen Ausscheidungen. Bei einem Mann wurde geschätzt, dass der ausgeschiedene Urin fünfzehnmal so groß ist, zwölfmal so reich an Stickstoff, dreimal so reich an Kali und zweimal so reich an Phosphorsäure ist wie die festen Ausscheidungen (Munro). Bei den Nutztieren ist das Feststoffverhältnis nicht ganz ähnlich. Der Urin des Ochsen ist etwa doppelt so schwer wie seine festen Ausscheidungen. Sowohl das Pferd als auch das Schaf scheiden jedoch in der Regel mehr feste Ausscheidungen als Urin aus. Munro vergleicht in seiner Arbeit über „Böden und Gülle" die Zusammensetzung des Urins und der festen Ausscheidungen der verschiedenen Nutztiere mit der folgenden Aussage:

	1 Tonne Urin enthält in Pfund:		1 Tonne feste Ausscheidungen enthält in Pfund:
	Stickstoff.	Pottasche.	Stickstoff.
Kuh	30	20	9
Pferd	36	22	12
Schaf	38	30	16

FUSSNOTEN:

[181] Storer's „Agricultural Chemistry", Bd. I. p. 496.

[182] Scotts „Manures and Manuring", S. 19.

KAPITEL VIII.
GUANO.

Bedeutung in der Landwirtschaft.

Bei der Betrachtung *künstlicher* Düngemittel verdient Guano den ersten Platz. Dies geschieht hauptsächlich aus historischen Gründen, da es heute weitgehend der Vergangenheit angehört. Es wurde nicht nur in der Landwirtschaft in einem Ausmaß eingesetzt, wie es noch kein anderer Kunstdünger erreicht hat, sondern sein Einfluss auf die landwirtschaftliche Praxis war auch enorm. Es wurde etwa in der Mitte dieses Jahrhunderts in diesem Land eingeführt und war der erste künstliche Dünger, der in großen Mengen verwendet wurde. [183] Man kann es so beschreiben, dass es das moderne System des *intensiven Anbaus* eingeführt und die mittlerweile fast universelle Praxis der künstlichen Düngung hervorgebracht hat.

Einfluss auf die britische Landwirtschaft.

Es ist in der Tat schwer, den bedeutenden Einfluss zu überschätzen, den die Einführung dieses wertvollsten Düngemittels sowohl auf die britische als auch weitgehend auf die europäische Landwirtschaft ausgeübt hat. Vor der Einführung war der Landwirt fast vollständig auf seinen Hofdünger angewiesen. Er war durch die Erfordernisse der damals vorherrschenden landwirtschaftlichen Gepflogenheiten weitgehend an bestimmte Fruchtfolgen gebunden. Er konnte kaum dazu beitragen, karge Böden anzureichern oder einen hohen Ernteertrag sicherzustellen. Durch die Verwendung dieses sehr wirksamen Düngers stellte er schnell fest, dass die wunderbarsten Ergebnisse erzielt wurden – Ergebnisse, die ihm zunächst fast wie ein Wunder vorgekommen sein mussten. Er fand heraus, dass durch die Anwendung von ein paar Zentnern pro Acre schlechte Böden zu hohen Erträgen gebracht werden konnten und dass unfruchtbare Stellen auf einem Feld mit nur wenigen Handvoll davon auf den Durchschnitt der umliegenden Teile gebracht werden konnten; dass auf diese Weise ein guter Start für jede Ernte sichergestellt und eine langsame Ernte beschleunigt werden könnte. Kurz gesagt, in diesem wunderbaren braunen Pulver mit einem so charakteristischen Geruch entdeckte der erstaunte Bauer einen Mist, der durch seine schnelle Wirkung und den Ertragszuwachs sowohl Hofmist als auch Knochen völlig in den Schatten stellte. Was für ein Wunder also, dass seine Berühmtheit als Dünger so schnell bekannt wurde und seine Verwendung so weit verbreitet war! Damit gab es der intelligenten Landwirtschaft einen äußerst kraftvollen Impuls, indem es denjenigen, die es nutzten, die wichtige Stellung von Stickstoff und Phosphaten als Bodenbestandteile und den Einfluss, den sie auf das Pflanzenwachstum ausübten, vor Augen führte. Tatsächlich lieferte es in enorm großem Umfang eine praktische Demonstration der Prinzipien der Düngung. Man kann sagen, dass der pädagogische Wert, den die Verwendung von Guano auf diese Weise ausübte, sehr groß war. Es war auch wegweisend für die Verwendung verschiedener künstlicher Düngemittel, die in den letzten fünfzig Jahren so häufig verwendet wurden. Beeindruckt vom Wert des Guano waren die Bauern dem Einsatz anderer Düngemittel gegenüber positiv eingestellt ; und vor allem aufgrund ihrer weit verbreiteten Popularität gewann die neue Praxis schnell an Boden.

Einfluss nicht ganz zum Guten.

Aber sein Einfluss, das muss man zugeben, war nicht nur zum Guten. Gerade in seiner Popularität lag die Gefahr seines Missbrauchs. Wären sein Wert und seine Wirkungsweise besser verstanden worden und wären die Prinzipien, auf denen die Praxis der künstlichen Düngung beruht, besser verstanden worden , wären den Landwirten viele der unnötigen finanziellen Verluste erspart geblieben, die sie durch skrupellose Düngung erlitten haben -Händler. Unter den Bauern wurde das Wort „Guano“ bald zu einem Namen, mit dem man beschwören konnte, und unter diesem Titel wurde versucht, dem unvorsichtigen Bauern viele falsche und wertlose Düngemittel unterzujubeln. Es besteht kaum ein Zweifel daran, dass selbst der Originalartikel einst weitgehend verfälscht war; Und da der Bauer fast ausnahmslos damit zufrieden war, den Artikel nicht aufgrund einer garantierten chemischen Analyse, sondern einfach aufgrund seines Aussehens, seiner Farbe und insbesondere seines Geruchs zu kaufen, waren alle Möglichkeiten für die erfolgreiche Durchführung einer solchen betrügerischen Auferlegung gegeben. Es stellte sich sehr bald heraus, dass Guano in seiner Zusammensetzung unterschiedlich war, aber diese Qualitätsunterschiede waren für den Landwirt nicht erkennbar . In den frühen Tagen seiner Verwendung hatte in seinen Augen alles Guano den gleichen Wert. Zu oft war es, wie wir gerade festgestellt haben, in Ordnung, vorausgesetzt, es hatte eine gute Farbe und einen starken Geruch . Unter solchen Umständen ist es kaum verwunderlich, dass sich seine Einführung nicht als reiner Segen für die Landwirtschaft erwiesen hat.

Sein Wert als Dünger.

Guano verdankt seinen Wert als Dünger dem Stickstoff, den Phosphaten und der geringen Menge Kali, die es enthält. Dies gilt jedenfalls für die große

Menge Guano, die in der Vergangenheit verwendet wurde. Wie wir gleich sehen werden, gibt es bestimmte Arten von Guano, sogenannte Phosphat-Guanos, die nur Phosphate enthalten. Die Menge an solchem rein phosphathaltigen Guano, das in diesem Land direkt als Dünger verwendet wird, ist jedoch unbeträchtlich, und man kann durchaus sagen, dass Guano seinen Wert hauptsächlich seinem Stickstoff verdankt. Man kann sagen, dass sein Wert und seine Beliebtheit als Dünger zu einem großen Teil auf die Tatsache zurückzuführen ist, dass er alle drei wichtigen Düngerbestandteile enthält und dass er in dieser Hinsicht gewissermaßen als allgemeiner *Dünger* betrachtet werden kann und somit diesem ähnelt Am ehesten handelt es sich bei allen künstlichen Düngemitteln um Hofdünger. Obwohl seine Quellen jetzt weitgehend erschöpft sind und seine gesamten jährlichen Importe in dieses Land derzeit erheblich geringer sind als vor dreißig oder vierzig Jahren, [184] kann dies aufgrund seiner historischen Lage durchaus der Fall sein Bedeutung, um einen einigermaßen detaillierten Bericht über seine Herkunft, sein Vorkommen und seinen Wert als Dünger zu geben.

Guano (was *Dung bedeutet*) – oder Huano , wie es in der spanischen Sprache geschrieben wird – wurde erstmals in Peru verwendet. Es scheint dort schon lange vor der Entdeckung dieses Landes durch die Spanier verwendet worden zu sein – wahrscheinlich bereits im 12. Jahrhundert. An seiner Herkunft kann kaum Zweifel bestehen. Es stammt fast ausschließlich aus den Exkrementen von Seevögeln wie Pelikanen, Pinguinen und Möwen sowie aus den Überresten der Vögel selbst sowie von Robben, Walrossen und verschiedenen anderen Tieren. [185] Unter dem Einfluss einer tropischen Sonne und in einer Region, in der es kaum jemals regnet, trocknen diese Exkremente bald aus und bleiben über Jahrhunderte hinweg in ihrer Zusammensetzung kaum verändert. Viele der peruanischen Ablagerungen müssen extrem alt sein, da sie mit Sand und anderem *Schutt* bedeckt sind und eine beträchtliche Tiefe aufweisen. Dies ist insbesondere bei Ablagerungen auf dem Festland der Fall, beispielsweise bei Pabellon de Pica, wo die Sand- oder Konglomeratschicht, die die Ablagerung bedeckt, in der Tiefe zwischen einigen wenigen und über hundert Fuß variiert. Die Wirkung dieser oberflächlichen Abdeckung bestand darin, den Guano bis zu einem gewissen Grad vor Stickstoffverlust zu schützen.

Nachbarschaft von Peru stammt , wurden Vorkommen auch in vielen anderen Teilen der Welt gefunden, nämlich in Nordamerika, Westindien, Australien, Asien, Afrika und auf den Inseln des Landes Pazifik. [186]

Der in diesen verschiedenen Lagerstätten vorkommende Guano variiert in seiner Zusammensetzung sehr stark. Dies liegt an der unterschiedlichen Beschaffenheit des vorherrschenden Klimas an den Orten, an denen diese Ablagerungen vorkommen. Wo das Klima trocken und warm ist, wie es in Chile und Peru der Fall ist, trocknen die Exkremente schnell und bleiben kaum verändert, da eine sehr wichtige Voraussetzung für die Gärung, nämlich Feuchtigkeit, fehlt. [187] In einem feuchten Klima hingegen kommt es zu einer schnellen Gärung, die zum Verlust fast der gesamten organischen Substanz, einschließlich Stickstoff, in flüchtigen Formen wie Ammoniakkarbonat, Kohlensäuregas, Wasser usw. führt. Auch die löslichen Alkalien , von denen Kali das wichtigste ist, sowie die löslichen Phosphate gehen unter solchen Bedingungen durch das Auswaschen durch den Regen an den Guano verloren. Wir haben also große Unterschiede in der Qualität der verschiedenen Ablagerungen, je nachdem, in welchem Ausmaß die Zersetzung stattgefunden hat. Somit reicht Guano von der reichen stickstoffhaltigen peruanischen Art, die sich seit ihrer Ablagerung kaum oder gar nicht verändert hat, bis zur rein phosphathaltigen Art (wie die der Malden- und Baker-Inseln), bei der bis auf alles verloren gegangen ist, was als Dünger wertvoll ist das unlösliche Phosphat von Kalk. Selbst bei den stickstoffhaltigen Guanos finden wir einen erheblichen Qualitätsunterschied, da einige Ablagerungen durch die Einwirkung von Luftfeuchtigkeit, Tau, Gischt oder Meerwasser teilweise ausgelaugt sind, aber immer noch einen beträchtlichen Anteil ihres Stickstoffs enthalten. Andere Lagerstätten wiederum sind größtenteils mit Sand vermischt, der so weit in sie hineingeblasen wurde, dass sie unverkäuflich wurden. Wir können Guano daher in zwei große Klassen einteilen, nämlich *stickstoffhaltige* und *phosphathaltige* .

I. – STICKSTOFFHALTIGE GUANOS.

(*a*) PERUANER.

Die bei weitem wertvollsten und ergiebigsten Vorkommen, die bisher entdeckt wurden, waren jene an der peruanischen und chilenischen Küste. Wie bereits erwähnt, scheint Guano hierzulande schon sehr früh verwendet worden zu sein; und die Inkas waren von seiner Bedeutung als Dünger so beeindruckt, dass jedem, der während der Brutzeit in der Nähe der Lagerstätten Seevögel tötete, die Todesstrafe auferlegt wurde.

Das Vorkommen von Guano in Peru scheint in Europa erstmals zu Beginn des 18. Jahrhunderts bekannt geworden zu sein. Allerdings brachte A. Humboldt, der große deutsche Reisende , erst zu Beginn dieses

Jahrhunderts – nämlich im Jahr 1804 – etwas von dem wunderbaren Dünger mit nach Hause, und seine Zusammensetzung konnte chemisch untersucht werden Analyse. Kurz darauf wurde sein praktischer Wert durch Experimente demonstriert, die General Beatson in St. Helena an Kartoffeln durchführte. Lord Derby gebührt das Verdienst, es erstmals in diesem Land eingeführt zu haben; der erste Import nach Liverpool erfolgte im Jahr 1840. Kurz darauf wurden in verschiedenen Teilen des Landes Experimente durchgeführt, darunter die von Sir John Lawes und Sir James Caird ; und die erzielten Ergebnisse waren so beeindruckend, dass der Mist bei der Bauerngemeinschaft schnell Anklang fand – so sehr, dass zehn Jahre später die Einfuhren in dieses Land nicht weniger als 200.000 Tonnen betrugen, während im Jahr 1855 die gesamten Ausfuhren von der Westküste ausgingen Südamerikas erreichte die enorme Menge von 400.000 Tonnen. Insgesamt wurde geschätzt, dass seit dem Jahr 1840 über 5.000.000 Tonnen peruanischen Guano in dieses Land importiert wurden.

Verschiedene Einlagen.

Peruanischer Guano wurde aus verschiedenen Lagerstätten in verschiedenen Teilen der Küste und auf einer Reihe kleiner angrenzender Inseln gewonnen. Das reichste davon wurde auf Angamos gefunden , einem felsigen Vorgebirge an der Küste Boliviens. Proben dieses Guano enthielten bis zu 20 Prozent Stickstoff (entspricht 24 Prozent Ammoniak). [188] Leider war die Menge dieser Lagerstätte jedoch äußerst begrenzt und erschöpfte sich schnell. Diesem Vorkommen kam die Qualität des Guano gleich, der auf den Chincha- Inseln, drei kleinen Inseln vor der Küste Perus, gefunden wurde. Diese Lagerstätten waren die größten, die jemals entdeckt wurden, und fast dreißig Jahre lang waren sie fast die einzige Quelle des peruanischen Guano, der im Handel verkauft wurde. Allein aus ihnen wurden über 10.000.000 Tonnen exportiert. Ein Teil dieses Guano enthielt 14 Prozent Stickstoff (entspricht 17 Prozent Ammoniak); und obwohl ein Teil des von diesen Inseln verschifften Guanos nicht ganz so reichhaltig war, handelte es sich doch alles um eine erstklassige Qualität. Die Ablagerungen auf diesen Inseln waren in vielen Fällen 100 bis 200 Fuß tief und ruhten auf Granitfelsen. Es stellte sich heraus, dass die unteren Schichten von schlechterer Qualität waren und mit Granitstücken vermischt waren. Die Vorkommen auf der Insel Chincha sind seit langem erschöpft, [189] und die wichtigsten Vorkommen an peruanischem Guano, die seitdem erschlossen wurden, waren die auf den Inseln Guanape und Macabi – ein deutlich minderwertigerer Guano, der nur 9 bis 11 Prozent Stickstoff enthält (entspricht 11 bis 13). Prozent Ammoniak) – die wiederum erschöpft sind; aus Ballestas, fast so reichhaltig wie der Guano der Chincha -Insel, inzwischen ebenfalls erschöpft; und von Pabellon de Pica, Punta de Lobos,

Huanillos , Independence Bay und Lobos de Afuera . Vor kurzem wurde in Corcovado ein Vorkommen von Guano höchster Qualität entdeckt, und zahlreiche Ladungen wurden bereits in dieses Land verschifft. Es wurde festgestellt, dass es Stickstoff in Höhe von 10 bis 13 Prozent Ammoniak, 30 bis 35 Prozent Phosphate und etwas Kali enthält und somit ein äußerst wertvoller Guano ist.

Aussehen, Farbe und Natur.

Die Farbe variiert von einem sehr hellen bis zu einem sehr dunklen Braun, wobei die kräftigeren Exemplare im Allgemeinen heller sind. Es wurde festgestellt, dass Proben, die sogar aus derselben Lagerstätte entnommen wurden, sich im Aussehen sehr stark unterschieden, wobei die aus den unteren und älteren Schichten entnommenen Proben normalerweise dunkler waren als die aus den neueren oberen Schichten. Bald stellte sich heraus, dass auch die Zusammensetzung sehr unterschiedlich war. Nachdem eine Lagerstätte einige Zeit lang bearbeitet worden war, stellte sich heraus, dass die Qualität des daraus gewonnenen Guano minderwertig und gröber war und in vielen Fällen mit Kieselsteinen oder Granitstücken, Porphyr usw. vermischt war. Daraus entwickelte sich der Brauch, ihn bei der Ankunft in diesem Land zu prüfen, bevor er als Dünger verwendet wurde. In den reichhaltigeren Qualitäten – z. B. im Chincha- Guano – wurden gelegentlich kleine runde Konkretionsknötchen gefunden, deren Farbe von reinweiß bis dunkelbraun variierte . Die Analyse zeigte, dass diese Knötchen [190] hauptsächlich aus Kalisalzen bestehen. Manchmal wurden auch kleine Kristalle fast reiner Ammoniaksalze gefunden. Daher wurde es bald üblich, Guano für den Markt vorzubereiten, indem man die Steine trennte und das Ganze zu einem feinen, gleichmäßigen Pulver zerkleinerte. Eine seiner charakteristischsten Eigenschaften und diejenige, die die Öffentlichkeit am meisten beeindruckt zu haben scheint, war sein stechender Geruch . Dieser Eigenschaft wurde übermäßige Bedeutung beigemessen, da man glaubte, sie sei auf das darin enthaltene Ammoniak zurückzuführen. Es kann jedoch bezweifelt werden, ob der charakteristische Geruch von Guano sowohl auf das Ammoniak als auch auf bestimmte Fettsäuren zurückzuführen ist.

Komposition.

In seiner Zusammensetzung ist es von höchst komplexer Natur. Es enthält seinen Stickstoff in einer großen Vielfalt von Formen, wobei die wichtigsten davon Urat, Oxalat, Ulmat , Humat, Sulfat, Phosphat, Carbonat und Muriat von Ammoniak sind; und auch in einer seltenen Form von organischem Stickstoff, die Guano eigen ist und Guanin genannt wird. Laut

Boussingault enthalten einige Guanos geringe Mengen an Nitraten. Seine Phosphorsäure liegt sowohl im löslichen Zustand, nämlich als Phosphate der Alkalien (Ammoniak und Kali), als auch im unlöslichen Zustand als Kalkphosphat vor; und schließlich liegt sein Kali als Sulfat und Phosphat vor. Der Anteil, in dem diese verschiedenen Formen von Stickstoff und Phosphorsäure vorhanden sind, variiert in verschiedenen Proben erheblich. Je reichhaltiger eine Probe ist, desto mehr Stickstoff in Form von Harnsäure ist in der Regel enthalten. Der größte Teil des Stickstoffs liegt in Form von Harnsäure und Ammoniak vor. Feuchte Guanos enthalten mehr Stickstoff als Ammoniak als trockene Guanos, was auf die dort ablaufende Fermentation zurückzuführen ist. Im Durchschnitt ist etwa ein Drittel des gesamten Stickstoffs wasserlöslich. Von seinen Phosphaten hingegen ist nur etwa ein Viertel wasserlöslich.

Die folgenden Analysen einer Probe von Guano der Insel Chincha durch Karmrodt [191] sollen dies veranschaulichen. (Probe bei 212° Fahrenheit getrocknet): –

1. *In Wasser leicht lösliche Bestandteile.*

Ammoniumurat	12.74
Oxalat von Ammonium	13.60
Stickstoff- und schwefelhaltige organische Substanzen	3.61
Ammonium-Magnesiumphosphat	4.00
Ammoniumphosphat	.90
Ammoniumsulfat	1,82
Ammoniumchlorid	1,55
Kaliumsulfat	3.30
Natriumchlorid	2.44
	43.96

2. *Schwer löslich in Wasser, löslich in Säuren, Alkohol und Ether.*

Harnsäure	21.14
Harz	1.11

Fettsäuren	1,60
Stickstoff- und schwefelhaltige organische Stoffe	2.29
Calciumphosphat	18.22
Eisenphosphat	1.04
Silizium	.64
	46.04

Bei der obigen Analyse fällt auf, dass kein Ammoniak als Carbonat vorliegt. In den meisten Proben von peruanischem Guano betrug der Ammoniakgehalt in dieser Form jedoch 1 bis 2 Prozent. In den minderwertigen Qualitäten, hauptsächlich solchen, die der Einwirkung von Wasser und infolgedessen bis zu einem gewissen Grad der Gärung ausgesetzt waren, wurde festgestellt, dass diese Form von Ammoniak am häufigsten vorkommt. Solche Guanos waren am anfälligsten für den Verlust von Stickstoff durch Verflüchtigung .

Der ältere peruanische Guano enthielt bis zu 14 Prozent Stickstoff (entspricht 17 Prozent Ammoniak) und 12 bis 14 Prozent Phosphorsäure (entspricht 26 bis 28 Prozent Kalkphosphat). Allerdings verschlechterte sich seine Qualität mit der Erschließung der Vorkommen allmählich, wobei der Anteil an Stickstoff von Jahr zu Jahr geringer wurde, bis der peruanische Guano, so wie er importiert wurde, zuletzt nur noch 3 bis 4 Prozent Stickstoff enthielt (entspricht 4 bis 5 Prozent). Prozent Ammoniak). Dieser Guano ist jedoch phosphatreicher und enthält oft 50 bis 60 Prozent Kalkphosphat und 3 bis 4 Prozent Kali. [192]

(*b*) ANDERE STICKSTOFFHALTIGE GUANOS.

Bei den Guanos, mit Ausnahme derjenigen, die aus Peru stammen, handelt es sich hauptsächlich um rein phosphathaltige Guanos, so dass der Begriff „peruanisch" in der Vergangenheit nicht selten als Oberbegriff synonym mit dem Begriff „stickstoffhaltig" verwendet und folglich auf alle stickstoffhaltigen Guanos unabhängig davon angewendet wurde Quelle. Es gibt jedoch außer dem peruanischen Vorkommen noch einige Vorkommen, die beträchtliche Mengen an wertvollem stickstoffhaltigem Guano hervorgebracht haben. Von diesen war das Angamos- Guano, das von einem felsigen Vorgebirge an der Küste Boliviens stammte, das qualitativ hochwertigste – tatsächlich das reichhaltigste aller bisher entdeckten Vorkommen . Die wenigen untersuchten Proben davon wiesen über 20

Prozent Stickstoff auf. Leider erwies sich die Höhe der Kaution als vergleichsweise unbedeutend und sie war schon lange aufgebraucht.

Von geringerer Qualität, aber mengenmäßig reichlicher waren die Vorkommen, die auf Ichaboe und anderen Inseln vor der Südwestküste Afrikas gefunden wurden. Diese Vorkommen wurden kurz nach der Einführung des peruanischen Guano entdeckt und lieferten einige Jahre lang beträchtliche Mengen wertvollen Düngers. Die zunächst entdeckten Vorkommen waren bald erschöpft, so dass Ichaboe- Guano einige Jahre lang nicht mehr beschafft werden konnte. Später wurden jedoch neue Vorkommen gefunden, und in den letzten Jahren wurden erhebliche Mengen in der Landwirtschaft genutzt. [193] Ichaboe- Guano ist im Wert dem peruanischen unterlegen. Es veranschaulicht den Einfluss kleiner Regenmengen auf Guanovorkommen, indem sie diese an Stickstoff verarmen. In einem Großteil des in dieses Land importierten Ichaboe-Guano sind große Mengen an Federn enthalten. Es enthält auch eine ungewöhnlich große Menge an unlöslichem Material.

Zu den anderen stickstoffhaltigen Guanos zählen der Patagonische, der Falkland- und der Saldanha-Guano. Sie sind, wie die Ichaboa , vergleichsweise jungen Ursprungs und werden jedes Jahr nach der Brutzeit in kleinen Mengen gesammelt.

II. – PHOSPHATISCHE GUANOS.

Phosphatische Guanos haben, wie bereits erwähnt, einen ähnlichen Ursprung wie stickstoffhaltige Guanos. In ihrem Fall sind jedoch der Stickstoff, die Alkalien und die löslichen Phosphate, die sie ursprünglich enthielten, durch die Zersetzung ihrer organischen Substanz und die Einwirkung von Wasser fast vollständig verloren gegangen. [194] Die meisten von ihnen enthalten noch sehr geringe Mengen Stickstoff, die sich auf den Bruchteil eines Prozents belaufen. Sehr viele dieser Ablagerungen kommen auf Inseln in verschiedenen Teilen der Welt vor. Im Aussehen unterscheidet sich der daraus gewonnene Guano stark vom stickstoffhaltigen Guano, da er eine viel hellere Farbe und eine feinpulvrige Beschaffenheit hat. Es bildet einen sehr phosphathaltigen Guano, der in vielen Fällen zwischen 70 und 80 Prozent unlösliches Kalkphosphat enthält. Solche Guanos werden hauptsächlich zur Herstellung hochwertiger Superphosphate verwendet, indem sie mit Schwefelsäure behandelt werden . Da sie unlöslicher Natur sind, eignen sie sich nicht sehr gut für die direkte Anwendung auf dem Boden. Von diesen phosphathaltigen Guanos sind die folgenden die wichtigsten, wobei die kursiv markierten noch nicht erschöpft sind:

1. *Baker* , Jarvis, Howland, Starbuck, Flint, *Enderbury* , *Malden* , Lacepede , *Browse* , *Huon* , *Chesterfield* , *Sydney* , *Phoenix* , *Arbrohlos* , *Shark's Bay* und *Timor* – alle auf Inseln im Pazifischen Ozean zu finden.

2. *Mejillones* , an der Küste Boliviens.

3. Aves, *Tortola* , *Mona* und andere Lagerstätten in Westindien.

4. *Kuria Muria*- Inseln im Arabischen Golf.

Weitere Einzelheiten zur Zusammensetzung dieser verschiedenen Guanos finden Sie im Anhang, Anmerkung V., S. 329.

Ungleichheit in der Zusammensetzung.

Dass es sich bei Guano um eine Substanz mit keineswegs einheitlicher Zusammensetzung handelte, wurde schon früh in der Geschichte des Handels erkannt . Guano aus verschiedenen Lagerstätten zeigte bei der Analyse nicht nur unterschiedliche Prozentsätze der Güllebestandteile, sondern es wurde auch häufig festgestellt, dass sich verschiedene Guanoproben aus derselben Lagerstätte erheblich voneinander unterschieden. Daher wurde es bald Brauch, es mittels chemischer Analyse zu verkaufen, wobei jede einzelne Ladung sorgfältig analysiert wurde . Aber dieser Brauch beseitigte die Schwierigkeit nicht ganz, da der Guano in sogar einer Ladung unterschiedlich sein konnte. Bei den älteren und reichhaltigeren Guanos war die Qualität sicherlich einheitlicher, sie unterschieden sich jedoch tendenziell in ihrem Stickstoffanteil. [195] Als die Ablagerungen jedoch allmählich erschlossen wurden, stellte man fest, dass ihre unteren Schichten mehr oder weniger größtenteils mit steiniger und erdiger Materie vermischt waren, und ihre Zusammensetzung war von Natur aus sehr unterschiedlich. Dieser Sachverhalt war für Käufer und Verkäufer unbefriedigend und führte zu großen Spannungen zwischen beiden, da es seitens des Verkäufers nahezu unmöglich war, die Zusammensetzung seines Mists zu garantieren. Der Brauch, das Material durch Zerkleinern zu einem feinen Pulver vorzubereiten, bevor man es auf den Markt bringt, und der später eingeführte Brauch, es mit Schwefelsäure zu behandeln , haben diese Schwierigkeit weitgehend beseitigt.

„Aufgelöstes" Guano.

Bei durch Wasser beschädigten Ladungen wurde erstmals auf die Behandlung von Guano mit Schwefelsäure zurückgegriffen. In solchem Guano wurde, wie bereits erwähnt, die Gärung zugelassen, was zur Bildung von flüchtigem kohlensaurem Ammoniak in größerer oder geringerer Menge führte. Durch die Zugabe von Schwefelsäure Säure wurde das Ammoniak fixiert und der Guano konnte seinen wertvollsten Bestandteil nicht verlieren. Es stellte sich jedoch bald heraus, dass der so behandelte Guano als Dünger wirksamer war. Das Ergebnis der Schwefelsäure war, dass sich die Menge ihrer löslichen Phosphate und auch ihrer löslichen Stickstoffverbindungen erheblich erhöhte. [196] Darüber hinaus hatte es die Wirkung, einen Guano mit einheitlicher Zusammensetzung zu erzeugen. Der 1864 erstmals von der Firma Ohlendorff & Co. eingeführte Brauch wurde bald weitgehend praktiziert . Der Guano wird mit 25 bis 30-prozentiger Schwefelsäure (Sp. gr. 1,73) behandelt. Nach kurzer Zeit wird die entstandene harte Masse mittels Desintegratoren zu einem gleichmäßigen Pulver zerkleinert.

Da die Qualität von Guano abnahm, wurde es immer schwieriger, die Nachfrage nach einem hochwertigen Artikel zu befriedigen. Daraus entstand der Brauch, das Naturmaterial mit sulfatiertem Ammoniak zu „anreichern" oder zu „rektifizieren", wie es auch genannt wird. Auf diese Weise wird ein Dünger erhalten, der im prozentualen Anteil seiner Düngerbestandteile den älteren, reichhaltigen Guanos sehr ähnlich ist. Von diesen sogenannten „ ausgleichenden " Guanos werden derzeit zwei Qualitäten verkauft, wobei die erste garantiert einen Stickstoffgehalt von 8 bis 9 Prozent Ammoniak, 30 bis 35 Prozent Phosphaten und 2 bis 3 Prozent Kali enthält; die zweite Qualität enthält nur etwa halb so viel Stickstoff, aber mehr Phosphate.

So wertvoll dieser angereicherte Guano auch sein mag – und es ist zweifellos ein äußerst wertvoller Dünger –, kann man nicht davon ausgehen, dass seine Wirkung genau der des alten peruanischen Guano ähnelt, dem er im prozentualen Anteil an Stickstoff, Phosphaten und Kali ähnelt. Der besondere Wert von Guano als Dünger liegt, wie sofort hervorgehoben wird, zum großen Teil in der Tatsache, dass er seine Düngerbestandteile in einer Vielzahl unterschiedlich löslicher Verbindungen enthält, die nach und nach im Boden für den Bedarf der Pflanze verfügbar gemacht werden. Dies ist zweifellos einer der Gründe, warum die Wirkung von Guano in der Gülle einzigartig ist; und es gibt andere Gründe, die wir wahrscheinlich nicht klar verstehen. So geschickt die Zusammensetzung des Guano auch künstlich nachgeahmt werden mag, so bleibt doch eine unbestrittene Tatsache, dass der „ ausgeglichene " Guano in seiner Wirkung dem echten Artikel nicht genau ähnelt. Dennoch besteht kaum ein Zweifel daran, dass es in seinen Ergebnissen den derzeit erhältlichen ärmeren Guano-Klassen und gewöhnlichen Mischdüngern überlegen ist. Ein großer Vorteil des ausgeglichenen Guano besteht jedoch darin, dass er zu einem niedrigeren Preis verkauft wird als importierter Guano; Und da Guano auf Basis einer garantierten Analyse verkauft wird, hat diese Praxis viel dazu beigetragen, die wahren Interessen der Landwirtschaft voranzutreiben.

Seine Wirkung als Dünger.

Guano kann neben Hofmist als der „allgemeinste" aller üblicherweise verwendeten Dünger angesehen werden; denn außer Stickstoff, Phosphorsäure und Kali enthält es fast alle anderen Pflanzenbestandteile, wie Kalk, Magnesia usw. Sein besonderer Wert als Dünger liegt jedoch nicht nur in der Menge an wertvollen pflanzlichen Nährstoffen, die er enthält. Ebenso wie Wirtschaftsdünger verdankt es seine charakteristische Wirkung zum großen Teil dem Zustand der innigen Mischung seiner Düngerbestandteile und auch, wie bereits erwähnt, der Tatsache, dass es diese Bestandteile jeweils in einer großen Vielfalt chemischer Formen enthält davon unterscheiden sich in seiner Löslichkeit und damit in seiner Verfügbarkeit für die Bedürfnisse der Pflanze. Nehmen wir zum Beispiel die Vielzahl der darin enthaltenen Stickstoffformen. Einige befinden sich in einem Zustand, in dem Pflanzen sie sofort aufnehmen können, während der Rest in einer Reihe von immer weniger verfügbaren Formen vorliegt, die jedoch nach und nach in verfügbare Formen umgewandelt werden, wenn die Pflanze sie benötigt. Ebenso wie Hofdünger kann er mit fast gleich guten Ergebnissen auf alle Arten von Kulturpflanzen und auf allen Arten von Böden ausgebracht werden. Kurz gesagt, wir haben mit Guano ein bewundernswertes Beispiel dafür, wie wertvoll die Anwendung unserer Düngerzutaten in verschiedenen Formen ist. Dass dies keine bloße Theorie ist, wird durch die große Zahl verschiedener Experimente, die in der Vergangenheit mit Guano durchgeführt wurden, mehr als deutlich bewiesen, insbesondere durch die bekannten Experimente des deutschen Chemikers Grouven . In diesen bekannten Experimenten wurde Guano mit einer Vielzahl verschiedener Düngemittel getestet , und die Tests waren so angeordnet, dass in den meisten Fällen die Mengen an Stickstoff, Phosphorsäure und Kali in den anderen verwendeten Düngemitteln gleich waren. Kurz gesagt, diese Experimente beweisen auf sehr eindrucksvolle Weise, dass ein Dünger, der künstlich aus den wertvollsten Düngemitteln wie salpetersaurem Natron, sulfatiertem Ammoniak, Superphosphat usw. hergestellt wird , so dass er in seiner Zusammensetzung Guano sehr ähnelt, von Natur aus ist In seinen Wirkungen ähnelt es in keiner Weise dem Originalartikel. Wie beim Hofdünger ist es auch beim Guano: Wir müssen die Komplexität der Zusammensetzung dieser beiden Düngemittel betrachten , um ihren Wert vollständig einschätzen zu können. Es gibt vieles in der Wirkungsweise beider Düngemittel, das wir bisher weder erklären noch verstehen können. Die Wirkung von Guano ist nur eines von vielen Problemen in der Wissenschaft der Düngung, die zeigen, wie unbefriedigend unser Wissen über diesen wichtigsten Bereich der Landwirtschaft trotz der umfangreichen bereits durchgeführten Forschung ist. [197]

Anteil der düngenden Bestandteile im Guano.

Guano muss als stickstoff- und phosphathaltiger Dünger betrachtet werden, da die darin enthaltene Menge an Kali im Allgemeinen gering ist. In vielen Böden, insbesondere in einem Land wie Schottland, ist dieser Kalimangel nicht so wichtig, da der Wert von Kali als künstlichem Dünger geringer ist als bei den anderen beiden Bestandteilen. In kaliarmen Böden sollte Guano jedoch mit etwas Kalimist ergänzt werden. Im Hinblick auf Stickstoff und Phosphorsäure stellt sich die Frage, ob diese beiden Bestandteile im besten Verhältnis zueinander stehen. Diese Frage lässt keine direkte Antwort zu. Erstens ist das Verhältnis, in dem diese beiden Zutaten vorhanden sind, unterschiedlich. In den alten reichen peruanischen Guanos war, wie wir oben gezeigt haben, der Stickstoff reichlicher vorhanden, als es heute der Fall ist. Es wurde festgestellt, dass solche Guanos am besten mit Phosphatdünger ergänzt werden, wenn sie auf dem Feld ausgebracht werden. Bei den „ ausgleichenden “ und „gelösten“ Guanos, die heute in großem Umfang verkauft werden, versuchen die Hersteller, den Anteil von Stickstoff und Phosphorsäure auf das in den meisten Fällen als beste Verhältnis angesehene Verhältnis einzustellen. Wir müssen jedoch immer wieder darauf hinweisen, dass bei der Bestimmung des besten Verhältnisses der Düngerbestandteile in einer Gülle sowohl der Boden als auch die Ernte berücksichtigt werden müssen. Bei Getreide kann es durch stickstoffhaltige Düngemittel gut ergänzt werden, während es bei Wurzeln durch phosphathaltige Düngemittel gut ergänzt werden kann.

Art der Anwendung.

Wie bei allen Düngemitteln ist es wünschenswert, ihn in einem möglichst feinen Zustand auszubringen, um eine möglichst gründliche Vermischung mit den Bodenpartikeln zu gewährleisten. Um darüber hinaus die Gefahr eines Verlustes durch Verflüchtigung des Ammoniaks zu vermeiden und eine gleichmäßige Verteilung zu gewährleisten, wird es am besten gemischt mit trockener Erde, Asche, Sand oder einem anderen Stoff, jedoch nicht mit Kalk, aufgetragen. Zahlreiche Experimente haben gezeigt, dass die übliche Anwendung von Kochsalz zusammen mit dem Guano die Wirkung des Guano als Dünger äußerst positiv beeinflusst. Die genaue Art der Wirkung von Salz als Zusatz zu Gülle ist ein Punkt, der viele Diskussionen ausgelöst hat. Seine Wirkung ist wahrscheinlich auf mehrere Ursachen zurückzuführen. Zum einen wirkt es wahrscheinlich als Antiseptikum, indem es den Gärungsvorgang verzögert, der in Düngern wie Guano dazu neigt, so schnell voranzuschreiten. Es erhöht zusätzlich die Fähigkeit des Mistes, Feuchtigkeit aus der Luft anzuziehen – eine äußerst wichtige Eigenschaft im Falle von Dürre. Einige Experimente von Dr. Voelcker veranschaulichen dies auf eindrucksvolle Weise. Zwei Partien Guano – eine reine und eine mit Salz vermischt – wurden einen Monat lang der Lufteinwirkung ausgesetzt und dann auf die enthaltene Wassermenge getestet, wobei sich herausstellte, dass die Partie mit dem Salz absorbiert hatte 2 Prozent mehr Wasser als die anderen.

Es wurde viel Wert darauf gelegt, dass der Guano eine gewisse Tiefe im Boden vergraben hat; und es wurden viele Experimente durchgeführt, um zu beweisen, wie viel besser es wirkt, wenn es so angewendet wird. Dies liegt wahrscheinlich daran, dass jeglicher Verlust an flüchtigem Ammoniak verhindert wird und dass sich der Mist mit den Bodenpartikeln vermischt, bevor er mit den Pflanzenwurzeln in Kontakt kommt. Diese letzte Vorsichtsmaßnahme ist wichtig, da sich herausgestellt hat, dass das Rohmaterial schädliche Auswirkungen auf den Samen oder die Wurzeln der Pflanze haben kann. Dies ist insbesondere bei Kartoffeln der Fall, deren Qualität nachweislich beeinträchtigt wird, wenn der Guano in direkten Kontakt mit den Knollen kommt. Da Guano ein schnell verfügbarer Dünger ist, ist es wünschenswert, ihn so kurz wie möglich auszubringen, bevor er von der Pflanze benötigt wird. Die Ausbringung erfolgt daher im Allgemeinen am besten im Frühjahr, kurz vor der Aussaat oder sogar gleichzeitig. Bei der Verwendung von Hofdünger empfiehlt sich die Verwendung von Guano als Top-Dressing in kleinen Mengen. In den meisten Fällen wird es jedoch aus den oben genannten Gründen ratsam sein, es nicht als Top-Dressing anzuwenden.

Zu verwendende Menge.

Die zu verwendende Menge hängt natürlich vom Boden, der Ernte sowie der Menge und Art der anderen verwendeten Düngemittel ab: 1 bis 4 Zentner. pro Acre waren die üblichen Grenzwerte, aber es wurde häufig auf noch schwerere Beizmittel zurückgegriffen, insbesondere in Schottland, wo 6 bis 8 oder sogar 9 cwt. für Rüben werden oft verwendet. Sir JB Lawes und Sir James Caird schätzten vor langer Zeit, kurz nach der Einführung von Guano, anhand der von ihnen durchgeführten Experimente, dass die Anwendung von 2 cwt. Die Weizenernte pro Acre erhöhte sich um 8 bis 9 Scheffel Getreide und erhöhte die Strohmenge um ein Viertel. Die ehemalige Behörde empfiehlt 2 bis 3 Zentner. pro Acre für Weizen, der vor der Aussaat der Saat ausgestreut und geeggt werden muss. Wir haben bereits erklärt, dass es in allen Böden und für alle Arten von Kulturpflanzen eingesetzt werden kann. Obwohl dies der Fall ist, wurde festgestellt, dass dies besonders der Fall ist Günstige Ergebnisse ergeben sich bei der Anwendung bei Rüben, wenn größere Mengen als bei Getreide eingesetzt werden können. Bei der Anwendung auf Rüben ist es sinnvoll, Guanos mit höherem Phosphatgehalt zu verwenden oder diese mit Superphosphaten zu ergänzen. Durch die Anwendung in zwei Chargen, der größeren Portion vor der Aussaat und dem Rest zwischen den Drillmaschinen, nachdem die Rüben gewachsen sind, wurden hervorragende Ergebnisse erzielt. Es hat sich auch als bewundernswerter Dünger für Mangelwesen erwiesen . Insgesamt erzielt man auf schweren Böden und in feuchtem Klima die besten Ergebnisse.

Verfälschung von Guano.

Wohl kein Kunstdünger wurde in der Vergangenheit stärker verfälscht als Guano. Dies ist auf die Tatsache zurückzuführen, dass die Praxis, Guano auf Analyse zu verkaufen – insbesondere bei Einzelhandelskäufern – in den Anfangsjahren des Handels noch nicht weit verbreitet war. Ein großer Teil dieser Verfälschung wurde wahrscheinlich durch ignorante Vorurteile seitens des Bauern verursacht, für den die Schärfe seines Geruchs und seiner Farbe zu passend waren, als dass sie als seine wichtigsten Eigenschaften angesehen werden könnten . Die Unterschiede in der Qualität verschiedener Guano-Arten wurden vom Käufer allzu oft nicht ausreichend erkannt , und nicht selten musste er für Guano minderer Qualität einen ebenso hohen Preis zahlen, wie er für Guano höchster Qualität hätte zahlen müssen. Tatsächlich veranschaulicht kein Dünger die Bedeutung der chemischen Analyse mehr als Guano. Zu den verschiedenen Formen der Verfälschung gehört die Zugabe von Substanzen wie Sägemehl, Reismehl, Kreide, Kalk- und Magnesiasulfat, Kochsalz, Sand, Erde, Torf, Asche verschiedener Art und Wasser. Es besteht jedoch kein Zweifel daran, dass solche Verfälschungen schon lange nicht mehr in irgendeiner Form praktiziert werden . Dennoch kann es hilfreich sein, die Aufmerksamkeit auf einen oder zwei der Tests zu lenken, mit denen einige der häufigsten Formen von Verfälschungen festgestellt werden können. Ein oder zwei sind äußerst leicht zu erkennen – wie zum Beispiel Verfälschungen mit Sand oder anderen mineralischen Stoffen. In einem solchen Fall wird festgestellt, dass der Ascheanteil, der beim Verbrennen eines kleinen Teils des Guanos zurückbleibt, zu hoch ist. Der Ascheanteil in einer Probe echten peruanischen Guanos sollte 50 bis 60 Prozent nicht überschreiten. Die Farbe der Asche ist ein weiterer wichtiger Punkt und kann als weiterer Hinweis auf eine Verfälschung dienen. Bei echtem Guano sollte dieser weißlich oder gräulich sein. Rot gefärbte Asche weist im Allgemeinen auf die Verfälschung des Guano mit einer eisenhaltigen Mineralsubstanz hin – wie z. B. Redonda-Phosphat, einem mineralischen Phosphat aus Eisen und Aluminiumoxid. Wenn die Asche weiß, aber in übermäßiger Menge vorhanden ist, kann eine Verfälschung mit Kochsalz, Magnesiasulfat, Gips oder Kreide vermutet werden. Die letztgenannte Substanz lässt sich leicht nachweisen, indem man sie mit einer der üblichen Säuren behandelt, wobei durch die Freisetzung der Kohlensäure ein lebhaftes Aufschäumen einsetzt. [198] Ein weiterer wichtiger Punkt im Hinblick auf die Asche ist ihre Löslichkeit in Wasser und in Säuren. Ein großer unlöslicher Rückstand kann als Hinweis auf eine Verfälschung mit Sand gewertet werden. Eine Verfälschung mit Wasser lässt sich auch leicht erkennen, indem man eine Probe auf Siedetemperatur erhitzt und den dabei entstehenden Verlust bestimmt. Natürlich variiert die Wassermenge in den verschiedenen Proben. Anhand des Aussehens des Guano lässt sich recht gut erkennen, ob er ungewöhnlich feucht ist. Abschließend lässt sich noch hinzufügen, dass peruanischer Guano extrem leicht ist; Auch wenn dies allein kein ausreichender Test für die Echtheit ist, kann es doch dazu dienen, andere Tests zu bestätigen.

III. – SOGENANNTE GUANOS.

Bevor wir dieses Kapitel abschließen, sei auf bestimmte Dünger hingewiesen, die allgemein unter dem Namen Guanos bekannt sind – wie „Fisch-Guano", „Fleisch-Guano", „Fleischmehl-Guano" und „Fledermaus-Guano". „-sowie auf Düngemittel, die hier besser beschrieben werden können, nämlich „Geflügel- und Taubenmist".

Fisch-Guano.

Das Ausbringen von Fisch, der für andere Zwecke nicht geeignet ist, als Dünger auf die Felder ist eine Praxis, die in bestimmten Teilen des Landes seit einigen Jahren gängig ist. In vielen Gegenden an der Meeresküste, wo die Fischerei der Haupterwerbszweig ist, bestand die einzige Möglichkeit in der Vergangenheit, beispielsweise einen überreichen Fang an Heringen zu entsorgen, darin, sie als Dünger zu verwenden . Aus einer solchen Praxis ist ein heute wichtiger und ständig wachsender Gewerbezweig entstanden, nämlich die Herstellung von Fisch-Guano.

Diese Herstellung wurde zunächst in Norwegen begonnen und wird dort auch heute noch überwiegend praktiziert . Die Qualität des gewonnenen Guanos variiert erheblich je nach Art des verwendeten Verfahrens und je nachdem, ob der Guano aus ganzen Fischen oder nur aus Fischabfällen hergestellt wird. Letztere Quelle ist die gebräuchlichste. Die Herstellung erfolgt in den Fischpökelstationen und die Qualität des aus dieser Quelle hergestellten Guanos unterscheidet sich etwas von der aus ganzen Fischen, da ein großer Teil der Fischabfälle aus Gräten und Köpfen besteht. Große

Mengen norwegischen Fischguanos werden in verschiedene Teile Europas exportiert.

Die beste Qualität dieses Guanos kann bis zu 10 Prozent Stickstoff enthalten, in der Regel sind es jedoch eher 8 Prozent. Aus dem oben genannten Grund kommt es zu sehr erheblichen Schwankungen in der Menge an Phosphorsäure, da der aus Fischabfällen hergestellte Guano von Natur aus viel reicher an dieser Zutat ist als Guano aus ganzen Fischen. Man kann sagen, dass der Phosphorsäuregehalt zwischen 4 und 15 Prozent liegt, und es ist auch eine kleine Menge Kali vorhanden.

Guano wird in Norwegen auch aus Walkadavern hergestellt. Solcher Guano enthält 7 1/2 bis 8 1/2 Prozent Stickstoff und etwa 13 1/2 Prozent Phosphorsäure.

In Amerika wird in beträchtlichem Umfang Fisch-Guano hergestellt – eine wichtige Quelle ist der Menhaddo , eine grobe Heringssorte. Dieser Fisch wird wegen seines Öls gefangen, das durch Kochen gewonnen wird und der Rückstand nach dem Pressen und Trocknen zu Guano verarbeitet wird.

In diesem Land wird in erheblichem und zunehmendem Umfang Fisch-Guano hergestellt. Früher wurde es in größerem Umfang als heute aus Norwegen importiert, heute betragen die jährlichen Importe nur noch 1000 oder 2000 Tonnen. Die gesamte Jahresproduktion im Vereinigten Königreich beträgt wahrscheinlich 7000 oder 8000 Tonnen.

Wert von „Fisch-Guano".

Daß Fisch-Guano ein wertvoller Dünger ist, daran besteht kein Zweifel. Was seinen Wert jedoch beeinträchtigt, ist die Tatsache, dass es in der Regel eine gewisse Menge Öl enthält. Die Wirkung dieses Öls besteht darin, die Gärung und Zersetzung zu verzögern, wenn der Guano auf den Boden aufgetragen wird, und so seine Wirkung langsamer zu machen, als dies sonst der Fall wäre.

Bei der Anwendung auf dem Boden sollte daher jede Möglichkeit gegeben werden, dessen Gärung zu fördern. Die Anwendung erfolgt am besten einige Zeit vor der voraussichtlichen Verwendung. Es sollte gut mit den Bodenpartikeln vermischt sein und darf nicht auf der Erdoberfläche liegen. Die beste Wirkung erzielt man auf leichten, gut kultivierten Böden, die den Zugang sowohl zu ausreichender Feuchtigkeit als auch zu ausreichend Luft für eine schnelle Gärung ermöglichen. Sein Wert als Dünger für Hopfen, Weinreben, Gras und Erdbeeren hat sich als beträchtlich erwiesen. Es wurde empfohlen, es zusammmen mit Hofdünger auszubringen; und eine solche Art der Anwendung ist zweifellos gut geeignet, seinen Zerfall zu fördern. Es wurde auch zum Mischen mit Superphosphatkalk verwendet. Professor Storer hat eine allgemeinere Verwendung von Fisch als Dünger befürwortet, als dies derzeit der Fall ist. Er schlägt vor, dass sogar Fische, die nicht für essbare Zwecke geeignet sind, gefangen werden könnten, um sie in Mist umzuwandeln. Die Schwierigkeit, Fisch haltbar zu machen, ist jedoch beträchtlich; und er schlägt für diesen Zweck die Verwendung von Kalisalzen wie Kalisalz oder Kalk vor. Der Einsatz von Kali hätte zwei Vorteile. Es wirkt nicht nur konservierend, sondern würde auch den Wert des resultierenden Guanos als Dünger erheblich steigern. In den Ansichten von Professor Storer steckt viel Wahres; und zweifellos wird die Herstellung von Fischguano in Zukunft in größerem und systematischerem Maßstab als bisher betrieben werden, da unsere Quellen für künstlichen stickstoffhaltigen Dünger immer begrenzter werden.

Fleischmehl Guano.

Was als „Fleischmehl-Guano" bezeichnet wird, wird im Allgemeinen aus den Abfällen von Rinderkadavern hergestellt, nachdem diese nach dem Liebig-Verfahren zur Gewinnung ihres Fleischextrakts behandelt wurden. Das Fleischmehl wird sowohl zur Fütterung als auch zu Düngerzwecken verwendet. Beträchtliche Mengen [199] dieses Guanos werden jährlich aus Südamerika, Queensland und Neuseeland in dieses Land importiert, wobei der Guano aus Frey Bentos in Uruguay am bekanntesten ist. Es ist ein wertvoller Dünger, insbesondere wegen seines Stickstoffgehalts, der zwischen 4 und 8 Prozent variiert, während er 13 bis 20 Prozent Phosphorsäure enthält. Einige Fleischmehl-Guanos enthalten bis zu 11 Prozent Stickstoff.

In einigen Teilen der Welt, insbesondere in Deutschland, werden die Kadaver von Pferden, aber auch Rindern, Hunden, Schweinen usw., die an Krankheiten gestorben sind, in Guano umgewandelt. Sie werden in Fermentern einer Dampfbehandlung unterzogen, wodurch Fett und Gelatine getrennt und verwertet werden , während der verbleibende Teil des Tieres in Guano umgewandelt wird. Es kommen auch andere Verfahren zum Einsatz. Der resultierende Mist enthält 6 bis 10 Prozent Stickstoff und 6 bis 14 Prozent Phosphorsäure.

Wert von Fleischmehl-Guano.

Fleischmehl-Guano ist ein wertvoller stickstoffhaltiger Dünger. Für ihn gelten die gleichen Bemerkungen wie für Fisch-Guano, obwohl er wahrscheinlich sehr viel schneller gärt als letzterer und zweifellos ein wertvollerer Dünger ist.

Abschließend können wir Fledermaus-Guano betrachten. Fledermaus-Guano, eine wirklich sehr seltene Kuriosität, wurde in Höhlen angehäuft in heißen Klimazonen gefunden.

analysierten Proben waren von sehr unterschiedlicher Qualität, einige enthielten bis zu 9 Prozent Stickstoff und 25 Prozent Phosphorsäure. Vorausgesetzt, es könnte in beliebiger Menge und in einer Qualität gewonnen werden, die der obigen Analyse auch nur annähernd entspricht, muss kaum darauf hingewiesen werden, dass Fledermausguano ein äußerst wertvoller Dünger wäre.

Das Besondere an seiner Zusammensetzung ist, dass festgestellt wurde, dass es einen beträchtlichen Anteil seines Stickstoffs (bis zu 3 Prozent) in Form von Nitraten enthält.

Tauben- und Geflügelmist.

Taubenmist ist ein Mist, der historisch gesehen von großer Bedeutung ist. Der Mist von Tauben wurde von den alten Römern als Dünger verwendet; und selbst in der Neuzeit, insbesondere in Frankreich, galt es als äußerst wichtiges Düngemittel . Trotz dieser Tatsachen ist Taubenmist keineswegs ein reichhaltiger Dünger, und seine Zusammensetzung ist im Vergleich zu den Guanos, die wir gerade betrachtet haben, äußerst ungünstig . Laut Storer [200] enthält es nur 1-1/4 bis 2-1/2 Prozent Stickstoff, 1-1/2 bis 2 Prozent Phosphorsäure und etwas mehr als 1 Prozent Pottasche.

Der Mist von Geflügel ist ungefähr ebenso schlecht; Geflügelmist enthält 0,8 bis 2 Prozent Stickstoff, 1 1/2 bis 2 Prozent Phosphorsäure und etwas weniger als 1 Prozent Kali; während das der Enten und Gänse noch schlechter ausfällt. [201]

Aus diesen Aussagen geht hervor, dass die Exkremente von Tauben, Hühnern und Enten keinen reichhaltigen Mist bilden. Was bei Taubenmist auffällt, ist die Tatsache, dass er sehr schnell gärt.

Keines der Pseudo-Guanos, so reich es auch an Düngerbestandteilen sein mag, kann in seiner Wirkung dem echten Artikel gleichgestellt werden, und zwar aus Gründen, auf die wir bereits bei der Betrachtung der Wirkung von Guano eingegangen sind.

[183] Knochen wurden zwar schon lange vor Guano verwendet; Obwohl sie zu Recht beliebt waren, wurden sie zum Zeitpunkt der Einfuhr von Guano noch nicht in nennenswertem Umfang verwendet.

[184] Die gesamten jährlichen Importe können derzeit mit unter 30.000 Tonnen angenommen werden, während sie 1855 über 200.000 Tonnen betrugen. Für Statistiken zu diesem Punkt wird der Leser auf den Anhang, Anmerkung I., S. 11 verwiesen. 327.

[185] Bezüglich der Herkunft bestimmter Guano-Lagerstätten, die sehr jungen Datums sind – *z*. B. *Angamos* und *Ichaboe* – kann es keinerlei Zweifel geben, da wir den Entstehungsprozess noch immer beobachten können. Dies gilt jedoch nicht für ältere Lagerstätten, bei denen einige geneigt waren, mineralischen Ursprungs zu behaupten. Der beste Beweis dafür, dass solche Ablagerungen hauptsächlich auf Vogelkot zurückzuführen sind, ist die vergleichsweise große Menge an *Harnsäure* , die sie enthalten. Andererseits liegt der Beweis für die Annahme, dass sie auch aus den Überresten der Vögel selbst und anderer Tiere gebildet werden, in dem großen Anteil an Phosphaten, die sie enthalten, und in der Anwesenheit von Federn und Federn in den Ablagerungen die versteinerten Skelette der oben genannten Tiere.

[186] Eine vollständige Liste der verschiedenen Einlagen finden Sie im Anhang, Anmerkung II., S. 327. Es ist zu bemerken, dass fast alle Ablagerungen innerhalb von 10° bis 20° nördlich und südlich des Äquators liegen.

[187] Siehe Kapitel über Hofdünger, S. 257.

[188] Laut Nesbit enthielten einige der Ladungen dieses Guanos harte Salzklumpen von sehr geringem Güllewert – über 50 Prozent waren Kochsalz.

[189] Die Salzexporte erfolgten im Jahr 1868.

[190] Für Analysen dieser Knötchen und Kristalle siehe Anhang, Anmerkung III., S. 328.

[191] Siehe Heiden, Bd. ii. P. 356.

[192] Siehe Anhang, Anmerkung IV, S. 329.

[193] Der derzeit exportierte Ichaboe- Guano ist eine frische Ablagerung und wird jährlich zum Versand eingesammelt.

[194] In bestimmten Fällen kam es zu weiteren chemischen Veränderungen zwischen dem Guano und dem darunter liegenden Kalksteingestein, was zur

Bildung eines sogenannten „Krusten"-Guanos führte. Solche Guanos bilden ein weiches Phosphatgestein und sind äußerst reich an Phosphaten. Als Beispiele für diese „Krusten"-Guanos können Sombrero-, Curaçao-, Aruba-, Mexiko- und Navassa-Phosphate genannt werden.

[195] Das Vorhandensein von Konkretionsknötchen im alten peruanischen Guano wurde bereits erwähnt.

[196] Laut Vogel wird der Stickstoff als Urate durch die Schwefelsäure in Ammoniaksalze umgewandelt.

[197] Siehe Anhang, Anmerkung VI. P. 330.

[198] Es muss jedoch beachtet werden, dass selbst echter Guano eine gewisse Menge kohlensäurehaltigen Kalk enthält und bei entsprechender Behandlung ein leichtes Sprudeln hervorruft.

[199] Die jährlichen Importe können mit 3000 bis 4000 Tonnen angegeben werden.

[200] Agricultural Chemistry, Bd. ich . P. 367.

[201] Siehe Anhang, Anmerkung VII., S. 331.

ANHANG ZU KAPITEL VIII.

ANMERKUNG I. (S. 297).

PERUANISCHER GUANO, IMPORTIERT IN DAS VEREINIGTE KÖNIGREICH,
1865-1893.

Jahr.	Tonnen.
1865	213.024
1870	247.028
1871	144.735
1872	74.964
1873	135.895
1874	94.346
1875	86.042
1876	158.674
1877	111.835
1878	127.813
1879	45.475
1880	58.631
1881	33.393
1882	27.382
1883	36.713
1884	15.802
1885	—
1886	28.733
1887	5.784
1888	16.446

1889	17.000
1890	19.000
1891	11.000
1892	14.000

HINWEIS II. (S. 298).

GUANOVORKOMMEN DER WELT.

SÜDAMERIKA -

Peru. – Auf verschiedenen Inseln vor der Küste – nämlich Chincha , Guanape , Ballestas, Macabi, Lobos und Patillos ; und an verschiedenen Teilen der Küste – nämlich Pabellon de Pica, Chipana, Huanillos , Punta de Patillos , Indiependence Bay und Lobos de fuera .

Columbia. – In verschiedenen Teilen der Staaten Venezuela, Neu-Granada und Ecuador. Aus diesen Gegenden stammender Guano wird oft als kolumbianischer Guano bezeichnet, oder nach dem Namen des Staates, in dem er vorkommt. Maracaïbo- und Mönchsguanos stammen von der Küste Venezuelas. Vorkommen gibt es auch auf den Galapagos-Inseln westlich von Ecuador.

Bolivien. — Mejillones , Patagonien, Leon's.

NORDAMERIKA – An den Küsten Mexikos und Kaliforniens wurden Ablagerungen gefunden; auf den Inseln Raza und Patos ; und an den Küsten von Labrador. Sie wurden auch auf den Inseln Curaçao, Aruba und Navassa im Golf von Mexiko gefunden.

AFRIKA – An der Westküste wurden Vorkommen in der Algoa Bay, der Saldanha Bay und auf der Insel Ichaboe gefunden .

AUSTRALIEN – Shark's Bay und Swan Island.

WESTINDISCHE INSELN – Sombrero, Aves und Kuba.

PAZIFISCHER OZEAN – Auf den Inseln Baker, Jarvis, Howland, Malden, Starbuck, Fanning, Enderbury , Lacepede , Browse, Huon und Surprise.

ASIEN – Vorkommen in Kuria Muria an der arabischen Küste und auf den Sandwichinseln. (Siehe Heidens „ Düngerlehre ", Bd. II, S. 349.)

ANMERKUNG III. (S. 303).

ZUSAMMENSETZUNG DER KONKRETIONSKNÖTCHEN.

(Analysen von Karmrodt .)

Nr. 1

Kaliumsulfat	7.49
Kaliumphosphat	9.52
Natriumphosphat	9.08
Ammoniumphosphat	7.57
Calciumsulfat	3.40
Ammoniumurat	4.09
Ammoniumoxalat	41.28
Stickstoffhaltige organische Substanz	10.17
Wasser	7.40
	100,00

Stickstoff - 14,84

Nr. 2

Kaliumsulfat	45,64
Natriumsulfat	13.22
Ammoniumsulfat	10.23
Ammoniumoxalat	9.14
Basisches Ammoniumphosphat	12.09
Ausgefallenes Ammoniumphosphat	4,78
Organisches Material	.94
Unlöslich	1,90
Wasser	2.06

<u>100,00</u>

ANMERKUNG IV. (S. 306).

Die folgenden Analysen, die den Durchschnitt einer großen Anzahl verschiedener Proben darstellen, die von Zeit zu Zeit im chemischen Labor der Landwirtschaftlichen Versuchsstation Pommritz analysiert wurden , zeigen den allmählichen Verfall des peruanischen Guano hinsichtlich seines Stickstoffgehalts in den Jahren 1867- 81:—

	Stickstoff.
1867	13.16
1868	11,98
1869	13.66
1870	12.37
1871	10.04
1872	10.72
1873	9.16
1874	9,83
1878	7.10
1879	6,95
1880	7.07
1881	6,93

ANMERKUNG V. (S. 309).

ZUSAMMENSETZUNG VERSCHIEDENER GUANOS.

Im Folgenden finden Sie eine Liste der gebräuchlichsten stickstoff- und phosphathaltigen Guanos, die in der Vergangenheit verwendet wurden oder derzeit verwendet werden. Die kursiv gedruckten Texte werden noch bearbeitet. Da ihr Wert von ihrem Stickstoff und ihrer Phosphorsäure abhängt, wurden nur diese angegeben. Bei den Prozentangaben handelt es sich lediglich um Näherungswerte, da die Qualität verschiedener Ladungen aus denselben Lagerstätten sehr unterschiedlich ist. Die Tabelle kann als Referenz hilfreich sein.

Stickstoffhaltige Guanos.

	Stickstoff = Ammoniak.		Säure	Phosphorsäure } Tricalcic } = Phosphat. {
	Prozent.	Prozent.	Prozent.	Prozent.
Angamos	20	24	5	11
Chincha	14	17	13	28
Ballestas	12	15	12	26
ägyptisch	11	13	19	41
Guanape	11	13	—	—
Macabi	11	13	12	26
Corcovado	11	13	15	33
Saldanha-Bucht	9	11	9	20
Ichaboe	8	10	9	20
Unabhängigkeitsbucht	7	9	12	26
Pabellon de Pica	7	9	14	31
Punta de Lobos	4	5	15	33
Huanillos	6	7	18	28
Pinguin	5	6	11	24
Patagonisch	4	5	18	39
Falkland Inseln	4	5	14	31

Phosphatische Guanos.

	Phosphorsäure } Tricalcic {	Säure } = Phosphat. {
	Prozent.	Prozent.
Maracaïbo oder Mönche	42	92
Raza-Insel	40	87
Curacao	40	87
Bakerinsel	39	85
Starbucks	38	83
Enderbury	37	81
kalifornisch	35	76
Aves	34	74
Fanning-Insel	34	74
Howland	34	74
Sidney Island	34	74
Mejillones	33	72
Lacepede- Insel	33	72
Malden-Insel	32	70
Sombrero	32	70
Durchsuchen Sie die Insel	31	68
Huon-Insel	28	61
Insel Patos	24	52
Jarvis-Insel	20	44
Kap Vert	11	24

HINWEIS VI. (S. 314).

Es könnte von Interesse sein, sich auf eine von Liebig aufgestellte Theorie zur Wirkung von Oxalsäure in Guano zu beziehen. Er war der Ansicht, dass dies dazu führte, dass das unlösliche Calciumphosphat allmählich löslich wurde und es zur Bildung von Ammoniumphosphat und Calciumoxalat kam. Eine solche Aktion würde wahrscheinlich stattfinden, wenn man den Guano von selbst gären ließe. Wir wissen jedoch, dass bei Kontakt mit den Bodenpartikeln das gesamte lösliche Phosphat in ausgefälltes Phosphat umgewandelt wird.

HINWEIS VII. (S. 326).

ANALYSEN VON MIST VON GEFLÜGEL, TAUBEN, ENTEN UND GÄNSEN.
(Storers „Agricultural Chemistry", Bd. I , S. 367.)

	Geflügel.	Tauben.	Enten.	Gänse.
Wasser	56,00	52,00	56,60	77.10
Organisches Material	25,50	31.00	26.20	13.40
Stickstoff	1,60	1,75	1,00	.55
Phosphorsäure	1,5-2,00	1,5-2,00	1,40	.54
Pottasche	.80-.90	1,0-1,25	.62	.95
Kalk	2,00-2,50	1,50-2,00	1,70	.84
Magnesia	.75	.50	.35	.20

Einer Berechnung eines belgischen Landwirts zufolge produziert eine Taube im Jahr etwa 2,7 kg Mist, eine Henne etwa 5,5 kg, ein Truthahn oder eine Gans etwa 11 kg und eine Ente 7,6 kg.

KAPITEL IX.
NITRAT VON SODA.

Salpeternatron, [202] oder, wie es aus chemischer Sicht korrekter bezeichnet wird, Natriumnitrat, bildet heute den wichtigsten verwendeten stickstoffhaltigen Dünger. Zusammen mit Sulfat von Ammoniak hat es den Platz eingenommen, den einst der ältere peruanische Guano auf den Mistmärkten einnahm, und kann bei den gegenwärtigen Preisen zweifellos als eine der billigsten und wertvollsten künstlichen Stickstoffquellen für die Pflanze angesehen werden . Es ist etwa zweiundsechzig Jahre her, seit es erstmals aus Südamerika in dieses Land exportiert wurde. Die Gesamtexporte beliefen sich in diesem Jahr auf etwa 800 Tonnen, und ein gewisser Hinweis auf das enorme Ausmaß, in dem die Verwendung dieses wertvollen Düngemittels seitdem entwickelt wurde, ergibt sich aus der Aussage, dass die Gesamtexporte derzeit etwas weniger als 1.000.000 betragen Tonnen pro Jahr, was einem Geldwert von 6 bis 7 Millionen Pfund Sterling entspricht. Davon werden etwa 120.000 Tonnen nach Großbritannien importiert. [203] Obwohl es hauptsächlich für Düngerzwecke verwendet wird, darf man sich nicht vorstellen, dass es nur für diesen Zweck verwendet wird. Eine gewisse Menge wird bei der Herstellung verschiedener chemischer Stoffe verwendet, zum Beispiel bei der Herstellung von Salpeter- und Schwefelsäure , und auch bei der Herstellung von Salpeter , dem Hauptbestandteil von Schießpulver.

Datum der Entdeckung von Nitratvorkommen.

Das genaue Datum der Entdeckung der Nitratvorkommen scheint äußerst zweifelhaft zu sein. Die früheste veröffentlichte Beschreibung stammt von Bollaert aus dem Jahr 1820, in dem angeblich die erste Lieferung nach England erfolgte. Allerdings schien die peruanische Regierung, zu der sie damals gehörten, [204] ihren Wert erst etwa zehn oder zwölf Jahre später erkannt zu haben . Die wichtigsten Vorkommen befinden sich in der Nähe der Stadt Iquique, dem wichtigsten Nitrathafen Südamerikas. Es ist eine etwas überraschende Tatsache, dass diese Substanz, die sich eindeutig als das wirksamste aller bekannten künstlichen Mittel zur Förderung des Pflanzenwachstums erwiesen hat, in einem Bezirk gefunden werden sollte, in dem es an den geringsten Spuren von Vegetation jeglicher Art mangelt. Damit eine solche Aussage nicht den Anschein von Ironie erweckt , erklären wir schnell, dass die einzigartige Kargheit dieses Teils des Landes größtenteils auf den Charakter seines Klimas zurückzuführen ist, auf dessen Ablagerungen inmitten von Sandwüsten [205] liegt Regen fällt nie.

Ihr Ursprung.

Der Ursprung dieser Salpeterfelder ist ein geologisches Problem von sehr großem Interesse, dessen Schwierigkeit durch ihre Höhe – 3000 bis 4000 Fuß über dem Meeresspiegel – und ihre Entfernung ins Landesinnere, die in manchen Fällen achtzig oder achtzig Fuß beträgt, erheblich erhöht wird Neunzig Meilen von der Meeresküste entfernt. Die Nitratvorkommen sind nicht die einzigen Salzvorkommen in Chili. Dem verstorbenen David Forbes zufolge [206] sind sie nicht mit anderen Salzformationen zu verwechseln, die in Abständen über den gesamten Teil der Westküste verstreut auftreten, an dem kein Regen fällt. Letztere erstrecken sich von Nord nach Süd über eine Entfernung von mehr als 550 Meilen, wobei ihre größte Ausdehnung zwischen dem 19. und 25. Breitengrad liegt. Die Tiefe, bis zu der sie nach unten reichen, variiert erheblich. Die meisten von ihnen sind jedoch von sehr oberflächlichem Charakter, und „sie zeigen immer Anzeichen ihrer Existenz durch die salzhaltigen Ausblühungen, die auf der Erdoberfläche zu sehen sind, die oft weite Ebenen als weiße kristalline Kruste bedeckt, deren Staub, von dem Das Eindringen in die Nase und den Mund des Reisenden verursacht große Belästigungen, während gleichzeitig auch die Augen unter der intensiv leuchtenden Reflexion der Strahlen einer tropischen Sonne leiden. Diese Salzverkrustungen oder *Salinas* , wie sie allgemein genannt werden, bestehen hauptsächlich aus Salzen von Kalk, Soda, Magnesia, Aluminiumoxid und Borsäure. Aufgrund ihrer Zusammensetzung könnte man ihren Ursprung auf die Verdunstung von Salzwasser zurückführen; denn mit der einzigen Ausnahme der Borsäure [207] sind alle mineralischen Substanzen solche, die durch die Verdunstung von Meerwasser oder durch die gegenseitige Reaktion seiner Salze mit den Bestandteilen der angrenzenden Gesteine erhalten würden. Da es „unbestreitbare Beweise für die jüngste Anhebung der gesamten Küste" gibt, könnte man vernünftigerweise annehmen, dass vulkanische Umwälzungen ihre Höhe erklären. Ihre relative Nähe zur Küste scheint diese Theorie weiter zu begünstigen . Aus diesen Gründen neigt Forbes daher zu der Annahme, dass sie ihren Ursprung der Verdunstung von Salzwasserlagunen unter dem Einfluss einer tropischen Sonne zu verdanken haben, deren Verbindung mit dem Meer durch den Aufstieg des Meeres unterbrochen worden war Land.

Forbes und Darwin über die Theorie ihres Ursprungs.

Der offensichtlichen Schwierigkeit, die Bildung der größeren Ablagerungen durch eine solche Theorie zu erklären, begegnet er, indem er sagt, dass man nur annehmen muss, dass die Lagunen selbst nach der teilweisen Isolation der Lagunen durch die Erhebungen der Küste noch immer den Gezeiten ausgesetzt gewesen sein könnten oder gelegentliche Verbindung mit dem Meer durch seitliche Öffnungen in der Hügelkette, die sie vom Meer trennt. In solchen Fällen kommt es zu einer allmählichen Ansammlung von Salzen, deren Menge weit über die reine Verdunstung des ursprünglich in den Lagunen enthaltenen Wassers hinausgeht. Die obige Theorie über den Ursprung der unteren Salzablagerungen könnte die Art und Weise der Bildung der Nitratfelder erklären; aber in diesem Fall treten mehrere Schwierigkeiten auf. Einer davon ist die viel größere Höhe der letzteren sowie ihre größere Entfernung im Landesinneren. Dieser Schwierigkeit lässt sich jedoch dadurch begegnen, dass man annimmt, dass sie älteren Ursprungs sind als die tiefer gelegenen Lagerstätten und entsprechend stärkeren vulkanischen Umwälzungen ausgesetzt waren. Es gibt zahlreiche Beweise dafür, dass dieser Teil des Kontinents in der Vergangenheit Schauplatz solcher vulkanischer Unruhen war. Forbes ist der Meinung, dass es die umfassendsten Beweise dafür gibt, dass selbst seit der Ankunft der Spanier eine sehr beträchtliche Hebung des Landes über den größten Teil, wenn nicht die gesamte Ausdehnung der Küstenlinie stattgefunden hat; während Darwin angibt, er habe überzeugende Beweise dafür, dass dieser Teil des Kontinents seit der Ära der existierenden Muscheln von 400 auf 1200 Fuß angehoben wurde. Darüber hinaus ist bekannt, dass es in jüngster Zeit zu Erhebungen der Küstenlinie kam, die in vielen Fällen mehrere Fuß betragen, während Erdbeben und vulkanische Störungen weniger auffälliger Art immer noch häufig vorkommen. Aufeinanderfolgende Linien, die auf alte Meeresstrände hinweisen, lassen sich deutlich erkennen, die sich landeinwärts hintereinander erstrecken; und Flecken von Meersand und wassergeschliffenen Steinen, die man in großer Entfernung von der Küste findet, sowohl in Tälern als auch in Höhen von viel mehr als 4000 Fuß, deuten auf die gleiche Schlussfolgerung hin. [208] Die Schwierigkeit der Höhe und Entfernung von der Küste kann daher nicht als unüberwindbar angesehen werden.

Eine Schwierigkeit, die jedoch nicht so leicht zu überwinden ist, ergibt sich aus der Anwesenheit von Salpetersäure, die in Verbindung mit der Soda das salpetersaure Natron bildet. Es ist kaum nötig, unsere Leser darüber zu informieren, dass Stickstoff – außer natürlich in geringen Mengen im freien Zustand – kein normaler Bestandteil von Salzwasser ist. Die Frage, die im Zusammenhang mit der Bildung dieser Salpeterschichten von größtem

Interesse ist, ist daher: Woher stammt die Salpetersäure? Es wurden mehrere Theorien aufgestellt, um dies zu erklären.

Zum einen verdankt es seinen Ursprung riesigen Guano-Ablagerungen, die ursprünglich die Ufer der großen Salzseen bedeckten und durch das anschließende Überlaufen ihrer Ufer zur Vermischung des Guanos mit den Salzen führten. Auf diese Weise würde durch einen langsamen Zersetzungsprozess letztendlich Sodanitrat entstehen. [209] Diese Theorie scheint, abgesehen von anderen Überlegungen, auf den ersten Blick äußerst plausibel, insbesondere wenn man bedenkt, dass genau an dieser Küste die größten Guanovorkommen gefunden wurden und dass die berühmten Chincha- Inseln als einzige nachgegeben haben Über 10 Millionen Tonnen dieses wertvollen Düngemittels befinden sich vergleichsweise nahe am Ort der Nitratvorkommen. Was diese Theorie weiter zu stützen scheint, ist das tatsächliche Vorkommen kleiner Mengen Guano in den Nitratfeldern selbst. Doch so plausibel es auf den ersten Blick auch erscheinen mag, es hält einer näheren Kritik nicht stand. Ein sehr schwerwiegender Einwand ist das Fehlen von Phosphatkalk, dem größten Bestandteil von Guano, in diesen Lagerstätten. Wenn sie wirklich auf Guano zurückzuführen wären, wie kommt es dann, dass das unlösliche Phosphat des Kalks verschwunden sein sollte, während nur das leicht lösliche Salpeter der Soda erhalten bleiben sollte? Unter der Annahme, dass diese Theorie korrekt ist, sollten wir natürlich damit rechnen, immer noch Hinweise auf die chemischen Veränderungen zu finden, die unter solchen Umständen stattgefunden hätten, und zwar in Form von Teilen des Guano im Übergangsstadium. Solche Beweise konnten jedoch auch bei sorgfältigsten Untersuchungen nicht entdeckt werden. Abgesehen von den oben genannten Einwänden scheint es jedoch aufgrund von Beweisen, die sich aus Spuren von Vogelnestern usw. ergeben, kaum Zweifel zu geben, dass das in den Salpeterbetten gefundene Guano nach der Bildung des salpetersauren Natrons abgelagert wurde.

Die wahrscheinlichste Theorie scheint die von Nöllner vertretene zu sein . Der Ursprung der Salpetersäure ist seiner Meinung nach auf den Zerfall großer Seetangmassen zurückzuführen, die durch Wirbelstürme, wie sie in diesen Gegenden noch immer vorherrschen, in die Lagunen getrieben wurden. Die Hauptschwierigkeit bei der Annahme dieser Theorie ist die enorme Menge an Algen, die erforderlich ist, um die Millionen Tonnen

Salpetersäure zu produzieren, die diese Ablagerungen enthalten. In Bezug auf diesen Punkt muss jedoch daran erinnert werden, dass das Vorkommen gigantischer Massen von Seegras im Pazifischen Ozean [210] auch heute noch keineswegs ungewöhnlich ist. Wenn wir, um die Entstehung der Kohle zu verstehen, annehmen müssen, dass die Karbonperiode eine Zeit war, in der ein außerordentlich üppiges Wachstum der Vegetation stattfand, können wir vielleicht ein ähnlich üppiges Wachstum von Seegras während der Bildung der Nitratablagerungen annehmen. Eine sehr starke Bestätigung der Wahrheit dieser Theorie wird außerdem durch die Anwesenheit von Jod, einer für Seetang charakteristischen Substanz, in großen Mengen im Rohnitrat von Natron geliefert; während man hier und da Stücke von noch unzersetztem Seegras antrifft. Im Großen und Ganzen scheint diese Theorie, obwohl sie nicht frei von Schwierigkeiten ist, hinsichtlich des Ursprungs der Salpeterablagerungen am annehmbarsten zu sein. [211]

Auftreten von Nitratfeldern.

Nachdem wir den Ursprung der Nitratfelder besprochen haben, können wir nun eine detailliertere Beschreibung ihres Aussehens geben. Die derzeit hauptsächlich bearbeiteten Lagerstätten liegen in der Pampa de Tamarugal in der Provinz Tarapaca . Sie erstrecken sich über eine Entfernung von dreißig bis vierzig Meilen landeinwärts, von Pisagua südwärts bis etwas über die Stadt Iquique hinaus. Diese riesige Wüste scheint, wie bereits erwähnt, völlig bar aller Vegetation und Tierwelt zu sein. Sogar im unmittelbar angrenzenden Land scheint die einzige Vegetation, die zu wachsen scheint, eine Akazienart zu *sein* . Die wenigen Bäche, die es in dieser Gegend gibt, werden ausschließlich vom schmelzenden Schnee der Kordilleren gespeist. Darwin beschreibt das Erscheinungsbild dieser Pampas als „ein Land nach dem Schnee, bevor die letzten schmutzigen Flecken aufgetaut sind". Das *Caliche* , das rohe Nitrat von Soda, ist in der Pampa nicht gleichmäßig verteilt. Die häufigsten Ablagerungen befinden sich an den Hängen der Hügel, die wahrscheinlich die Ufer der alten Lagunen bildeten. Anhand des äußeren Erscheinungsbildes des Bodens kann ein Experte erkennen, wo die ergiebigsten Vorkommen zu finden sind. Der *Caliche* selbst befindet sich nicht auf der Oberfläche der Ebene, sondern ist von zwei Schichten bedeckt. Die oberste Schicht, fachsprachlich *Chuca* genannt , ist brüchiger Natur und besteht aus Sand und Gips; während die untere, die *Costa* , ein felsiges Konglomerat aus Ton, Kies und Feldspatfragmenten ist. Die Dicke der *Caliche* variiert zwischen einigen Zoll und 10 bis 12 Fuß und ruht auf einer weichen Erdschicht namens *Cova* .

Die Methode zur Gewinnung von Nitrat.

Die Art und Weise, wie die *Caliche ausgegraben wird, ist wie folgt: Ein Loch wird durch die Chuca-* , *Costa-* und *Caliche- Schichten* gebohrt, bis die *Cova* oder weiche Erde darunter erreicht wird. Dann wird es vergrößert, bis es breit genug ist, dass ein kleiner Junge heruntergelassen werden kann, der die Erde unter der *Caliche abkratzt* , um eine kleine hohle Tasse zu formen. Darin wird eine Ladung Schießpulver eingebracht und anschließend explodiert. Anschließend wird der *Caliche* mittels Spitzhacken von der darüberliegenden *Costara getrennt* und zur Raffinerie transportiert.

Zusammensetzung von Caliche.

Sowohl im Aussehen als auch in der Zusammensetzung ist es sehr unterschiedlich. Die Farbe kann schneeweiß, schwefelweiß , zitronenfarben, orange, violett, blau und manchmal braun wie Rohzucker sein.

Der in der Pampa de Tamarugal gefundene *Caliche* enthält im Allgemeinen etwa 30 bis 50 Prozent reines Natron; das in der Provinz Atacama enthält 25 bis 40 Prozent. Die anschließenden Veredelungsprozesse, bei denen es mittels Walzen zerkleinert und anschließend aufgelöst wird, brauchen hier nicht beschrieben zu werden. Es mag genügen zu erwähnen, dass es sich bei dem verwendeten Verfahren um das sogenannte systematische Auslaugen handelt, das der von Shanks bei der Herstellung von Soda eingeführten Methode entspricht. Die Hauptverunreinigung im Rohmaterial ist Kochsalz; Gips, Sulfate von Kalium, Natrium und Magnesium sowie unlösliche Stoffe sind die anderen Verunreinigungen. In diesen *Büros* wird auch die Herstellung von Jod betrieben, das, wie bereits erwähnt, in den Salpeterbetten vorkommt

.

Ausmaß der Nitratablagerungen.

Die Frage nach dem Ausmaß der Nitratablagerungen ist natürlich von großem Interesse, insbesondere aus landwirtschaftlicher Sicht. M. Charles Legrange , ein französischer Schriftsteller, schätzte vor einigen Jahren, dass sie noch etwa 100.000.000 Tonnen reines Salpeternatron enthielten. Die Meinungen gehen in diesem Punkt sehr auseinander, und es scheint nahezu unmöglich, zu einer wirklich genauen Schätzung zu gelangen.

Die Anzahl der Jahre, die sie halten, hängt natürlich von der Menge der jährlichen Exporte ab. Dies liegt derzeit bei knapp 1.000.000 Tonnen. Wenn diese Menge eingehalten wird, dürften sie Experten zufolge mindestens zwanzig bis dreißig Jahre halten. Ein Gesichtspunkt, der bei dieser Frage einen wichtigen Einfluss hat, ist der für den Artikel erzielte Preis. Sollte dieser Wert erhöht werden, könnte es möglich sein, die größeren Mengen des minderwertigen Rohstoffs (deren Preise derzeit steigen dürfen) gewinnbringend zu behandeln. Zweifellos wird dies letztendlich geschehen, wenn die reichhaltigere Qualität des *Caliche* erschöpft ist.

Zusammensetzung und Eigenschaften von Sodanitrat.

Wie bereits erwähnt, enthält handelsübliches Natron etwa 95 Prozent reines Natron oder etwa 15 1/2 Prozent Stickstoff, was, als Ammoniak berechnet, 19 Prozent entspräche. Es ist neben Ammoniaksulfat (das 24 1/2 Prozent Ammoniak enthält) der am stärksten konzentrierte stickstoffhaltige Dünger und enthält darüber hinaus seinen Stickstoff in der für die Pflanze am leichtesten verfügbaren Form. Seine charakteristischste Eigenschaft ist seine große Löslichkeit und die daraus resultierende schnelle Diffusion im Boden sowie die Unfähigkeit der Bodenpartikel, seinen Stickstoff zu binden. In letzterer Hinsicht unterscheidet es sich ganz erheblich von anderen Stickstoffformen. Obwohl Ammoniaksalze praktisch genauso löslich sind, diffundieren sie im Boden nicht so schnell wie salpetersaure Natronsalze; denn das Ammoniak wird mehr oder weniger hartnäckig von den Bodenteilchen fixiert und zurückgehalten, bis es durch den Nitrifikationsprozeß *in* Nitrate umgewandelt wird.

Salpeternatron wird als Top-Dressing angewendet.

Aus diesem Grund wird salpetersaures Natron hauptsächlich – und das zu Recht – als Top-Dressing verwendet. Dadurch wird das Risiko eines Verlusts durch Entwässerung minimiert und der wertvolle Stickstoff findet seinen richtigen Bestimmungsort – nämlich in den Wurzeln der Pflanze.

Fördert tiefe Wurzeln.

Ein besonderer Vorteil, der der Pflanze durch die Diffusionsfähigkeit von Natron zugefügt wird, besteht darin, das Wachstum tiefer Wurzeln zu fördern, indem die wachsende Pflanze dazu gebracht wird, ihre Wurzeln nach dem Natron in die unteren Schichten des Bodens zu schicken . Der Vorteil tiefer Wurzeln ist natürlich sehr groß. Sie ermöglichen es der Pflanze, der Einwirkung von Dürre standzuhalten, und vergrößern gleichzeitig die Fläche, von der die Pflanze ihre Nahrung beziehen kann. Obwohl der Wert des Mists praktisch ausschließlich auf den darin enthaltenen Stickstoff zurückzuführen ist, wurde betont, dass das Soda eine positive Wirkung auf die mechanischen Eigenschaften des Bodens ausübt, indem es seine Fähigkeit zur Feuchtigkeitsaufnahme erhöht und ihn auch kompakter macht . Dies würde teilweise erklären, warum die Ergebnisse in Trockenzeiten so viel besser sind als die, die mit Ammoniaksulfat erzielt werden. Diese mechanische Wirkung des Nitrats kann kaum sehr groß sein, wenn man sich an die verhältnismäßig geringe Menge erinnert, die angewendet wird. Selbst in den trockensten Jahreszeiten ist immer ausreichend Feuchtigkeit vorhanden, um die Diffusion des Natrons zu gewährleisten, während das Risiko eines Verlusts durch Entwässerung auf ein Minimum reduziert wird. In der Vergangenheit gab es viel Unwissenheit und Vorurteile über die wahre Natur der Wirkung von Salpeternatron. Auch dieses Vorurteil ist noch nicht vollständig ausgeräumt.

Ist Nitrat ein anstrengender Mist?

Der allgemeine Vorwurf, es handele sich um etwas, das als erschöpfender Mist bezeichnet wurde. Um Gewicht zu haben, muss dieser Einwand bedeuten, dass salpetersaures Natron eine Ernte hervorbringt, die dem Boden eine *ungewöhnliche* Menge an Düngemitteln entzieht . Soweit dem Autor bekannt ist, wurden jedoch noch nie wissenschaftliche Beweise vorgelegt, die diese Behauptung stützen könnten. Dass die wahllose Verwendung von Gülle zu einer Ernte führen kann, bei der sich Stängel und Blätter auf Kosten des Getreides übermäßig entwickeln oder bei der die Qualität der Ernte durch ein zu schnelles Wachstum beeinträchtigt werden kann, ist natürlich ein wohlbekanntes Argument. bekannte Tatsache. Da dies aber auch durch eine Überdosierung von löslicher Phosphorsäure sowie Ammoniaksalzen verursacht werden kann, handelt es sich nicht um eine Eigenschaft, die ausschließlich dem Salpeter von Natron zukommt. Wahrscheinlich ist Salpeternatron in der Vergangenheit oft auf diese wahllose Weise verwendet worden, um solche Ergebnisse zu erzielen. Der Fehler liegt also nicht im Mist, sondern in der Art seiner Anwendung. Daher könnten sich einige Bemerkungen zu diesem wichtigen Thema als nützlich erweisen.

Kulturen, für die es geeignet ist.

Natürlich gehen die Meinungen darüber auseinander, bei welchen Nutzpflanzen sich der Einsatz von Natron lohnt. Sein Wert als Dünger für Getreide wird allgemein anerkannt. Sein Wert als Wurzeldünger ist jedoch nicht so allgemein anerkannt. Experimente scheinen zu zeigen, dass eine Nutzpflanze wie die Mangold genauso viel Nutzen bringt wie das Getreide; In Deutschland haben Praxiserfahrungen in sehr großem Umfang seinen Wert als Dünger für Rote Bete bewiesen. Es kann allgemein als Dünger für alle Kulturen empfohlen werden, mit Ausnahme vielleicht der sogenannten Hülsenfrüchte wie Klee, Bohnen, Erbsen usw., deren Fähigkeit, Stickstoff für sich selbst zu gewinnen, die Anwendung teurer künstlicher stickstoffhaltiger Dünger nicht ratsam macht .

Ein interessanter Punkt in Bezug auf salpetersaures Natron ist die merkwürdige Wirkung, die es auf die Farbe der Blätter von Pflanzen zu haben scheint. Diese interessante Tatsache wurde auf der Rothamsted Experimental Station eindrucksvoll durch den Kontrast in der Farbe der Blätter verschiedener Versuchsrasenparzellen demonstriert, die mit Natronlauge bzw. Ammoniaksulfat gedüngt wurden – wobei die mit Natronlauge gedüngten Parzellen deutlich dunkler waren im Farbton, offensichtlich aufgrund der größeren Produktion von Chlorophyll oder grüner Substanz. Eine solche Farbtiefe scheint auf eine gesündere Entwicklung hinzuweisen .

Anwendungsmethode.

Während die Meinungen daher naturgemäß darüber auseinandergehen, bei welchen Feldfrüchten sich Salpeternatron am vorteilhaftesten anwenden lässt, gibt es kaum Meinungsverschiedenheiten über die Methode seiner Anwendung. Die Unfähigkeit der Bodenpartikel, ihn zurückzuhalten, die Häufigkeit des Regens, die kostspielige Beschaffenheit des Mists selbst und seine unmittelbare Verfügbarkeit als pflanzliche Nahrung weisen darauf hin, dass die Verwendung als Top-Dressing äußerst ratsam ist. Auch bei der Verwendung als Top-Dressing kann es ratsam sein, nicht die gesamte Menge auf einmal aufzutragen. Durch die ratenweise Ausbringung besteht nur ein geringes Risiko, dass der Mist aufgrund schlechter Witterung verloren geht. Ein weiterer wichtiger Punkt bei der Anwendung von Natron ist die Sicherstellung einer gleichmäßigen Verteilung. Dies gilt natürlich für alle künstlichen Düngemittel, in ganz besonderem Maße jedoch für Salpeternatron, da dieser einen hohen Wert hat und verhältnismäßig wenig ausgebracht wird.

Als gleichmäßige Verteilung eines cwt. Das Aufbringen von Material auf einem Hektar Boden ist keine leichte Aufgabe, daher ist das Mischen von Soda mit etwas Verdünnungsmittel, beispielsweise trockenem Lehm, äußerst ratsam. Kochsalz wird häufig zusammen mit Salpeternatron angewendet. Der indirekte Wert von Salz als Dünger ist beträchtlich, und wenn es zusammen mit Nitrat ausgebracht wird, sorgt es für eine schnellere Diffusion im Boden, indem es die Fähigkeit des Bodens erhöht, Feuchtigkeit aus der Luft aufzunehmen.

Es muss eine ausreichende Menge an anderen düngenden Bestandteilen vorhanden sein.

Ein dritter wichtiger Punkt bei der Anwendung von Natron besteht darin, sicherzustellen, dass der Boden ausreichend mit den anderen pflanzlichen Nahrungsmitteln – Phosphaten und Kali – versorgt ist. Dies ist eine *unabdingbare Voraussetzung*, wenn das Nitrat eine faire Chance bekommen soll. Wenn man salpetersaures Natron zusammen mit superphosphatiertem Kalk anwenden möchte, muss man davor warnen, die Mischung lange vor der Verwendung herzustellen. Der Grund dafür liegt darin, dass eine chemische Wirkung auftreten kann, die zum Verlust der Salpetersäure im salpetersauren Natron führt. Die Beschaffenheit des Bodens ist ein weiterer wichtiger Gesichtspunkt, der berücksichtigt werden muss. Bei extrem lockeren und sandigen Böden ist es kaum als die geeignetste Form der Stickstoffausbringung zu empfehlen. Bei der Anwendung auf solchen Böden ist besondere Vorsicht geboten, um das Verlustrisiko zu minimieren . Es können keine festen Regeln für die Menge festgelegt werden, in der es angewendet werden sollte. Dies muss stark von der Ernte, der Beschaffenheit des Bodens und der Menge anderer verwendeter Düngemittel reguliert werden. Von 1 bis 1-1/4 Zentner. kann als geeignete Menge für Maiskulturen empfohlen werden, die ansonsten reichlich gedüngt werden. Auf starken Lehmböden kann diese Menge sinnvoll auf bis zu 2 Zentner erhöht werden. Dr. Bernard Dyer, der weitgehend mit seiner Verwendung als Dünger für Mangolds experimentiert hat, ist der Meinung, dass eine Anwendung von 3 bis 4 cwt. ein Acre dürfte sich durchaus als rentabel erweisen; und der Autor hat bei seinen Experimenten mit Rüben herausgefunden, dass ein Top-Dressing von 1 cwt. hat sich reichlich zurückgezahlt.

Schlussfolgerungen gezogen.

Zusammenfassend lassen sich die Natur und die Eigenschaften von Salpeternatron als Dünger kurz wie folgt zusammenfassen :

1. Es ist ein weißliches, kristallines Salz, extrem löslich und verteilt sich schnell im Boden. Es sollte 95 Prozent reines Natron enthalten , *also* 15 1/2 Prozent Stickstoff, was etwa 19 Prozent Ammoniak entspricht.

2. Neben Ammoniaksulfat ist es der am stärksten konzentrierte Stickstoffmist; Die relativen Mengen an Stickstoff, die diese beiden Düngemittel enthalten, betragen drei zu vier.

3. Es enthält seinen Stickstoff in der wertvollsten und am leichtesten assimilierbaren Form – *nämlich* als *Salpetersäure* , der Form, in die alle anderen Stickstoffformen zunächst umgewandelt werden müssen, bevor sie für die Nutzung durch die Pflanze verfügbar werden.

4. Dass, bei den gegenwärtigen Marktpreisen, Salpeternatron mit Sicherheit als die billigste Form stickstoffhaltiger Gülle gelten kann.

5. Dass salpetersaure Natron zusätzlich zu seinem direkten Wert als Dünger wahrscheinlich einen geringfügigen Einfluss auf die mechanischen Eigenschaften des Bodens ausübt, indem es seine Kompaktheit und sein Wasseraufnahmevermögen erhöht; dass es darüber hinaus dazu neigt, tiefe Wurzeln zu fördern und so die Bodenfläche zu vergrößern, von der die Pflanze ihre Nahrung beziehen kann, wodurch die Pflanze gleichzeitig fähiger wird, dem schädlichen Einfluss von Dürre zu widerstehen.

6. Dass ein reichlicher Vorrat an anderen Düngerbestandteilen im Boden vorhanden sein sollte, damit das Salpeternatron seinen vollen Wert entfalten kann.

7. Dass es bei fast allen Arten von Nutzpflanzen gewinnbringend angewendet werden kann, dass jedoch große Sorgfalt auf die Art und Weise seiner Anwendung gelegt werden sollte. Dass dies fast immer als Top-Dressing erfolgen sollte und dass es nach Möglichkeit in mehreren Dosen aufgetragen werden sollte.

8. Dass die Wirkung nur im ersten Jahr nach der Anwendung als anhaltend angesehen werden kann.

FUSSNOTEN:

[202] Dieser Stoff ist größtenteils auch unter dem Namen Chilisalpeter bekannt, um ihn vom Kaliumnitrat oder Gemeiner Salpeter zu unterscheiden.

[203] Siehe Anhang, S. 351.

[204] Wir möchten unsere Leser daran erinnern, dass diese Nitratvorkommen größtenteils die Ursache für den letzten Krieg zwischen Chile und Peru waren, der dazu führte, dass Peru die Provinz Tarapaca, in der sich die wichtigsten Vorkommen befinden, an Chili abtrat.

[205] Die anderen Nitratvorkommen befinden sich in den Provinzen Antofagasta und Atacama, und ein gewisser Teil des raffinierten Artikels wird von diesen Orten exportiert. Der Betrag ist jedoch im Vergleich zu dem, der aus der Provinz Tarapaca stammt, unbedeutend.

[206] Siehe seinen ausführlichen Artikel über die Geologie Boliviens und Perus, der im November 1860 im „Quarterly Journal of the Geological Society" veröffentlicht wurde.

[207] Die Quelle der Borsäure ist wahrscheinlich vulkanisch.

[208] Ein Freund des Autors, der diesen Teil der Westküste Südamerikas besucht hat, teilt ihm mit, dass er an einem Punkt der Küste bei Mejillones (in Bolivien) die Überreste von nicht weniger als zwölf verschiedenen Meeren

aufspüren konnte -Strände, die in unterschiedlicher Entfernung vom Meer liegen und bis zu einer Höhe von 2500 Fuß reichen.

[209] Bei dieser Veränderung würde der aus den Muscheln gewonnene Kalk eine wichtige Rolle spielen. Moderne Forschungen haben, wie wir bereits in einem früheren Kapitel sagten, gezeigt, dass bei der Umwandlung von organischem Stickstoff in Nitrate die Anwesenheit von kohlensaurem Kalk eine notwendige Voraussetzung ist.

[210] Das Golfkraut ist ein typisches Beispiel. Manchmal findet man riesige Massen schwimmender Algen mit einer Länge von 500 bis 600 Meilen, die das sogenannte Saragossa-Meer bilden.

[211] Eine Schwierigkeit, die nicht erwähnt wurde, ist die von Geologen gehegte Überzeugung, dass „im Norden Chiles ein Klimawechsel stattgefunden hat und dass es dort früher mehr Regen gegeben haben muss als heute. Spuren menschlicher Besiedlung." Heute findet man sie hoch oben in den Kordilleren. Maiskolben, Äxte und Messer aus überaus scharf gehärtetem Kupfer, Pfeilspitzen aus Achat und sogar Stoffstücke werden heute in trockenen Ebenen ausgegraben, ohne dass es eine Spur von Wasser gibt viele Meilen in oder um sie herum" (Russell, „The Nitrate-Fields of Chili", S. 290).

ANHANG ZU KAPITEL IX.

NITRAT VON SODA .

Gesamtlieferungen aus Südamerika, 1830-1892.

Jahr.	Tonnen.	Jahr.	Tonnen.	Jahr.	Tonnen.
1830	800	1870	131.400	1886	437.500
1835	6.200	1875	321.000	1887	680.600
1840	10.100	1880	217.300	1888	745.700
1845	16.800	1881	344.600	1889	930.000
1850	22.800	1882	477.800	1890	1.030.000
1855	41.800	1883	572.400	1891	790.000
1860	55.200	1884	540.900	1892	790.000
1865	109.000	1885	423.100		

Die folgenden Tabellen zeigen die Gesamtimporte nach Europa und in das Vereinigte Königreich in den Jahren 1873–92 :

SALPETERSÄURE , 1873-1892.

Importe nach Europa.		*Importe in das Vereinigte Königreich.*	
Jahr.	Tonnen.	Jahr.	Tonnen.
1873	225.000	1873	124.000
1874	230.000	1874	108.200
1875	280.000	1875	164.900
1876	300.000	1876	166.800
1877	208.000	1877	69.600
1878	250.000	1878	104.400
1879	205.000	1879	55.300

1880	140.000	1880	48.300
1881	230.000	1881	54.800
1882	335.000	1882	96.000
1883	440.000	1883	103.700
1884	505.000	1884	103.700
1885	380.000	1885	109.400
1886	330.000	1886	75.100
1887	440.000	1887	83.100
1888	640.000	1888	103.100
1889	760.000	1889	120.000
1890	784.000	1890	114.000
1891	851.000	1891	121.000
1892	795.000	1892	115.000

Kapitel X.
Sulfat von Ammonium.

Wert von Ammoniak als Dünger.

Der Wert von Ammoniaksalzen als Dünger ist seit langem bekannt ; Tatsächlich galt Ammoniak bis vor Kurzem als die wertvollste Form, in der Stickstoff als pflanzliche Nahrung verwendet werden konnte – eine Ansicht, die, wie wir erwähnen möchten, von Liebig vertreten wurde. Während die Pflanze zweifellos ihren Stickstoff in Form von Ammoniak [212] und auch in anderen Formen absorbieren kann, wie wir bereits in früheren Kapiteln dargelegt haben, ist es jetzt völlig anerkannt , dass Ammoniaksalze, wenn sie auf die Pflanze angewendet werden, verwendet werden Boden, werden in Nitrate umgewandelt. Salpetersäure muss daher als die wertvollste angesehen werden, da sie die am schnellsten assimilierte Form von Stickstoff für die Pflanze darstellt; aber neben Salpetersäure steht Ammoniak. Von den verschiedenen Formen von Ammoniak, die für Güllezwecke zur Verfügung stehen, ist Sulfat die einzige, die in großem Umfang verwendet wird.

Quellen für Ammoniaksulfat.

Die älteste und bis heute wichtigste Quelle dieses wertvollen Salzes sind die Gaswerke, wo es als Nebenprodukt bei der Gasherstellung anfällt. In geringerem Umfang wird es auch aus Schiefer-, Eisen-, Koks- und Schwelwerken gewonnen . Knochen, Horn, Leder und bestimmte andere stickstoffreiche tierische Substanzen werden einer trockenen Destillation unterzogen, wie dies bei bestimmten Industriezweigen der Fall ist, beispielsweise bei der Herstellung von Knochenkohle zur Verwendung in Zuckerraffinerien und bei der Destillation von Horn. usw., bei der Herstellung von Kalilauge, stellen ebenfalls weniger reichliche Quellen dar.

Ammoniak aus Gaswerken.

Kohle enthält durchschnittlich ein halbes bis eineinhalb Prozent Stickstoff. Wenn es einer Trockendestillation unterzogen wird, wie sie in den Gaswerken durchgeführt wird, wird der darin enthaltene Stickstoff hauptsächlich in Ammoniak umgewandelt und im Prozess der Gasreinigung in der „Gaslauge" entfernt [213] , das etwa ein Prozent Ammoniak enthält. Das aus dieser Lauge durch Destillation gewonnene Ammoniak wird anschließend in Schwefelsäure absorbiert . Es sei darauf hingewiesen, dass nicht der gesamte in der Kohle enthaltene Stickstoff als sulfatiertes Ammoniak gewonnen wird. Schätzungen zufolge wird nur ein Fünftel bis ein Zehntel tatsächlich zurückgewonnen, und viele Verfahren wurden patentiert, um die Ammoniakausbeute bei der Gasherstellung zu erhöhen. Die Gesamtproduktion von Ammoniak aus Gaswerken kann für Großbritannien auf etwas über 100.000 Tonnen pro Jahr geschätzt werden. Herr L. Mond, FRS, machte kürzlich auf die Möglichkeit aufmerksam, unsere Versorgung mit Ammoniaksulfat aus Kohle erheblich zu erhöhen. Als Hinweis darauf, welch enorme Quelle für Ammoniaksulfat wir in der Kohle haben, berechnete Herr Mond, dass der jährliche Verbrauch in diesem Land (geschätzt auf 150.000.000 Tonnen) bis zu 5.000.000 Tonnen Ammoniaksulfat ergeben würde.

Andere Quellen.

Während das bei der Gasherstellung entstehende Ammoniak schon lange gesammelt wird, wurden andere Ammoniakquellen erst in den letzten Jahren erschlossen. Neben den Gaswerken bilden die Schieferwerke Schottlands hierzulande die Hauptquelle dieses wertvollen Düngers. In diesen Werken wird das Ammoniak durch Destillation des Paraffinschiefers nach einer Methode gewonnen, die der in den Gaswerken verwendeten Methode ähnelt. Die aus dieser Quelle gewonnene Menge an sulfatiertem Ammoniak liegt zwischen 20.000 und 30.000 Tonnen pro Jahr. Kürzlich wurde das Ammoniak aus den Hochofengasen in Eisenhütten gewonnen – jährlich werden auf diese Weise etwa 6000 Tonnen gewonnen; während die Jahresproduktion in Kokereien und Kohlenwerken etwa halb so hoch ist. Die kombinierte Jahresproduktion aus all diesen Quellen kann auf 140.000 Tonnen geschätzt werden, wobei die Gesamtproduktion in Europa wahrscheinlich kaum mehr als 200.000 Tonnen beträgt. Im Anhang finden Sie weitere Statistiken. [214]

Zusammensetzung usw. von Ammoniaksulfat.

Reines Ammoniaksulfat ist ein weißliches kristallines Salz, das in Wasser sehr gut löslich ist. Der handelsübliche Artikel hat jedoch im Allgemeinen eine gräuliche oder bräunliche Farbe , was auf das Vorhandensein geringer Mengen an Verunreinigungen zurückzuführen ist. Das reine Salz sollte 25,75 Prozent Ammoniak enthalten; Der Handelsartikel wird jedoch im Allgemeinen mit einer Quote von 24,5 Prozent verkauft. Ein nützlicher Test für seine Reinheit ist die Tatsache, dass es sich bei Rotglut fast vollständig verflüchtigt und nur sehr wenige Rückstände hinterlässt. Die Hauptverunreinigungen, die es wahrscheinlich enthält, sind ein Überschuss an Feuchtigkeit, freier Säure oder das Vorhandensein unlöslicher Stoffe. Bestimmte Proben enthalten geringe Mengen Ammoniumsulfocyanat, eine äußerst giftige Substanz für Pflanzen. Das Vorhandensein dieser gefährlichen Verunreinigung lässt sich leicht durch die Zugabe von Eisenchlorid erkennen, das in Gegenwart des Sulfocyanats eine blutrote Farbe erzeugt. Sulfatammoniak ist somit der konzentrierteste aller allgemein verwendeten stickstoffhaltigen Dünger und daher auch der teuerste.

Anwendung.

Aus diesem Grund sowie aufgrund der Tatsache, dass es eine schnell verfügbare Form von Stickstoff enthält, sollte Ammoniaksulfat in der Regel nur in vergleichsweise geringen Mengen – 100 bis 125 Pfund pro Hektar – ausgebracht werden. [215] Es sollte auch angewendet werden, bevor, aber nicht zu lange, bevor die Pflanze es wahrscheinlich benötigt. Der Grund hierfür besteht darin, ihm Zeit für die Umwandlung in Nitrate zu geben. Auf die Fähigkeit des Bodens, Ammoniak zu speichern, wurde bereits hingewiesen. Es ist jedoch nicht sicher, sich zu sehr auf das Speichervermögen des Bodens für Ammoniak zu verlassen, da die Umwandlung von Ammoniak in Nitrate unter günstigen Umständen sehr schnell erfolgt. Es wird am vorteilhaftesten als Dünger für Getreide verwendet, und Lawes und Gilbert haben in ihren Experimenten herausgefunden, dass für jedes zugesetzte 5 Pfund Ammoniak ein Zuwachs von einem Scheffel Weizen und ein entsprechender Zuwachs an Stroh erzielt wurde die Erde. Wie im vorherigen Kapitel dargelegt wurde, hängen die jeweiligen Vorzüge von sulfatiertem Ammoniak und salpetersaurem Natron weitgehend von der Art der Jahreszeit ab, in der sie verwendet werden. In Regenzeiten ist das Sulfat etwas günstiger als das Nitrat, aber im Durchschnitt ist salpetersaure Natron wahrscheinlich der wertvollere Dünger – *dh* unter Berücksichtigung der Stickstoffmenge, die die beiden Dünger jeweils enthalten. In einer Hinsicht ist Sulfatammoniak ein viel nützlicherer Dünger als Salpeternatron, da die Art seiner Wirkung bei der Ausbringung auf den Boden die Verwendung als Bestandteil gemischter Dünger zulässt.

Ähnlich wie Salpeternatron, jedoch in noch größerem Ausmaß, wird seine vorteilhafteste Wirkung erzielt, wenn es zusammen mit anderen Düngemittelzutaten angewendet wird. Es sollte mindestens einen Monat früher als Nitrat angewendet werden. Es hat sich gezeigt, dass bei kalkhaltigen Böden aufgrund der Wirkung des Kalks ein gewisser Ammoniakverlust in schwefelsaures Ammoniak eintreten kann; Dies führt uns dazu, darauf hinzuweisen, dass bei der Herstellung von Mischmist darauf geachtet werden sollte, dass dieser nicht mit Verbindungen vermischt wird, die freien Kalk oder Ätzalkali enthalten, da es sonst zu Ammoniakverlusten kommt. Es sollte beispielsweise niemals zusammen mit basischer Schlacke verwendet werden.

FUSSNOTEN:

[212] Aus Experimenten von Lehmann und anderen mit Buchweizen und Mais geht hervor, dass bestimmte Pflanzen in bestimmten Phasen ihres Wachstums Ammoniak gegenüber Nitraten bevorzugen. Im Falle von Mais kann Ammoniak in den frühen Wachstumsstadien bevorzugt werden, während Nitrate bevorzugt werden, wenn der Mais reifer wird. Angesichts unserer derzeitigen Kenntnisse über die Nitrifikation kann jedoch durchaus bezweifelt werden, ob die aus Lehmanns Experimenten gezogenen Schlussfolgerungen akzeptiert werden können.

[213] Da die Kosten für die Umwandlung des in der Ammoniaklauge vorhandenen Ammoniaks beträchtlich sind, wurde die Praxis befürwortet, die Lauge selbst als Dünger zu verwenden; Als Einwand dagegen muss vorgebracht werden, dass die Flüssigkeit nicht nur ein so voluminöser Mist ist, sondern auch verschiedene Substanzen enthält, die für das Pflanzenleben giftig sind.

[214] Siehe Anhang, S. 358.

[215] Einige Feldfrüchte können jedoch mit Vorteil mit größeren Mengen an sulfatiertem Ammoniak behandelt werden, wie etwa Mangold und Kartoffeln.

ANHANG ZU KAPITEL X.

HINWEIS (S. 355).

Die folgende Tabelle zeigt die Produktion von sulfatiertem Ammoniak in diesem Land von 1870 bis 1892:

Jahr.	Tonnen.	Jahr.	Tonnen.
1870	40.000	1882	72.000
1871	41.000	1883	75.000
1872	42.000	1884	87.000
1873	43.000	1885	97.000
1874	45.000	1886	106.500
1875	46.000	1887	113.700
1876	48.000	1888	122.800
1877	52.000	1889	132.000
1878	55.000	1890	140.000
1879	57.000	1891	143.500
1880	60.000	1892	157.000
1881	65.000		

Die folgende Tabelle zeigt die Quellen und die jeweiligen Mengen aus jeder Quelle der Produktion der letzten sieben Jahre:

	1886.	1887.	1888.	1889.	1890.	1891.	1892.
Gaswerk	82.500	85.000	93.000	100.000	102.150	107.950	112.000
Eisenhütte	4.000	5.000	5,300	6.000	5.050	6.300	12.000
Schieferwerke	18.000	21.000	22.000	23.000	24.750	26.600	28.000

| Koks- und Karbonisierungsanlagen | 2.000 | 2.700 | 2.500 | 3.000 | 2.300 | 2.800 | 5.000 |

KAPITEL XI.
KNOCHEN

Frühe Verwendung von Knochen.

Ein äußerst wichtiger Dünger, dessen Geschichte von besonderem Interesse ist, ist Bones. Seit ihrer Einführung im Jahr 1774 hat ihre Verwendung seitdem stetig zugenommen, und ihre Beliebtheit als phosphathaltiger Dünger ist bei Landwirten in diesem Land unübertroffen. Wie bei Guano, wenn auch in geringerem Ausmaß, hat die frühe Praxis der Verwendung von Knochen viel dazu beigetragen, das Interesse an den Problemen der Düngung zu wecken und den Landwirten die Prinzipien näher zu bringen, die dieser Praxis zugrunde liegen. Aus Knochen stellte Liebig erstmals Kalksuperphosphat her, und der angesehene erfahrene Experimentator Sir John Bennet Lawes hat uns erzählt, dass der Nutzen, der sich aus der Verwendung von Knochen bei der Rübenernte ergibt, ihn erstmals auf das interessante Problem aufmerksam gemacht hat, das damit verbunden ist Ausbringen von Kunstdünger. Knochen wurden erstmals in Yorkshire verwendet. Kurz darauf wurden sie auf erschöpften Weiden in Cheshire eingesetzt. Bald erfreute sich ihre Verwendung so großer Beliebtheit, dass die heimische Versorgung als unzureichend befunden wurde; und sie wurden aus Deutschland und Nordeuropa importiert, wobei Hull der Ausschiffungshafen war. Sie wurden so häufig von englischen Bauern genutzt, dass Baron Liebig es für notwendig hielt, einen warnenden Protest gegen ihre großzügige Verwendung zu erheben. „England raubt allen anderen Ländern den Zustand ihrer Fruchtbarkeit. In seiner Gier nach Knochen hat es bereits die Schlachtfelder von Leipzig, Waterloo und der Krim aufgesucht; bereits von den Katakomben Siziliens hat es es getragen." entfernt die Skelette vieler aufeinanderfolgender Generationen. Jährlich nimmt sie von den Küsten anderer Länder das Mistäquivalent von drei Millionen und einer Hälfte Menschen auf sich, denen sie uns die Mittel zum Unterhalt nimmt, und verschwendet sie in ihren Abwasserkanälen zum Meer . Wie ein Vampir hängt sie am Hals Europas – nein, der ganzen Welt! – und saugt den Nationen das Herzblut aus, ohne an Gerechtigkeit ihnen gegenüber zu denken, ohne den Schatten eines dauerhaften Vorteils für sich selbst." [216]

Verschiedene Formen, in denen Knochen verwendet werden.

Es kann darauf hingewiesen werden, dass Knochen viel dazu beigetragen haben, unser landwirtschaftliches System zu verändern, indem sie zur

Entwicklung der Rübenkultur beigetragen haben. Zunächst in vergleichsweise großen Stücken angewendet, zeigte die Erfahrung nach und nach, dass eine feinere Teilung ihre Wirkung erleichterte. Doch es dauerte lange, bis das Vorurteil zugunsten rauer Knochen verschwand; und erst 1829 führte Herr Anderson aus Dundee Maschinen zur Vorbereitung von 1/2-Zoll- und 1/4-Zoll-Knochen und Knochenstaub ein. In den Anfängen ihrer Verwendung wurden Knochen vor der Verwendung fermentiert, um ihre Wirkung beim Ausbringen auf den Boden zu beschleunigen ; und diese Praxis wird in einigen Teilen des Landes noch heute von Landwirten praktiziert. Diese Gärung erfolgte oft einfach dadurch, dass man die Knochen mit Wasser vermischte und den Haufen ein oder zwei Wochen lang ruhen ließ. In anderen Fällen wurden die Knochen mit Urin oder anderen Abfällen vermischt. Der wichtigste Schritt in der Geschichte der Behandlung von Knochen für die Gülle war jedoch die Entdeckung der Wirkung von Schwefelsäure auf Knochen durch Liebig im Jahr 1840 – eine Entdeckung, die zur Einführung der Herstellung von Superphosphatkalk führte Sir John Lawes. Die Art dieser Wirkung wird im folgenden Kapitel erläutert, so dass wir hier nur sagen müssen, dass die Wirksamkeit der Gülle durch die Behandlung mit Schwefelsäure mehr als verdoppelt wird. Daher wurden und werden Knochen in unterschiedlichen Zuständen verwendet, beispielsweise im rohen oder grünen Zustand, gequetscht, gekocht, gedämpft, fermentiert, verbrannt, aufgelöst und gebrochen oder in verschiedene Feinheitsgrade gemahlen Es werden die Namen von 1/2-Zoll-, 1/4-Zoll-Knochen, Knochenmehl, Knochenstaub und schwimmenden Knochen angegeben. Wir werden nun mit der Erörterung der Zusammensetzung der Knochen fortfahren und die Art ihrer Wirkung genauer untersuchen.

Zusammensetzung der Knochen.

Die Zusammensetzung des Knochengewebes variiert erheblich und hängt vom Alter und der Art des Tieres ab, zu dem es gehört, sowie von dem Teil des Tierkörpers, aus dem es entnommen wurde. Knochen bestehen aus einem organischen und einem anorganischen Teil. Durch Einweichen eines Knochenstücks in eine verdünnte Säurelösung wird der anorganische Anteil des Knochens herausgelöst und der organische Anteil, der das Knochengerüst bildet, bleibt allein übrig. Wenn andererseits ein Knochen der Einwirkung großer Hitze ausgesetzt wird, wird der organische Teil des Knochens ausgetrieben, und alles, was übrig bleibt, ist eine Menge Asche. Das Verhältnis der organischen zur anorganischen Substanz variiert in den verschiedenen Knochen erheblich. Die Knochen junger Tiere enthalten mehr organische Substanz als die von alten Tieren. Auch in kompakten Knochen ist die organische Substanz größer als in schwammigen Knochen. Der Oberschenkelknochen enthält von allen Knochen die meisten

- 262 -

anorganischen Stoffe. Kurz gesagt: Knochen, die der höchsten Belastung standhalten müssen, sind am reichsten an anorganischer Substanz. Von den Tierknochen weisen Fischgräten die größte Vielfalt in der Zusammensetzung auf. Einige bestehen fast ausschließlich aus organischer Substanz, während andere in ihrer Zusammensetzung den Knochen von Vierbeinern ähneln.

Die organische Materie der Knochen.

Der organische Anteil der Knochen besteht fast ausschließlich aus einer Substanz, der der Name *Ossein* gegeben wurde und die sich bei längerem Kochen in Gelatine umwandelt. Dieses Ossein, das durchschnittlich 25 bis 30 Prozent des Knochengewichts ausmacht, ist mit über 18 Prozent äußerst reich an Stickstoff.

Anorganischer Anteil an Knochen.

Der anorganische Anteil, der etwa 70 Prozent ausmacht, besteht hauptsächlich aus Phosphatkalk. Die trockenen Beinknochen von Ochsen und Schafen haben nach Heintz folgende prozentuale Zusammensetzung:

	Prozent.
Phosphatkalk	58 bis 63
Kalkkarbonat	6 bis 7
Phosphat von Magnesia	1 bis 2
Fluorid von Kalzium	2
Organisches Material	25 bis 30

Laut Payen und Boussingault enthalten rohe Knochen 6 1/4 Prozent Stickstoff und 8 Prozent Wasser. Reine Knochen enthalten demnach etwa 29 Prozent Phosphorsäure und 6,5 Prozent Stickstoff. Die Zusammensetzung des Handelsartikels ist jedoch sehr unterschiedlich. Dies liegt daran, dass Knochen, die in Indien und Amerika gesammelt wurden, wo sie lange Zeit atmosphärischen Einflüssen ausgesetzt waren, einen Großteil ihrer organischen Substanz verloren haben. Auch der Anteil an Sand und erdigen Verunreinigungen schwankt sehr stark.

Knochen werden zur Herstellung von Leim und Gelatine verwendet. Diese werden durch Dämpfen der Knochen aus ihnen gewonnen. Die Knochen werden nach der Behandlung als Mist verwendet. Die festgestellte Verbesserung der Wirkung der so behandelten Knochen führte zur Einführung der Verwendung von gedämpften Knochen als Dünger. Rohe Knochen werden heutzutage nur noch selten verwendet. Das in rohen Knochen enthaltene Fett verzögert deren Zersetzung im Boden. Wahrscheinlich bildet es, wie bereits vermutet wurde, zusammen mit Kalk eine unlösliche Seife, die verhindert, dass die Mineralstoffe im Knochen durch die Kohlensäure des Bodens aufgelöst werden. Beim Kochen oder Dämpfen kommt es zu einem gewissen Stickstoffverlust, mehr oder weniger, je nach der Dauer des Kochens oder Dämpfens und im letzteren Fall des ausgeübten Drucks. Eine wirtschaftlichere Methode zur Fettgewinnung wurde durch die Verwendung von Benzin eingeführt, dieses Verfahren wird jedoch nicht in großem Umfang angewendet. Der Stickstoffverlust wird im ersteren Fall durch die schnellere Wirkung als Dünger bei der Ausbringung auf den Boden mehr als ausgeglichen. Knochenmehl von guter Qualität enthält 45 bis 55 [217] Prozent Phosphatkalk und 3 1/2 Prozent Stickstoff. Unser derzeitiger Gesamtverbrauch an Knochen beträgt wahrscheinlich etwas weniger als 100.000 Tonnen pro Jahr, wovon etwa die Hälfte aus Heimsammlungen stammt, wobei allein in und um London jährlich über 20.000 Tonnen gesammelt werden.

Aktion der Knochen.

Es ist bekannt, dass Knochen ein langsam wirkender Mist sind. Man kann sagen, dass sie sowohl eine mechanische als auch eine chemische Wirkung haben, wenn sie auf den Boden aufgetragen werden. Wenn sie verfaulen, wird ihr Stickstoff langsam in Ammoniak umgewandelt und es entstehen Kohlensäure sowie verschiedene organische Säuren, die auf die unlöslichen Mineralstoffe in den Knochen einwirken und diese für pflanzliche Zwecke verfügbar machen. Knochen können daher, wenn sie in großen Mengen eingesetzt werden, nicht nur direkt als Lieferanten pflanzlicher Nahrung dienen, sondern im Verlauf ihrer Fäulnis auch auf eine bestimmte Menge des trägen Düngemittels des Bodens einwirken und es verfügbar machen. Je schneller also Knochen verfaulen, desto schneller wird ihre Wirkung eintreten. Wie bereits erwähnt, werden Knochen vor der Anwendung häufig fermentiert, um ihre Leistungsfähigkeit zu steigern. Die Entfernung des Fettes ist ein weiteres Mittel, um ihre Wirkungsgeschwindigkeit zu erhöhen, aber die Feinheit, auf die sie gemahlen werden, bestimmt dies mehr als alles andere. Bei der Perfektionierung von Maschinen zum Knochenschleifen wurde viel Einfallsreichtum aufgewendet. Früher wurden sie in Deutschland in Stempeln geschlagen, die denen ähnelten, die für Erz verwendet wurden. In Amerika wurde das sogenannte „Floated Bone" hergestellt. Dieser Knochen ist so fein, dass er tatsächlich wie Mehlstaub in der Luft schwebt und entsteht, indem die Knochen gegeneinander gewirbelt werden. Die Wirkung der auf diese Weise vorbereiteten Knochen ist natürlich sehr schnell, aber die Schwierigkeit, einen Mist in einem so feinen Verteilungszustand auf den Boden aufzutragen, ist groß. Auch der Aufwand des Verfahrens ist beträchtlich.

Die Leichtigkeit, mit der Knochen verfaulen, wenn sie in einen feinen Teilungszustand gemahlen werden, zeigt sich daran, dass Knochenmehl gesalzen werden muss, um es haltbar zu machen. Ein weiterer Faktor, der die Geschwindigkeit bestimmt, mit der die Düngemittel in den Knochen verfügbar werden, ist die Beschaffenheit des Bodens. Wie wir bereits gesehen haben, erfordert die Fermentation reichlich Luft und eine gewisse Menge, aber nicht zu viel Feuchtigkeit. Folglich funktionieren Knochen am besten in mittelschweren Böden – Böden, die „weder zu leicht und trocken, noch zu dicht und nass" sind. Es besteht kein Zweifel daran, dass das, was den Knochen in den Augen des Landwirts einen besonderen Wert verleiht, die Tatsache ist, dass sie einen Dünger mit dauerhaftem Charakter bilden. Sie geben dem Boden das sogenannte Rückgrat. Die Tendenz in der modernen landwirtschaftlichen Praxis geht jedoch dahin, schnell wirkende Düngemittel statt langsamer zu verwenden. Professor Storer hat dies in bewundernswerter Weise mit den folgenden Worten ausgedrückt: „Die alte Vorstellung, dass die Düngemittel am besten seien, die sich über eine lange Reihe von Jahren hinweg bemerkbar machen, wird jetzt als Irrtum erkannt. Das Sprichwort, dass man nicht essen kann." „Der Kuchen und iss den Kuchen" ist in der Landwirtschaft auffallend wahr; und genauso wie es in der Haushalts- oder Seewirtschaft zur Vorsicht gehört, nicht mehr Vorräte auf einmal anzulegen, als in einem Jahr oder während eines Jahres ordnungsgemäß entsorgt werden kann Daher sollte der Bauer davon Abstand nehmen, einen unnötigen Überschuss an pflanzlicher Nahrung auf das Land zu bringen. Solche Nahrungsmittel können im Boden verderben, ebenso wie andere Arten von Lebensmitteln, die zu lange auf Lager gehalten werden. Ein gerechter Anteil von Essen, richtig zubereitet, ist das Ziel, das immer angestrebt werden muss."

Angesichts dessen, was gerade gesagt wurde, scheint es daher am besten zu sein, Knochen in der Form zu verwenden, in der sie am schnellsten verfügbar sind, nämlich als aufgelöste Knochen. Dies wäre der Fall, wenn Knochen die einzige Quelle wären, die wir für die Herstellung von Superphosphatkalk hätten; Aber jetzt verfügen wir mit den verschiedenen mineralischen Phosphaten über reichliche und billigere Quellen für diesen wertvollen Dünger. Die Meinung führender Landwirte und Agrarchemiker ist eher dafür , Knochen im ungelösten Zustand einzusetzen. Einerseits erscheint es alles andere als wirtschaftlich, ein teures Material wie Knochen für die Herstellung eines Artikels zu verwenden , der ebenso gut aus billigeren Materialien hergestellt werden kann; denn sobald das Phosphat des Kalks gelöst ist, ist es gleichermaßen wertvoll, aus welcher Quelle auch immer es gewonnen werden mag. Das heißt natürlich nicht, dass gelöste Knochen als Mist nicht wertvoller seien als Superphosphat. In gelösten Knochen haben wir außer löslichem Phosphat einen beträchtlichen Anteil ungelösten Knochengewebes, das eine gewisse Menge Stickstoff und organische Substanz enthält; Was jedoch das lösliche Phosphat betrifft, erscheint es nur vernünftig, zu dem Schluss zu kommen, dass seine Wirksamkeit gleich groß ist, unabhängig davon, ob es aus Knochen- oder Mineralphosphat stammt. Ein weiterer Grund ist, dass ein Großteil der charakteristischen Wirkung der Knochen durch die Behandlung mit Schwefelsäure verloren geht . Wie Dr. Aitken betont hat, werden sie durch das Keimleben im Boden und in den Knochen nach und nach in eine für die Ernährung der Pflanzen verfügbare Form umgewandelt; Aber Knochen mit Schwefelsäure aufzulösen bedeutet, das Keimleben abzutöten und den Zerfall jeglicher Knochenkerne im gelösten Mist zu verzögern.

Aufgelöste Knochen.

Aufgelöste Knochen werden jedoch weiterhin hergestellt. Früher war der als „aufgelöste Knochen" bezeichnete Mist oft eine Mischung aus mineralischem Superphosphat und ungelöstem Knochenmehl, doch neuere Gesetze haben die Fortführung dieser Praxis gestoppt. Die Zusammensetzung gelöster Knochen schwankt etwas: Der Anteil an löslichem Phosphat beträgt etwa 20 bis 23 Prozent, an unlöslichem Phosphat 9 bis 10 Prozent und an Stickstoff 2 1/2 bis 3 1/2 Prozent. [218] Ein weiterer Grund gegen die Auflösung von Knochen liegt in der Schwierigkeit, ihr Phosphat aufzulösen. Knochen, besonders wenn sie roh sind, werden von Säuren nicht so leicht angegriffen.

Für Bones geeignete Pflanzen.

Knochen gelten gemeinhin als besonders nützlich für Weideland, wo sie als Top-Dressing ausgebracht werden. Rüben, Tabak, Kartoffeln, Weinreben und Hopfen profitieren ebenfalls stark von der Verwendung von Knochen. In Amerika wurden sie, gemischt mit Holzasche (deren Hauptbestandteil Kali ist), in großem Umfang als Ersatz für Hofdünger verwendet und in einer Menge von 5 bis 6 cwt ausgebracht. Pro Hektar. In Sachsen sind es laut

Professor Storer 1 Zentner. Feines Knochenmehl ist bis zu 25 bis 30 Zentner wert. Hofmist.

Knochenasche.

Die Asche, die auf brennenden Knochen zurückbleibt, war früher ein Gegenstand von erheblicher Bedeutung für die Düngergewinnung. Es wird immer noch in gewissen Mengen aus Südamerika importiert und hauptsächlich in der Töpferindustrie verwendet. Gelegentlich wird es noch in begrenztem Umfang zur Herstellung hochwertiger Superphosphate verwendet. Es ist äußerst reich an Phosphatkalk, von dem es zwischen 70 und 80 Prozent enthält; aber natürlich ist es frei von Stickstoff. [219] Knochenasche wird am besten in gelöster Form verwendet, da sie keine charakteristische Wirkung wie Knochen besitzt.

Knochenkohle oder Knochenschwarz.

Beim Erhitzen in einer geschlossenen Retorte werden Knochen nicht in Knochenasche umgewandelt, sondern in einen Körper namens Knochenkohle. Dieser Körper ähnelt in seiner Zusammensetzung der Knochenasche, mit Ausnahme eines gewissen Anteils an Holzkohle, der durchschnittlich 10 Prozent ausmacht. Es enthält nur wenig Stickstoff und andere organische Stoffe. Knochenschwarz oder Knochenkohle ist ein Artikel, der in großen Mengen für den Einsatz in Zuckerraffinerien hergestellt wird, wo er zur Reinigung von Zucker verwendet wird. Nach Gebrauch kann es durch Erhitzen renoviert werden; Da dieser Prozess jedoch den Anteil an Kohlenstoff, den es enthält, allmählich verringert, wird es nach einer gewissen Zeit zu arm an dieser Substanz, um effizient als Filter zu wirken. Wenn dies geschieht, spricht man technisch von verbrauchter Kohle und wird zur Herstellung von Superphosphaten verwendet. Abfallkohle ist eine stark phosphathaltige Substanz, die kaum ärmer als Knochenasche ist und etwa 70 Prozent Kalkphosphat enthält. [220]

FUSSNOTEN:

[216] Man kann Liebig nur mit Fug und Recht sagen, dass man von dem praktisch grenzenlosen Vorrat an mineralischen Phosphaten, von dem wir heute wissen, dass er in vielen Teilen der Welt existiert, kaum zu träumen gewagt hat, als er diese Worte schrieb.

[217] Siehe Anhang, Anmerkung I., S. 371.

[218] Siehe Anhang, Anmerkung II., S. 371.

[219] Siehe Anhang, Anmerkung III., S. 372.

[220] Siehe Anhang, Anmerkung IV., S. 372.

ANHANG ZU KAPITEL XI.

ANMERKUNG I. (S. 364).

Die folgende Analyse soll dazu dienen, die Zusammensetzung von Knochenmehl zu zeigen :

Feuchtigkeit	10.43
* Organisches Material	32.30
Phosphatkalk	48,40
Karbonat aus Kalk, Magnesia usw.	7.20
Unlösliche silikatische Substanz	<u>1,67</u>
	<u>100,00</u>
* Enthält:—	
Stickstoff	3,71
Entspricht Ammoniak	4.51

HINWEIS II. (S. 368).

ZUSAMMENSETZUNG GELÖSTER KNOCHEN.

Die beigefügte Analyse kann als Darstellung der durchschnittlichen Zusammensetzung gelöster Knochen angesehen werden:

Feuchtigkeit	10.10
* Kombination aus organischem Material und Wasser	29.34
Einbasisches Kalkphosphat	11.23
(Entspricht Tricalciumphosphat, wenn es „löslich" gemacht wird)	17,58)
In Ammoniumcitrat lösliches Phosphat	14.02

Unlösliches Kalkphosphat	1,88
Calciumsulfat, Magnesia, Alkalien usw.	30.23
Sand	3.20
	100,00

* Enthält:—

| Stickstoff | 2,62 |
| Entspricht Ammoniak | 3.18 |

ZUSAMMENSETZUNG ZUSAMMENGESETZTER KNOCHEN.

Die folgende Analyse veranschaulicht die Zusammensetzung zusammengesetzter Knochen:

Feuchtigkeit	8.10
* Kombination aus organischem Material und Wasser	37.22
Einbasisches Kalkphosphat	13.68
(Entspricht Tricalciumphosphat , wenn es „löslich" gemacht wird)	21,42)
Unlösliches Kalkphosphat	10.48
Calciumsulfat, Magnesia, Alkalien usw.	26.02
Sand	4,50
	100,00

* Enthält:—

| Stickstoff | 1,90 |
| Entspricht Ammoniak | 2.30 |

ANMERKUNG III. (S. 369).

Um die Zusammensetzung der Knochenasche zu zeigen, kann die folgende Analyse zitiert werden:

Feuchtigkeit	.25
Organisches Material	.85
* Phosphorsäure	.25
Kalk	47.09
Magnesia, Alkalien usw.	9,80
Sand	6.45
	100,00
* Entspricht Tricalciumphosphat	77,63

ANMERKUNG IV. (S. 370).

Zusammensetzung der Knochenkohle (auf trockener Probe): –

Kohlenstoff	10.51
Calcium- und Magnesiumphosphate, Calciumfluorid usw.	80.21
Kalziumkarbonat	8.30 Uhr
Calciumsulfat	.17
Eisenoxid	.12
Silizium	.34
Alkalische Salze	.35
	100,00

KAPITEL XII.
MINERALISCHE PHOSPHATE.

In diesem Kapitel werden wir einen Überblick über die am häufigsten vorkommenden Mineralphosphate geben. In Kapitel V, in dem wir die Bedeutung von Phosphorsäure in der Landwirtschaft besprochen haben, wurde darauf hingewiesen, dass mineralische Phosphate sehr häufig vorkommen und in vielen Teilen der Welt große Vorkommen davon gefunden werden.

Koprolithen.

Zunächst sei auf die sogenannten Koprolithen oder Phosphatknollen verwiesen, die in großer Menge in der Grünsandformation, in den Felsen der östlichen Landkreise und in der Kreideformation der südlichen Landkreise gefunden wurden. Diese Koprolithen sind abgerundete Knötchen und bestehen aus fossilen Exkrementen und Überresten antiker Tiere. Sie kommen in großen Mengen in Cambridgeshire vor und wurden vor vielen Jahren von Dr. Buckland entdeckt. Die Geschichte ihrer Entdeckung ist nicht wenig merkwürdig. Man bemerkte die Gülleeigenschaften von Straßenabfällen in Teilen von Cambridgeshire und stellte bei der Untersuchung fest, dass sie zum Teil aus Phosphatkalk bestanden, der aus Phosphatknollen stammte, die aus dem darunter liegenden Grünsand ausgegraben und für die Reparatur von Straßen verwendet wurden. Professor Henslow machte erstmals auf einer Tagung der British Association im Jahr 1845 in Cambridge auf sie aufmerksam und wies darauf hin, dass sie etwa 60 Prozent Kalkphosphat enthielten. Sie wurden auch in großen Mengen in Suffolk, Norfolk, Bedfordshire und Essex gefunden und wurden lange Zeit hauptsächlich zur Herstellung von Superphosphat verwendet, wurden aber in den letzten Jahren aus diesem Grund nicht mehr in annähernd gleichem Umfang verwendet dass es reichhaltigere und billigere Quellen für Phosphatkalk gibt. Im Jahr 1887 wurden etwa 20.000 Tonnen Koprolithen gefördert. Die reichsten waren diejenigen, die in Cambridge erworben wurden, während die aus Bedfordshire etwa die ärmsten waren. Auch in Frankreich und anderen Ländern wurden Vorkommen gefunden. Der durchschnittliche Gehalt an Phosphatkalk in englischen Koprolithen liegt zwischen 50 und 60 Prozent, während die französischen etwa 45 Prozent enthalten.

Kanadischer Apatit oder Phosphorit.

Wir haben bereits in Kapitel V. auf große Apatit- oder Phosphoritvorkommen in Kanada hingewiesen. Die kanadischen Minen wurden vor etwa fünfzehn Jahren in Betrieb genommen und belaufen sich heute auf fast 25.000 Tonnen pro Jahr. [221] Ein Teil davon geht an die Vereinigten Staaten; Der Rest, etwa 20.000 Tonnen, wird nach England verschifft und von dort weiter nach Hamburg und an andere Orte exportiert. [222] Es enthält 70 bis 80 Prozent Phosphat. Vorkommen gibt es auch in Estremadura in Spanien und in Norwegen.

Estremadura oder spanische Phosphate.

Es ist seit langem bekannt, dass es in Estremadura in Spanien große Phosphatvorkommen gibt, und die Minen in Cáceres werden seit siebzehn Jahren in großem Umfang betrieben und etwa eine halbe Million Tonnen gefördert. Im Jahr 1882 beliefen sich die Importe in dieses Land auf über 56.000 Tonnen; in letzter Zeit betrugen sie jedoch nur noch etwa ein Viertel dieses Betrags. Dr. Dauberry besuchte die Lagerstätten im Jahr 1843 und schrieb einen äußerst interessanten Bericht darüber. Sie scheinen jedoch erst einige Jahre später zum Zwecke der Superphosphatherstellung importiert worden zu sein. Von Estremadura-Phosphat gibt es drei Klassen, die jeweils 50, 60 und 70 Prozent Kalkphosphat enthalten, wobei die niedrigste Qualität die häufigste ist. [223]

Norwegischer Apatit.

Dieser Apatit wurde in den letzten Jahren aufgrund einer Ausfuhrzölle nicht mehr importiert.

Charleston- oder South Carolina-Phosphat.

Diese Lagerstätten bildeten mehrere Jahre lang die Hauptquelle für Kalkphosphat, das in diesem Land zur Herstellung mineralischer Superphosphate verwendet wird (tatsächlich lieferten sie in den letzten Jahren zwei Drittel unseres Phosphatvorrats). Vor 25 Jahren entdeckt, wurden bereits etwa vier bis fünf Millionen Tonnen verschifft. Im Jahr 1886 wurden aus diesen Minen, die zu den größten der Welt zählen, etwa eine halbe Million Tonnen gefördert. Es gibt zwei Arten – die sogenannten „Land"- und „Fluss"-Phosphate. Ersteres enthält mehr Eisen- und Aluminiumoxidoxid und ist daher weniger rein als letzteres, in dem Eisen und Aluminiumoxid 2 Prozent nicht überschreiten. Das Flussphosphat wird aus den Flüssen Bull, Coosaw und Beaufort ausgebaggert. Es enthält 50 bis 60 Prozent Phosphatkalk . Es wird im Allgemeinen in drei Qualitäten verkauft: 50 bis 52 Prozent, 55 bis 56 Prozent und 58 bis 60 Prozent Phosphatkalk. Daher ist es offensichtlich nicht in der Lage, Superphosphate sehr hoher Qualität zu produzieren, *d. h. solche* , die mehr als 30 Prozent „lösliches" Phosphat enthalten. Dieser Punkt wird verständlicher, wenn wir die Herstellung von Superphosphat beschreiben. Die Nachfrage nach diesen Phosphaten ist in den Vereinigten Staaten in den letzten Jahren aufgrund der zunehmenden Menge an Gülle enorm gestiegen.

Belgisches Phosphat.

Eine weitere sehr wichtige Quelle für mineralische Phosphate sind die vor einigen Jahren in Belgien in der Nähe von Mons entdeckten Lagerstätten. Diese Phosphate sind von unterschiedlicher Qualität und liegen teils in oberflächennahen Schichten in Taschen vor, die die reichste Klasse bilden, und enthalten 45 bis 65 Prozent Phosphat, teils in Form eines bröckeligen Phosphatgesteins, dem sogenannten *Craie -Grise* (Phosphatkreide), enthält 25 bis 35 Prozent Phosphatkalk. Die höhere Qualität des belgischen Phosphats ist ziemlich ausgeschöpft, und es ist die zweite Klasse, die den Großteil des derzeit exportierten gewöhnlichen belgischen Phosphats ausmacht. Der Handelsartikel enthält etwa 35 bis 40 Prozent Phosphat und etwa 45 Prozent kohlensauren Kalk. Aufgrund seiner schlechten Qualität und des hohen Anteils an Karbonatkalk, den es enthält, ist seine alleinige Verwendung bei der Herstellung von Superphosphat ungeeignet. Es wurden Versuche unternommen, einen Teil dieses kohlensauren Kalks loszuwerden und den Phosphatanteil zu erhöhen. Zu diesem Zweck wurde das Phosphat kalziniert, was sich jedoch bald als großer Fehler herausstellte. Es wurden andere Maßnahmen ergriffen, mit dem Ergebnis, dass der Prozentsatz auf 50 Prozent erhöht wurde. Daher wird es in geringen Mengen als Trockner verwendet, wofür es sich aufgrund seiner kohlenstoffhaltigen Natur neben den höherwertigen Phosphaten besonders eignet. Im Jahr 1886 wurden etwa 145.000 Tonnen dieses Phosphats gefördert, wovon etwa 45.000 Tonnen in das Vereinigte Königreich importiert wurden.

Etwas Phosphat.

Noch in jüngerer Zeit wurden in den Departements Somme und Pas de Calais im Norden Frankreichs Phosphatvorkommen entdeckt, die an die belgischen Vorkommen angrenzten und diesen ähnelten. Der einzige Unterschied zwischen belgischen und französischen Phosphaten besteht darin, dass letztere von höherer Qualität sind und 50 bis 80 Prozent

Kalkphosphat enthalten. Es entstand eine sehr große Nachfrage nach diesen Phosphaten, und im Jahr 1888 wurden, obwohl sie erst seit etwa zwei Jahren verarbeitet wurden, nicht weniger als 150.000 Tonnen gefördert, von denen etwa die Hälfte 70 bis über 75 Prozent enthielt. Es gibt vier Qualitäten auf dem Markt, die 55 bis 60, 60 bis 65, 70 bis 75 und 75 bis 80 Prozent Phosphatkalk enthalten. Höchste Qualität liefert den Hauptstoff für die Herstellung hochwertiger Superphosphate.

Florida-Phosphat. [224]

In den letzten Jahren wurden große Mengen Phosphate aus Florida importiert. Diese sind von unterschiedlicher Qualität, die jetzt importierten Landgesteine enthalten 70 bis 80 Prozent Kalkphosphat und das Flussphosphat etwa 60 Prozent. Die letztere Klasse ähnelt in ihrer Zusammensetzung den besten Flussphosphaten aus South Carolina, denen sie sehr ähneln.

Lahnphosphat.

1864 wurden in Nassau in Deutschland Phosphatvorkommen gefunden; Da das Phosphat aber einen erheblichen Anteil an Eisen und Aluminiumoxid enthielt, werden sie hierzulande heute nicht verwendet, wohl aber in Deutschland zur Herstellung von Doppelsuperphosphat.

Bordeaux oder französisches Phosphat.

Von ähnlicher Qualität wie Lahnphosphat ist das in der Umgebung von Bordeaux gewonnene.

Algerisches Phosphat.

Aus Algerien werden jetzt ausgezeichnete Phosphate verschickt – einige Ladungen haben einen Gehalt von bis zu 70 Prozent.

Krusten-Guanos.

Auf die Guanos haben wir bereits im Kapitel über Guano hingewiesen. Sie sind auch unter dem Namen karibische Phosphate bekannt und stammen von den Westindischen Inseln. Die wichtigsten Arten sind Aruba, Curaçao, Sombrero und Navassa, der Great Cayman, Redonda und Alta Vela. Die meisten von ihnen sind von hoher Qualität, enthalten 60 bis 80 Prozent

Phosphat und eignen sich daher für die Herstellung hochwertiger Superphosphate. Einige von ihnen enthalten jedoch einen erheblichen Anteil an Eisen und Aluminiumoxid und sind für diesen Zweck nicht geeignet. Die Phosphate Redonda und Alta Vela bestehen hauptsächlich aus Aluminiumoxidphosphat.

Wert von Mineralphosphaten als Dünger.

Während es allgemein als nicht ratsam angesehen wird, mineralische Phosphate direkt als Phosphatdünger zu verwenden, kann man sich durchaus fragen, inwieweit eine solche Meinung durch tatsächliche Erfahrungen gerechtfertigt ist. Professor Jamieson aus Aberdeen hat in seinen interessanten und wertvollen Experimenten die Aufmerksamkeit auf die Tatsache gelenkt, dass Koprolithen in einem feinen Verteilungszustand eine äußerst wertvolle Phosphorsäurequelle für Nutzpflanzen darstellen und eine schneller verfügbare Quelle sind, als allgemein angenommen wird. An anderer Stelle durchgeführte Experimente mit gemahlenen Koprolithen und anderen mineralischen Phosphaten bestätigen die Schlussfolgerungen von Professor Jamieson. Der erfolgreiche Einsatz von Thomasphosphat hat die Aufmerksamkeit auf die Möglichkeit gelenkt, ungelöstes mineralisches Phosphat gewinnbringend in den Boden einzubringen; und zweifellos kann die Praxis in den kommenden Jahren verstärkt werden. Derzeit werden jedoch mit Ausnahme von Thomasphosphat ausschließlich mineralische Phosphate zur Umwandlung in Superphosphat verwendet.

FUSSNOTEN:

[221] Seit der Entdeckung der Phosphatvorkommen in Florida wurde der Betrieb der kanadischen Minen praktisch aufgegeben.

[222] Siehe Anhang, S. 381.

[223] Diese Phosphate werden mittlerweile nicht mehr verarbeitet.

[224] Diese Vorkommen wurden vor einigen Jahren entdeckt; und da sie von beträchtlichem Umfang und hoher Qualität sind, haben sie den Phosphatmarkt völlig revolutioniert . Mittlerweile werden in Florida jährlich etwa 300.000 Tonnen geerntet.

ANHANG ZU KAPITEL XII.

HINWEIS (S. 375).

DIE FOLGENDE TABELLE ZEIGT DIE PHOSPHATIMPORTE IN DAS VEREINIGTE KÖNIGREICH UND DIE PRODUKTIONSLÄNDER IN DEN JAHREN 1885-92.

	1885.	1886.	1887.	1888.	1889.	1890.	1891.	1892.
	Tonnen.	Tonnen.	Tonnen.	Tonnen.	Tonnen.	Tonnen.	Tonnen.	Tonnen.
Vereinigte Staaten	138.844	144.623	165.275	111.369	122.554	177.283	*131.084	*201.465
Kanada	21.484	18.069	19.194	12.423	23.297	21.089	15.918	7.814
Niederländisch-Westindien (Curaçao, Aruba)	11.588	12.581	9.505	10.736	14.730	14.763	8.851	6.648
Britische Westindische Inseln (Sombrero usw.)	7.727	3.351	6.451	11.010	1.880	3.970	1.960	2.473
Spanien und Portugal	19.282	5.825	15.612	6.978	1.326	—	320	971
Belgien	35.405	31.551	45.322	54.261	64.643	82.096	70.723	65.079
Holland	865	2.194	4.778	4.137	2.270	2.428	3.434	6.627
Frankreich	2.276	1.503	11.140	39.059	65.490	35.659	18.325	18.239
Australien	—	200	350	—	1.250	—	—	—
Deutschland	704	—	—	—	—	—	—	—
Hayti (San Domingo)	—	2.175	3.044	6.238	4.094	992	1.639	2.965
Brasilien	—	—	1.200	—	—	—	—	—
Venezuela und Guayana	—	—	405	—	—	—	540	—
Norwegen	—	—	—	—	—	4.151	1.495	305
Andere Länder	397	1.039	1.139	1.675	390	1.070	1.483	1.594

| *Florida-Phosphat | — | — | — | — | — | — | 35.203 | 66.327 |
| Carolina-Phosphat | — | — | — | — | — | — | 96.881 | 135.138 |

KAPITEL XIII.
SUPERPHOSPHATE.

Wie im Kapitel über Knochen erwähnt, entdeckte Liebig im Jahr 1840, dass die Zugabe von Vitriolöl oder Schwefelsäure zu den Knochen das darin enthaltene Phosphat löslich machte. Diese Entdeckung markierte eine Epoche in der Geschichte der künstlichen Düngemittel und legte den Grundstein für die mittlerweile enorme Produktion von Superphosphat. Im Jahr 1862 veröffentlichten die Jurys der London International Exhibition einen ausführlichen Bericht mit einem interessanten Artikel über den Misthandel in Großbritannien, in dem es hieß, dass die damals hergestellte jährliche Menge an Superphosphat 150.000 bis 200.000 Tonnen betrug. Jetzt dürften es nicht mehr weit weniger als eine Million Tonnen sein. Wahrscheinlich ist das, was in den USA hergestellt wurde, deutlich mehr. Zunächst wurde Superphosphat von Sir John Lawes aus verbrauchter Knochenkohle hergestellt. Dies wurde durch Koprolithen und Estremadura-Phosphorit ersetzt, wobei Suffolk-Koprolithen viele Jahre lang das hauptsächlich verwendete Material waren. Dem folgten wiederum die reicheren Cambridge-Koprolithen, aber in den letzten Jahren sind Koprolithen praktisch keine Quelle mehr für Superphosphat, die anderen im vorherigen Kapitel erwähnten mineralischen Phosphate – wie die Phosphate South Carolina, Belgian, Somme usw. – mehr – und nehmen ihren Platz ein.

Herstellung von Superphosphat.

Die Herstellung von Superphosphat ist zu technischer Natur, als dass eine Erörterung in einer Arbeit dieser Art möglich wäre. Es ist jedoch wichtig, dass die allgemeinen Prinzipien, die dem Herstellungsprozess zugrunde liegen, und die chemischen Veränderungen im Phosphat, die während des Prozesses stattfinden, klar verstanden werden. Erstens wird bei der Herstellung des Superphosphats großer Wert auf die Feinheit der Zerteilung des Rohmaterials gelegt, und es wurde viel Einfallsreichtum in die für diesen Zweck konzipierten Apparate investiert. Die Schwierigkeit, das Phosphat zu mahlen, hängt natürlich von der Art des verwendeten Materials ab – Apatit beispielsweise lässt sich viel schwieriger auf die erforderliche Feinheit reduzieren als phosphathaltiges Guano. Je feiner die Zersetzung, desto vollständiger erfolgt die Zersetzung des Phosphats durch die Säure. Herr Warington empfiehlt, dass das Pulver für erstklassige Arbeiten so fein sein sollte, dass es durch ein Sieb mit achtzig Maschen pro Zoll passieren kann. Nachdem das Phosphat zu Pulver zerkleinert wurde, wird es mit Säure vermischt. Dies geschieht im Mischer, der im Allgemeinen die Form eines Eisenzylinders hat, der in der Mitte mit einer rotierenden Welle versehen ist, wobei als Schwefelsäure die gewöhnliche Kammersäure (Sp. Gr. 1,57) verwendet wird . Unabhängig von der verwendeten Säurestärke muss eine bestimmte Menge Wasser vorhanden sein, um Gips zu bilden. Die Trockenheit des Superphosphats ist auf die Bildung von Gips im resultierenden Produkt zurückzuführen. Der Anteil der eingesetzten Schwefelsäure richtet sich nach der Zusammensetzung des Phosphats; und hier kann darauf hingewiesen werden, dass die Anwesenheit von viel kohlensaurem Kalk ein äußerst wichtiger Faktor bei der Bestimmung der erforderlichen Säuremenge ist. Der Grund hierfür liegt darin, dass, wenn kohlensaurer und phosphathaltiger Kalk zusammen vorliegen, Schwefelsäure zunächst auf das kohlensaure Salz einwirkt und erst dann, wenn dieses vollständig zersetzt ist, auf das Phosphat einwirken kann. Daher stellen mineralische Phosphate mit einem hohen Anteil an Karbonatkalk kein so wirtschaftliches Material für die Herstellung von Superphosphat dar wie solche mit einem geringen Anteil an Karbonat. [225] Damit eine schnelle Zersetzung stattfinden kann, ist eine gewisse Wärmemenge erforderlich. Zu diesem Zweck wurde die zugesetzte Schwefelsäure zuvor erhitzt. Bei der gewöhnlichen Herstellung von Superphosphat wird dies jedoch nicht als notwendig erachtet, da die durch die chemische Wirkung zwischen dem Phosphat und der Säure entstehende Wärme ausreichend groß ist. Nachdem das Phosphat gründlich mit der Säure vermischt wurde, wird es in die sogenannte Grube eingeleitet, eine aus Ziegeln oder Beton gebaute Kammer. Die Mischung, die beim Eintritt in die Grube in flüssigem Zustand ist, härtet sehr bald aus und kann in ein oder zwei Tagen ausgegraben werden. Anschließend wird es in einem Desintegrator zu Pulver zerkleinert und kann dann als Gülle verwendet werden.

Art der stattfindenden Reaktion.

Um die Art der Reaktion klar zu verstehen, die bei der Zugabe von Schwefelsäure zu einem phosphathaltigen Material abläuft , ist es vielleicht angebracht, ein oder zwei Worte über die Zusammensetzung der verschiedenen Verbindungen von Kalk und Phosphorsäure zu sagen.

Phosphate von Kalk.

In den verschiedenen Phosphatdüngern, die in der Landwirtschaft verwendet werden, gibt es vier verschiedene Arten von Phosphaten. In der gebräuchlichsten Form, im Volksmund Knochenphosphat genannt, handelt es sich um die Form, in der Kalk und Phosphorsäure in Knochen, Guano und den gewöhnlichen mineralischen Phosphaten kombiniert werden, wobei Kalk und Phosphorsäure in der sogenannten tribasischen Form kombiniert werden Kalkphosphat oder Tricalciumphosphat – das heißt, auf jedes Äquivalent Phosphorsäure kommen drei Äquivalente Kalk. Dies kann wie folgt dargestellt werden:

Kalk }
Kalk } Phosphorsäure.Kalk }

Man kann auch sagen, dass auf 142 Gewichtsteile Phosphorsäure 168 Gewichtsteile Kalk in dieser Phosphatform kommen. Dies ist die am wenigsten lösliche Form der Phosphorsäure [226] und wird in kommerziellen Analysen allgemein als unlösliches Phosphat bezeichnet. Wenn dieses Phosphat mit Schwefelsäure behandelt wird , entsteht, wie Liebig erstmals zeigte, ein lösliches Phosphat, dem man den Namen Superphosphat gegeben hat und das auch als monobasisches Kalkphosphat oder monocalcisches Phosphat bekannt ist. Diese Verbindung kann so dargestellt werden, dass sie statt drei Äquivalenten Kalk nur eines enthält und die anderen beiden Äquivalente durch Wasser ersetzt werden. Diese Verbindung kann wie folgt dargestellt werden:

Kalk }
Wasser } Phosphorsäure.Wasser }

Darin kommen auf 142 Teile Phosphorsäure nur 56 Teile Kalk. Es ist wasserlöslich und verleiht dem als Superphosphatkalk bekannten Handelsprodukt seinen Wert. In der Zusammensetzung zwischen diesen beiden Phosphaten liegt ein anderes, das als gefälltes Kalkphosphat oder Dicalciumphosphat (dasselbe wie umgewandeltes Phosphat) bekannt ist und zwei Äquivalente Kalk und ein Äquivalent Wasser wie folgt enthält:

Kalk }
Kalk } Phosphorsäure.Wasser }

Diese Verbindung enthält auf 142 Teile Phosphorsäure 112 Teile Kalk; und nimmt in der Löslichkeit eine Zwischenstellung ein. Schließlich gibt es noch eine vierte Verbindung aus Kalk und Phosphorsäure, die nur in einem phosphathaltigen Mist vorkommt – nämlich in der Phosphatschlacke, in der sie tatsächlich erstmals entdeckt wurde –, die aus vier Äquivalenten Kalk zu einem Äquivalent Phosphorsäure besteht der Name tetrabasisches Kalkphosphat oder Tetracalciumphosphat wurde gegeben. Seine Zusammensetzung lässt sich wie folgt veranschaulichen:

Kalk }
Kalk } Phosphorsäure.Kalk }Kalk }

Oder auf 142 Teile Phosphorsäure kommen 224 Teile Kalk. Entgegen unserer Erwartung ist dieses Phosphat weniger unlöslich als das gewöhnliche tribasische oder Knochenphosphat. Dies kann auf die Tatsache zurückzuführen sein, dass im vierbasischen Phosphat mehr Kalk vorhanden ist, als die Phosphorsäure mit starker chemischer Affinität zurückhalten kann. [227] Bei der Herstellung von Superphosphat wird das dreibasische Phosphat in das lösliche Phosphat umgewandelt – den Kalk, der früher in Verbindung mit der Phosphorsäure war, sich mit der Schwefelsäure verbindet und Gips bildet. [228] Bis vor kurzem wurde angenommen, dass lösliches Phosphat und Gips die einzigen beiden resultierenden Produkte dieser Zersetzung seien. Kürzlich haben jedoch Ruffle und andere gezeigt, dass dies genau genommen nicht der Fall ist und dass wahrscheinlich ein großer Teil freier Phosphorsäure gebildet wird; Tatsächlich scheint es wahrscheinlich, dass in der ersten Stufe der Reaktion nur Phosphorsäure erzeugt wird und dass diese anschließend auf das unzersetzte Phosphat einwirkt und monocalcisches Phosphat erzeugt . [229] Die Menge an Schwefelsäure , die erfahrungsgemäß für eine erfolgreiche und wirtschaftliche Herstellung von Superphosphat zugesetzt werden muss, hängt von der Zusammensetzung des verwendeten Rohstoffs ab. Je größer der Anteil an dreibasigem Phosphat ist, desto größer ist die Menge an Schwefelsäure , die zu seiner Zersetzung benötigt wird. aber manchmal verbraucht selbst ein schlechtes Phosphat eine große Menge Schwefelsäure . Dies ist der Fall, wenn im Rohphosphat viel Calciumcarbonat oder Fluorid vorhanden ist, da beide Verbindungen für ihre Zersetzung, die vor der Zersetzung des Phosphats erfolgt, eine Menge Säure benötigen. Daher eignen sich Phosphate, die reich an Kalkkarbonat sind, nicht als wirtschaftliche Materialien zur Herstellung von Superphosphat.

Umgekehrte Phosphate.

Eine Veränderung, die bei Superphosphat nach seiner Herstellung auftreten kann, ist die sogenannte Umkehrung des löslichen Phosphats. So zeigt sich, dass bei längerer Aufbewahrung von Superphosphat der Anteil an löslichem Phosphat geringer wird als zu Beginn. Die Geschwindigkeit, mit der dieser Abbau des Superphosphats voranschreitet, variiert je nach Probe. In einem gut hergestellten Artikel ist es praktisch unbemerkbar, wohingegen es in einigen Superphosphaten, die aus ungeeigneten Materialien hergestellt werden, einen beträchtlichen Prozentsatz ausmachen kann. Es gibt zwei Ursachen für diese Umkehr. Zum einen kann die Anwesenheit von unzersetztem Phosphatkalk die Ursache sein. Diese Umkehrquelle ist jedoch weitaus weniger wichtig als die andere, nämlich das Vorhandensein von Eisen und Aluminiumoxid im Rohmaterial. Wenn ein lösliches Phosphat umgewandelt wird, findet die Umwandlung des Monocalciumphosphats in das Dicalciumphosphat statt . Nun kann im ersten Fall, wo die Reversion auf die Anwesenheit von nicht zersetztem Phosphat zurückzuführen ist, die stattfindende Wirkung wie folgt dargestellt werden:

Kalk }   } {   Kalk   }   }

Kalk } Phosphorsäure   } {   Wasser } Phosphorsäure   }

Kalk }   } + { Wasser }   } =

(Ein Molekül unlösliches   } {   (Ein Molekül lösliches   }
Phosphat)   Phosphat)

Kalk }   } {   Kalk   }   }

Kalk } Phosphorsäure   } {   Kalk   } Phosphorsäure   }

Wasser }   } + { Wasser }   } =

(Ein Molekül umgewandeltes } { (Ein Molekül umgewandeltes }
Phosphat)   Phosphat)

Es sei jedoch erwähnt, dass eine Umkehr von dieser Ursache in der Praxis wahrscheinlich nur in sehr geringem Ausmaß stattfindet. [230] Wenn die Umkehrung auf die Anwesenheit von Eisen und Aluminiumoxid im Rohmaterial zurückzuführen ist, ist die Natur der Reaktion nicht genau verstanden und lässt sich daher nicht so leicht nachweisen wie im ersteren Fall. Wenn Eisen in Form von Pyrit oder Eisensilikat vorliegt, scheint es keine Reversion hervorzurufen. Nur wenn es in Form von Oxid vorliegt – und in den meisten phosphathaltigen Rohmaterialien liegt es im Allgemeinen in dieser letztgenannten Form vor [231] – führt es zu einer Reversion im Phosphat.

Wert des zurückgewonnenen Phosphats.

Der Wert von rückgewandeltem Phosphat ist ein Thema, das unter Chemikern zu heftigen Kontroversen geführt hat. Dass es einen höheren Wert als das gewöhnliche unlösliche Phosphat hat, wird jetzt zugegeben; aber hierzulande, im Misthandel, ist dies noch nicht anerkannt . Zunächst glaubte man, es sei unmöglich, die Menge durch chemische Analyse abzuschätzen. Diese Schwierigkeit wurde jedoch überwunden, und es wird allgemein anerkannt, dass das Ammoniumcitrat-Verfahren ein genaues Mittel zur Bestimmung seiner Menge darstellt. Sowohl auf dem Kontinent als auch in den Vereinigten Staaten wird anerkannt , dass zurückgewonnenes Phosphat einen Geldwert besitzt, der über dem des gewöhnlichen unlöslichen Phosphats liegt. Das Ergebnis ist, dass Rohphosphate, die Eisen und Aluminiumoxid in nennenswertem Umfang enthalten, in diesem Land nicht verwendet werden, obwohl sie in Amerika und auf dem Kontinent nur eine begrenzte Anwendung finden.

Zusammensetzung von Superphosphaten.

Die hergestellten Superphosphate können im Allgemeinen in drei Klassen eingeteilt werden: niedrige Klasse, mittlere und hohe Klasse. Die gewöhnliche oder mittlere Klasse enthält 25 bis 27 Prozent lösliches Phosphat; und hier sei darauf hingewiesen, dass mit löslichem Phosphat der Prozentsatz an dreibasigem Phosphat gemeint ist, der gelöst wurde – und nicht, wie man auf den ersten Blick annehmen könnte, der Prozentsatz an monokalzischem Phosphat. Die Superphosphate der unteren Klasse enthalten weniger als 25 Prozent, im Allgemeinen 23 bis 25 Prozent, lösliches Phosphat; während das hochwertige Superphosphat 30 bis 45 Prozent enthalten kann. Für die Herstellung von hochwertigem Superphosphat steht nur eine bestimmte Anzahl an Rohphosphaten zur Verfügung, wie z. B. Curaçao- und Somme-Phosphate, Phosphat-Guanos, Knochenkohle usw. Bestimmte Verfahren zur Herstellung noch konzentrierterer Superphosphate wurden patentiert, und mit ihnen wurden Phosphate hergestellt, die bis zu 40 Prozent lösliche Phosphorsäure – *also* 87 Prozent lösliches Phosphat – enthalten. Zu dieser Klasse gehört das sogenannte Doppelsuperphosphat, das in Wetzlar in Deutschland hergestellt wird. Eine solche konzentrierte Gülleform ist naturgemäß sehr teuer in der Herstellung und für den Eigenverbrauch kaum zu empfehlen. Wenn der Mist jedoch über weite Strecken transportiert werden muss und die Fracht daher sehr hoch ist, kann sich ein derart konzentrierter Artikel als am wirtschaftlichsten erweisen.

Wirkung von Superphosphaten.

Wenn Superphosphat auf den Boden aufgetragen wird, wird es in einen unlöslichen Zustand umgewandelt. Kurz gesagt, der Prozess der Umkehr wird im großen Maßstab durchgeführt . Dies ist auf die im Boden enthaltenen Kalk-, Eisen- und Tonerdesalze zurückzuführen. Aller Wahrscheinlichkeit nach wird das Phosphat schließlich in ein hydratisiertes Eisen- oder Aluminiumphosphat umgewandelt, in dessen Form der Saft der Pflanzenwurzeln je nach Bedarf allmählich auf es einwirkt. Da dies der Fall ist, kann man sich fragen: Warum wirkt Superphosphat so viel schneller als unlösliches Phosphat? oder warum sollten wir uns die Mühe und Kosten machen, das Phosphat aufzulösen, wenn es im Boden wieder unlöslich werden muss? Diese Frage ist von sehr großer Bedeutung, denn die Antwort darauf liefert unserer Meinung nach den Schlüssel zur gesamten Phosphatfrage. Wenn dem Boden wasserlösliches Superphosphat zugesetzt wird, löst es sich bald auf, wird vom Regen in die Poren getragen und vermischt sich gründlich mit den Bodenpartikeln. Dadurch wird es schnell im Boden fixiert, ohne dass die Gefahr besteht, dass es weggespült wird. Das Ergebnis ist, dass das Phosphat in einem Zustand der Zerteilung erhalten wird, der unendlich viel feiner ist, als es jemals durch mechanisches Mahlen erreicht werden könnte, und außerdem innigst mit den Partikeln des Bodens vermischt wird. Es ist diese innige Vermischung des Phosphats mit den Bodenpartikeln und sein winziger Verteilungszustand, die den einzigen Grund dafür bilden, dass Superphosphat in seiner Wirkung selbst den feinst gemahlenen unlöslichen Phosphaten überlegen ist. Diese Meinung wird durch die Tatsache gestützt, dass der Chemiker zwar in dieser Hinsicht die Natur nachgeahmt hat, indem er gefälltes Phosphat herstellte, es ihm aber in der Regel nicht gelungen ist, damit ebenso günstige Ergebnisse zu erzielen wie mit Superphosphat. Obwohl der mechanische Zerteilungszustand des hergestellten gefällten Phosphats wahrscheinlich ebenso fein ist wie der, den die Natur aus dem Superphosphat erhält, ist es unmöglich, eine so innige Mischung mit den Bodenteilchen zu erhalten, und daher sind die erzielten Ergebnisse unterschiedlich. Aus diesen Gründen ist leicht zu erkennen, dass die Wirkungsgeschwindigkeit des Superphosphats immer schneller sein muss als die jeder anderen Form von Phosphatdünger. Das Phosphat ist überall im Boden verteilt. Die Pflanzenwurzeln werden auf diese Weise während ihres gesamten Wachstums kontinuierlich versorgt, und Mikroorganismen, die für ihre Entwicklung eine Versorgung mit dieser notwendigen Pflanzennahrung benötigen, werden vermehrt. Dadurch wird ein gleichmäßiges Wachstum der Pflanze gewährleistet, was von großer Bedeutung ist. Obwohl dies zugegeben wird, gibt es viele Fälle, in denen diese schnellere Wirkung lösliches Phosphat nicht zur wirtschaftlichsten Form macht. Die Beschaffenheit der Kulturpflanze sowie die Beschaffenheit des Bodens können in vielen Fällen die Anwendung des billigeren unlöslichen Phosphats wirtschaftlicher machen. Es ist unbedingt erforderlich, dass das frühe Wachstum einiger Nutzpflanzen durch eine ausreichende Versorgung mit leicht assimilierbarer pflanzlicher Nahrung so weit wie möglich beschleunigt wird, damit sie den Angriff bestimmter Schädlinge, denen sie unterliegen können, erfolgreich überstehen können. Dies ist beispielsweise insbesondere bei Rüben der Fall. In einem solchen Fall besteht kein Zweifel daran, dass der Wert von löslichem Phosphat für die jungen Pflanzen sehr groß ist, da es ihnen ermöglicht, diese kritische Zeit zu überleben.

Aber auch in diesem Fall kann es andere Bedingungen geben, die unlösliches Phosphat zu einem bevorzugten Dünger machen. In einem solchen Fall ist der Boden von sehr leichter Beschaffenheit und weist einen Mangel an Kalk auf. In diesem Fall kann sich das saure Superphosphat, da es nicht über die nötige Base verfügt, um sich zu verbinden, sogar als schädlich für die jungen Pflanzen erweisen. Laut dem verstorbenen Dr. Voelcker kann ein konzentriertes Superphosphat zu einer geringeren Ernte führen als ein Dünger , der nur ein Viertel so viel lösliche Phosphorsäure enthält, wenn es auf Hackfrüchte auf sandigen Böden mit starkem Kalkmangel angewendet wird. Fälle wie die oben genannten sind jedoch äußerst selten; und wir können sagen, dass Superphosphat im Allgemeinen bei Hackfrüchten als von besonderem Wert angesehen werden muss.

Anwendung von Superphosphat.

Auf jeden Fall sollte Superphosphat einige Zeit vor der wahrscheinlichen Aufnahme durch die Pflanze auf den Boden aufgebracht werden, damit die Neutralisierung seines sauren Charakters vollständig erfolgen kann , bevor die Wurzeln der Pflanze damit in Kontakt kommen. So vertritt Professor SW Johnson, einer der bedeutendsten lebenden amerikanischen Autoritäten, die Ansicht, dass neuere Untersuchungen dazu neigen, zu zeigen, dass lösliche und umgewandelte (oder ausgefällte) Phosphate im Großen und Ganzen etwa genauso wertvoll sind wie pflanzliche Nahrung, und zwar von nahezu gleicher Qualität gleichen kommerziellen Wert. Aber wie Sir John Lawes, indem er Professor Johnson in diesem Sinne zitiert, bemerkt, basiert diese Meinung auf einer Erfahrung in der amerikanischen Landwirtschaft, in der lösliches Phosphat hauptsächlich auf Getreidekulturen angewendet wird, während es in diesem Land hauptsächlich auf Rüben angewendet wird . Bei Getreidekulturen ist die Bedeutung eines schnellen Frühwachstums nicht so groß, wie wir bereits hervorgehoben haben, wie bei Rüben, wo die Gefahr für die jungen Pflanzen durch die Verwüstung durch die Rübenfliege groß ist Schon das Wachstum von ein oder zwei Tagen kann einen erheblichen Unterschied machen.

Wert von unlöslichem Phosphat.

Eine Betrachtung der Wirkung von Superphosphat wirft also viel Licht auf die Bedingungen, die den Wert unlöslicher Phosphate bei der Anwendung auf dem Boden bestimmen, und zeigt, dass der Zustand der Teilung, die Innigkeit der Mischung mit Bodenteilchen und die Beschaffenheit des Bodens sind die entscheidenden Faktoren. Unlösliche

Phosphate entfalten, wie wir noch sehen werden, wenn wir über basische Schlacken sprechen, ihre beste Wirkung auf Böden, die arm an Kalk und reich an organischer Substanz sind. Es wurden Tabellen erstellt, um einen Anhaltspunkt für den Wert von Phosphorsäure in verschiedenen Düngemitteln zu geben. Im Anhang [232] geben wir die Werte von Wolff für 1893 und eine amerikanische Tabelle für 1892 an. Auf die Vergleichswerte von mineralischen Phosphaten sowie von peruanischem Guano und Knochenstaub wird im folgenden Kapitel näher eingegangen .

Geschwindigkeit, mit der Superphosphat ausgebracht wird.

Die Geschwindigkeit, mit der Superphosphat auf den Boden aufgetragen wird, variiert in den verschiedenen Teilen des Landes. In England 2 bis 3 cwt. pro Acre gilt als durchschnittliche Beizung; wohingegen es in vielen Teilen Schottlands in großen Mengen von 6 bis 8 Zentnern ausgebracht wird. pro Hektar zur Rübenernte. Der Grund, warum in den nördlichen Teilen dieses Landes so viel schwerere Verbände verabreicht werden können, liegt in der viel längeren Zeit des unkontrollierten Wachstums. In den südlicheren Bezirken, in denen es weniger Niederschläge gibt, ist das Auftreten von Mehltau fast sicher, wenn die Aussaat so früh erfolgt, wie es für einen maximalen Ertrag erforderlich ist. Wie bei anderen Düngemitteln muss auch hier die Menge durch die Ausbringungsbedingungen und die Menge des ausgebrachten anderen Düngemittels bestimmt werden.

FUSSNOTEN:

[225] Dies gilt wohl auch für die Ausbringung bestimmter Düngemittel, wie zum Beispiel Knochenkohle, auf den Boden. Knochenkohle wurde in Frankreich lange Zeit unaufgelöst als Dünger verwendet. Die Wirkung einer solchen Gülle, die einen beträchtlichen Prozentsatz an kohlensaurem Kalk enthält, ist langsamer, als wenn es sich um reines Kalkphosphat handeln würde, da das kohlensaure Kalk zuerst (wie im Fall der Herstellung von Superphosphat) durch die Substanz beeinflusst wird Bodensäuren.

[226] Die Löslichkeit von tribasischem Phosphat ist in verschiedenen Düngemitteln natürlich nicht immer gleich. Beispielsweise ist das Phosphat in Apatit aufgrund der kristallinen Struktur dieses Minerals bei weitem nicht so löslich wie das Phosphat in phosphathaltigen Guanos, obwohl seine chemische Zusammensetzung in beiden Fällen praktisch die gleiche ist.

[227] Für Formeln der verschiedenen Phosphate siehe Anhang, Anmerkung I., S. 398.

[228] Für chemische Formeln , die die Reaktion zeigen, siehe Anhang, Anmerkung II., S. 398.

[229] Natürlich ist es wohlbekannt, dass man freie Phosphorsäure erhält, indem man auf Phosphatkalk mit einem Überschuss an Schwefelsäure einwirkt ; aber der oben erwähnte Punkt, der kürzlich entdeckt wurde, ist, dass, wenn auf Phosphatkalk einwirkt, selbst eine kleine Menge Schwefelsäure , freie Phosphorsäure entsteht.

[230] Für chemische Formeln , die diese Umkehrung zeigen, siehe Anhang, Anmerkung III., S. 399.

[231] Zu chemischen Theorien zur Umwandlung von löslichem Phosphat durch Eisen und Aluminiumoxid siehe Anhang, Anmerkung IV, S. 399.

[232] Siehe Anhang, Anmerkung V., S. 400.

ANHANG ZU KAPITEL XIII.

ANMERKUNG I. (S. 388).

Die Formeln sowie die molekulare und prozentuale Zusammensetzung der verschiedenen Phosphate sind in der folgenden Tabelle aufgeführt:

| Name. | Symbol. | Zusammensetzung in Bezug auf – | | | | | | |
| | | Molekulargewicht. | | | | Prozent. | | |
		Kalk.	Wasser.	Phosphorsäure.	Gesamt.	Kalk.	Wasser.	Phosphorsäure.
oder ›chenphosphat.	$3CaO, P_2O_5$	168	0	142	310	54.19	0,00	45,81
oder ›hosphat.	$2CaO, H_2O_5$	112	18	142	272	41.18	6.61	52.21
‚o- oder ›rphosphat.	$CaO, 2H_2O, P_2O_5$	56	36	142	234	23.93	15.39	60,68

HINWEIS II. (S. 388).

Bei Zugabe von Schwefelsäure zu Tricalciumphosphat findet folgende Reaktion statt:

$$(1.) \quad 3CaO, P_2O_5 \quad + \quad 2(H_2O, SO_3)$$

$$(\text{Tricalciumphosphat}), \quad (\text{Schwefelsäure}),$$

$$= \quad 2(CaO, SO_3) \quad + \quad CaO, 2H_2O, P_2O_5$$

$$(\text{Gips}) \qquad (\text{Monocalciumphosphat}).$$

$$(2.) \; 3CaO, P_2O_5 + 3(H_2O, SO_3) = 3CaO, SO_3 + 3H_2O, P_2O_5 \; \text{oder}$$
$$2H_3PO_4.$$

Diese Gleichung gibt die chemische Reaktion an, die stattfindet, wenn lösliches Phosphat aufgrund der Anwesenheit von ungelöstem Phosphat umgewandelt wird:——

$$3CaO, P_2O_5 \quad + \quad CaO, 2H_2O, P_2O_5$$

$$\text{(Tricalciumphosphat)}, \qquad \text{Monocalciumphosphat},$$

$$= 2CaO, H_2O, P_2O_5 \quad + \quad 2CaO, H_2O, P_2O_5$$

$$\text{(Dicalciumphosphat)}, \qquad \text{(Dicalciumphosphat)}.$$

die durch die Eisen- und Aluminiumoxidverbindungen hervorgerufen werden, ist nie ganz klar herausgefunden worden. Aber eine Vorstellung davon kann aus den folgenden Vorschlägen gewonnen werden, die der englische Chemiker Patterson verworfen hat. Nehmen wir die Schwefelsäure eine Menge Eisen oder Aluminiumoxid gelöst hat, dann kann es zu folgender Reaktion kommen:——

$$Fe_2O_3, 3SO_3 + CaO, 2H_2O, P_2O_5 = Fe_2O_3, P_2O_5 + CaO, SO_3 + 2(H_2O, SO_3),$$

und die so gebildete freie Säure würde mehr Eisen oder Aluminiumoxid aus dem Gestein lösen, das zuvor der Zersetzung entgangen war, und die hier formulierte Reaktion würde immer wieder stattfinden. Hier haben wir einen kumulativen Prozess, bei dem die Menge an unlöslichem Fe_2O_3 und P_2O_5 kontinuierlich zunimmt und im gleichen Verhältnis die Menge an löslichem P_2O_5 abnimmt. Auch hier haben wir vielleicht einfach –

$$2Fe_2O_3 + 3(CaO, 2H_2O, P_2O_5) = 2(Fe_2O_3, P_2O_5) + 3CaO, P_2O_5;$$

Dabei werden drei Moleküle der löslichen Phosphorsäure mit einem Schlag in den unlöslichen Zustand zurückversetzt.

„Falls das Eisen im ursprünglichen Gestein im Zustand von Eisenoxid wäre, könnte möglicherweise die folgende Reaktion stattfinden:——

$$4(FeO, SO_3) + 2O + CaO, 2H_2O, P_2O_5 + 3CaO, P_2O_5 = 2(Fe_2O_3, P_2O_5) + 4(CaO, SO_3).$$

In allen diesen Gleichungen, mit Ausnahme der letzten, würde Aluminiumoxid ebenso gut dienen wie Eisenoxid." – (*Vide* Storer's „Agricultural Chemistry", Bd. I , S. 276, 277.)

ANMERKUNG V. (S. 396).

Die folgende Tabelle zeigt die relativen Handelswerte von Phosphorsäure in verschiedenen Düngemitteln:

I. – WOLFF , 1893.

Wasserlösliches Phosphat (wie in Super)	100
Gefälltes Phosphat, peruanischer Guano	92
Umgewandeltes Phosphat, feinstes gedämpftes Fisch-Guano aus Knochenstaub, Poudrette	83
Phosphatische Guanos (Baker Island), Holzasche	75
Gröberer Knochenstaub, pulverisierte Tierkohle, Knochenasche	67
Grobe Knochenfragmente, pulverisiertes Phosphorit und Koprolit, Thomasschlacke, Hofmist	33

II. – AMERIKANISCH , 1892.

In Wasser lösliches Phosphat	100
In Ammoniumcitrat lösliches Phosphat	94
Feiner Knochenstaub, Fischpulver	94
Feiner mittlerer Knochen	74
Mittlerer Knochen	60
Grober Knochen	40

KAPITEL XIV.
THOMAS-PHOSPHAT ODER BASISSCHLACKE.

Mit dieser Substanz haben wir einen äußerst wichtigen Zusatz zu unseren Phosphatdüngern. Es ist seit 1886 auf dem Markt und allein in Deutschland betrug der Verbrauch im Jahr 1887 fast 300.000 Tonnen. Hierzulande wird es erst jetzt in großem Umfang genutzt.

Seine Herstellung.

Thomasschlacke ist ein Nebenprodukt, das bei der Stahlherstellung im sogenannten „Basis"-Verfahren anfällt. Im Jahr 1879 wurde eine Verbesserung des bekannten „Bessemer"-Verfahrens von den Herren Gilchrist & Thomas patentiert. Es muss erklärt werden, dass bei der Herstellung von Stahl aus Roheisen bestimmte Verunreinigungen im Rohmaterial entfernt werden müssen, um einen guten Stahl herzustellen. Unter diesen Verunreinigungen ist *Phosphor* eine der wichtigsten . Dies liegt daran, dass bereits ein sehr geringer Anteil an Phosphorsäure im Stahl dazu führt, dass er spröde wird. Die Gewinnung des Phosphors aus dem Rohmaterial war jedoch früher mit sehr großen Schwierigkeiten verbunden und hatte natürlich zur Folge, dass Stahl zu einem kostspieligen Artikel wurde, da nur die reineren Arten von Roheisen für diesen Zweck verwendet werden konnten.

Durch die Einführung des „Thomas-Gilchrist"- oder „Basis"-Verfahrens im Jahr 1879 wurden diese Schwierigkeiten jedoch weitgehend überwunden und die Verwendung selbst so unreiner Eisen wie Cleveland (das einen vergleichsweise hohen Prozentsatz an Phosphor enthielt) wurde ermöglicht möglich, und der Stahlpreis ist dadurch in der Regel sehr stark gesunken. Der Prozess besteht darin, das geschmolzene Roheisen in einem birnenförmigen Gefäß (in der Fachsprache „Konverter" genannt) einer sehr großen Hitze auszusetzen. Dieser ist oben offen und auf Scharnieren gelagert, die es ermöglichen, ihn zu bewegen, um den Schaum abzugießen, der am Ende des Vorgangs an die Oberfläche steigt und der, wie wir erklären können, aus „grundlegender Schlacke" besteht ." Im ursprünglichen Verfahren wurden die Seiten des „Konverters" mit Schamottsteinen ausgekleidet, die größtenteils aus Quarzsand bestanden. Dieser Prozess wurde als „Säureprozess" bezeichnet. Beim „Thomas-Gilchrist"-Verfahren hingegen werden die Seiten des „Konverters" mit *Kalk ausgekleidet* (zum größten Teil wird dolomitischer Kalkstein verwendet), wobei dem Roheisen auch Kalk zugesetzt wird. Ein Luftstoß wird durch die geschmolzene Masse injiziert und die Verunreinigungen werden verbrannt oder oxidiert , wie man es chemisch nennt. Der Phosphor im Eisen verwandelt sich dabei in Phosphorsäure und verbindet sich mit dem Kalk zu Phosphatkalk, der, wie bereits erwähnt, in Form eines Schaums an die Oberfläche steigt und durch Wasser vom Stahl getrennt wird abgegossen wird.

Zunächst nicht verwendet.

Auf diese Weise wird dann die *Thomasschlacke* gewonnen. Einige Jahre nach der Einführung dieses genialen Verfahrens schien es jedoch niemandem klar geworden zu sein, dass dieses reichhaltige phosphathaltige Nebenprodukt eine wertvolle Ergänzung zu unseren Kunstdüngern sein könnte . Das Ergebnis war, dass die Thomasschlacke als eines der nur allzu zahlreichen wertlosen Nebenprodukte behandelt wurde, die bei den meisten unserer chemischen und anderen Manufakturen notwendigerweise nebensächlich zu sein scheinen, und dass man sie in großen Mengen ansammeln ließ, ohne für irgendeinen Zweck verwendet zu werden Zweck.

Entdeckung seines Wertes.

Im Jahr 1883 wurden in Deutschland kurze Artikel zu diesem Thema veröffentlicht, um die Öffentlichkeit erstmals auf seine Bedeutung als Dünger aufmerksam zu machen. In den Jahren 1884 und 1885 wurden im selben Land zahlreiche Experimente zu diesem Thema durchgeführt; und von da an bis zur heutigen Stunde wurde es in Deutschland immer häufiger verwendet, bis im Jahr 1887, wie bereits erwähnt, sein Verbrauch fast 300.000 Tonnen betrug.

Komposition.

Es besteht hauptsächlich aus Kalkphosphat, Kalksilikat, freiem Kalk, freier Magnesia sowie Eisen- und Manganoxiden. Seine Zusammensetzung variiert natürlich; aber das Folgende kann als durchschnittliche Analyse angesehen werden: [233] –

	Prozent.
* Phosphorsäure	17
Kalk in Kombination mit Phosphor-, Kiesel-, Schwefel- und Kohlensäure	40
Freier Kalk	15

* Entspricht Tricalciumphosphat _ 37

In der Regel variiert der Phosphorsäuregehalt erheblich und liegt zwischen 10 und 20 Prozent, also zwischen 22 und 44 Prozent Tricalciumphosphat . Dies ist auf den unterschiedlichen Phosphoranteil im Rohmaterial und die zugesetzte Kalkmenge zurückzuführen. In den letzten zwei bis drei Jahren wurden in Deutschland Versuche unternommen, eine Schlacke zu erhalten, die reicher an Phosphorsäure als bisher war, und ein Verfahren zu diesem Zweck wurde von Professor Scheibler patentiert. Hierbei handelt es sich um eine geringfügige Änderung des gewöhnlichen Prozesses. Anstatt das Roheisen mit einer übermäßigen Menge Kalk zu behandeln, reicht die Zugabemenge nicht aus, um eine vollständige Entphosphorung des Eisens zu bewirken . Die entstehende Schlacke ist sehr reich an Phosphorsäure und entsprechend arm an Eisen. Anschließend wird das Eisen erneut mit frischem Kalk behandelt und der Phosphor vollständig entfernt, während derselbe Kalk erneut verwendet werden kann. Solche Schlacken bilden einen sehr viel konzentrierteren Phosphatmist als die gewöhnliche Schlacke und werden als *Patentphosphatmehl bezeichnet* .

Ein Punkt, der die Schlacke nicht nur aus chemischer Sicht zu einem Produkt von besonderem Interesse macht, sondern auch einen äußerst wichtigen Einfluss auf ihren Wert als Dünger hat, ist die Natur der Verbindung, die durch die Verbindung des Kalks mit der Phosphorsäure entsteht .

In den gewöhnlichen sogenannten Rohphosphaten, wie Knochenmehl, Knochenasche, Koprolithen usw., sind Kalk und Phosphorsäure in der Form dessen vereint, was in der chemischen Ausdrucksweise als *dreibasisches Kalkphosphat bekannt ist* . Das heißt, dass auf jedes Äquivalent Phosphorsäure drei Äquivalente Kalk kommen. Nun kam man natürlich zunächst zu dem Schluss, dass das tribasische Phosphat die Form sei, in der diese beiden Stoffe in der Schlacke vorlagen. Es stellte sich jedoch auf folgende Weise heraus, dass dies nicht der Fall war. Beim Abkühlen der Schlacke stellte sich heraus, dass sich kleine, aber perfekt definierte Kristalle bildeten. Durch sorgfältige Analyse wurde zuerst von Hilgenstock gezeigt , dass diese Kristalle aus einer bisher unbekannten Form von Kalkphosphat bestehen, in der vier Äquivalente Kalk mit einem Äquivalent Phosphorsäure kombiniert wurden und die daher „vierbasisches Phosphat" genannt wurde. "

Verfahren zur Aufbereitung von Schlacke.

Sobald die Idee aufkam, die Schlacke als Dünger zu nutzen , wurden verschiedene Pläne zur Gewinnung der Phosphorsäure und deren Bereitstellung als pflanzliche Nahrung entwickelt. Diese wurden aufgrund der sehr unlöslichen Natur der Phosphate in der Schlacke sowie der angeblich schädlichen Wirkung, die das darin enthaltene Eisenoxid auf das Pflanzenleben ausüben würde, als notwendig erachtet. Dementsprechend wurde eine große Anzahl von Patenten angemeldet, die „nahezu jede erdenkliche Methode zur Behandlung der Schlacke abdecken, ob praktikabel oder nicht". Sie alle sind im Wesentlichen Kombinationen oder Variationen der folgenden Verfahren:

„1. *Vorläufige Vorbereitung der Schlacke.*

(Durch Behandeln von geschmolzenem oder anderem Material mit
A überhitztem Dampf oder Abkühlen im heißen Zustand mit Wasser,
)   um es in kleine Stücke oder in einen zerbrechlichen Zustand zu zerlegen.

(B
)   Schleifen.

(C Mit Wasser behandeln, um freien Kalk auszuwaschen, oder mit
)   Zuckerlösung.

(D
)   An der Luft oder mit etwas Oxidationsmittel rösten .

„2. *Lösung der Schlacke.*

(
A *Vollständig* in schwachen oder starken Säuren (Salzsäure,
)   Schwefelsäure usw.)

(B *Teilweise* , um die Phosphate und Silikate des Kalks aufzulösen und
)   den größten Teil der Eisen- und Manganoxide zurückzulassen.

"3. *Fällung* der Phosphorsäure mit Kalk- oder Eisensalzen: oder

„Prozesse, bei denen die Schlacke mit Holzkohle geschmolzen wird, um Phosphate zu Phosphiden zu reduzieren, mit Säure behandelt und der phosphatierte Wasserstoff zu Phosphorsäure verbrannt wird; und

„Prozesse, bei denen die Schlacke mit Soda- oder Kalisalzen – Ätzmitteln, Chloriden, Sulfaten, Carbonaten – mit oder ohne Durchdrücken von Dampf geschmolzen wird, um lösliche alkalische Phosphate zu bilden." [234]

Viele dieser Verfahren wurden ausprobiert; Durch Experimente wurde jedoch herausgefunden, dass der beste und wirtschaftlichste Weg darin bestand, die Schlacke in einem sehr feinen Pulverzustand direkt auf den Boden aufzutragen. Experimente zeigten außerdem, dass es *nicht* die schädliche Wirkung auf die Vegetation hatte, die man aufgrund des darin enthaltenen Eisenoxids befürchtet hatte. Die Entdeckung, dass seine Phosphorsäure, wie bereits erklärt wurde, als vierbasisches Kalkphosphat vorkommt, hat die Meinung bestärkt, dass dies die beste Anwendungsmethode ist.

Es hat sich herausgestellt, dass ein großer Teil von der Feinheit der gemahlenen Schlacke abhängt, was zur Folge hat, dass sie heute üblicherweise sowohl nach einer mechanischen als auch nach einer chemischen Analyse verkauft wird – *das heißt*, die Schlacke passiert garantiert ein Sieb einer bestimmten Feinheit .

Löslichkeit von Schlacke.

Professor Wagner aus Darmstadt hat einige äußerst interessante Experimente zur Löslichkeit von Schlacke durchgeführt. Er fand heraus, dass sich sehr fein gepulverte Schlacke in kohlensäurehaltigem Wasser zu 36 Prozent auflöste, während sich Phosphorit bei ähnlicher Behandlung nur zu 8 Prozent löste. [235] Ein weiteres sehr wichtiges Lösungsmittel ist *Ammoniakcitrat* . Rückgesetztes (oder ausgefälltes) Phosphat ist darin vollständig löslich, und darin lösliches Phosphat sollte höher bewertet werden als das, was nicht löslich ist. Professor Wagner stellte nun fest, dass die Löslichkeit der Thomasschlacke in Ammoniakcitrat nicht weniger als 74 Prozent betrug, während die von Phosphorit nur 4 Prozent betrug. Diese Ergebnisse wurden von Professor SW Johnson bestätigt, der herausfand, dass von den 19,87 Prozent Phosphorsäure, die in einer Probe basischer Schlacke enthalten waren, nicht weniger als 19,57 Prozent in Ammoniumcitrat löslich waren, während eine fein gemahlene Probe phosphathaltigen Gesteins Folgendes ergab: Nach der Analyse waren von den darin enthaltenen insgesamt 29,49 Prozent Phosphorsäure nur 1,81 Prozent in Ammoniak löslich. Professor Fleischer hat auch die vergleichbare Löslichkeit von basischer Schlacke und Phosphorit getestet, indem er sie in einer Essigsäurelösung kochte. Erstere wurden zu 19 Prozent aufgelöst, letztere nur zu 5 Prozent. Ein höchst interessantes und äußerst wichtiges Experiment wurde von Herrn Heinrich Albert aus Biebrich durchgeführt . Ein Gramm basische Schlacke und 100 Gramm Torf wurden in einem Liter Wasser vermischt und es stellte sich heraus, dass nach vierzehntägigem Stehen 79 Prozent der in der Schlacke enthaltenen Phosphorsäure löslich waren.

In den obigen Experimenten wurde festgestellt, dass die *Feinheit des Mahlens* einen deutlichen Einfluss auf die Löslichkeit der Schlacke hatte und dass ihre Löslichkeit umso größer war, je feiner sie gemahlen wurde. Dies wurde in den praktischen Experimenten von Professor Wagner weiter nachgewiesen. Dabei wurde festgestellt, dass fein gemahlene Schlacke eine *viermal* schnellere Wirkung hat als grobe Schlacke; Was jedoch die praktischen Ergebnisse betraf, schien es eine Grenze für die Feinheit zu geben, auf die es ratsam war, die Schlacke zu mahlen, da Schlacke über einer bestimmten Feinheit keine besseren Ergebnisse lieferte als eine gröbere Schlacke. Jedenfalls stellte er fest, dass Schlacke, deren Feinheit so groß war, dass alles durch ein Gazesieb ging, bei seinen Versuchen keine besseren Ergebnisse lieferte als Schlacke, die 17 Prozent zurückließ. Wir können jedoch sagen, dass je *feiner die Schlacke gemahlen wird, desto größer wird ihre Wirkung als Dünger sein* ; und dass ein gewisser Feinheitsgrad unbedingt erforderlich ist, um einen aktiven Dünger zu bilden . Da die Experimente von Professor Wagner zu den wertvollsten und vollständigsten gehören, die an Grundschlacken durchgeführt wurden, werden wir sie etwas ausführlicher schildern.

Darmstädter Experimente.

Professor Wagners Experimente wurden an so unterschiedlichen Arten von Nutzpflanzen wie Flachs, Raps, Weizen, Roggen, Gerste, Erbsen und weißem Senf durchgeführt, und das Ziel der Experimente bestand darin, die vergleichende Aktivität von Superphosphat, basischer Schlacke verschiedener Arten, als Düngemittel zu ermitteln Feinheitsgrade, peruanisches Guano, gedämpftes Knochenmehl und sehr fein gemahlene Koprolithen. Um eine korrekte Schätzung des relativen Wertes dieser verschiedenen Formen phosphathaltiger Düngemittel zu erhalten, war es notwendig, den Stickstoff im Knochenmehl sowie den im peruanischen Guano enthaltenen Stickstoff und Kali inaktiv zu machen , *also* den Test streng einzuschränken zu Phosphorsäure. Dies geschah durch Zugabe von Mengen an Stickstoff und Kali zu Superschlacke, Grundschlacke und Koprolithen, die denen der anderen Gülle entsprachen. Darüber hinaus wurde allen Versuchen (natürlich auch den ungedüngten) ein Überschuss an Stickstoff und Kali zugesetzt. Somit könnte die Ertragssteigerung nur auf die Phosphorsäure zurückzuführen sein.

Die allgemeinen Ergebnisse dieser Experimente lassen sich wie folgt zusammenfassen: Wenn die Aktivität von „Super" durch 100 dargestellt wird, dann ist die relative Aktivität von –

Grundschlacke der Feinheit Nr. 1 [236] ist   61

Basische Schlacke, Nr. 2 [237]   58

Peruanischer Guano	30
Basische Schlacke, Nr. 3 [238]	13
Knochenmehl	10
Koprolithen	9

Aus diesen Ergebnissen wurde versucht, den Wert des Handelsartikels zu ermitteln. Da es etwa 80 Prozent Feinmehl und 20 Prozent Grobmehl enthält , kann seine Aktivität mit 50 oder halb so aktiv wie Supermehl angegeben werden. Also 2 Zentner. Basisschlacke beträgt 1 cwt. von super. Dies bezieht sich nur auf den Effekt des ersten Jahres. Professor Wagner hat weitere Experimente über die Nachwirkungen der verschiedenen Düngemittel durchgeführt und dabei herausgefunden, dass die Nachwirkungen der Grundschlacke sogar *besser sind* als die der „Super". Dies liegt auf der Hand, denn wenn doppelt so viel Phosphorsäure in Form von basischer Schlacke zugesetzt wird wie in Form von „Super", ist die Wirkung im ersten Jahr ähnlich, d. h. die gleiche Menge an Phosphorsäure wird in beiden Fällen von der Pflanze aus dem Boden aufgenommen – in dem mit basischer Schlacke gedüngten Boden bleibt von Natur aus mehr Phosphorsäure zurück als in dem mit Superphosphatkalk gedüngten Boden. Wenn beispielsweise 100 Pfund Superschlacke im ersten Jahr die gleiche Wirkung haben wie 200 Pfund Basisschlacke und festgestellt wird, dass nur 60 Pfund Super und Basisschlacke im ersten Jahr von der Anlage assimiliert wurden , ist es nur natürlich, den Schluss zu ziehen, dass die verbleibenden 140 Pfund der Grundschlacke eine bessere Nachwirkung haben als die verbleibenden 40 Pfund der Superschlacke. Dies wurde in den Experimenten von Professor Wagner tatsächlich bewiesen. Das Folgende sind die Ergebnisse einiger Experimente, die Professor Wagner über die Nachwirkungen verschiedener Düngemittel durchgeführt hat:

Von 100 Teilen Phosphorsäure wurden durch die Ernte des ersten Jahres entfernt –

Super	63
Peruanischer Guano	22
Knochenmehl	7
Koprolithen	6
Thomas-Essen—	
Nr. 1 Feinheit	39

Nr. 2 Feinheit   43

Nr. 3. Feinheit   15

Von den 100 Teilen Phosphorsäure, die von der ersten Ernte übrig geblieben waren, wurden diese von den drei folgenden Ernten entfernt:

Super   30

Peruanischer Guano   9

Knochenmehl   13

Koprolithen   6

Thomas-Essen—

Nr. 1 Feinheit   14

Nr. 2 Feinheit   29

Nr. 3 Feinheit   24

Zahlreiche weitere Experimente wurden von verschiedenen Experimentatoren in verschiedenen Teilen Deutschlands durchgeführt, deren Erwähnung hier unnötig ist. Keines ist jedoch so vollständig wie die von Professor Wagner.

Ergebnisse anderer Experimente.

In diesem Land wurden Experimente in Rothamsted, Cirencester, Downton, Bangor und von Dr. Aitken an den Stationen der Highland and Agricultural Society sowie anderswo durchgeführt. Die Ergebnisse dieser verschiedenen Experimente weichen natürlich erheblich voneinander ab, was auf die unterschiedliche Beschaffenheit der Böden, auf denen die Experimente durchgeführt wurden , sowie auf die unterschiedliche Feinheit der verwendeten Schlacke zurückzuführen ist. Sie alle bestätigen jedoch die allgemeinen Ergebnisse von Professor Wagner. Die von Dr. Aitken in Schottland an den Stationen der Highland Society erzielten Ergebnisse waren besonders günstig für basische Schlacke als phosphathaltigen Dünger. Die Experimente wurden an Rüben durchgeführt und es wurde festgestellt, dass die Thomasschlacke dem Superphosphat gewichtsmäßig überlegen war. Es kann hinzugefügt werden, dass die in diesen Experimenten verwendete Schlacke reich an Phosphorsäure war und sich in einem ungewöhnlich feinen Verteilungszustand befand. Vom Autor durchgeführte Experimente haben gezeigt, dass Schlacke auf verschiedenen schottischen Böden einer der wirtschaftlichsten Phosphatdünger für Rüben ist. [239]

Wir werden abschließend die Schlussfolgerungen zusammenfassen, die aus den Ergebnissen aller oben genannten Experimente hinsichtlich des Werts von Grundschlacke als Dünger gezogen werden können.

Böden, die am besten für Schlacke geeignet sind.

Obwohl seine Wirkung auf einigen Böden zweifellos günstiger ist als auf anderen, lässt sich allgemein sagen, dass seine Phosphorsäure im Allgemeinen nur *halb so wertvoll ist* wie die in löslichem Phosphat. Die stärksten Auswirkungen haben die Böden auf torfigen *Böden*, die *arm* an Kalk, aber *reich* an *organischen Stoffen sind*. Die vorteilhaften Ergebnisse, die durch die Anwendung von Kalk auf Torfböden erzielt werden, sind allgemein bekannt. Da die Schlacke einen hohen Anteil an freiem Kalk enthält, erfüllt sie auf solchen Böden eine Doppelfunktion. Auf Wiesen, Weiden aller Art (sofern sie nicht zu trocken sind) und kalkarmen Lehmböden hat sich die Wirkung als besonders günstig erwiesen . Von den verschiedenen Kulturpflanzen sind Hülsenfrüchte am besten geeignet, die Schlacke als phosphathaltigen Dünger zu nutzen. Dies liegt daran, dass ihre Wachstumsperiode länger ist als die der meisten anderen Nutzpflanzen.

Anwendungsrate.

Über die Menge, mit der die Schlacke pro Hektar ausgebracht werden sollte, gibt es natürlich unterschiedliche Meinungen. Professor Wrightson vom Downton Agricultural College empfiehlt die Anwendung in einer Menge von 6 bis 10 cwt. Pro Hektar. Das ist natürlich eine sehr großzügige Düngung. Wir müssen jedoch bedenken, dass phosphathaltige Düngemittel im Gegensatz zu stickstoffhaltigen Düngemitteln und in gewissem Umfang kalihaltigen Düngemitteln auch in übermäßigen Mengen ohne Verlustrisiko ausgebracht werden können. Es ist unmöglich, unsere Phosphatdünger auf die gleiche genaue Weise zu dosieren wie unseren Stickstoff. Es ist daher sicherer und damit auf lange Sicht wirtschaftlicher, unser Phosphat in übermäßigen Mengen einzusetzen als umgekehrt. Der Grund dafür kann kurz erklärt werden. Die in den meisten Böden natürlich vorkommende Phosphorsäure ist schwer löslich. Die Pflanze erhält täglich nur eine kleine Menge davon. Diese Menge kann unter günstigen klimatischen Bedingungen ausreichend sein; aber diese günstigen Einflüsse halten nie sehr lange an.

Die Pflanze kann etwa drei Wochen lang unter Trockenheit leiden, während dieser Zeit nimmt sie keine Phosphorsäure auf und ihr Wachstum kommt praktisch zum Erliegen; Aber auf diese Dürreperiode folgen Regen und warmes Wetter, und wenn die Pflanze zur Erntezeit reif sein soll, muss sie die verlorene Zeit aufholen. Es muss in den nächsten Tagen unter diesen günstigen klimatischen Bedingungen so stark wachsen, wie es unter normalen Bedingungen in der doppelten oder dreifachen Zeit gewachsen wäre. Dazu muss er jedoch ausreichend Phosphorsäure aufnehmen können, was nur dann möglich ist, wenn im Boden ein deutlicher Überschuss an Phosphorsäure vorhanden ist.

Der Reichtum eines Bodens an Phosphorsäure muss daher so groß sein, dass er nicht nur in der Lage ist, den normalen Bedarf der Pflanze zu decken, sondern auch einen Überschuss bereitzustellen, wenn ein solcher Überschuss benötigt wird. denn man muss bedenken, dass die Menge an Pflanzensubstanz, die im Laufe einiger Tage unter günstigen Bedingungen gebildet wird, sehr groß ist und dass daher auch die Menge an Phosphorsäure, die Pflanzen während dieser Zeit assimilieren, sehr beträchtlich sein muss.

Anwendungsmethode.

Was schließlich die Art der Anwendung der Schlacke betrifft, müssen die Landwirte *davor gewarnt werden, sie mit schwefelsaurem Ammoniak zu vermischen* ; denn wenn dies geschieht, wird ein *beträchtlicher Verlust an Ammoniak* eintreten, das durch die Wirkung des in der Thomasschlacke enthaltenen freien Kalks aus dem Sulfat freigesetzt wird. Mit salpetersaurem Natron und Kalisalzen ist es frei mischbar. Solche Mischungen neigen jedoch dazu, sich zu kleinen Kugeln zu formen, die bald sehr hart werden. Sie sollten daher erst kurz vor der Verwendung gemischt werden. Um diese Schwierigkeit zu überwinden, empfiehlt Professor Wagner die Mischung von etwas Torf oder Sägemehl mit der Schlacke.

FUSSNOTEN:

[233] Siehe Anhang, S. 417.

[234] *Videobeitrag* zum Thema „Grundlegende Schlacke: Ihre Entstehung". Von Stead und Ribsdale . „Journal of the Iron and Steel Institute", 1887, S. 230.

[235] *Siehe* Broschüre von Professor Wagner, „Der Düngerwerth und die rationelle Verwendung der Thomas Schlacke", Darmstadt, 1888.

[236] Die Feinheit Nr. 1 war so, dass sie vollständig durch ein feines Gazesieb mit 250 Drähten pro linearem Zoll passiert wurde.

[237] Die Feinheit Nr. 2 war so, dass sie vollständig durch das reguläre Standardsieb ging , also 120 Drähte pro linearem Zoll enthielt.

[238] Nr. 3 ging nicht durch das Standardsieb.

[239] „Transaktionen der Highland and Agricultural Society", 1891; „Chemische Nachrichten", 1893.

- 303 -

ANHANG ZU KAPITEL XIV.

HINWEIS (S. 404).

Für besonders Interessierte fügen wir eine vollständige Analyse der Schlacke bei, entnommen aus dem Aufsatz der Herren Stead und Ribsdale im „Journal of the Iron and Steel Institute", 1887, Bd. ich . P. 222:—

Kalk	41,58
Magnesia	6.14
Aluminiumoxid	2,57
Eisenperoxid	8.54
Eisenprotoxid	13.62
Manganprotoxid	3,79
Vanadiumprotoxid	1.29
Silizium	7.38
Schwefel }	.23
Kalzium }	.31
Schwefelsäureanhydrid _	.12
Phosphorsäure	<u>14.36</u>
	99,93

Kapitel XV.
Kaliumdünger.

Relative Bedeutung.

In Kapitel VI. Wir wiesen darauf hin, dass von den drei Güllebestandteilen Kali am häufigsten vorkommt und dass daher die Notwendigkeit, es in Form eines künstlichen Düngers zuzugeben, seltener besteht als im Fall von Stickstoff oder Phosphorsäure. Darüber hinaus wurde darauf hingewiesen, dass unter normalen landwirtschaftlichen Bedingungen eine stärkere Rückführung des in den Feldfrüchten entnommenen Kalis in das Stroh des Hofdüngers in den Boden erfolgt, als dies bei den beiden anderen Bestandteilen der Fall war. Trotz dieser Tatsachen gibt es viele Fälle, in denen die Zugabe von Kaliumdünger für die Steigerung des Pflanzenwachstums von größter Bedeutung ist. Es ist daher sinnvoll, der Betrachtung unserer verschiedenen Kalidünger und ihrer jeweiligen Wirkung ein wenig Raum zu widmen.

Schottische Böden werden mit Kali versorgt.

Kaliumdünger sind in diesem Land nicht so wertvoll, da die Erfahrung gezeigt hat, dass die meisten schottischen Böden reichlich mit diesem düngerhaltigen Inhaltsstoff versorgt sind. Darüber hinaus scheint es unter den Bedingungen der meisten europäischen Landwirtschaften eine stetige Zunahme des Kalibodens zu geben. In Amerika scheint die Wirkung von Kali als Dünger jedoch deutlicher zum Ausdruck zu kommen. Denn überall dort, wo Futterpflanzen oder Stroh in großen Mengen vom Hof verkauft werden oder wo auch Rüben, Kohl, Karotten, Kartoffeln, Zwiebeln usw. in großen Mengen angebaut werden, entsteht in der Regel die Notwendigkeit einer Kalidüngung.

Quellen für Kaliumdünger.

Der Wert von Kali als Dünger wurde erstmals durch die günstige Wirkung von Holzasche erkannt . Natürlich ist ihre positive Wirkung nicht allein auf Kali zurückzuführen, da sie neben den anderen Ascheinhaltsstoffen der Pflanze auch Phosphate enthalten. und man kann auch sagen, dass ihr Wert als Dünger nicht wenig von ihrer indirekten Wirkung abhängt. Sie enthalten einen gewissen Anteil an Ätzalkali, der den Abbau der stickstoffhaltigen Stoffe des Bodens fördert. Aber unter Berücksichtigung dieser anderen wertvollen Eigenschaften ist der Hauptwert der Holzasche zweifellos auf das darin enthaltene Kali zurückzuführen. Daher war die Verwendung des Handelsartikels *Kali* , einer Mischung aus Kaliumcarbonat und -hydrat, das aus Holzasche gewonnen wird, früher in erheblichem Umfang als Dünger, insbesondere für Klee, üblich. *Barilla* , ein kaliumreicher Dünger, der durch Verbrennen bestimmter Strandpflanzen, insbesondere des Salzkrauts, hergestellt wird, wurde in der Vergangenheit ebenfalls größtenteils aus Sizilien und Spanien exportiert. *Kelp* , ein Produkt, das in Schottland durch das Verbrennen von Algen gewonnen wird, ist ebenfalls ein kaliumreicher Dünger. Seit der Entdeckung der Staßfurter Gruben stammen jedoch alle kalihaltigen Düngemittel aus diesen.

Staßfurter Kalisalze.

Staßfurt in Deutschland gibt es riesige Salzvorkommen . Sie sind durch die Verdunstung eines Binnenmeeres entstanden. Salz wurde in diesen Lagerstätten erstmals im Jahr 1839 entdeckt, doch das Vorkommen von Kalisalzen wurde lange Zeit kaum vermutet, und erst 1862 wurden die Kalisalze verarbeitet. Wir haben bereits im Anhang zu Kapitel VI. eine Liste der wichtigsten in den Staßfurter Lagerstätten vorkommenden Kaliminerale gegeben. Diese Mineralien kommen in Schichten vor, wobei die unterste Schicht aus nahezu reinem Salz besteht; Unmittelbar darüber befindet sich eine etwa 100 Fuß dicke Schicht aus Salz, vermischt mit dem Mineral Polyhallit (das Kaliumsulfat enthält). Über dieser letzten Schicht befindet sich eine Schicht von etwa 90 Fuß, die Kieserit (Magnesiumsulfat) gemischt mit Kalium- und Magnesiumchloriden enthält; und darüber befindet sich wiederum eine Schicht (90 Fuß) Carnallit, die die Hauptquelle für die Kalisalze darstellt, die für Düngemittelzwecke verwendet werden.

Zunächst wurden die direkt aus den Lagerstätten gewonnenen Rohsalze unter dem Namen *Abraum-* Salze als Gülle verkauft. Jetzt sind sie jedoch gereinigt. Von Kalisalzen wurden 1888 rund 25.000 Tonnen aus Staßfurt für Güllezwecke exportiert. Von diesen Salzen können erwähnt werden, nämlich Kainit , eine unreine Form des Sulfats, die durchschnittlich etwa 12 Prozent Kali enthält, sowie das Muriat und das Sulfat — beide Salze liegen in einer mehr oder weniger reinen Form vor gebraucht. Ein oder zwei Worte mögen noch über die Wirkung der beiden Formen von Kali hinzugefügt werden, nämlich als Sulfat und als Muriat.

Relative Vorzüge von Sulfat und Kaliumsalz.

Es ist eine wohlbekannte Tatsache, dass Kalisalz keineswegs eine positive Wirkung auf bestimmte Kulturen hat, sondern tatsächlich schädlich ist.

Hierzu zählen Zuckerrüben, Kartoffeln und Tabak. Bei Rüben scheint es zu einer Verringerung des Anteils an kristallisierbarem Zucker zu kommen, während Kartoffeln wachsartig werden. Was die Tabakpflanze betrifft, so scheint sie den Wert des Blattes aus Sicht des Rauchers zu beeinträchtigen. Dass diese schädliche Wirkung auf die Form zurückzuführen ist, in der das Kali vorliegt, und nicht auf das Kali selbst, scheint ziemlich klar zu sein, da Kali in Form von Sulfat diese schädliche Wirkung auf diese Pflanzen nicht hat. Ein weiterer Einwand, der gegen Kalisalz vorgebracht wurde, ist, dass es bei der Ausbringung als Dünger leicht zur Bildung von Calciumchlorid führen kann, einer Verbindung, die für viele Pflanzen ausgesprochen schädlich ist. Ein ähnlicher Vorwurf kann nicht gegen Kalisulfat erhoben werden, da Gips, die Hauptverbindung, die es wahrscheinlich entstehen lässt, als indirekter Dünger von großem Wert ist, wie wir bereits hervorgehoben haben. Insgesamt scheint also Kalisulfat die sicherste Form der Kalizugabe zu sein. Leider sind die meisten handelsüblichen Sulfate jedoch sehr unrein und enthalten im Allgemeinen erhebliche Mengen an Salz. Zu Gunsten des Muriats kann gesagt werden, dass es der konzentriertere Mist ist und dass er besser im Boden diffundiert als das Sulfat – ein Punkt von großer Bedeutung. Darüber hinaus wurde es ohne negative Auswirkungen bei Klee, Mais, Gras und einigen Hackfrüchten eingesetzt.

Anwendung von Kalidüngern.

Die extreme Hartnäckigkeit, mit der die Bodenpartikel Kalisalze fixieren, wenn sie als Dünger ausgebracht werden, ist ein Punkt, der bei ihrer Anwendung berücksichtigt werden sollte. Dies ist, wie wir gerade bemerkt haben, bei Sulfat größer als bei Muriat, und es wurde beobachtet, dass bestimmte andere Düngemittel einen erheblichen Einfluss auf die Behinderung ihrer Fixierung auszuüben scheinen. Hierzu zählen beispielsweise Knochenmehl und Hofmist. Auch Nitrat scheint die Diffusionsfähigkeit von Kalisalzen zu erhöhen. Umgekehrt scheinen Kalisalze bei der Fixierung von Ammoniak zu helfen.

Aus den oben genannten Gründen sollte Kalidünger über einen längeren Zeitraum auf den Boden ausgebracht werden, bevor er voraussichtlich von der Kulturpflanze genutzt wird. Das Risiko schwerwiegender Schäden durch Regen ist gering. Generell wird die Anwendung im Herbst empfohlen. Selbst bei sehr leichten Böden wurde in den Norfolk-Versuchen nachgewiesen, dass die Herbstanwendung gegenüber der Frühlingsanwendung einen immensen Vorteil hat. Es wurde festgestellt, dass bei der Anwendung von Kali als Sulfat nur wenig Schwefelsäure von der Pflanze aufgenommen wird.

Von den Böden, die am besten für Kalidünger geeignet sind, hat sich herausgestellt, dass leichte Böden und solche, die größtenteils mit torfiger organischer Substanz angereichert sind (wie die Moorböden in Deutschland), am meisten profitieren; während auf schweren Lehmböden der Prozentsatz an Kali, den diese enthalten, bereits ausreichend ist, um den Bedarf der Pflanzen zu decken. In Flitcham wurde der Wert von Kali auf Kreideböden eindrucksvoll demonstriert. Was die Nutzpflanzen betrifft, so ist es inzwischen ziemlich allgemein anerkannt, dass die Hülsenfrüchte am meisten von Kali profitieren. Vor allem bei Klee hat sich Kali seit jeher als lohnender Dünger bewährt.

Anwendungsrate.

Kali wird am besten in kleinen Mengen eingesetzt. Von 1 bis 2 Zentner. Die übliche Menge an Muriat oder Sulfat liegt zwischen 6 und 8 cwt. von Kainit .

Kapitel XVI.
Kleinere künstliche Düngemittel.

Zusätzlich zu den Düngemitteln, die in den vorherigen Kapiteln besprochen wurden, gibt es eine Reihe kleinerer Düngemittel, die in sehr viel geringerem Umfang verwendet werden – getrocknetes Blut, Hufe, Hörner usw.

Unter diesen ist getrocknetes Blut eines der wertvollsten. Frisches Blut, das zu 80 Prozent aus Wasser besteht, enthält 2,5 bis 3 Prozent Stickstoff, etwa 0,25 Prozent Phosphorsäure und etwa 0,5 Prozent Alkalien . Beim Trocknen entsteht ein sehr konzentrierter und wertvoller stickstoffhaltiger Mist, der in Frankreich seit langem verwendet wird. Der Handelsartikel enthält durchschnittlich etwa 12 Prozent Stickstoff und etwas über 1 Prozent Phosphorsäure. Wenn es mit dem Boden vermischt wird, gärt es und der darin enthaltene Stickstoff wird in Ammoniak umgewandelt. Obwohl es sich nicht um einen so schnell wirkenden Dünger handelt wie Salpeternatron oder sulfatiertes Ammoniak, kann er keineswegs, wie in gewöhnlichen landwirtschaftlichen Lehrbüchern üblich, als langsam wirkender Dünger beschrieben werden. Sein Stickstoff kann als gleichwertig mit dem im peruanischen Guano angesehen werden. Es ist besonders für den Gartenbau geeignet und wird hierzulande hauptsächlich als Dünger für Hopfen verwendet. Es wurde auch mit positiven Ergebnissen bei Weizen, Gras und Rüben eingesetzt. Als Mist eignet er sich am besten für sandige oder lehmige Böden. Erhebliche Mengen werden als Dünger für Zuckerrohr in die Zuckeranbaukolonien exportiert. Düngemittel werden aus anderen tierischen Abfällen hergestellt. Es sei erwähnt, dass mageres Fleisch (das 75 Prozent Wasser enthält) etwa 3 bis 4 Prozent Stickstoff, 0,5 Prozent Alkalien und 0,5 Prozent Phosphorsäure enthält; Das heißt, eine Tonne mageres Fleisch würde etwa 70 Pfund Stickstoff und 10 Pfund Phosphorsäure enthalten. Laut Payen und Boussingault enthält luftgetrocknetes Fleisch (das 8 1/2 Prozent Feuchtigkeit enthält) 13 Prozent Stickstoff. Fleisch ist daher, wenn es richtig kompostiert wird, ein wertvoller stickstoffhaltiger Dünger. Getrocknetes Fleisch wird im Allgemeinen zu einem Mist namens Fleischmehl-Guano verarbeitet, auf dessen Zusammensetzung wir bereits im Kapitel über Guano hingewiesen haben. [240]

Hufe, Hörner, Haare, Borsten und Wolle, Wollabfälle und die Eingeweide von Tieren wurden als Dünger verwendet. Hufe und Hörner bilden eine regelmäßige Quelle für künstlichen stickstoffhaltigen Mist; Letzteres fällt als Nebenprodukt bei der Herstellung von Kämmen und anderen Artikeln an. Sie liegen in Form eines feinen Pulvers vor; und um ihre

Wirkungsgeschwindigkeit zu erhöhen, die sehr langsam ist, werden sie in Amerika vor der Verwendung oft mit Pferdemist kompostiert. Sie wurden auch mit gelöschtem Kalk kompostiert. Es besteht kein Zweifel, dass eine solche Behandlung ihren Wert erheblich steigert. Ihr Stickstoffgehalt scheint je nach Tierart, von der sie stammen, stark zu variieren. In neun Hornproben wurde festgestellt, dass der Stickstoffgehalt zwischen 7 1/2 und 14 1/4 Prozent schwankte; was einem Durchschnitt von 11-1/3 Prozent entspricht. Der Stickstoffgehalt scheint selten 15 Prozent zu überschreiten. Verschiedene Forscher haben festgestellt, dass der darin enthaltene Phosphorsäuregehalt zwischen 6 und 10 Prozent liegt. SW Johnson fand in Büffelhornspänen nur 0,08 bis 0,15 Prozent. In Frankreich wird sogenanntes „torrefiziertes" Horn verwendet. Dabei handelt es sich um Horn, das der Einwirkung von Dampf ausgesetzt wurde. Der Stickstoff in diesem Material gilt als aktiver als in gewöhnlichem Horn. Laut Way wurden Hörner mit gutem Erfolg für den Hopfenanbau eingesetzt. Gemahlener Huf ist in seiner Zusammensetzung dem Horn sehr ähnlich und enthält etwa 14 bis 15 Prozent Stickstoff. Mittlerweile werden erhebliche Mengen verbraucht. Es muss jedoch beachtet werden, dass Hörner, Hufe, Haare, Borsten usw., obwohl sie reich an Stickstoff sind, einen vergleichsweise geringen Düngerwert besitzen. Die Eigenproduktion dieser Artikel kann auf 6000 bis 7000 Tonnen geschätzt werden.

Scutch.

Scutch ist die Bezeichnung für einen Mist, der aus Abfallprodukten hergestellt wird, die bei der Herstellung von Leim und der Zurichtung von Häuten anfallen. Es enthält etwa 7 Prozent Stickstoff und wird jährlich in einer Menge von mehreren tausend Tonnen in London hergestellt.

Schrott und Wollabfall.

Shoddy, ein aus Abfallwollprodukten hergestellter Mist, ist ein größtenteils in diesem Land hergestelltes Material, das früher (heute wird es in deutlich geringerem Umfang verwendet) in großem Umfang als Mist verwendet wurde. Die Jahresproduktion beträgt etwa 12.000 Tonnen. Es gibt drei Qualitäten: Die erste enthält 8 bis 12 Prozent Stickstoff; der zweite 6 bis 8 Prozent; und der dritte, 5 bis 8 Prozent. Shoddy ist keineswegs ein sehr wertvoller Mist. Wollabfälle waren früher viel stickstoffreicher als heute. Dies ist auf die Verfälschung mit Baumwolle zurückzuführen, die heute bei der Herstellung von Wollwaren weit verbreitet ist . Reine Wolllappen sollten 17 bis 18 Prozent Stickstoff enthalten. Es wird dringend empfohlen, Wollabfälle vor der Verwendung als Dünger mit Ätzalkali zu behandeln , um den

Stickstoff schneller verfügbar zu machen; und es gibt ein gutes Angebot, diese Behandlung zu empfehlen. Wenn Wollabfälle als Dünger ausgebracht werden, sollte dies auf jeden Fall im Herbst erfolgen, damit eine möglichst lange Zeit verstreichen kann, bis sie für das Pflanzenwachstum benötigt werden.

Leder wurde auch als Dünger verwendet. Sein Stickstoffgehalt kann mit 4 bis 6 Prozent angegeben werden; und man kann es getrost als das am wenigsten wertvolle Material bezeichnen, das als stickstoffhaltiger Dünger verwendet wird. Leder ist von Natur aus hervorragend dazu geeignet, der Zersetzung zu widerstehen, wenn es auf den Boden aufgetragen wird, und wenn es nicht in einen sehr guten Zustand gebracht wird, kann man davon ausgehen, dass es über einen langen Zeitraum unzersetzt bleibt. Torrefiziertes Leder dürfte jedoch von größerem Wert sein. Es wird auf die gleiche Weise wie das bereits erwähnte torrefizierte Horn gewonnen, nämlich durch Behandlung mit Wasserdampf. Da das Fett und die fetthaltigen Stoffe, die es vor allem dabei unterstützen, der Zersetzung zu widerstehen, extrahiert werden, eignet es sich viel besser für Düngerzwecke als gewöhnliches Leder. Torrefiziertes Leder enthält 5 bis 8 Prozent Stickstoff.

Ruß.

Ein seit langem verwendeter und hochgeschätzter Dünger ist Ruß. Auf übliche Weise gewonnen, enthält es im Allgemeinen etwa 3 Prozent Stickstoff, hauptsächlich in Form von schwefelsaurem Ammoniak, und geringe Mengen Kali und Phosphate. Ein unterschiedlicher Anteil des Stickstoffs liegt in Form von Ammoniaksalzen vor; und dies verleiht dem Ruß zweifellos seinen Düngerwert. Es wird seit langem als Top-Dressing für junges Getreide und Gras verwendet und in Mengen von 40 bis 60 Bushel pro Acre ausgebracht. Es hat einen indirekten Wert als Schneckenvernichter.

Viele der oben genannten Düngemittel von vergleichsweise geringem Wert werden in Zukunft wahrscheinlich weniger verwendet als in der Vergangenheit, da jetzt reichlicher Natronlauge und Ammoniaksalze zur Verfügung stehen. Viele dieser Stoffe wurden wahrscheinlich in Mischdüngern verwendet.

FUSSNOTEN:

[240] Siehe S. 324.

Kapitel XVII.
Abwasser als Gülle.

Der Wert von Abwasser als Dünger wurde in der Vergangenheit enorm überschätzt, und in der Öffentlichkeit gab es viele Missverständnisse über die Frage der Rentabilität der Entsorgung städtischer Abwässer als landwirtschaftlicher Dünger. Nicht wenige der in der Vergangenheit vorherrschenden falschen Meinungen über Abwasser waren auf Aussagen wissenschaftlicher und anderer Autoren zurückzuführen, die sich auf den enormen Reichtum befanden, der der Welt durch viele der gegenwärtigen Methoden der Abwasserentsorgung verloren ginge. Glücklicherweise wird die Abwasserfrage jedoch zunehmend als eine Frage betrachtet, die in erster Linie von gesundheitlichem Interesse ist. Da zu diesem Thema schon viel geschrieben wurde und auf Kosten von viel Einfallsreichtum viele Pläne zur Nutzung seiner Düngereigenschaften entwickelt wurden , ist es vielleicht wünschenswert, hier ein paar Worte zur rein landwirtschaftlichen Seite der Frage zu sagen.

Die beiden wichtigsten Aspekte des Abwassers sind seine enorme Menge und seine extrem schlechte Qualität. Wenn die wichtigste Überlegung nicht die sanitäre, sondern der Güllewert wäre, dann muss unser Wassersystem, das in Städten so allgemein genutzt wird, tatsächlich als äußerst verschwenderisch angesehen werden; denn dadurch wird der Wert der Exkremente, aus denen es seine Dungbestandteile bezieht, enorm gemindert. Wenn wir bedenken, dass eine Tonne Abwasser, wie es in vielen europäischen Städten anfällt, nur 2 bis 3 Pfund Trockenmasse enthält und dass die Gesamtmenge an Stickstoff darin nur ein oder zwei Unzen beträgt, während dies bei der Phosphorsäure der Fall ist erheblich weniger, und dass sein Wert als Gülle vollständig von diesen beiden Bestandteilen abhängt, sehen wir sehr deutlich, wie dürftig eine Güllesubstanz im Abwasser ist. Zur Gewinnung dieser Güllebestandteile wurden verschiedene Methoden entwickelt und erprobt, und viele Methoden werden in verschiedenen Teilen der Welt angewendet. Die Methoden der Abwassernutzung für landwirtschaftliche Zwecke lassen sich grob in zwei Klassen einteilen.

Bewässerung.

Eine davon, die man unter die Überschrift „Bewässerung" einordnen kann, besteht darin, das Abwasser auf bestimmte Arten grober Grünpflanzen zu gießen. Manchmal wird das Land durch spezielle Anordnungen von Abflüssen und Gräben zum Filtern großer Abwassermengen genutzt. Das

Gelände wird zunächst sorgfältig und gleichmäßig über ein sanftes Gefälle planiert. Oben auf dem Feld wird das Abwasser über einen offenen Graben geleitet, aus dem es aufgrund der Schwerkraft über mehrere kleinere Gräben entweichen kann, die im rechten Winkel zum Hauptgraben verlaufen. Durch beliebig verschiebbare Anschläge kann das Abwasser gezielt über verschiedene Bereiche des Feldes geleitet werden. Änderungen an diesem Plan können vorgenommen werden, um sie an die Beschaffenheit des Bodens anzupassen. Bei einem starken Gefälle beispielsweise kann die Entwässerung des Feldes durch sogenannte „Catch-Work"-Gräben erfolgen, die horizontal entlang des Hügels verlaufen. Auf diese Weise kann das Abwasser über das gesamte Feld fließen und wird am Boden in einem tiefen Graben aufgefangen, von wo aus es in den nächsten Fluss oder Bach fließen kann. Dies ist das System, das in den berühmten Bedington Meadows in der Nähe von Croydon eingesetzt wurde .

Eine andere Möglichkeit, das Abwasser zu verteilen, sind unterirdische Rohre, die in einer Art Netzwerk über dem zu düngendden Boden verlegt werden. In bestimmten Abständen werden Rohre mit Schlauchkupplungen angebracht, und durch Aufrechterhalten eines bestimmten Drucks auf die Hauptrohre kann das Abwasser je nach Bedarf auf die verschiedenen Teile des Feldes verteilt werden.

Eine dritte Modifikation ist die Untergrundbewässerung. Dies ähnelt dem letztgenannten System, mit dem Unterschied, dass die verwendeten Rohre entweder porös oder mit kleinen Löchern perforiert sind.

Die völlige Untertauchung kann nur bei absolut ebenem Gelände angewendet werden und wird im Piemont und in der Lombardei in großem Umfang praktiziert .

Es gibt wenig Streit über die gründliche Effizienz der Bewässerung – wenn sie unter günstigen Bedingungen durchgeführt wird – als Methode zur Reinigung von Abwasser und zur vollständigen Nutzung ihrer wertvollen Bestandteile. Es ist die einzige Methode, bei der schlüssig nachgewiesen wurde, dass sie dem Abwasser das entzieht, dem es als Dünger seinen größten Wert verdankt – nämlich Ammoniak; und aufgrund dieser Tatsache verdient es einen ersten Platz in der Betrachtung der Landwirte. Denn so bewundernswert andere Methoden aus hygienischer Sicht auch sein mögen, es ist offensichtlich, dass eine Methode, die es ermöglichen würde, das Ammoniak im Abwasser vollständig oder zumindest zu über 90 Prozent zu verlieren, nicht denselben Platz im Urteil beanspruchen kann von Landwirten als eine Methode, die nicht nur die Gesamtheit dieses wertvollen Bestandteils aus dem Boden extrahieren kann, sondern auch alles andere im Abwasser, das in irgendeiner Weise für das Pflanzenleben von Wert ist.

Bei der kontinuierlichen Einleitung von Abwasser auf die gleiche Fläche geschieht in der Regel Folgendes: Zunächst wird das Abwasser gereinigt, und der Boden profitiert entsprechend von den wertvollen Düngemitteln , die ihm dadurch entzogen werden. Nach einiger Zeit wird das Land jedoch zu dem, was man als „abwasserkrank" bezeichnet. Die Poren im Boden werden durch die schleimigen Stoffe, die das Abwasser in Suspension enthält, verstopft; die, wie bereits erwähnt, so notwendige Belüftung des Bodens wird dadurch weitgehend unterbunden; Das Ergebnis ist, dass sich der Zustand des Bodens rapide verschlechtert und die Abwässer nicht mehr gereinigt werden.

Intermittierende Bewässerung.

Durch intermittierende Bewässerung lässt sich dies bis zu einem gewissen Grad verhindern. Das Land erhält Abwasser nicht kontinuierlich, sondern nur in regelmäßigen Abständen und erhält zwischen jeder Dosis etwas Zeit, sich zu erholen. Es ist jedoch die Meinung derjenigen, die dem Thema große Aufmerksamkeit gewidmet haben, dass Land, selbst wenn es zeitweise entwässert wird , nie seine ursprüngliche Wirksamkeit wiedererlangt.

Unter günstigen Bedingungen ist die Bewässerung daher die erfolgreichste Methode, den Güllewert des Abwassers zu nutzen ; Die große Schwierigkeit in der Praxis besteht jedoch darin, diese günstigen Bedingungen zu erreichen. Es ist seit langem bekannt, dass der Boden, damit er seine Funktion als Abwasserreiniger ordnungsgemäß erfüllen kann, ordnungsgemäß belüftet sein muss. und wir wissen jetzt, dass in jedem fruchtbaren Boden dem Prozess der Nitrifikation die freie Entwicklung ermöglicht werden muss. Nun kann die Ausbringung großer Abwassermengen auf den Boden diese freie Entwicklung verhindern. Wie wir bereits gesehen haben, führt der Luftmangel und die Absenkung der Bodentemperatur deutlich zu einer Verzögerung der Nitrifikation; und diese beiden Bedingungen gehen mit der Ausbringung großer Abwassermengen einher.

Pflanzen, die für Abwasser geeignet sind.

Ein weiterer Einwand gegen die Bewässerung besteht darin, dass angeblich nur eine begrenzte Anzahl von Kulturpflanzen auf verwässertem Land für den Ertrag geeignet ist. Es wurde wiederholt festgestellt, dass Weidelgras die einzige Nutzpflanze ist, deren Anbau sich lohnt. Im Gegensatz zu dieser Aussage steht jedoch die Meinung, die in den Schlussfolgerungen des von der British Association eingesetzten

Ausschusses zur Behandlung der Abwasserfrage zum Ausdruck kommt. Sie führten zwischen 1868 und 1872 zahlreiche Experimente durch und kamen zu folgendem Ergebnis: „Es ist sicher, dass alle Arten von Nutzpflanzen mit Abwasser angebaut werden können, so dass der Landwirt z. B. anbauen kann er kann am besten verkaufen; dennoch muss das Grundnahrungsmittel Viehfutter sein, wie Gras, Wurzeln usw., mit gelegentlichem Anbau von Küchengemüse und Mais. Während es daher wahrscheinlich ein Fehler ist zu sagen, dass Weidelgras die einzige Kulturpflanze ist, die auf verwässertem Land profitabel wachsen kann, zeigt die überwiegende Mehrheit der Erfahrungen, dass eine solche Kulturpflanze für solche Flächen am besten geeignet ist. Da dies so ist, stellt sich natürlich die Frage: Was soll der Landwirt, der Abwasser als Dünger verwendet, mit den großen grünen Ernten anfangen, die er auf seinem Land erhält? In den meisten Fällen ist er nicht in der Lage, sie zu diesem Zeitpunkt selbst zu nutzen oder zu entsorgen. Und während sich dies bisher als äußerst schwerwiegender Nachteil erwiesen hat, sind die Gründe, auf denen dieser Einwand beruht, nun, da wir mit der Silierung über ein Mittel verfügen, um unsere grünen Feldfrüchte so lange wie nötig in einem als Futtermittel geeigneten Zustand zu konservieren, nahezu unbegründet komplett entfernt.

Es liegt natürlich auf der Hand, dass einige Böden von Natur aus viel besser für die Abwasserreinigung geeignet sind als andere; Aber man muss offen zugeben, dass selbst die besten Böden nur eine gewisse Menge an Abwasser verkraften können. Es wurden verschiedene Berechnungen angestellt, wie viel Abwasser ein Hektar Land erfolgreich bewältigen kann. Einer dieser Aussagen zufolge kann ein Hektar etwa 2000 Gallonen pro Tag oder die von 100 Personen produzierte Menge reinigen; während andere Berechnungen sie auf 60 Personen schätzen; und andere wiederum bei 150. Die Kapazität eines sandigen Bodens wird in dieser Hinsicht viel größer sein als die eines schwereren Bodens; und in Dantzic wird angenommen, dass ein Hektar Sanddünen in der Lage ist, die Abwässer von 600 Personen zu reinigen. Der verstorbene Dr. Wallace hat berechnet, dass zur Behandlung der Abwässer von Glasgow über zwölf Quadratmeilen Land erforderlich wären. Wenn das Abwasser natürlich einer vorherigen Behandlung unterzogen wird, was häufig der Fall ist, und zwar durch die gleich zu beschreibende Methode, nämlich durch Niederschlag, erhöht sich die Abwassermenge, die der Boden reinigen kann, entsprechend. Eine Schwierigkeit, die auch im Zusammenhang mit der Bewässerung als Mittel zur Abwasserentsorgung hervorgehoben werden kann, ist die Unmöglichkeit, sie bei frostigem Wetter durchzuführen, wenn das Land frostgefährdet ist. In warmen Klimazonen ist die Bewässerung als Mittel zur Abwasserentsorgung sehr zu empfehlen. Bei feuchtem und kaltem Klima dagegen gibt es viele Einwände.

Wir betrachten nun die unter dieser zweiten Überschrift zusammengefassten Methoden. Bei der mechanischen Filterung geht es natürlich nur darum, das Abwasser so weit zu reinigen, dass alle darin enthaltenen unlöslichen Schwebstoffe entfernt werden. Als Filter wurden verschiedene Substanzen verwendet, am häufigsten wird Holzkohle verwendet. Es wurde auch Holzkohle gemischt mit gebranntem Ton, Kies, Sand usw. verwendet.

Bei der chemischen Fällung haben wir jedoch eine Methode, die mehr zu leisten verspricht. Neben der Entfernung aller suspendierten Feststoffe entfernt es (zumindest die meisten chemischen Fällungsmittel) nahezu die gesamte Phosphorsäure, die neben Ammoniak der wertvollste Bestandteil des Abwassers ist. Von allen Fällungsmitteln wurde Kalk am häufigsten verwendet; und im Großen und Ganzen ist es vielleicht das Beste, denn es ist sowohl billig als auch fast überall erhältlich. Laut einer Analyse des verstorbenen Professor Way war der Unterschied in den Prozentsätzen von Phosphorsäure, Kali und Ammoniak vor und nach der Behandlung mit Kalk in einer Abwasserprobe wie folgt:

Körner pro Gallone.

	Vor.	Nach.
Phosphorsäure	2,63	.45
Pottasche	3,66	3,80
Ammoniak	7.48	7,50

Aus dem oben Gesagten sehen wir, dass Schlamm, der durch Kalk als Fällungsmittel entsteht, zwar fast die gesamte Phosphorsäure enthält, von dem entfernten Kali oder Ammoniak jedoch keine Spur vorhanden ist. Es wurde auch Aluminiumoxidsulfat verwendet, sowohl allein als auch in Verbindung mit Kalk. Der Vorteil gegenüber Kalk besteht darin, dass der entstehende Niederschlag viel weniger voluminös ist. Ansonsten scheint es jedoch als Fällungsmittel nicht effizienter zu sein. Beim bekannten A-, B-, C-Verfahren wurde eine Mischung aus Alaun, Ton, Kalk, Holzkohle, Blut und alkalischen Salzen in unterschiedlichen Anteilen verwendet. Dieses Gemisch soll neben der Phosphorsäure auch einen gewissen Anteil des Ammoniaks extrahieren; aber der Betrag ist so gering, dass er kaum einer Überlegung wert ist.

Zahlreiche andere chemische Substanzen wurden einzeln oder auch in Verbindung miteinander verwendet, wie z. B. Perchlorid von Eisen, Kupfer, Mangan usw. Alle haben es jedoch nicht geschafft, mehr als nur eine teilweise Reinigung herbeizuführen – die besten Resultate wurden jedoch erzielt, wenn das so behandelte Abwasser frisch war. Bezüglich des Güllewerts der resultierenden Schlämme gab es große Meinungsverschiedenheiten. Der geringe Anteil an Phosphorsäure und Stickstoff, den sie enthalten, verhinderte, dass sie in irgendeiner Weise als Dünger verwendet wurden, da ihr Wert einen Transport über eine Entfernung von einigen Meilen hinaus nicht zuließ. Durch die Einführung der Filterpresse vor einigen Jahren ist ihr Wert erheblich gestiegen. Die alte Methode zur Behandlung des Schlamms in Fällungsanlagen bestand darin, ihn durch Einwirkung der Atmosphäre allmählich trocknen zu lassen. Wenn man Klärschlamm mit mehr als 90 Prozent Wassergehalt an der Luft trocknen ließ, förderte dies jedoch die rasche Zersetzung und Fäulnis seiner organischen Substanz, so dass sich der zersetzende Schlamm in vielen Fällen als ähnlich erwies Das ungereinigte Abwasser selbst wäre ein großes Ärgernis gewesen. Durch den Einsatz von Johnsons Filterpresse wurde jedoch ein Schlamm, der 90 Prozent Wasser enthielt, sofort auf 50 Prozent oder sogar weniger reduziert. Dadurch wurde der Prozentsatz seiner wertvollen Bestandteile sehr erhöht, und der Schlammkuchen war nicht nur viel leichter tragbar, sondern auch weder so anstößig noch anfällig für Zersetzung wie zuvor.

Wert von Klärschlamm.

Was den Wert dieses Schlammkuchens als Dünger betrifft, sind wir glücklich, im Besitz einiger sehr interessanter und wertvoller Experimente von Professor Munro vom Downton Agricultural College zu sein. Bei dem untersuchten Schlamm handelte es sich um einen aus schwefelsaurem Aluminiumoxid, Kalk und schwefelsaurem Eisen hergestellten Schlamm, der, nachdem er Johnsons Filterpresse ausgesetzt worden war, 0,6 bis 0,9 Prozent Stickstoff und über 1 Prozent Phosphorsäure enthielt . Es wurde festgestellt, dass der Nutzen, der sich aus der Anwendung des Schlamms ergab, weit von dem entfernt war, was man theoretisch hätte erwarten können. Die Experimente wurden mit Rüben durchgeführt; und die Ergebnisse, die mit Superphosphat bzw. Hofdünger auf demselben Feld und unter genau denselben Bedingungen erzielt wurden, wurden denen mit Schlamm gegenübergestellt. So wurde festgestellt, dass 53 Pfund Phosphorsäure als Superphosphat oder 60 Pfund als Hofdünger eine erheblich größere Ernte ergaben als 240 Pfund Phosphorsäure im Schlamm. Das heißt, dass die Phosphorsäure im Schlamm nicht mehr als ein Fünftel ihrer theoretischen Wirkung entfaltete. Die Erklärung für dieses etwas seltsame Ergebnis findet Dr. Munro in der ungeeigneten physikalischen

Beschaffenheit der Schlammkuchen. Bei Hofmist haben wir bei guter Verrottung eine lockere Konsistenz und einen großen Anteil an löslichen Bestandteilen . Dadurch verteilt es seine düngenden Bestandteile schnell im Boden. Beim Schlamm hingegen liegen die aus ihm bestehenden Partikel eng zusammen und bieten somit den größten Widerstand gegen mechanische und chemische Zersetzung. „Tatsächlich", sagt Dr. Munro, „waren die Schlammparzellen in meiner Versuchsreihe alle leicht zu identifizieren, als die Wurzeln herausgezogen wurden, und zwar durch das Vorhandensein von ungebrochenen und unzersetzten Kuchenklumpen, die offensichtlich aufgegeben hatten." einen kleinen Teil ihrer wertvollen Inhaltsstoffe an den Boden ab."

Kurz gesagt sind die Einwände gegen die chemische Fällung als Mittel zur Behandlung von Abwässern folgende: Sie befreien die Abwässer zwar von allen organischen Stoffen und einem großen Teil ihrer Phosphorsäure, entfernen jedoch kein Ammoniak , was somit verloren geht; dass der entstehende Schlamm folglich so arm an Düngemitteln ist , dass es sich kaum lohnt, ihn zu Düngezwecken über eine gewisse Entfernung zu entfernen; und dass außerdem aufgrund seines ungünstigen physikalischen Charakters, wie er derzeit vorliegt, nicht einmal der geringe Prozentsatz an pflanzlicher Nahrung, den es enthält , innerhalb einer angemessenen Zeitspanne in seinem vollen theoretischen Umfang realisiert werden kann.

Welche Methode der Abwasseraufbereitung am rentabelsten ist, muss anhand verschiedener örtlicher Bedingungen ermittelt werden; und es muss klar sein, dass die Frage der Abwasserentsorgung in erster Linie eine hygienische Frage ist und dass sie unter hygienischen Gesichtspunkten behandelt werden muss. Der rentabelste Weg zur Ausbringung von Abwasser als Dünger wird jedoch zweifellos die Kombination von chemischer Fällung und Landbewässerung sein.

Kapitel XVIII.
Gülle.

Die Einführung der Bewässerung als Mittel zur Abwassernutzung legt eine kurze Betrachtung des Wertes von Flüssigdünger nahe. Auf vielen Bauernhöfen ist es Brauch, den flüssigen Mist, der aus den Ausscheidungen von Misthaufen, den Abflüssen des Hofes, Ställen, Ställen, Schweineställen usw. stammt, direkt auf den Boden auszubringen. Tatsächlich war der Glaube an die Überlegenheit von Flüssigmist gegenüber anderen Düngemitteln bei manchen Landwirten so stark vertreten, dass sie die festen tierischen Ausscheidungen mit Wasser gewaschen haben, um daraus die löslichen Düngebestandteile zu extrahieren . Der verstorbene Mr Mechi war einer der bedeutendsten Vertreter des Wertes von Gülle. Seine Farm in Tiptree Hall war mit Eisenrohren für die Verteilung des Mists auf die verschiedenen Felder ausgestattet. Es kann auch Superphosphat zugesetzt werden, da Baron Liebig es erstmals aus Knochen herstellte und in flüssiger Form angewendet wurde. Was die allgemeinen Vorzüge von Gülle betrifft, so besteht kein Zweifel daran, dass es sich um die wertvollste Form der Gülleausbringung handelt. Es sorgt für eine schnelle und gleichmäßige Diffusion der darin enthaltenen Düngerbestandteile im Boden; aber andererseits machen die Kosten für die Verbreitung seine Anwendung alles andere als wirtschaftlich. Der Hauptbestandteil von Gülle ist Urin. Die Entfernung des Urins aus dem Hofmisthaufen führt nun zu einem erheblichen Verlust des Inhaltsstoffs, der die Gärung am stärksten fördert. Eine Trennung des Urins von den festen Ausscheidungen ist gerade aus diesem Grund nicht zu empfehlen. Bei alleiniger Anwendung fehlt es dem Urin an Phosphorsäure, von der er nur Spuren enthält. Als Allgemeindünger ist er daher nicht geeignet. Es muss jedoch darauf hingewiesen werden, dass die Abflüsse aus einem Misthaufen in dieser Hinsicht dem reinen Urin überlegen sind, da sie die aus den festen Ausscheidungen ausgewaschenen löslichen Phosphate enthalten. Die Einwände gegen die Verwendung von Gülle lassen sich wie folgt zusammenfassen :

Erstens ist es eine zu sperrige Form, in der der Mist ausgebracht werden soll, und daher zu teuer; Zweitens ist es nicht ratsam, den festen Ausscheidungen die flüssigen Ausscheidungen zu entziehen, da die einen die anderen ergänzen; Drittens wird die Fermentation in den festen Ausscheidungen durch die Anwesenheit der flüssigen Ausscheidungen weitgehend gefördert – daher findet die Fermentation in den festen Ausscheidungen nicht richtig statt, wenn ihnen die flüssigen Ausscheidungen entzogen sind.

Wenn jedoch die Produktion von Gülle auf dem Bauernhof übersteigt, was für eine ordnungsgemäße Vergärung von Hofdünger verwendet werden kann, ist es am besten, ihn für Komposte zu verwenden . Es gibt keine bessere Ergänzung zu einem Kompost als Gülle, da diese eine schnelle Gärung in fast allen Arten von organischem Material bewirkt.

KAPITEL XIX.
KOMPOST.

Die Verwendung von Kompost ist eine alte Sache. Bevor künstliche Düngemittel so reichlich vorhanden waren wie heute, schenkten die Landwirte ihrer Herstellung große Aufmerksamkeit. Ein Kompost wird im Allgemeinen durch Mischen einer Substanz tierischen Ursprungs, die reich an düngerhaltigen Bestandteilen ist, mit Torf oder Lehm und oft zusammen mit Kalk, Alkalisalzen, Kochsalz und tatsächlich jeder Art von Abfall hergestellt, der einen düngerlichen Wert besitzt . Kurz gesagt, die Kompostierung kann als eine nützliche Methode angesehen werden, um Abfälle verschiedener Art, die auf dem Bauernhof anfallen, gewinnbringend zu nutzen. Ziel der Kompostierung ist es, die Fermentation der den Kompost bildenden Materialien zu fördern und die darin enthaltenen Güllebestandteile in einen für die Pflanzenbedürfnisse verfügbaren Zustand zu überführen. Komposte erfüllen oft einen nützlichen Zweck, indem sie wertvolle flüchtige Düngerinhaltsstoffe wie Ammoniak zurückhalten, die in leicht fermentierbaren Substanzen wie Urin gebildet werden. Tatsächlich kann man sagen, dass Hofmist der typische Kompost ist und dass seine Herstellung dazu dient, die Prinzipien der Kompostierung zu veranschaulichen.

Hofdünger ist ein typischer Kompost.

Normalerweise wird Hofmist nicht als Kompost angesehen, in der Vergangenheit wurde er jedoch häufig zur Herstellung von Kompost verwendet. Daher ist es in einigen Teilen der Welt üblich, Hofdünger mit großen Mengen Torf zu vermischen. Torf ist, wie bereits in einem früheren Kapitel dargelegt, vergleichsweise reich an Stickstoff. Beim Vermischen mit Urin oder einem anderen verrottbaren Stoff kommt es zu einer Gärung des Torfs, wodurch sein Stickstoff mehr oder weniger in Ammoniak umgewandelt wird. Der Effekt der Vermischung von Torf mit Hofdünger wirkt sich also positiv auf beide vermischten Stoffe aus: Der Austritt von Ammoniak wird durch die fixierenden Eigenschaften des Torfs verhindert, während der inerte Stickstoff des Torfs durch Gärung weitgehend in eine verfügbare Form überführt wird. Der Torfanteil, der bei der Kompostierung von Hofdünger zugesetzt werden sollte, hängt von der Güte der Gülle ab: Je hochwertiger die Gülle, desto mehr Torf kann vergärt werden. Komposte dieser Art werden im Allgemeinen durch Aufhäufen von Misthaufen hergestellt, die aus abwechselnden Schichten von Torf und Hofmist bestehen. Ein übliches Verhältnis beträgt ein bis fünf Teile Torf zu einem Teil Hofdünger. Die Verwendung eines solchen Mists, der so viel organisches Material enthält, entfaltet seine beste Wirkung auf leicht sandigen Böden.

Andere Komposte.

Anstelle von Hofmist oder zusätzlich zum Hofmist können jedoch auch verschiedene andere Stoffe zugesetzt werden, wie Knochen, Fleisch, Fischabfälle und Schlachtabfälle. Manchmal werden Blätter und getrockneter Adlerfarn zur Herstellung von Kompost verwendet. Einige dieser Stoffe enthalten viel Stickstoff oder Phosphorsäure, vergären jedoch in ihrem natürlichen Zustand, wenn sie langsam auf den Boden aufgetragen werden. Wenn es vor der Ausbringung in den Gruben mit Torf, Blättern, Adlerfarn oder einem anderen absorbierenden Material vermischt wird, verläuft die Gärung gleichmäßig und schnell. Es wurde festgestellt, dass die Zugabe von Kalk-, Kali- und Sodasalzen die Gärung am meisten fördert. Diese Substanzen beschleunigen bekanntlich die Fäulnis organischer Stoffe. Besonders wertvoll scheint Kalk bei der Kompostierung zu sein. Dies ist zweifellos darauf zurückzuführen, dass Kalk eine wertvolle Rolle bei der Förderung der Wirkung verschiedener Fermente spielt, wie bereits im Fall der Nitrifikation gezeigt wurde. Die Wirkung großer Mengen saurer organischer Säuren (Huminsäure und Ulminsäure), die unveränderliche Produkte der Zersetzung organischer Stoffe wie Torf, Blätter usw. sind, ist schädlich für mikroorganisches Leben. Die Wirkung von Kalk besteht darin, diese Säuren zu neutralisieren . Es besteht kein Zweifel daran, dass die Kompostierung ein nützliches Verfahren zur Steigerung der Düngeeigenschaften verschiedener mehr oder weniger inerter Miststoffe ist. Angesichts des reichlichen Angebots an konzentrierten Düngemitteln könnte der Einsatz von Komposten in Zukunft jedoch deutlich zurückgehen.

- 323 -

KAPITEL XX.
INDIREKTER DÜNGER.

KALK.

Wir kommen nun dazu, die Düngemittel zu diskutieren, die wir unter dem Begriff *„indirekt"* *einordnen* können, weil ihr Wert nicht auf ihrer direkten Wirkung als Pflanzennahrungslieferanten beruht – wie die Düngemittel, die wir bisher besprochen haben –, sondern auf ihrer indirekten Wirkung . Der mit Abstand wichtigste davon ist Kalk.

Antike von Kalk als Dünger.

Kalk ist einer der ältesten und beliebtesten Dünger überhaupt. Es wird in den Werken mehrerer antiker Schriftsteller, insbesondere Plinius, erwähnt und seine wunderbare Wirkung kommentiert. In den letzten Jahren ist seine Verwendung vielleicht eingeschränkt worden; und wie wir nach und nach zeigen werden, ist es gut, dass es so ist.

Wirkung von Kalk nicht vollständig verstanden.

Trotz der seit langem bekannten und fast universellen Verwendung von Kalk kann man kaum sagen, dass wir die genaue Art seiner Wirkung bisher klar verstanden haben. Durch die großen Fortschritte, die wir in unseren Kenntnissen der Agrarchemie gemacht haben, ist jedoch in den letzten Jahren viel Licht auf dieses Thema geworfen worden. Dennoch gibt es viele Aspekte im Zusammenhang mit der Wirkung von Kalk auf den Boden, die noch unklar sind. Vielleicht liegt ein Grund für die widersprüchlichen Vorstellungen über den Wert dieses Stoffes in der Landwirtschaft in der Tatsache, dass er auf so unterschiedliche Weise wirkt und in der Art der Veränderungen, die er im Boden hervorruft ist am kompliziertesten. Die Erfahrungen von Landwirten mit Kalk in einem Teil des Landes scheinen oft im Widerspruch zu den Erfahrungen derjenigen in anderen Teilen des Landes zu stehen. Seine Wirkung auf verschiedenen Böden ist sehr unterschiedlich. Aus diesen Gründen ist die Diskussion über den Wert von Kalk als Dünger keineswegs einfach.

Limette ist ein notwendiges Pflanzennahrungsmittel.

Kalk ist, wie wir bereits in einem früheren Kapitel dargelegt haben, ein notwendiges pflanzliches Nahrungsmittel, und wenn er im Boden in geringerem Maße vorhanden wäre, als es tatsächlich der Fall ist, wäre er ein ebenso wertvoller Dünger wie die verschiedenen stickstoffhaltigen und phosphathaltigen Dünger Düngemittel; und unter bestimmten Umständen ist dies der Fall. Es gibt Böden, obwohl sie keineswegs häufig vorkommen, denen es tatsächlich an ausreichend Kalk zur Unterstützung des Pflanzenwachstums mangelt und bei denen die Zugabe von Kalk das Wachstum der Kulturpflanzen direkt fördert. Schlechte Sandböden sind häufig von dieser Beschaffenheit. Einer anderen Klasse von Böden kann es ebenfalls an Kalk mangeln – zumindest ihrem Oberflächenboden. Dabei handelt es sich um Dauerweideböden. Ursprünglich befand sich möglicherweise reichlich Kalk im oberflächlichen Teil des Bodens; Aber wie jeder praktische Landwirt weiß, neigt Kalk dazu, im Boden zu versinken. Dieser Tendenz wird bei gewöhnlichen Ackerböden durch gewöhnliche Bodenbearbeitungsarbeiten, wie Pflügen usw., weitgehend entgegengewirkt, wodurch der Kalk wieder an die Oberfläche gebracht wird. In Dauerweideböden findet eine solche Gegenwirkung jedoch nicht statt, so dass es schließlich zu einer Verarmung des Oberflächenbodens an Kalk kommt. Aus diesem Grund profitiert die Dauerweide zumindest teilweise in besonderem Maße von der Anwendung von Kalk. Wir sagen *teilweise* , denn es gibt noch andere wichtige Gründe. Erstens scheint Kalk eine bemerkenswerte Wirkung auf die Verbesserung der Weidenqualität zu haben, indem er dazu führt, dass die feineren Gräser vorherrschen. Es hat auch eine sehr positive Wirkung bei der Förderung des Wachstums von Weißklee. Ein weiterer Grund für die günstige Wirkung von Kalk auf Weideböden liegt zweifellos in seiner Wirkung, Kali von seinen Verbindungen zu befreien. Böden, die von der Ausbringung von Kalk in gleicher Weise wie von der Ausbringung stickstoffhaltiger Düngemittel direkt profitieren, können jedoch mit Fug und Recht als selten bezeichnet werden. In den meisten Böden ist Kalk, soweit es die Anforderungen der Pflanzenwelt betrifft, im Überfluss vorhanden.

Kalk in reichlichem Vorkommen.

Tatsächlich ist Kalkstein einer der am häufigsten vorkommenden Gesteinsstoffe, und es wurde berechnet, dass er nicht weniger als ein Sechstel der Gesteinsmasse der Erdkruste ausmacht. Fast alle häufig vorkommenden Mineralien enthalten es und geben es bei seinem Zerfall an den Boden ab. Große Landstriche bestehen nur aus Kalkstein; und wir haben sogar in diesem Land Beispiele für sogenannte Kreideböden, wo es den häufigsten Bestandteil darstellt. Es kann auch nicht zu den unlöslichen mineralischen Bestandteilen des Bodens gezählt werden; denn obwohl es in reinem Wasser unlöslich ist, ist es in Wasser – wie dem Bodenwasser – löslich, das Kohlensäure enthält. Dies wird durch die Tatsache bewiesen, dass es der wichtigste gelöste Mineralbestandteil in allen natürlichen Wässern ist.

In der normalen landwirtschaftlichen Praxis gelangte Kalk in den Boden zurück.

Was die tatsächliche Funktion von Kalk bei der Ausbringung als Dünger betrifft, kann noch darauf hingewiesen werden, dass in der gewöhnlichen landwirtschaftlichen Praxis fast der gesamte Kalk, der in den Feldfrüchten aus dem Boden entfernt wird, im Stroh des Hofes wieder zum Bauernhof zurückfindet düngen. Aus diesen Gründen ist es klar, dass die eigentliche Funktion von Kalk darin besteht, indirekter Dünger zu sein.

Lassen Sie uns nun mit der Diskussion seiner Wirkung fortfahren. Bevor wir dies tun, ist es jedoch wichtig, dass wir die verschiedenen chemischen Formen, in denen es vorkommt, genau verstehen.

Verschiedene Formen von Kalk.

Kalk kommt hauptsächlich als Kalkkarbonat in Form von Kalkstein, Marmor oder Kreide vor, die alle chemisch gleich sind. Es kommt auch als Kalk- oder Gipssulfat sowie in den Formen Phosphat und Fluorid vor. In der Landwirtschaft wird es – abgesehen vom Phosphat, das nicht wegen seines Kalks, sondern wegen seiner Phosphorsäure eingesetzt wird – nur in der Form des Karbonats oder *milden* Kalks, wie er allgemein genannt wird, gebrannter, ätzender oder gebrannter Kalk verwendet und als Gips. Da der Wert von Gips als Dünger von so großer Bedeutung ist und nicht ausschließlich davon abhängt, dass er eine Kalkverbindung ist, werden wir ihn für sich betrachten. Daher müssen wir hier nur die Wirkung von mildem und ätzendem Kalk berücksichtigen.

Ätzkalk.

Wenn Kalkstein oder milder Kalk großer Hitze ausgesetzt wird, wie dies praktisch in großen Mengen in Kalköfen geschieht, wird er in Ätzkalk oder eigentlichen Kalk umgewandelt. Kalkstein besteht, wie bereits erwähnt, aus Kalk und Kohlensäure. Letzterer Bestandteil wird in Form eines Gases ausgestoßen und der Kalk bleibt zurück. Kalk kommt in der Natur nie als Ätzkalk vor, aus dem einfachen Grund, weil er aufgrund seiner großen Affinität sowohl zu Wasser als auch zu Kohlensäure nicht in diesem Zustand verbleiben kann.

Wenn Kalk verbrannt wird und bevor er auf das Feld aufgetragen wird, lässt man einige Zeit verstreichen, damit er Feuchtigkeit aufnehmen kann — oder gelöscht wird, wie es technisch genannt wird. Dies geschieht mehr oder weniger langsam, indem es Feuchtigkeit aus der Luft aufnimmt. Da der Vorgang jedoch zu lange dauern würde und außerdem gleichzeitig auch die Aufnahme von Kohlensäuregas erfolgen würde, wird Kalk in der Regel auf andere Weise gelöscht. Dies kann durch einfaches Hinzufügen von Wasser erfolgen. Ein Einwand gegen diese Methode besteht darin, dass der Kalk nicht so gleichmäßig gelöscht wird, wie es wünschenswert wäre. Es wird düster. Die übliche Methode besteht darin, es haufenweise mit feuchter Erde zu bedecken und zuzulassen, dass die Feuchtigkeit der Erde das Auslöschen bewirkt . Wenn Kalk Wasser aufnimmt, entsteht eine neue chemische Verbindung, das sogenannte Kalkhydrat; und der Kalk verbindet sich so schnell mit Wasser, dass bei dem Vorgang eine große Wärmeentwicklung entsteht, wobei die erzeugte Temperatur beträchtlich über der von kochendem Wasser liegt. Die Umwandlung von gelöschtem Kalk in kohlensauren Kalk oder milden Kalk ist ein langsamerer Prozess. Früher oder später geschieht dies jedoch, unabhängig davon, ob der Kalk auf der Bodenoberfläche verbleibt oder darin vergraben bleibt.

Die Kenntnis dieser elementaren chemischen Sachverhalte ist notwendig, um die Wirkungsweise von Kalk in der Landwirtschaft klar zu verstehen.

Die jeweilige Wirkung von Branntkalk und mildem Kalk ist im Großen und Ganzen ähnlich, obwohl der erstere in seinen Wirkungen in jedem Fall sehr viel stärker ist als der letztere.

Kalk wirkt sowohl mechanisch als auch chemisch.

Man kann sagen, dass Kalk sowohl mechanisch als auch chemisch auf den Boden einwirkt. Es verändert die Beschaffenheit des Bodens und beeinflusst seine mechanischen Eigenschaften, wie z. B. seine Absorptions-, Rückhalte- und Kapillarfähigkeit gegenüber Wasser. Es wirkt auf seine ruhende Fruchtbarkeit ein und zersetzt sowohl seine mineralischen als auch seine organischen Stoffe. Schließlich ist sein Einfluss auf das mikroorganische Leben des Bodens, das bei der Zubereitung und Verarbeitung pflanzlicher Nahrungsmittel eine so wichtige Rolle spielt, von größter Bedeutung. Wir können daher nichts Besseres tun, als seine Eigenschaften unter den Überschriften *mechanisch* , *chemisch* und *biologisch zu diskutieren* .

I. MECHANISCHE FUNKTIONEN VON KALK.

Wirkung auf die Bodenbeschaffenheit.

Die Wirkung von Kalk auf die Beschaffenheit eines Bodens gehört zu seinen auffälligsten Eigenschaften. Jeder Landwirt weiß genau, welche Veränderung die Struktur eines steifen Lehmbodens durch die Beizung von Kalk bewirkt . Die Klebeeigenschaft des Bodens – seine unangenehme Neigung zur Pfützenbildung beim Mischen mit Wasser – wird erheblich verringert, und der Boden wird sehr viel bröckeliger, wenn er trocken wird. Für diese Änderung gibt es mehrere Gründe. Erstens ist die Neigung zur Pfützenbildung in einem lehmigen Boden auf den feinen Verteilungszustand der Bodenpartikel zurückzuführen. Der Kalk wirkt dieser Klebeeigenschaft entgegen, indem er eine Koagulation der feinen Bodenpartikel bewirkt. Diese Ausflockung oder Zusammenballung der feinen Tonteilchen, wenn sie durch Kalk mit Wasser vermischt werden, lässt sich auf eindrucksvolle Weise dadurch demonstrieren, dass man zu schlammigem Wasser etwas Kalkwasser hinzufügt. Das Ergebnis wird sein, dass das Wasser schnell klar wird, die feinen Tonpartikel zusammenkommen und auf den Boden des Gefäßes sinken. Schon eine sehr geringe Menge Kalk bewirkt diese Veränderung. Diese Eigenschaft von Kalk wird, wie erwähnt, bei der Abwasserbehandlung genutzt . Da es die feinen Tonpartikel sind, die die Hauptursache für die Pfützenbildung von Lehmböden sind, trägt ihre Ausflockung viel dazu bei, diese unerwünschte Eigenschaft zu zerstören. Ein weiterer Grund dafür, dass Kalk einen Lehmboden bei Trockenheit brüchiger macht, liegt darin, dass Kalk bei trockenem Wetter keine Schrumpfung erfährt. Da Lehmböden beim Trocknen sehr stark schrumpfen, verringert die Mischung mit einer Substanz wie Kalk tendenziell diese Tendenz, zu harten Klumpen zusammenzubacken. Die Wirkung selbst einer sehr geringen Zugabe von Kalk zu einem Lehmboden, der dessen bröckelige Natur erhöht, ist sehr auffällig und lässt sich leicht veranschaulichen, indem man zwei Portionen Ton nimmt und in eine davon einen kleinen Prozentsatz Kalk enthält eingebracht und beides mit Wasser zu einer plastischen Masse verarbeitet und anschließend trocknen gelassen wird. Man wird feststellen, dass der eine Teil hart ist und sich nicht zersetzt, während der Teil, zu dem der Kalk hinzugefügt wurde, leicht zu einem Pulver zerfällt. Es ist bekannt, dass dieser Effekt, den Kalk bei der „Aufhellung" schwerer Böden hat, seit Jahren anhält. Die zersetzende Wirkung von Branntkalk bei der Anwendung auf schweren Böden ist, so kann man hinzufügen, auch auf den Übergang zurückzuführen, den der Kalk selbst vom ätzenden Zustand in den milden Zustand erfährt.

Kalk macht leichte Böden bindiger.

Obwohl es etwas paradox erscheinen mag, scheint Kalk in manchen Fällen eine Wirkung auf den Boden auszuüben, die genau das Gegenteil dessen ist, was gerade gesagt wurde. Dass Kalk als Bindemittel fungieren soll, ist nur natürlich, wenn man sich die Wirkungsweise bei der Verwendung als Mörtel vor Augen führt. Es ist daher durchaus verständlich, dass seine Wirkung auf leicht bröckeligen Böden darin bestehen sollte, deren Kohäsionsvermögen zu erhöhen und gleichzeitig die Kapillarfähigkeit des Bodens zur Aufnahme von Wasser aus den unteren Schichten zu erhöhen. Das Ausmaß dieser Wirkung hängt natürlich von der Art und Menge des Kalks ab, in der er aufgetragen wird. Ein eindrucksvolles Beispiel für die Bindungskraft von Kalk sind bestimmte, sehr kalkreiche Böden, in denen sich in einiger Entfernung von der Oberfläche eine sogenannte Kalkpfanne gebildet hat.

II. Chemische Wirkung von Kalk.

Aber wahrscheinlich noch wichtiger als seine mechanische Wirkung ist die chemische Wirkung von Kalk. Es ist ein äußerst wichtiges Mittel zur Erschließung der trägen Fruchtbarkeit des Bodens. Dies geschieht durch die Zersetzung verschiedener Mineralien und die Freisetzung des darin enthaltenen Kalis. Die Zerfallskraft von Kalk hängt in dieser Hinsicht natürlich von seinem chemischen Zustand ab, wobei die ätzende Form viel wirksamer ist als die anderen Formen. Seine Wirkung, pflanzliches Material zu zersetzen und den darin enthaltenen inerten Stickstoff für die Nutzung durch die Pflanze verfügbar zu machen, ist auch eine seiner wichtigsten Eigenschaften und erklärt seine wohltuende Wirkung bei der Anwendung auf Böden, wie z. B. Torfböden, die reich an organischer Substanz sind . Auch hier ist seine Verwendung als Korrekturmittel für saure Böden seit langem praktisch anerkannt . Das Vorhandensein von Säure im Boden schadet dem Pflanzenleben. Durch die Neutralisierung dieser Säure beseitigt Kalk den Säuregehalt des Bodens und trägt viel dazu bei, ihn wieder in einen Zustand zu versetzen, der für das Wachstum von Kulturpflanzen geeignet ist. Die Entstehung von Säure im Boden führt mit ziemlicher Sicherheit zur Entstehung bestimmter giftiger Verbindungen. Kalk verhindert daher durch die Versüßung des Bodens die Bildung dieser giftigen Verbindungen. Wie jeder Landwirt weiß, profitieren schlecht entwässerte und saure Wiesen von der Anwendung dieses nützlichen Düngers. denn dadurch wird nicht nur ihre Säure beseitigt und ihr allgemeiner Zustand verbessert, sondern auch viele der gröberen und niederen Formen des Pflanzenlebens, die allein auf solchen Böden gedeihen, werden abgetötet, und stattdessen können die nährstoffreicheren Gräser gedeihen. Bemerkenswert ist die Wirkung von Kalk bei der Förderung der Bildung einer Klasse von Verbindungen im Boden, nämlich hydratisierten Silikaten, die von großer Bedeutung sind. Der allgemein anerkannten Theorie zufolge wird ein Großteil der verfügbaren mineralischen Düngestoffe des Bodens in Form dieser hydratisierten Silikate zurückgehalten. Daher erhöht Kalk durch die Erhöhung dieser

Verbindungen nicht nur die verfügbare Fruchtbarkeit des Bodens, sondern erhöht auch seine Aufnahmefähigkeit für Nahrungsbestandteile.

III. BIOLOGISCHE WIRKUNG VON KALK.

Die letzte Wirkungsweise von Kalk haben wir als biologisch bezeichnet. Damit meinen wir die wichtige *Rolle* , die Kalk bei der Förderung bzw. Verzögerung der verschiedenen Arten von Gärungsvorgängen spielt, die in allen Böden so reichlich vorhanden sind. Das Vorhandensein von Kalkkarbonat im Boden ist eine notwendige Voraussetzung für den Nitrifikationsprozess. Kalk ist die Base, mit der sich die Salpetersäure bei ihrer Entstehung verbindet; und wie wir gesehen haben, sind Böden mit kalkhaltiger Beschaffenheit bei der Diskussion der Nitrifikation am besten geeignet, die natürliche Bildung von Nitraten zu fördern. Dies ist einer der Gründe für die wohltuende Wirkung von Kalk bei der Anwendung auf Torfböden. Es trägt nicht nur zur Zersetzung der in solchen Böden reichlich vorhandenen organischen Substanz bei, sondern liefert auch die Basis, mit der sich die Salpetersäure bei ihrer Bildung verbinden kann. Obwohl die Wirkung von Kalk darin besteht, die Gärung zu fördern, darf nicht vergessen werden, dass es Fälle geben kann, in denen seine Wirkung eher das Gegenteil davon ist. Die Fermentation organischer Stoffe findet statt, wenn eine gewisse Alkalität vorhanden ist; während andererseits die Anwesenheit von Säure sie zu verzögern und zu hemmen scheint. Eine zu große Alkalität würde jedoch zunächst die Gärung genauso stark verzögern wie eine zu große Säure. Es wurde behauptet, dass die Zugabe von Ätzkalk zu frischem Urin auf diese Weise wirken könnte; und wenn dies der Fall wäre, könnte die Zugabe von Kalk zum Hofdünger bis zu einem gewissen Grad verteidigt werden. Das Experiment wäre jedoch gefährlich und nicht zu empfehlen, da es höchstwahrscheinlich zu einem Ammoniakverlust kommen würde.

Wirkung von Kalk auf stickstoffhaltige organische Stoffe.

Die Wirkung von Kalk auf stickstoffhaltige organische Stoffe ist sehr auffällig und keineswegs ganz klar verstanden. Wie wir bereits betont haben, wirkt es manchmal antiseptisch oder konservierend; und diese antiseptische oder konservierende Wirkung wurde mit der Annahme erklärt, dass unlösliche Kalkalbuminate gebildet werden. Seine Wirkung findet es in Branchen wie dem Kattundruck, wo es zusammen mit Kasein zum Fixieren von Farbstoffen verwendet wird ; oder bei der Zuckerraffinierung, wo es zur Klärung des Zuckers durch Ausfällen der in der Zuckerlauge gelösten Eiweißstoffe verwendet wird; oder schließlich bei der Reinigung von Abwasser – wurde zur Unterstützung dieser Theorie angeführt. Zwar kann es Umstände geben, in denen Kalk, insbesondere in seiner ätzenden Form, als Antiseptikum wirkt, seine allgemeine Tendenz besteht jedoch darin, diese für das Pflanzenleben so wichtigen fermentativen Veränderungen wie die Nitrifikation zu fördern.

Eine wichtige Verwendung von Kalk in der Landwirtschaft ist die Verhinderung der Wirkung bestimmter Pilzkrankheiten wie „Rost", „Brand", „Finger-und-Zehen-Krankheit" usw. sowie die Abtötung, wie jeder Gärtner und Bauer weiß , Schnecken usw.

Reprise.

Abschließend können wir in einem einzigen Absatz die verschiedenen Wirkungsweisen von Kalk zusammenfassen. Seine Wirkung ist mechanisch, chemisch und biologisch. Es wirkt auf die Bodenbeschaffenheit, macht Lehmböden bröckeliger und übt auf lockeren Böden eine gewisse bindende Wirkung aus. Es zersetzt die kalihaltigen Mineralien und andere Nahrungsbestandteile und macht sie für den Bedarf der Pflanze verfügbar. Es zersetzt organisches Material weiter und fördert den wichtigen Prozess der Nitrifikation. Es erhöht die Fähigkeit eines Bodens, wertvolle Nahrungsbestandteile wie Ammoniak und Kali zu binden. Es neutralisiert Säuren und verhindert die Bildung giftiger Verbindungen im Boden. Es erhöht den Kapillarzustand des Bodens, beugt Pilzkrankheiten vor und fördert das Wachstum der nährstoffreicheren Gräser auf Weiden.

KAPITEL XXI.
INDIREKTER DÜNGER – GIPS, SALZ USW.

GIPS.

Im vorigen Kapitel wurde Gips als Kalkverbindung erwähnt, seine Wirkung als Dünger jedoch nicht erwähnt. In der Vergangenheit wurde Gips in großem Umfang verwendet und hatte einen hohen Stellenwert. Es wurde festgestellt, dass es für Klee von besonderem Wert ist; und es gibt eine Geschichte über Benjamin Franklin, die die sehr bemerkenswerte Art seiner Wirkung auf diese Pflanze veranschaulicht. Es wird berichtet, dass er einst mit Gips die Worte „Dies wurde verputzt" auf ein Kleefeld druckte und dass die Legende noch lange Zeit deutlich erkennbar war, da auf den Teilen des Feldes, auf denen Klee wuchs, eine üppige Vegetation zu sehen war war so behandelt worden.

Art und Weise, in der Gips wirkt.

Obwohl Gips ein sehr alter Dünger ist, verstehen wir erst in den letzten Jahren die wahre Natur seiner Wirkung. Lange Zeit glaubte man, der Grund für seine herausragende Wirkung bei der Förderung von Klee sei die Tatsache, dass Klee eine kalkliebende Pflanze sei und die Wirkung von Gips auf den darin enthaltenen Kalk zurückzuführen sei. Dass die Wirkung von Gips jedoch nicht auf die Tatsache zurückzuführen ist, dass er der Pflanze Kalk zuführt, scheint offensichtlich, wenn festgestellt wird, dass in diesem Fall jede andere Form von Kalk die gleiche positive Wirkung hätte. Es ist jedoch allgemein bekannt, dass dies nicht der Fall ist. Außerdem ist Kalk, wie bereits erwähnt, kein Bestandteil, an dem es den meisten Böden im Hinblick auf die Bedürfnisse der Kulturpflanzen mangelt. Es steckt ein gewisser Wahrheitsgehalt in der alten Annahme, dass Gips den Boden mit Ammoniak anreichert, indem er es aus der Luft bindet. Die Wirkung von Gips als Ammoniakfixierer wurde bereits im Kapitel über Hofdünger erwähnt; aber in diesem Fall wird der Gips mit dem Ammoniak in Kontakt gebracht. Der Ursprung dieses alten Glaubens beruht auf einer falschen Vorstellung über die Menge an Ammoniak in der Atmosphäre. Zweifellos erhöht Gips die Fähigkeit eines Bodens, Ammoniak aus der Luft aufzunehmen, erheblich; aber die Menge an Ammoniak in der Luft ist so gering, dass seine Wirkung in dieser Hinsicht kaum einer Überlegung wert ist. Die wahre Erklärung der Wirkung von Gips liegt in seiner Wirkung auf die Doppelsilikate, die er zersetzt, wobei das Kali freigesetzt wird. Seine Wirkung ähnelt der anderer Kalkverbindungen, ist jedoch charakteristischer. Als Dünger ist seine

Wirkung daher indirekt und seine eigentliche Funktion besteht darin, das Kali aus seinen Verbindungen zu verdrängen. Seine besonders günstige Wirkung auf Klee beruht auf der Tatsache, dass Klee besonders von Kali profitiert und dass die Zugabe von Gips praktisch einer Zugabe von Kali gleichkommt. Natürlich ist zu bedenken, dass der Boden Kaliverbindungen enthalten muss, damit Gips seine volle Wirkung entfalten kann. Da es aber für die Düngung geeignete Kalisalze in Hülle und Fülle gibt, darf durchaus bezweifelt werden, ob es nicht besser ist, Kali direkt auszubringen. Darüber hinaus muss berücksichtigt werden, dass Gips immer dann auf den Boden aufgetragen wird, wenn er mit Superphosphatkalk behandelt wird, da Gips eines der Produkte ist, die bei der Behandlung von unlöslichem Phosphatkalk mit Schwefelsäure entstehen .

Oxidationsmittel wirkt , ebenso wie Eisen im Eisenzustand. Es enthält eine große Menge Sauerstoff in seiner Zusammensetzung und kann unter bestimmten Bedingungen als Sauerstoffträger für die unteren Schichten des Bodens dienen. Wenn es verwendet wird, sollte es einige Monate vor der Aussaat der Kultur ausgebracht werden.

Gips kann daher, obwohl er zwei notwendige Pflanzenbestandteile, Kalk und Schwefelsäure , enthält , nicht als direkter Dünger angesehen werden; und wenn seine Wirkung besser verstanden wird, wird seine Verwendung, die in diesem Land nie sehr häufig war, wahrscheinlich abnehmen. Wir haben bereits im Kapitel über die Nitrifikation auf die nitrifikationsfördernde Wirkung von Gips hingewiesen.

SALZ.

Die Wirkung von Salz als Dünger stellt ein Problem dar, das zugleich von größtem Interesse und zugleich mit den größten Schwierigkeiten verbunden ist. Angesichts der großen Mengen, die heutzutage für landwirtschaftliche Zwecke verwendet werden, ist eine etwas detaillierte Untersuchung der Art seiner Wirkung in einem Werk wie dem vorliegenden nicht unangebracht.

Antike der Verwendung von Salz.

Die Erkenntnis der manurialen Funktion von Salz reicht bis in die früheste Zeit zurück. Seine Verwendung in der Antike wird durch zahlreiche Anspielungen im Alten Testament bezeugt; während es laut Plinius in Italien ein bekannter Dünger war. Auch die Perser und die Chinesen scheinen es seit jeher verwendet zu haben, erstere insbesondere für Dattelbäume.

Obwohl seine Verwendung schon sehr alt ist, scheint es immer große Meinungsverschiedenheiten über die genaue Wirkungsweise und seinen Nutzen als Dünger zur Förderung des Gemüsewachstums gegeben zu haben. Es ist in der Tat ein gutes Beispiel für die Schwierigkeit, die bei vielen Düngemitteln, deren Wirkung hauptsächlich indirekt ist, besteht, ihren Einfluss auf den Boden und die Ernte vollständig zu verstehen. Tatsächlich ist die Wirkung von Salz wahrscheinlich komplizierter als die jeder anderen Güllesubstanz.

Salz ist kein notwendiges Pflanzennahrungsmittel.

Wir haben bereits gesehen, dass weder Natrium noch Chlor – die beiden Bestandteile des Salzes – aller Wahrscheinlichkeit nach unbedingt notwendige pflanzliche Nahrungsmittel sind. Wenn sie notwendig sind, benötigt die Pflanze sie nur in winzigen Mengen. Trotz dieser Tatsache ist Soda ein Aschebestandteil fast jeder Pflanze und in vielen Fällen einer der am häufigsten vorkommenden. Mengenmäßig ist es einer der variabelsten Aschebestandteile, da es in manchen Pflanzen nur in geringen Mengen vorhanden ist, während es in anderen in großen Mengen vorkommt. Als Beispiele für Pflanzen, die in ihrer Zusammensetzung große Mengen an Soda enthalten, können Mangel- und Kohlpflanzen genannt werden. Aber die Pflanzen, die es in der größten Menge enthalten, sind diejenigen, die an der Meeresküste gedeihen, und man hat angenommen, dass für sie zumindest Salz ein notwendiger Dünger ist. Dies scheint jedoch nicht der Fall zu sein. Tatsächlich scheint die Menge an Soda in einer Pflanze größtenteils eine Frage des Zufalls zu sein. Es kann hinzugefügt werden, dass die saftigen Teile einer Pflanze im Allgemeinen am reichsten an Soda sind.

Kann Soda Kali ersetzen?

Auch hier wurde angenommen, dass Soda Kali in der Pflanze ersetzen kann; aber das scheint in keinem Maße der Fall zu sein. Es wurde angenommen, dass die Ansicht, dass Soda Kali ersetzen kann, durch die Unterschiede im Verhältnis von Soda und Kali in verschiedenen Pflanzen gestützt wird. Es muss jedoch berücksichtigt werden, dass die meisten Pflanzen mit hoher Wahrscheinlichkeit eine größere Menge an Aschebestandteilen enthalten, als für ihr gesundes Wachstum unbedingt erforderlich ist. Dies ist insbesondere bei einem so notwendigen Pflanzennahrungsmittel wie Kali der Fall, von dem im Allgemeinen aller Wahrscheinlichkeit nach ein Überschuss vorhanden ist. Die Variation in der Menge an Kali und Soda, die in vielen Pflanzen unter verschiedenen

Umständen vorhanden ist, kann daher kaum als Beweis für den Ersatz von Kali durch Soda angesehen werden. Als bemerkenswerte Tatsache sei übrigens erwähnt, dass Kulturpflanzen in ihrer Zusammensetzung mehr Kali und weniger Soda enthalten als Wildpflanzen. Man kann davon ausgehen, dass das, was über Soda gesagt wurde, auch auf Chlor zutrifft, da Natron offenbar hauptsächlich in Form von Kochsalz in die Pflanze gelangt. Die in Pflanzen vorhandene Salzmenge muss daher als weitgehend zufällig und von äußeren Umständen, wie der Beschaffenheit des Bodens usw., abhängig angesehen werden.

Salz von universellem Vorkommen.

Aber selbst wenn Salz ein notwendiges pflanzliches Nahrungsmittel wäre, wäre sein Vorkommen im Boden bereits in ausreichender Menge vorhanden, um jegliche Notwendigkeit seiner Anwendung zu überflüssigen. Man kann sagen, dass es nahezu überall vorkommt. Sogar die Luft enthält es in Spuren. Daß dies in der Nähe der Meeresküste der Fall ist, ist wohlbekannt; Aber selbst in der Luft weit im Landesinneren würde eine genaue Analyse der Luft wahrscheinlich sein Vorhandensein in größerer Menge nachweisen, als allgemein angenommen wird. Es ist eine kluge Vorkehrung, dass Pflanzen Salz aufnehmen, denn es steigert ihre Wirksamkeit als Nahrung, wobei die Funktion von Salz als Bestandteil tierischer Nahrung von allerhöchster Bedeutung ist. Es ist eine unverzichtbare Nahrungszutat für das Tierleben. Bei gewöhnlichen landwirtschaftlichen Nutztieren ist die Menge an Salz, die in der Nahrung natürlicherweise vorkommt, völlig ausreichend. Bei Weiden in Ländern, die weit vom Meer entfernt sind, ist jedoch der Brauch üblich, das Vieh speziell mit Salz zu versorgen. Dies geschieht, indem man ein Stück Steinsalz auf die Felder legt.

Besondere Salzquellen.

Das Handelssalz wird aus verschiedenen Quellen gewonnen. Neben dem Meer verfügen wir über reichliche Salzquellen in den großen Salzvorkommen in vielen Teilen Europas, insbesondere in Österreich und in England in Cheshire.

Die Wirkung von Salz indirekt.

Aus dem oben Gesagten geht klar hervor, dass die Wirkung von Salz als Dünger indirekt und nicht direkt ist. Was die Natur dieser indirekten Aktion ist, werden wir nun diskutieren.

Wenn wir die Beweise für den Düngerwert von Salz betrachten, werden wir sofort mit der Tatsache konfrontiert, dass die Erfahrungen mit seiner Wirkung in der Vergangenheit ebenso oft ungünstig wie günstig waren . Salz ist bekanntermaßen sowohl antiseptisch als auch keimtötend. Es ist tatsächlich eines der am häufigsten verwendeten Konservierungsmittel. Wenn es in großen Mengen auf den Boden aufgetragen wird, hat es äußerst schädliche Auswirkungen auf die Vegetation. Diese schädliche Wirkung von Salz ist seit langem bekannt; und es wird in den Schriften der Antike ebenso oft wegen seiner ungünstigen wie wegen seiner günstigen Wirkung erwähnt. So war es zum Beispiel bei den alten Juden üblich, nach der Eroberung einer feindlichen Stadt Salz auf die Felder des Feindes zu streuen, um sie unfruchtbar und unfruchtbar zu machen. Und auch bei den Römern wurde zu demselben Zweck oft Salz an einer Stelle gestreut, an der ein großes Verbrechen begangen worden war.

Während daher seine ungünstige Wirkung seit langem bekannt ist, ist auch die Tatsache, dass es Umstände gibt, unter denen seine Wirkung im Gegenteil günstig für die Förderung des Gemüsewachstums ist, seit langem bekannt . Die Schwierigkeit für den Agrarstudenten besteht darin, diese beiden scheinbar widersprüchlichen Erfahrungen miteinander in Einklang zu bringen. Für den englischen Landwirt ist das Thema von besonderem Interesse, da es in England seit der Zeit von Lord Bacon, der in seinen Schriften die Wirkung von Lösungen davon auf verschiedene Pflanzen diskutiert, in der Vergangenheit am häufigsten verwendet und seine Wirkung am meisten diskutiert wurde.

Die wahre Erklärung dafür, dass Salz in seiner Wirkung so unterschiedlich ist, liegt in der angewandten Menge, der Beschaffenheit des Bodens, der Kultur, auf die es angewendet wird, und den Bedingungen, unter denen es angewendet wird – *also* ob es allein angewendet wird oder zusammen mit anderen Düngemitteln.

Zunächst muss darauf hingewiesen werden, dass Salz eine mechanische Wirkung auf den Boden ausübt, die der von Kalk sehr ähnlich ist. Bei der Anwendung auf Lehmböden bewirkt es eine Flockung bzw. Koagulation der feinen Tonpartikel und verhindert so die Bildung von Pfützen im Boden, wie dies sonst der Fall wäre. Ein Beispiel für die Wirkung von gelöstem Salz, die zur Ausfällung feiner, suspendierter Tonstoffe führt, ist die Bildung von Deltas an Flussmündungen. Die Wirkung, schlammiges Wasser zu klären, ist in der Tat bei Salzlösungen üblich. Schloesing führt die klärende Kraft eines Bodens auf das Vorhandensein der darin enthaltenen Salzstoffe zurück; und unter diesem Gesichtspunkt scheint es, dass Dünger, die irgendeine

salzhaltige Substanz enthalten, einen wichtigen mechanischen Einfluss auf
den Boden ausüben können.

Lösungsmittelwirkung.

Eine viel wichtigere Eigenschaft von Salz ist jedoch seine lösende
Wirkung auf die im Boden vorhandenen pflanzlichen Nahrungsmittel. Seine
Wirkung bei der Zersetzung der Mineralien, die Kalk, Magnesia, Kali usw.
enthalten, ist der Wirkung von Gips ähnlich. Durch die Einwirkung auf die
Doppelsilikate werden diese notwendigen Pflanzennahrungsmittel
freigesetzt. Es betrifft nicht nur die Grundstoffe, auf die es einwirkt, sondern
auch die Phosphor- und Kieselsäuren, die es freisetzt. Seine Fähigkeit,
Ammoniak aus dem Boden zu lösen, ist beträchtlich. Experimente von
Peters und Eichhorn mit einer schwachen Salzlösung auf einem Boden, um
deren Lösungsvermögen zu testen, zeigten, dass die Salzlösung mehr als
doppelt so viel Kali und fast dreißigmal so viel Ammoniak löste wie eine
gleiche Menge reines Wasser. Beim Auftragen auf den Boden scheint es vor
allem Kalk und Magnesia freizusetzen. Die genaue Art der stattfindenden
chemischen Wirkung ist zweifelhaft. Einigen zufolge wird es in
Salpeternatron umgewandelt; anderen zufolge in kohlensaures Natron. Die
letztere Theorie scheint die wahrscheinlichere zu sein. Seine Wirkung auf die
Kalk- und Magnesiaverbindungen besteht darin, sie in Chloride
umzuwandeln; und diese chemische Reaktion erklärt die Wirkung von Salz
bei der Erhöhung der Wasserhalte- und Wasseraufnahmefähigkeit des
Bodens; Denn die Chloride von Magnesia und Kalk sind Salze, die eine große
Kraft haben, Wasser aus der Luft anzuziehen.

Auch hier könnte die Tatsache, dass Salz als Antiseptikum wirkt, seine
wohltuende Wirkung in bestimmten Fällen erklären, in denen es das
Wachstum verhindert. Zweifellos war dies seine Funktion, wenn es
zusammen mit peruanischem Guano angewendet wurde. Dies kann dadurch
erreicht werden, dass eine zu schnelle Fermentation (Nitrifizierung) des
Mists verhindert oder die Pflanze tatsächlich geschwächt wird. Eine ähnliche
Wirkung kann auch bei der Ausbringung mit Hofdünger erzielt werden. Aber
während seine Wirkung in vielen Fällen darin bestehen mag, die Gärung zu
verzögern, besteht seine Wirkung andererseits, wenn er zusammen mit Kalk
auf Komposthaufen aufgetragen wird, darin, eine schnellere Zersetzung zu
fördern. Vermutlich findet zwischen dem Kalk und dem Salz eine Reaktion
statt, die zur Bildung von Natronlauge führt.

Dies sind einige der Wirkungsweisen von Salz. Es muss sofort klar sein,
wie vorteilhaft ihre Wirkung in einem Fall sein wird und in einem anderen
Fall ungünstig . Um eine positive Wirkung zu erzielen , müssen im Boden
Düngemittel vorhanden sein . Auch hier gilt, dass seine antiseptischen

Eigenschaften nur unter solchen Umständen günstig und nicht ungünstig wirken, wenn ein starkes Wachstum wahrscheinlich ist .

Am besten in kleinen Mengen zusammen mit Dünger verwenden.

vorteilhaftesten ist, wenn es zusammen mit anderen Düngemitteln und nicht allein ausgebracht wird. Wird es zusammen mit salpetersaurem Natron angewendet, wie es üblicherweise durchgeführt wird, erhöht es zweifellos die Wirksamkeit des Nitrats. Einige Pflanzen scheinen zweifellos von Salz zu profitieren: von diesen sei Flachs erwähnt. Auch die Anwendung von Salz auf Pflanzen des Kohlstammes scheint von großem Nutzen zu sein. Es wurde festgestellt, dass es neben anderen Düngemitteln auch auf Mangels eine sehr positive Wirkung hat . Bei vielen Kulturpflanzen hat sich die Wirkung jedoch als weniger günstig erwiesen .

Beeinflusst die Qualität der Ernte.

Obwohl sich oft herausstellt, dass Salz die Menge einer Ernte erhöht, leidet darunter auch die Qualität der Ernte. Seine Wirkung auf Rote Bete wurde insbesondere untersucht. Die Wirkung seiner Anwendung besteht darin, die Gesamtmenge an Trockenmasse und Zucker in der Pflanze zu verringern. Es wurde festgestellt, dass dies sowohl dann der Fall ist, wenn das Salz allein als auch zusammen mit Salpeternatron und anderen Düngemitteln ausgebracht wurde. Auch bei Kartoffeln hat sich seine Wirkung als schädlich erwiesen, da der Stärkeanteil verringert wird. Die schädliche Wirkung von Chloriden auf die Qualität von Kartoffeln zeigt sich auch bei der Anwendung von Kaliumchlorid . Aus diesem Grund sollte Kali niemals in Form von Chlorid auf die Kartoffelernte ausgebracht werden.

Nach Ansicht des verstorbenen Dr. Voelcker waren die Bedingungen, unter denen Salz die günstigste Wirkung auf die Mangelernte hatte , bei leicht sandigem Boden gegeben und wurden in einer Menge von 4 bis 5 cwt ausgebracht. Pro Hektar. Bei der Anwendung auf Lehmböden war die Wirkung nicht so günstig .

Anwendungsrate.

Schließlich variiert natürlich auch die Höhe der Anwendung. Ab 1 Zentner. und noch weniger, bis zu 6 cwt. oder sogar noch mehr, war die Häufigkeit, mit der es in der Vergangenheit üblicherweise angewendet wurde. Aus dem Gesagten ist ersichtlich, dass es eher einen günstigen Einfluss hat, wenn es nur in geringen Mengen angewendet wird.

KAPITEL XXII.
Die Anwendung von Gülle.

Die Bedingungen, die die Ausbringung von Düngemitteln regeln, sind zahlreich und vielfältig, und man muss zugeben, dass das Thema trotz der umfangreichen Untersuchungen, die bereits durchgeführt wurden, höchst unvollkommen verstanden ist. Aus diesen Gründen ist es unmöglich, kaum mehr zu tun, als bestimmte allgemeine Grundsätze festzulegen, die dem Landwirt bei der Düngung seiner Feldfrüchte als Leitfaden dienen können.

Einfluss von Düngemitteln auf die Steigerung der Bodenfruchtbarkeit.

Zunächst stellt sich die Frage: Inwieweit kann das, was wir als dauerhafte Fruchtbarkeit eines Feldes bezeichnen, durch die Ausbringung von Düngemitteln beeinflusst werden? Und auf diese Frage muss geantwortet werden, dass der Einfluss der Düngung auf die Steigerung der Bodenfruchtbarkeit sehr gering ist und nur sehr allmählich spürbar ist. Dies zeigt sich an der Schwierigkeit, einen Boden wieder in einen fruchtbaren Zustand zu versetzen, der lange Zeit durch ein umfassendes Anbausystem bearbeitet wurde. In einem solchen Fall wird es unmöglich sein, die Fruchtbarkeit des Bodens wiederherzustellen, außer sehr allmählich. Landwirte, die in neuen Ländern und auf fruchtbaren, unberührten Böden Landwirtschaft betreiben, sind sich manchmal kaum bewusst, wie schnell sie die Fruchtbarkeit ihrer Böden durch umfassende Behandlung verschlechtern können und wie langsam der Prozess der Wiederherstellung ist. Dies ist auch nicht verwunderlich, wenn man die relativ geringen Düngemengen bedenkt Inhaltsstoffe, die wir dem Boden durch die Ausbringung von Düngemitteln zuführen, und die Art ihrer Wirkung. Die geringe Ausbringungsmenge und die Unmöglichkeit, sie gleichmäßig im Boden zu verteilen, erklären, wie verhältnismäßig begrenzt ihre Wirkung zwangsläufig sein muss. Es stimmt zwar, dass einige Dünger, nämlich solche, die löslich sind, gleichmäßiger verteilt sind; Aber solche Düngemittel sind aufgrund ihrer Natur kaum geeignet, die dauerhafte Fruchtbarkeit des Bodens zu beeinträchtigen.

Einfluss von Hofdünger auf den Boden.

Von den Düngemitteln, die die dauerhafteste Fruchtbarkeit eines Bodens am besten verbessern, ist Hofdünger zweifellos der wichtigste. Dies liegt zum einen an der Tatsache, dass es in so großen Mengen eingesetzt wird, zum anderen an seiner Zusammensetzung. Eine großzügige und systematisch durchgeführte Düngung mit Hofdünger wird mit der Zeit viel zum Aufbau der Bodenfruchtbarkeit beitragen. Aber auch eine großzügige Düngung mit künstlichem Dünger wird das gleiche Ziel bewirken . Dies geschieht indirekt über die vermehrten Ernterückstände, die bei dieser Behandlung anfallen. Tatsächlich ist eine der schnellsten Methoden, einen Boden in einen guten Zustand zu bringen, das starke Düngen bestimmter Grünpflanzen und das anschließende Pflügen.

Hofdünger vs. künstliche Pflanzen.

Die Frage, inwieweit Hofdünger durch künstliche Gülle ersetzt werden kann, wird oft diskutiert. Auf diese Frage haben wir bereits im Kapitel „Hofdünger" hingewiesen. Es ist möglich, dass wir mit unseren zunehmenden Kenntnissen in der Agrarwissenschaft in Zukunft in der Lage sein werden, auf Hofdünger zu verzichten und ausschließlich auf künstliche Dünger umzusteigen. Derzeit weisen jedoch alle unsere Erfahrungen darauf hin, dass die zufriedenstellendsten Ergebnisse bei Düngemitteln erzielt werden, wenn künstliche Düngemittel in Verbindung mit Hofdünger eingesetzt werden. Es ist besser, Hofdünger und Kunstdünger gemeinsam auszubringen, [241] so dass sie sich gegenseitig ergänzen. Obwohl dies der Fall ist, kann es Umstände geben, in denen es am besten ist, nur künstliche Mittel zu verwenden. Wo beispielsweise Felder aufgrund ihrer Lage unzugänglich sind und der Aufwand für die Beförderung des sperrigen Hofdüngers sehr hoch wäre, kann es wirtschaftlicher sein, den konzentrierteren Kunstdünger einzusetzen. Mit wenigen Ausnahmen wird es jedoch am wünschenswertesten sein, künstlichen Dünger als Ergänzung zum Hofdünger und nicht als dessen Ersatz zu verwenden.

Hofdünger ist für bestimmte Nutzpflanzen ungünstig .

Obwohl das Gesagte wahr ist, kann es sinnvoll sein, auf ein oder zwei Tatsachen hinsichtlich der Art des Einflusses von Hofdünger auf bestimmte Kulturpflanzen hinzuweisen. Es ist zum Beispiel seit langem bekannt , dass es in starken, nährstoffreichen Böden nicht ratsam ist, es direkt auf bestimmte Getreidearten wie Gerste und Weizen anzuwenden, da eine solche Praxis geeignet ist, das Wachstum zu fördern – eine übermäßige Entwicklung von Stroh auf Kosten von das Getreide. Daher ist es üblich, der Vorfrucht Hofdünger auszubringen. Laut Sir JB Lawes ist die direkte Anwendung von Hofdünger auf Weizen jedoch nicht mit ungünstigen Folgen verbunden, wenn der Boden leicht ist; Nur wenn der Boden schwer ist, ist es am besten, ihn auf die Vorfrucht anzuwenden. Kartoffeln sind eine weitere Nutzpflanze, bei der man sie am besten nicht direkt anwenden sollte.

Andererseits sind viele der Meinung, dass Mangels offenbar von einer großen Ausbringung von Hofdünger profitieren können.

Bedingungen für die Anwendung künstlicher Düngemittel.

Bei der Ausbringung von Kunstdünger müssen viele Aspekte berücksichtigt werden. Hierzu zählen die Beschaffenheit des Mistes selbst sowie sein mechanischer und chemischer Zustand; die Beschaffenheit des Bodens und seine vorherige Behandlung mit Düngemitteln sowie die Beschaffenheit des Klimas, die Beschaffenheit der Kultur und der vorherige Anbau. Es wäre daher sinnvoll, einige dieser Überlegungen etwas genauer zu untersuchen.

Art der Gülle.

Stickstoff, Phosphorsäure und Kali kommen in den Düngemitteln, wie bereits erwähnt, in unterschiedlichem Verfügbarkeitszustand vor. Stickstoff kann beispielsweise in löslichem oder unlöslichem Zustand, als Nitrat, als Ammoniak oder in verschiedenen organischen Formen vorliegen. Ebenso kann Phosphorsäure in löslicher Form, wie im Superphosphat von Kalk, oder in unlöslicher Form, wie in Knochen oder basischer Schlacke, vorliegen. Kali hingegen kommt – oder sollte – in künstlichem Dünger nur in löslicher Form vor. Nun ist eine korrekte Kenntnis des Verhaltens dieser verschiedenen Formen der üblichen Düngemittelinhaltsstoffe bei der Ausbringung auf den Boden für ihre erfolgreiche und wirtschaftliche Nutzung zunächst notwendig.

Stickstoffhaltiger Dünger.

Daher lehrt uns unser Wissen über die Unfähigkeit der Bodenpartikel, Stickstoff in Form von Salpetersäure zurückzuhalten, sowie unser Wissen über die Tatsache, dass Stickstoff in dieser Form für den Bedarf der Pflanze sofort verfügbar ist, dass Nitrat niemals verwendet werden sollte Es sollte angewendet werden, bevor die Pflanze bereit ist, es zu verwenden – kurz gesagt, es sollte nur als Top-Dressing angewendet werden. und weiter, dass die Verwendung eines solchen Düngers in einer feuchten Jahreszeit wahrscheinlich weniger wirtschaftlich ist als in einer trockenen. Auch in Bezug auf Stickstoff in Form von Ammoniaksalzen lehrt uns unser Wissen darüber, dass Ammoniak von den Bodenpartikeln zurückgehalten wird und dass es, bevor es für die Bedürfnisse der Pflanze verfügbar wird, den Prozess der Nitrifikation durchlaufen muss Es ist wünschenswert, es kurz vor der voraussichtlichen Verwendung anzuwenden. Was schließlich den Stickstoff in den verschiedenen organischen Formen betrifft, in denen er vorkommt, wird unser Wissen über die Geschwindigkeit, mit der dieser in eine im Boden verfügbare Form umgewandelt wird, darüber entscheiden, wann er am besten angewendet wird. Einige Formen organischen Stickstoffs liegen in löslichem Zustand vor und wirken ebenso schnell wie schwefelsaures Ammoniak. Dies ist bei einem erheblichen Teil der verschiedenen organischen Stickstoffformen im Guano der Fall. Bei anderen Formen organischen Stickstoffs ist dies nur geringfügig geringer, beispielsweise bei getrocknetem Blut, das sehr schnell fermentiert. Daher sollten Nitrate und Ammoniaksalze sowie die schneller verfügbaren organischen Formen des Stickstoffs entweder als Top-Dressing nach Beginn des Pflanzenwachstums oder erst kurz vor der Aussaat ausgebracht werden. Knochen, Schädlinge und die verschiedenen sogenannten einheimischen Guanos sollten lange vor ihrem voraussichtlichen Bedarf ausgebracht werden – spätestens jedoch im vorangegangenen Herbst.

Phosphatdünger.

Im Hinblick auf phosphathaltige Düngemittel gelten die gleichen Überlegungen. Da Phosphorsäure, ob in löslicher Form, wie in Superphosphat, oder in unlöslicher Form, wie in Knochen, basischer Schlacke usw., angewendet wird, nicht dazu neigt, aus dem Boden ausgewaschen zu werden, ist das Verlustrisiko sehr gering. und müssen nicht berücksichtigt werden. Wie wir bei der Betrachtung der Wirkung von Superphosphat dargelegt haben, steht Phosphorsäure in dieser letzteren Form der Pflanze schneller zur Verfügung, und es besteht keine Notwendigkeit, sie lange vor ihrer wahrscheinlichen Verwendung anzuwenden. Daher sollten Superphosphat und Dünger, die nennenswerte Mengen an löslicher Phosphorsäure enthalten, wie z. B. Guano, erst kurz vor der Aussaat ausgebracht werden. Knochen, basische Schlacken oder mineralisches Phosphat sollten dagegen schon lange vor ihrer voraussichtlichen Verwendung ausgebracht werden. Daher ist bei solchen Düngemitteln eine Herbstanwendung zu empfehlen.

Kalidünger.

Was schließlich Kalidünger betrifft, da diese löslich sind, besteht keine Notwendigkeit, sie lange auszubringen, bevor sie wahrscheinlich von der Pflanze aufgenommen werden. Einige sind der Meinung, dass Kali, außer bei sandigen Böden, am besten einige Zeit vor seiner voraussichtlichen Verwendung ausgebracht wird, damit es in den Boden gespült werden kann – ein Vorgang, der nur verhältnismäßig stattfindet langsam. Da sich gezeigt hat, dass Kalidünger auf der Weide im zweiten Jahr oft bessere Ergebnisse liefert als im ersten Jahr, ist es am besten, ihn im Herbst auszubringen.

Die obige Aussage zum Verhalten der verschiedenen Düngemittel bei der Ausbringung auf den Boden hat einen nicht unerheblichen Einfluss auf die Mengen, in denen sie sicher ausgebracht bzw. ausgebracht werden dürfen. Die Menge, mit der Düngemittel ausgebracht werden dürfen, hängt, wie wir gleich sehen werden, von anderen Bedingungen ab; An dieser Stelle möchte ich jedoch darauf hinweisen, dass es nicht sicher ist, solche Düngemittel wie salpetersaures Natron oder auch schwefelsaures Ammoniak in großen Mengen auf einmal auszubringen. Tatsächlich werden diese Düngemittel, insbesondere erstere, am besten in sehr kleinen Mengen und eher in mehreren Dosen ausgebracht. Bei anderen Düngemitteln, insbesondere Phosphatdüngern, bestehen die gleichen Gründe für eine geringe Ausbringung nicht.

Die Wahrheit der obigen Aussagen ist so offensichtlich, dass es als überflüssig angesehen werden kann, sie zu treffen. Da jedoch ihr klares Verständnis für das Verständnis der Bedingungen einer erfolgreichen Düngung unerlässlich ist, bedarf es keiner Entschuldigung dafür.

Beschaffenheit des Bodens.

Eine weitere Bedingung, die bei der Anwendung von Düngemitteln berücksichtigt werden muss, ist die Beschaffenheit des Bodens sowie seine vorherige Behandlung. Böden, die arm an organischer Substanz sind, profitieren am ehesten von der Ausbringung stickstoffhaltiger Düngemittel. Böden mit trockenem, leichtem Charakter benötigen weniger Phosphorsäure als Stickstoff und Kali; Auf feuchten und schweren Böden hingegen sind phosphathaltige Düngemittel eher vorteilhaft als stickstoff- oder kaliumhaltige Düngemittel. Schließlich erfordert ein Boden, der reich an organischer Substanz ist, im Allgemeinen Phosphate und möglicherweise Kali. Es ist besonders wichtig zu beachten, dass ein kalkreicher Boden eine größere Anwendung von Phosphorsäure verträgt als ein kalkarmer Boden. In der Regel werden mit Kali die besten Ergebnisse erzielt, wenn sie auf sandigem Boden ausgebracht werden. Die Beschaffenheit des Bodens ist ein wichtiger Faktor bei der Entscheidung, inwieweit es ratsam ist, leicht löslichen Dünger auszubringen. Bei einem sehr leichten und nicht retentionsfähigen Boden ist das Verlustrisiko bei der Ausbringung von leicht löslichem Mist erheblich erhöht. Auch die Beschaffenheit des Klimas ist von Bedeutung. So haben in einem trockenen Klima lösliche Düngemittel eine bessere Wirkung als in einem feuchten Klima, während das Gegenteil bei langsamer wirkenden Düngemitteln der Fall ist.

Ebenso wichtig ist die vorherige Behandlung des Bodens mit Gülle. Wenn beispielsweise ein Boden großzügig mit Hofdünger behandelt wurde, hat sich herausgestellt, dass mineralischer Dünger eine weitaus geringere Wirkung hat als stickstoffhaltiger Dünger. Lawes und Gilbert haben dies in ihren Experimenten zum Weizenwachstum auffallend festgestellt. In diesen Experimenten wurde festgestellt, dass die Anwendung von Mineraldünger nur geringe oder gar keine Vorteile für die Kulturpflanzen mit sich brachte, wohingegen die Anwendung von Stickstoff sehr bemerkenswerte Ergebnisse lieferte. Sie führten dies darauf zurück, dass der Mineraldüngervorrat im Stroh des Hofdüngers den Stickstoffvorrat bei weitem übersteigt. Auch die Art der Wirkung der zuvor ausgebrachten Gülle ist bei der Bestimmung der voraussichtlichen Wirkungsdauer zu berücksichtigen. Handelte es sich beispielsweise bei der Gülle um Salpeternatron oder Sulfammoniak, kann mit Sicherheit gefolgert werden, dass deren direkter Einfluss ein Jahr nach der Ausbringung nicht mehr spürbar ist. Der Einfluss von Superphosphatkalk ist zwar nicht so vorübergehend, aber man kann sagen, dass er nur für verhältnismäßig kurze Zeit anhält. [242] Wenn andererseits der ausgebrachte Mist langsam wirkender Natur ist, wie z. B. Knochen oder basische Schlacken, wird sein Einfluss wahrscheinlich über mehrere Jahre hinweg spürbar sein.

Art der Ernte.

Wichtiger als alle oben genannten Bedingungen ist jedoch die Art der Kulturpflanze selbst. Unser Wissen über die Anforderungen der verschiedenen landwirtschaftlichen Nutzpflanzen ist noch sehr lückenhaft. Eine sehr umfangreiche Erfahrung mit der Wirkung verschiedener Düngemittel auf verschiedene Kulturpflanzen hat jedoch eindeutig gezeigt, dass sich deren Düngerbedarf sehr erheblich unterscheidet. Das Thema wird durch andere Überlegungen verkompliziert, wie etwa die Beschaffenheit des Bodens usw.; aber ungeachtet dieser Tatsache scheinen bestimmte Punkte ziemlich gut begründet zu sein.

Beim Versuch, den jeweiligen Bedarf der verschiedenen Kulturpflanzen an unterschiedliche Düngemittel zu verstehen , müssen zwei wichtige Überlegungen berücksichtigt werden. Dies sind (1) *die Mengen der drei düngenden Inhaltsstoffe – Stickstoff, Phosphorsäure und Kali –, die verschiedene Kulturpflanzen dem Boden entziehen;* und (2) *die verschiedenen Kraftpflanzen verfügen über die Fähigkeit, diese Inhaltsstoffe zu assimilieren.*

Mengen an Düngemitteln , die durch verschiedene Kulturen aus dem Boden entfernt werden.

Der bequemste Weg, einen Vergleich zwischen den Anforderungen der verschiedenen Kulturpflanzen in dieser Hinsicht anzustellen, besteht darin, die Menge an Stickstoff, Phosphorsäure und Kali in Pfund zu berechnen, die die verschiedenen Kulturpflanzen im Durchschnitt pro Hektar entfernen. Die folgende Tabelle zeigt dies für die üblichen Kulturpflanzen:

		Stickstoff.	Phosphorsäure.	Pottasche.
Mangel	Wurzel, 22 Tonnen	87	36.4	222,8
	Blatt	51	16.5	77,9
	Gesamternte	138	52.9	300,7
Rüben	Wurzel, 17 Tonnen	63	22.4	108,6
	Blatt	49	10.7	108,6
	Gesamternte	112	33.1	148,8
Bohnen	Getreide, 30 Scheffel	77	22.8	24.3
	Stroh	29	6.3	42,8
	Gesamternte	106	29.1	67.1
Rotkleeheu, 2 Tonnen		102	24.9	83,4
Schweden	Wurzel, 14 Tonnen	70	16.9	63.3
	Blatt	28	4.8	16.4
	Gesamternte	98	21.7	79,7
Hafer	Getreide, 45 Scheffel	38	13.0	9.1
	Stroh	17	6.4	37,0
	Gesamternte	55	19.4	46.1

Wiesenheu, 1 1/2 Tonne		49	12.3	50.9
Weizen	Getreide, 30 Scheffel	33	16.0	9.8
	Stroh	15	4.7	25.9
	Gesamternte	48	20.7	35.7
Gerste	Getreide, 30 Scheffel	35	16.0	9.8
	Stroh	13	4.7	25.9
	Gesamternte	48	20.7	35.7
Kartoffeln, 6 Tonnen		47	21.5	76,5
Mais	Getreide, 30 Scheffel	28	10.0	6.5
	Stiele usw.	15	8,0	29.8
	Gesamternte	43	18.0	363

Aus der Tabelle ist ersichtlich, dass es sich bei den Nutzpflanzen, die die größten Mengen aller drei Düngebestandteile entfernen, um die Wurzelfrüchte handelt – Mangold und Rüben; dass Bohnen doppelt so viel Stickstoff entfernen wie die Getreidearten Hafer, Gerste und Weizen, die sich in dieser Hinsicht praktisch kaum voneinander unterscheiden; während Kartoffeln etwa die gleiche Menge Stickstoff entfernen wie das Getreide. Es ist weiterhin zu bemerken, dass die Mengen an Phosphorsäure, die von den verschiedenen Kulturen entfernt werden, sehr viel weniger unterschiedlich sind als die von Stickstoff und Kali. Mangelerscheinungen entfernen etwas mehr und Rüben etwas weniger als doppelt so viel wie Getreide. Wie man sehen wird, entfernt Wiesenheu von allen Feldfrüchten die geringste Phosphorsäure.

Bei der Betrachtung der Kalimengen fällt uns sofort die große Diskrepanz auf. Eine Kultur wie Mangels entzieht dem Boden mehr als sechsmal so viel Kali wie Getreide. Auch Rüben stellen hohe Ansprüche an diese Zutat und entnehmen mehr als viermal so viel wie das Getreide. Hülsenfrüchte wie Rotklee und Bohnen entfernen etwa doppelt so viel.

Obwohl diese Zahlen zweifellos aufschlussreich sind, *dürfen sie nicht – wie oft fälschlicherweise auch – als ausreichende Datenquelle angesehen werden, auf die sich die Praxis der Düngung stützen kann* . Eine Überlegung, die von viel größerer Bedeutung ist, ist die Fähigkeit verschiedener Kulturpflanzen, die verschiedenen Düngemittelbestandteile aus dem Boden zu assimilieren. Vom Gesichtspunkt der absoluten Menge her betrachtet, gibt es in den meisten Böden ein reichliches Angebot an pflanzlicher Nahrung; von dieser Menge steht jedoch nur ein kleiner Teil zur Verfügung. Darüber hinaus variiert die Menge dieser verfügbaren pflanzlichen Nahrung je nach Kulturpflanze – eine Kulturpflanze kann dort wachsen, wo eine andere Kulturpflanze verhungern würde. Als Beispiel dafür wurde in den Norfolk-Experimenten festgestellt, dass die Rübe Kali aus einem Boden aufnehmen konnte, auf dem die Steckrübe praktisch verhungerte. Auf dieser Tatsache basieren mehr als alle anderen die Prinzipien der Düngung. Es gibt mehrere Erklärungen für die unterschiedliche Fähigkeit von Nutzpflanzen, ihre Nahrung aufzunehmen. Und wir können hier darauf hinweisen, dass Pflanzen, die zu derselben Klasse gehören, im Großen und Ganzen eine gewisse Ähnlichkeit in ihren Düngerbedürfnissen aufweisen. So können wir zum Beispiel sagen, dass *Gramineenpflanzen* einander bisher darin ähneln, dass sie über *eine geringe Fähigkeit zur Stickstoffassimilation verfügen* , *Wurzelfrüchte zur Assimilation von Phosphorsäure* und *Hülsenfrüchte zur Assimilation von Kali* , und dass diese Kulturen folglich im Allgemeinen am meisten davon profitieren die Anwendung von Stickstoff, Phosphorsäure bzw. Kali. Aber während eine gewisse allgemeine Ähnlichkeit besteht, unterscheiden sich die zur gleichen Klasse gehörenden Nutzpflanzen in vielen Fällen sehr erheblich, wie wir gleich sehen werden.

Unterschiede in den Wurzelsystemen verschiedener Kulturpflanzen.

Eine Erklärung für die unterschiedliche Fähigkeit verschiedener Kulturpflanzen, pflanzliche Nahrung aus dem Boden aufzunehmen, liegt in der Verschiedenheit ihrer Wurzelsysteme. Jeder Landwirt weiß, dass sich die Nutzpflanzen in dieser Hinsicht sehr unterscheiden. Pflanzen mit tiefen Wurzeln verfügen von Natur aus über eine größere Bodenoberfläche, aus der sie ihre Nahrungsvorräte beziehen können, als Pflanzen mit flacheren Wurzeln. Pflanzen wie Rotklee, Weizen und Mangold sind in der Lage, ihre Nahrungsvorräte in einem Ausmaß aus dem Untergrund zu beziehen, wie dies bei Pflanzen mit geringerer Wurzeltiefe wie Gerste, Rüben und Gras nicht der Fall ist. Pflanzen mit Oberflächenwurzeln hingegen haben oft eine größere Fähigkeit zur Aufnahme von Stickstoff, da sich dieser Inhaltsstoff, wie bereits erwähnt, hauptsächlich im Oberflächenboden befindet. Die

Tendenz beim Anbau von Pflanzen mit flachen Wurzeln geht daher in Richtung einer Verarmung des oberflächlichen Bodens; wohingegen das gelegentliche Wachstum einer tief verwurzelten Pflanze die Pflanzennahrung im Untergrund in Beschlag nimmt. In diesem Zusammenhang ist es vielleicht angebracht, die Aufmerksamkeit auf die einzigartige Fähigkeit bestimmter Kulturpflanzen zur Stickstoffabsorption zu lenken. Von diesen ist der Fall des Klees der auffälligste und hat den Landwirten lange Zeit Rätsel aufgegeben. Die Entdeckung, auf die auf diesen Seiten wiederholt Bezug genommen wurde, ist, dass die Hülsenfrüchte, zu denen Klee gehört, die Fähigkeit haben, den freien Stickstoff der Luft durch mikroorganisches Leben in der Pflanze und in der Pflanze zu absorbieren Boden, hat eine Erklärung für dieses lange diskutierte Problem geliefert.

Wachstumsphase.

Ein weiterer Grund ist die unterschiedliche Wachstumsdauer einer Kulturpflanze. Eine Kulturpflanze, die schnell wächst und daher den Boden während einer verhältnismäßig kurzen Zeitspanne einnimmt, erfordert natürlich einen nährstoffreicheren Boden und daher eine großzügigere Behandlung mit Dünger als eine Kulturpflanze, deren Wachstum langsamer erfolgt.

Eine weitere Überlegung ist die Jahreszeit, in der das aktive Wachstum der Pflanzen stattfindet. Bei der Weizenernte beispielsweise findet das aktive Wachstum im Frühjahr statt und endet früh im Sommer. Da die Nitrifikation jedoch den ganzen Sommer über andauert und die Nitratkonzentration im Boden im Spätsommer und Herbst am größten ist, ist eine Kulturpflanze wie Weizen kaum geeignet, von diesem reichhaltigen Angebot der Natur zu profitieren, und profitiert daher besonders davon durch die Ausbringung stickstoffhaltiger Düngemittel. Hackfrüchte hingegen wachsen bei der Aussaat im Sommer aktiv bis in den Herbst hinein und können so die bei der Nitrifikation entstehenden Nitrate verwerten . Der Brauch, nach einer Weizenernte eine schnell wachsende grüne Pflanze wie Roggen, Senf, Raps usw. zu säen, ist eine Praxis, die darauf abzielt, die Nitrate zu konservieren und ihren Verlust durch Herbst- und Winterregen zu verhindern. Für eine solche Kultur wurde der Name „Zwischenfrucht" verwendet. Durch das Unterpflügen der Grünpflanzen wird der dem Boden in Form von leicht löslichen Nitraten entzogene Stickstoff in unlöslicher organischer Form wiederhergestellt und gleichzeitig der Boden durch die Zugabe vieler wertvoller organischer Stoffe angereichert. [243]

Es sind vor allem die oben genannten Tatsachen, die die wissenschaftliche Grundlage für die seit langem praktizierte Praxis der Fruchtfolge bilden.

Von großem Interesse ist der Einfluss von Wirtschaftsdüngern auf die Zusammensetzung der Kulturpflanzen. Auf den vorhergehenden Seiten wurde angenommen, dass die Zusammensetzung der Kulturpflanzen derselben Pflanze einheitlich ist; Dies ist jedoch nicht unbedingt der Fall, da nachgewiesen wurde, dass nicht nur Gülle und Boden einen nennenswerten Einfluss auf die Zusammensetzung der Kulturpflanzen haben, sondern auch das Klima.

Aufnahme pflanzlicher Nahrung.

Die Gesetze, die die Aufnahme pflanzlicher Nahrung regulieren, sind höchst interessant, wenn auch leider noch sehr unvollkommen verstanden. Die düngenden Inhaltsstoffe können sich in der Pflanze stark bewegen und werden nur bis zu einer bestimmten Wachstumsphase aufgenommen. Dies wird bei vielen Pflanzen erreicht, wenn sie blühen. Nach dieser Zeit sind sie nicht mehr in der Lage, weitere Nahrung aufzunehmen. Der weit verbreitete Glaube, dass Pflanzen beim Reifen den Boden von seinen Düngemitteln erschöpfen , ist folglich ein Trugschluss.

Düngende Inhaltsstoffe bleiben im Samen hängen.

Düngerstoffe haben die Tendenz, sich im Laufe der Reifung in der Pflanze nach oben zu bewegen und sich schließlich im Samen festzusetzen. Aus diesem Grund ist das Getreide eine so erschöpfende Ernte. Dass die Natur jedoch in bestimmten Fällen sehr sparsam mit ihren Nahrungsvorräten umgehen kann, wird deutlich durch die Tatsache veranschaulicht, dass ein Großteil der im Herbst in den reifen Blättern enthaltenen Düngemittel in den Baum zurückgelangen, bevor die Blätter von ihm abfallen.

Formen, in denen Stickstoff in Pflanzen vorkommt.

Stickstoff liegt in der Pflanze hauptsächlich in Form von Albuminoiden vor. Da Albuminoide jedoch zu der Klasse von Körpern gehören, die als Kolloide bekannt sind und die poröse Membranen, wie sie die Wände pflanzlicher Zellen bilden, nicht leicht passieren können, werden sie während bestimmter Perioden des Pflanzenwachstums in Amide, die Kristalloide sind, umgewandelt dadurch in der Lage, sich frei in der Anlage zu bewegen. Amide kommen in jungen Pflanzen während der Phase ihres aktivsten Wachstums am häufigsten vor, und wenn die Pflanze reift, scheinen die Amide größtenteils in Albuminoide umgewandelt zu werden.

Obwohl das Thema nicht ganz klar verstanden ist, scheint es ziemlich schlüssig bewiesen zu sein, dass ein direkter Zusammenhang zwischen der Menge der Phosphorsäure und dem absorbierten Stickstoff besteht.

Bedeutung der oben genannten Fakten für die landwirtschaftliche Praxis.

Die Bedeutung dieser Tatsachen für die Praxis ist offensichtlich. Erstens zeigen sie, wie wichtig es ist, dass die Pflanzen in jungen Jahren gut ernährt werden, und dass es bei der Gründüngung am besten ist, die Pflanzen während der Blüte einzupflügen, da dies keinen zusätzlichen Nutzen bringt indem man es reifen lässt und darauf achtet, dass nach der Blütezeit keine weitere Aufnahme der Düngemittel erfolgt .

Einfluss übermäßiger Düngung von Pflanzen.

Bei bestimmten Hackfrüchten ist der Einfluss großer Güllemengen zu beobachten. In einem solchen Fall wurde festgestellt, dass die Wurzeln zwar größer sind, aber eine wässrigere Zusammensetzung und einen geringeren Nährwert haben. Auch hier scheint es eine Tatsache zu sein, die unter Praktikern ziemlich allgemein bekannt ist, dass Salpeternatron offenbar einen schlechten Einfluss auf die Qualität von Heu hat. Es scheint außerdem, dass der Einfluss von stickstoffhaltigen Düngemitteln auf Getreide darin besteht, den Stickstoffanteil im Getreide zu erhöhen, dass sie bei Hülsenfrüchten jedoch keinen solchen Einfluss haben. Phosphatdünger hingegen scheinen bei Hülsenfrüchten eine Verringerung der Stickstoffmenge im Saatgut zu bewirken.

FUSSNOTEN:

[241] Allerdings nicht unbedingt gleichzeitig oder bei jeder nachfolgenden Ernte. In vielen Fällen kann es zu vergleichsweise langen Zeitabständen zwischen den Ausbringungen von Hofdüngern kommen.

[242] Natürlich ist hier der direkte Einfluss solcher Düngemittel gemeint. Ihr indirekter Wert kann im Boden durch die vermehrten Ernterückstände, die sie verursachen, sichtbar werden.

[243] Dies wird sehr prägnant und klar in Mr. ausgedrückt Waringtons bewundernswerte „Chemistry of the Farm".

KAPITEL XXIII.
DÜNGUNG DER GEMEINSAMEN
BAUERNHOFPFLANZEN.

In diesem Kapitel werden wir versuchen, die Ergebnisse von Experimenten zur Düngung einiger häufigerer Nutzpflanzen kurz zusammenzufassen , und wir werden mit der Düngung von Getreide beginnen.

GETREIDE.

Wie wir bereits betont haben, besteht eine gewisse Ähnlichkeit in den Anforderungen an die Gülle der verschiedenen Mitglieder dieser Klasse. Sie zeichnen sich zum einen dadurch aus, dass sie dem Boden vergleichsweise wenig Stickstoff entziehen – weniger als Hülsenfrüchte oder Hackfrüchte. Von diesem Stickstoff ist der größte Teil, nämlich zwei Drittel, im Korn enthalten, das Stroh enthält nur etwa ein Viertel der Gesamtstickstoffmenge der Pflanze. Die Menge an Phosphorsäure, die sie aus dem Boden entfernen, ist nicht viel geringer als die, die von den beiden anderen Kulturpflanzenarten entfernt wird; aber auch dies liegt wiederum hauptsächlich im Korn. Aus diesem Grund kann das Getreide gewissermaßen als erschöpfende Ernte betrachtet werden, da das Getreide fast ausnahmslos abseits der Farm verkauft wird. Andererseits wächst Getreide aufgrund der vergleichsweise geringen Anforderungen an die Düngemittel auch auf kargen Böden länger als die meisten Nutzpflanzen, was für die Menschheit von sehr großer Bedeutung ist.

Besonders vorteilhaft sind stickstoffhaltige Düngemittel.

Trotz der Tatsache, dass Getreide dem Boden vergleichsweise wenig Stickstoff entzieht, ist es etwas erstaunlich, dass Getreide hauptsächlich von der Ausbringung stickstoffhaltiger Düngemittel profitiert. Diese Tatsache kann durch die Kürze ihrer Wachstumsperiode und durch die Tatsache erklärt werden, dass sie ihren Stickstoff im Frühling und Frühsommer aufnehmen und daher nicht in der Lage sind, die Nitrate, die sich im späteren Sommer und Herbst im Boden ansammeln, vollständig zu nutzen . Da sie ihren Stickstoff scheinbar fast ausschließlich in Form von Nitraten aufnehmen, profitieren sie besonders von der Anwendung von Salpeternatron.

Ein charakteristisches Merkmal in der Zusammensetzung von Getreide ist der hohe Anteil an Kieselsäure. Gemeinsam mit den Gräsern scheinen sie die Fähigkeit zu besitzen, sich von Silikaten zu ernähren, was andere Nutzpflanzen nicht haben.

Der spezielle Dünger, der für Getreide benötigt wird, ist daher ein stickstoffhaltiger Dünger, und zwar in der Regel von schnell verfügbarem Charakter, wie z. B. salpetersaure Natron oder schwefelsaures Ammoniak. Darüber hinaus profitieren bestimmte Mitglieder der Gruppe auch besonders von Phosphatdüngern.

Wir werden nun einige der wichtigeren Getreidearten einzeln betrachten.

GERSTE.

Unter den Getreidearten verdient Gerste die erste Betrachtung, da sie von allen Getreidearten am weitesten verbreitet ist. In England steht es unter den Getreidearten mengenmäßig am nächsten an Weizen. Auch seine Gewohnheiten wurden sehr ausführlich und sorgfältig untersucht und zum Gegenstand zahlreicher Experimente im In- und Ausland gemacht.

Wachstumsphase.

Der erste Punkt, der bei Gerste auffällt, ist die Tatsache, dass ihre Wachstumsphase kurz ist. Dies hat einen äußerst wichtigen Einfluss auf die Behandlung mit Gülle. Man kann sagen, dass es in diesem Land durchschnittlich in dreizehn oder vierzehn Wochen reift; obwohl in Norwegen und Schweden die Wachstumsperiode viel kürzer ist, nämlich sechs bis sieben Wochen. Tatsächlich wurden in bestimmten Bezirken dieser Länder nicht weniger als drei Ernten in einem Jahr erzielt, und zwei Ernten sind üblich. Hinsichtlich der Wachstumsperiode unterscheidet er sich vom Weizen, dem er in seinen allgemeinen Düngerbedürfnissen ähnelt. Weizen, der größtenteils im Herbst gesät wird, hat einen Gerstenanbau von vier bis fünf Monaten. Aufgrund der Tatsache, dass es sich um eine kurzlebige Kulturpflanze handelt und dass ihre Wurzeln flacher als bei Weizen sind und ihre Nahrung hauptsächlich aus dem oberflächlichen Boden beziehen, profitiert sie in größerem Maße von großzügiger Düngung als Weizen, der unabhängiger von künstlicher Düngung ist Lieferungen von Düngemitteln .

Auch hier gilt: Während Weizen auf schwerem Boden gut gedeiht und keine feine Bodenbearbeitung erfordert, gedeiht Gerste am besten auf einem leichten, nährstoffreichen und lockeren Boden. Es wurde jedoch nach Weizen sehr erfolgreich auf schwerem Boden angebaut. Gerste profitiert stärker als Weizen von der Anwendung von Superphosphatkalk oder einem anderen leicht verfügbaren Phosphatdünger. Dies ist möglicherweise auf die kürzere Wachstumsphase und das flachere Wurzelsystem zurückzuführen , die es ihm daher erschweren, dem Untergrund viele mineralische Nährstoffe zu entziehen. Tatsächlich profitieren im Frühjahr gesäte Pflanzen in der Regel stärker von Superphosphat als im Herbst gesäte Pflanzen. Die Erschöpfung eines Bodens unter Gerste ist, wie im Fall von Weizen, im Wesentlichen eine Folge von Stickstoff, wie Sir J. Henry Gilbert hervorgehoben hat. [244]

Hofdünger nicht geeignet.

Es wurde mit einiger Vernunft darauf hingewiesen, dass Hofdünger für Gerste nicht geeignet sei, da seine Wirkung zu langsam sei, um einen großen Einfluss auf eine so kurzlebige Pflanze zu haben, und dass nur schnell wirkende Düngemittel verwendet werden sollten. Wenn Hofdünger ausgebracht wird, sollte dies auf die Vorfrucht erfolgen; und das ist aus mehreren Gründen ratsam.

Bedeutung einer gleichmäßigen Düngung von Gerste.

Aufgrund der Verwendung der Gerste, nämlich für Malzzwecke, ist die Einheitlichkeit ihrer Zusammensetzung von großer Bedeutung. Da seine Qualität maßgeblich von der Behandlung mit Wirtschaftsdüngern abhängt, ist bei der Anwendung besondere Sorgfalt geboten. Wenn es im Allgemeinen nach Wurzeln angebaut und von Schafen gefüttert wird, kann seine Qualität angeblich durch die ungleiche Verteilung des auf diese Weise ausgebrachten Mists beeinträchtigt werden. Um diese Ungleichheit zu vermeiden, wurde daher empfohlen, eher eine Weizenernte unmittelbar vor der Gerste anzubauen.

Norfolk-Experimente mit Gerste.

Herr Cooke fasst die Ergebnisse der interessanten Norfolk-Experimente mit Gerste zusammen und weist darauf hin, dass Gerste bei diesen Experimenten immer von stickstoffhaltigem Dünger profitierte, manchmal von Superphosphatkalk und seltener von Kali; Bei stickstoffhaltigen Düngemitteln übten diejenigen mit der schnellsten Wirkung den größten Einfluss aus. Im Durchschnitt wurde festgestellt, dass 1 cwt. Salpeternatron pro Acre ergab einen Zuwachs von 8 Scheffeln Gerste und 2 Zentnern. gab 14 Scheffel; während 3/4 cwt. Sulfatisches Ammoniak (*dh* die Menge, die die gleiche Menge Stickstoff wie 1 Zentner salpetersaures Natron enthält) ergab nur 5 1/2 Scheffel Zuwachs und 1 1/2 Zentner Natronlauge. (= 2 cwt. Salpeternatron) ergab 10 Scheffel.

Herr Cooke empfiehlt die folgenden Düngemittel für die Gerstenernte. Von 1/4 bis 1 Zentner. Salpeternatron, je nach vorheriger Bodenbehandlung; von 1 bis 2 cwt. super; und wo es erforderlich ist, von 1/2 bis 1 cwt. Kaliumsalz.

Verhältnis von Getreide zu Stroh.

Professor Hellriegel, der angesehene deutsche Forscher, hat in kleinem Maßstab aufwändigste Experimente durchgeführt, um die Lebensgewohnheiten der Gerstenpflanze zu untersuchen. Bei den am vollkommensten entwickelten dieser Pflanzen, die unter den günstigsten Bedingungen gezüchtet wurden , stellte er fest, dass Korn und Stroh etwa das gleiche Gewicht hatten. Ein solches Getreideverhältnis wird jedoch in der Praxis nie realisiert , das übliche Verhältnis dürfte 2 Getreide zu 3 Stroh sein.

WEIZEN.

Weizen nimmt in England hinsichtlich des Anbauumfangs den ersten Platz unter den Getreidearten ein. Die Aussaat erfolgt in der Regel im Herbst, kann aber auch im Frühjahr erfolgen. Es wird im Allgemeinen nach dem Wechsel von Gräsern oder Hülsenfrüchten wie Erbsen oder Bohnen oder nach Kartoffeln oder Wurzeln eingenommen.

Im Gegensatz zu Gerste gedeiht sie am besten auf Lehmboden oder zumindest auf festem Boden und erfordert ein feuchtes Saatbett. Aufgrund der Tatsache, dass Weizen oft nach einer Ernte wie Kartoffeln oder Hackfrüchten gesät wird, auf die großzügig Gülle aufgetragen wurde, ist es nicht so notwendig, ihn zu düngen, außer mit einer Topdüngung aus Salpeternatron. Kurz gesagt, es wird im Allgemeinen als äußerst wünschenswert angesehen, das Land vor dem Weizen in ein „gutes Herz" zu bringen, damit der Weizen seine Nährstoffe aus den Rückständen der vorherigen Ernte und dem zuvor ausgebrachten Hofdünger beziehen kann.

Obwohl daher in der Regel der einzige Dünger, den man dem Weizen hinzufügen muss, ein stickstoffhaltiger Dünger ist, wie zum Beispiel salpetersaure Natronlauge oder schwefelsaurer Ammoniak, gibt es dennoch Umstände, unter denen es sinnvoll sein wird, diese durch Phosphat zu ergänzen oder sogar Kalidünger. Auf leichtem Boden kann es ratsam sein, Superphosphat aus Kalk, Guano oder Knochenmehl in Mengen von 2 bis 3 Zentnern hinzuzufügen. pro Hektar, zusätzlich zu einem stickstoffhaltigen Mist.

Rothamsted-Experimente mit Weizen.

Von den Experimenten zum Weizenwachstum sind diejenigen, die nun schon seit über einem halben Jahrhundert in Rothamsted durchgeführt werden, die wertvollsten und berühmtesten. In diesen Experimenten wurde der Vergleichswert von Stickstoff und Mineraldünger bei dieser Kulturpflanze eindrucksvoll verdeutlicht. Die ersteren führten zu einer deutlichen Steigerung der Ernte, während mit den letzteren nur eine geringe oder gar keine Steigerung erzielt wurde. Die auffälligsten Ergebnisse lieferte dagegen eine Kombination aus stickstoffhaltigem und mineralischem Dünger. Eine Erklärung für diese Ergebnisse könnte die Tatsache sein, dass in der gewöhnlichen Landwirtschaft ein Überschuss an Mineralstoffen im Vergleich zu Nitraten in den Ernterückständen und im Stroh des Hofdüngers in den Boden zurückgeführt wird.

Bei stickstoffhaltigem Dünger zeigte salpetersaures Natron im Großen und Ganzen bessere Ergebnisse als schwefelsaures Ammoniak.

Kontinuierliches Wachstum von Weizen.

Die Möglichkeit, fünfzig Jahre lang Jahr für Jahr auf demselben Land gute Weizenernten anzubauen, und das ohne jeglichen Dünger, gehört zu den bemerkenswertesten Ergebnissen dieser berühmten Rothamsted-Weizenexperimente.

Flitcham- Experimente.

Abschließend können wir uns auf die Flitcham- Experimente von Herrn Cooke beziehen . Diese wurden durchgeführt, um den am besten geeigneten Dünger für die Weizenernte unter verschiedenen Bedingungen zu ermitteln.

Es genügt hier, die Empfehlungen von Herrn Cooke als praktisches Ergebnis dieser Experimente anzugeben.

Er empfiehlt die Ausbringung von 10 Tonnen Hofdünger auf leichten oder gemischten Böden, nach Rotationssaat, eingepflügt im Herbst, mit 1/4 bis 1 cwt. Salpeternatron, im Frühjahr gesät. In bestimmten Fällen reicht auch Hofdünger ohne Natron aus. Wenn kein Hofdünger verfügbar ist, ist 4 cwt der wirksamste und wirtschaftlichste Ersatz. pro Acre Rapskuchen, der im Herbst untergepflügt wird, oder 1 cwt. sulfatierter Ammoniak, im Frühjahr gesät, jeweils mit 1 cwt. Salpeternatron als Frühlingsdressing. Darüber hinaus empfiehlt Herr Cooke auf Flächen, die sich in einem zweifelhaften landwirtschaftlichen Zustand befinden oder bei denen die eine oder andere dieser Zutaten außergewöhnlich mangelhaft ist, die Zugabe von 2 cwt. Superphosphat oder 1 cwt. Kalisalz oder beides, im Herbst untergepflügt oder geeggt.

HAFER.

Hafer wird wie Gerste in der Regel im Frühjahr gesät und kann wie Gerste als flachwurzelnde Kulturpflanze bezeichnet werden. Sie benötigen daher leicht verfügbaren Dünger, und ihre Anforderungen an die verschiedenen Düngebestandteile sind denen von Gerste sehr ähnlich. Die Düngemittel, die sich für Hafer am besten auszahlen, sind daher Salpeternatron, das als Top-Dressing verwendet wird, und Superphosphatkalk, das zusammen mit dem Saatgut ausgebracht wird. Wahrscheinlich ist bei keiner anderen Feldfrucht Salpeternatron so sicher und wirksam wie bei Hafer. In einigen Punkten unterscheidet sich Hafer jedoch deutlich von Gerste.

Eine sehr robuste Nutzpflanze.

Erstens ist Hafer eine viel widerstandsfähigere Kulturpflanze als Gerste oder Weizen. Sie können auf einer wunderbar breiten Palette von Böden und unter vergleichsweise widrigen klimatischen und klimatischen Bedingungen wachsen. Sie sind für ein feuchtes Klima wie unseres besser geeignet als für ein warmes Klima. Sie gelten als die am wenigsten anspruchsvollen Nutzpflanzen und gedeihen auf sandigen, torfigen oder lehmigen Böden. Obwohl dies der Fall ist, bevorzugen sie Böden, die reich an verrottetem Pflanzenmaterial sind. Aus diesem Grund gedeihen sie so gut auf Böden, die frisch von der Weide aufgebrochen wurden, und sind oft die erste Kulturpflanze, die auf solchen Böden angebaut wird.

Erfordert gemischte stickstoffhaltige Düngung.

Stoeckhardt hat in Experimenten zur Düngung von Haferpflanzen herausgefunden, dass diese während fast der gesamten Wachstumsperiode gierig Stickstoff absorbieren und dass es daher wünschenswert ist, sie mit einem gemischten stickstoffhaltigen Mist zu düngen, der beides enthalten soll in einer leicht verfügbaren Form, um die Pflanze in den frühen Wachstumsstadien zu versorgen, und in einer weniger verfügbaren Form für die späteren Wachstumsstadien. Er war der Meinung, dass auf diese Weise ein kontinuierliches und zufriedenstellendes Wachstum der Ernte gefördert werden würde.

Arendts Experimente.

Die Haferpflanze wurde Gegenstand zahlreicher aufwändiger Untersuchungen. Von diesen sind die von Arendt durchgeführten Arbeiten die aufwändigsten und bekanntesten. In diesen Experimenten wurde die Zusammensetzung der Haferpflanze in verschiedenen Wachstumsstadien untersucht. Es wurde festgestellt, dass die Haferpflanze während ihrer gesamten Lebensdauer zunahm und dass zwei Drittel des aufgenommenen Stickstoffs während der späteren Wachstumsphase absorbiert wurden. Mittlerweile hat sich jedoch herausgestellt, dass die Aufnahme von Stickstoff stark von den Umständen abhängt. Tatsächlich ist seine Zusammensetzung besonders anfällig für den Einfluss von Düngemitteln und insbesondere dem Einfluss des Wetters. So fand Arendt heraus, dass die Aufnahme von Stickstoff durch kaltes, nasses Wetter gehemmt wird; während es andererseits durch warmes, trockenes Wetter gefördert wird. Das Haferkorn, das in warmen Jahreszeiten angebaut wird, ist besser entwickelt und in seiner Zusammensetzung nährstoffreicher (*dh es* enthält mehr Stickstoff) als das von Hafer, das in feuchten Jahreszeiten angebaut wird, während das Gegenteil beim Stroh der Fall ist.

„ Avenin . "

Ein Punkt von erheblichem Interesse im Zusammenhang mit der Zusammensetzung von Hafer ist die Tatsache, dass er einen Körper enthält, der eine auffallend stimulierende Wirkung auf das Nervensystem des Tieres ausübt und dem der Name „ Avenin " gegeben wurde.

Mengen an Düngemitteln.

Die Düngermengen, die auf die Haferernte ausgebracht werden dürfen, ähneln denen, die auf Gerste ausgebracht werden sollten – von 1/2 bis 1 cwt. Salpeternatron und 2 bis 3 cwt. Superphosphat von Kalk. Sehr oft erhält die Haferpflanze jedoch direkt wenig oder gar keinen Dünger. In den Experimenten der Highland and Agricultural Society of Scotland wurde festgestellt, dass Ammoniaksulfat als Dünger für Hafer von weitaus geringerem Wert war als Sodanitrat. Kalidünger, insbesondere Kalisalz, hatte eine sehr wohltuende Wirkung. Die allgemeinen Schlussfolgerungen, die aus diesen Versuchen gezogen wurden, waren, dass die Behandlung des Bodens so erfolgen sollte, dass sich darin organisches Material ansammelt, ein zu großer Feuchtigkeitsverlust verhindert wird und die junge Pflanze mit Dünger versorgt wird, der schnell in Aktion tritt.

GRAS.

Die Düngung von Gras ist eine Frage von sehr großem Interesse und großer Bedeutung, birgt aber gleichzeitig auch besondere Schwierigkeiten. Gras wird unter zwei Bedingungen angebaut: erstens auf Böden, die ausschließlich für sein kontinuierliches Wachstum bestimmt sind (Dauerweide); und zweitens das, was angebaut wird, um in Heu umgewandelt zu werden und als Weideland in der gewöhnlichen Fruchtfolge zu dienen (Rotationssaatgut). Die Düngung der ersteren unterscheidet sich etwas von der Düngung der letzteren.

Einfluss von Gülle auf Grünflächen von Weiden.

Die Art der Gräser, die auf der Weide wachsen, wird maßgeblich durch die ausgebrachte Gülle beeinflusst. Dies ist in der Tat eines der bemerkenswertesten Merkmale im Zusammenhang mit der Düngung von Gras und wurde besonders bei den Rothamsted-Experimenten beobachtet, bei denen der Einfluss der verschiedenen Düngemittel auf die verschiedenen Arten von Gräsern mit großer Sorgfalt untersucht wurde. Wie jeder Landwirt weiß, ist das Gras, aus dem die Weide besteht, von vielfältiger Art. Wir haben auf den Weiden eine Mischung aus Pflanzen der Gramineen- und Leguminosenklasse sowie einer Vielzahl von Unkräutern. Das Ergebnis der Anwendung unterschiedlicher Düngemittel tendiert nun dazu, die verschiedenen Arten von Gräsern zu fördern. Wenn also eine Gülleart ausgebracht wird, neigen die Gräser einer Art dazu, zu überwiegen und die Gräser einer anderen Art zu verdrängen. Man hat herausgefunden, dass *die Beschaffenheit der Gräser umso einfacher ist, je stärker das Weideland gedüngt ist* (d. h. je weniger verschiedene Gräserarten darauf wachsen). *Ungedüngtes Weideland hingegen ist in seiner Gräserstruktur komplexer.* Die Folge ist, dass die Ausbringung von Gülle auf Weideland mit gewissen Gefahren verbunden ist. Um eine gute Weide zu erhalten , ist es wünschenswert, ein ausgewogenes Verhältnis zwischen den verschiedenen Grasarten herzustellen. Aus diesem Grund kann man sagen, dass Dauerweide von allen Kulturpflanzen am seltensten gedüngt wird. Als Düngemittel dient in der Regel nur der Kot der Rinder und Schafe, die sich davon ernähren.

Einfluss von Hofdünger.

Es wurde festgestellt, dass der Einfluss von Hofdünger auf die Zusammensetzung der Weide nicht in gleichem Maße dazu führt, dass sich eine Art von Gräsern gegenüber einer anderen übermäßig entwickelt; und in dieser Hinsicht ist es wahrscheinlich künstlichem Dünger vorzuziehen.

Die gleichen Gründe gelten jedoch nicht für Rotationssaaten, wo ein üppiges Wachstum erwünscht ist und die Komplexität des Grases nicht so wichtig ist. Ein weiterer Grund für die Düngung von Wiesen ist die dadurch bedingte stärkere Verarmung des Bodens. Um den Einfluss verschiedener Düngemittel auf verschiedene Arten von Gräsern zu veranschaulichen, kann erwähnt werden, dass in Neuengland beobachtet wurde, dass Holzasche, ein dort üblicherweise verwendeter Dünger, bei der Ausbringung auf die Weide Weißklee einbringt, und dass die Anwendung Gips hatte den gleichen Effekt. Eine Erklärung hierfür könnte im Einfluss von Kali auf Hülsenfrüchte liegen. Der Hauptwert von Holzasche als Dünger beruht auf dem hohen Prozentsatz an Kali, den sie enthalten, während der Wert von Gips wahrscheinlich auf der Tatsache beruht, dass er eine indirekte Wirkung hat und Kali aus seinen inerten Verbindungen freisetzt in der Erde. In den Rothamsted-Experimenten wurde dieser Punkt bestätigt, und es wurde gezeigt, dass Kali den Anteil von Hülsenfrüchten auf einer Wiese erhöht. Andererseits wurde festgestellt, dass stickstoffhaltige Düngemittel, insbesondere sulfathaltiges Ammoniak, den Anteil an eigentlichen Gräsern erhöhen und den Anteil an Hülsenfrüchten verringern. Die Wirkung von Hofdünger ist zwar weniger ausgeprägt, was die Einfachheit der Kräuter angeht, hat aber eine ähnliche Wirkung wie Ammoniaksulfat; während Phosphate und andere mineralische Düngemittel einen ähnlichen Einfluss wie Kali ausüben. Mischungen aus mineralischem und stickstoffhaltigem Dünger erbrachten die größten Erträge, ihr Einfluss bestand jedoch darin, den Anteil der eigentlichen Gräser zu erhöhen. Auch die Abwasserbewässerung fördert vor allem die Entwicklung von Gräsern.

Einfluss von Boden und Jahreszeit auf Weiden.

Gülle ist nicht der einzige Faktor, der die Qualität von Weiden beeinflusst. Die Beschaffenheit des Bodens sowie das Alter der Weide und der Charakter der Jahreszeit haben einen ganz erheblichen Einfluss. Gras, das auf feuchtem oder schlecht entwässertem Boden wächst, ist ausnahmslos von schlechter

Qualität, wobei die gröberen Gräser vorherrschen. Auch hier sind alte
Weiden im Allgemeinen von besserer Qualität als neue.

DÜNGUNG VON WIESENLAND.

Salpetersäure ist ein üblicher Dünger für Gras, das für Heu angebaut wird.
Es wird häufig in einer Menge von 2 oder 3 Zentnern angewendet. Pro
Hektar. Am besten ist es jedoch, es in kleineren Dosen anzuwenden. Auf
kalkreichen Böden kann bei Bedarf Superphosphat in einer Menge von 2
oder 3 Zentnern ausgebracht werden. pro Acre oder Knochen in ähnlicher
Höhe. Es hat sich herausgestellt, dass basische Schlacke als Dünger für
Grünland gute Ergebnisse erzielt, insbesondere dort, wo der Boden reich an
organischer Substanz ist.

Bangor-Experimente.

Herr Gilchrist vom University College in Bangor empfiehlt aufgrund
zahlreicher in verschiedenen Teilen von Wales durchgeführter Experimente
für Weidelgras und Kleeheu auf Land in gutem Zustand 1 cwt.
Salpeternatron oder schwefelsaures Ammoniak pro Acre, ersteres etwa Mitte
April, letzteres im März. Für Grundstücke in schlechtem Zustand wird ein
Zuschlag von 2 cwt. Es wird empfohlen, Superphosphat zu verwenden – die
Anwendung sollte zwischen Dezember und März erfolgen . Besonders auf
leichten Böden kann im Herbst die Ausbringung von Hofdünger auf junge
Gras- und Kleesamen sinnvoll sein. Für Wiesen, auf denen jedes Jahr Heu
angebaut wird, empfiehlt Herr Gilchrist außerdem den folgenden 4-Gänge-
Wechsel der Düngung:

Im ersten Jahr wurden 15 Tonnen Hofdünger im Herbst ausgebracht.

Zweites Jahr, 1 Zentner. Salpetersäure.

Drittes Jahr, 4 Zentner. Grundschlacke oder 3 cwt. Superphosphat und 1
cwt. Salpetersäure.

Viertes Jahr, 1 Zentner. Salpetersäure.

Norfolk-Experimente.

Herr Cooke empfiehlt aufgrund seiner Norfolk-Experimente die
folgenden Düngemittel für Rotationssaaten :

Ein bis 1 1/2 Zentner. Salpeternatron als Top-Dressing im zeitigen
Frühjahr. Wenn die Kleepflanze eine gute Pflanze ist und man sie besonders

gern anbauen möchte, empfiehlt er als Beizmittel 1 cwt. Kalisalz pro Hektar, unmittelbar nach der Aussaat des Klees auszubringen. Die Praxis, wachsende Samen im ersten Winter zu beizen, ist, soweit die Experimente in Norfolk reichen, weniger empfehlenswert als die frühere Beizung.

DÜNGUNG VON DAUERGRÜNLAND.

In diesem Fall sollte der Mist so ausgebracht werden, dass die Qualität des Grüns nicht beeinträchtigt wird. Am besten eignen sich daher langsam wirkende Düngemittel wie basische Schlacke oder Knochen, die sich als besonders wertvoll erwiesen haben. Auf nassem oder sumpfigem Boden ist Kalk nach dem Entwässern vielleicht einer der besten Dünger, den man zunächst ausbringen kann. Wie wir bereits gesagt haben, trägt Hofdünger besser zur Erhaltung der Weidequalität bei als jede Art von Kunstdünger. Herr Cooke ist der Meinung, dass kein bisher entdecktes Düngesystem die Gräser gleichermaßen verdicken und verbessern kann wie die sorgfältige und regelmäßige Fütterung des Grases von Rindern oder Schafen, wobei die Tiere eine gute Menge an entkerntem Baumwollkuchen erhalten. oder sogar aus Leinsamenkuchen.

WURZELN.

Man kann sagen, dass Wurzeln von allen Nutzpflanzen die großzügigste Ausbringung von Dünger erfordern und am freimütigsten darauf reagieren. Sie enthalten große Mengen der düngenden Inhaltsstoffe – Stickstoff, Phosphate und Kali – und können als äußerst erschöpfende Pflanzen angesehen werden. Dies ist insbesondere bei Mangelbeständen der Fall, die besonders hohe Ansprüche an die Düngemittel eines Bodens stellen .

Rüben zeichnen sich durch einen hohen Schwefelgehalt aus ; und nach Ansicht einiger erklärt dies die wohltuende Wirkung, die Gips hat, wenn er als Dünger auf sie aufgetragen wird. Dies lässt sich jedoch eher durch die indirekte Wirkung des Gipses bei der Freisetzung des Kalis aus dem Boden erklären. Die Tatsache, dass der erfolgreiche Anbau von Hackfrüchten von der Ausbringung großer Güllemengen abhängt, ist in der Praxis anerkannt , da sie von allen Kulturen der Fruchtfolge die meiste Gülle erhalten. Wurzeln gedeihen am besten auf einem leichten Boden, der weder zu nass noch zu trocken ist; aber bei reichlicher Düngung und sorgfältiger Bodenbearbeitung kann man sagen, dass sie auf jedem Boden gut gedeihen. Mangelpflanzen profitieren im Allgemeinen mehr von der Anwendung stickstoffhaltiger Düngemittel als Rüben oder Kohlrüben, die offenbar eine größere Fähigkeit haben, Stickstoff aus dem Boden zu absorbieren als die erstgenannte Kultur; Es ist jedoch ein Fehler anzunehmen, dass die Wurzelfrüchte nicht auf eine ausreichende Stickstoffversorgung angewiesen sind. und die Tatsache, dass große Rübenkulturen häufig allein durch die Anwendung von Superphosphat angebaut werden können, kann als Beweis dafür gewertet werden, dass der Boden reichlich Stickstoff enthält. Mangelrüben sind aufgrund ihrer tieferen Wurzeln besser in der Lage, ihre Phosphorsäureversorgung aus dem Boden zu beziehen als Rüben. Sie reagieren daher in der Regel weniger spontan auf eine Superphosphatgabe als Rüben oder Kohlrüben. Im Allgemeinen können wir sagen, dass der charakteristische Dünger für Rüben Superphosphat ist und dass es sich bei Rüben um stickstoffhaltigen Dünger wie Sodanitrat oder Ammoniaksulfat handelt.

Ein besonderer Grund für die Düngung von Hackfrüchten ist die Tatsache, dass sie anfälliger für Krankheiten sind als andere Kulturpflanzen; und dies ist insbesondere in den frühen Stadien ihres Wachstums der Fall. Einer der großen Vorteile, die die Anwendung von Superphosphat für die Rübenpflanze mit sich bringt, besteht darin, dass sie der Pflanze dabei hilft, die kritische Wachstumsphase sicher zu überstehen. Das Superphosphat wird am besten mit der Saat in Mengen zwischen 3 und 5 Zentnern eingebracht. In Schottland ist es vielleicht angebracht, darauf hinzuweisen, dass die auf diese Kulturpflanze ausgebrachte Gülle weit über der Menge liegt, die üblicherweise in England ausgebracht wird; denn im ersteren Land können größere Düngeranwendungen gewinnbringend eingesetzt werden. Wurzeln erhalten im Allgemeinen eine großzügige Beizung mit Hofmist. Es wurde festgestellt, dass Salz in einigen Bezirken eine sehr gute Wirkung auf die Mangelernte hat , und Kali hat sich oft als äußerst lohnend erwiesen.

Einfluss von Gülle auf die Zusammensetzung.

Ein äußerst interessanter Punkt im Zusammenhang mit der Düngung von Wurzeln ist die Auswirkung der Gülle auf deren Zusammensetzung. Dies wurde am ausführlichsten in Rothamsted und anderswo untersucht. So wurde festgestellt, dass die Ausbringung übermäßiger Mengen stickstoffhaltiger Düngemittel zu einer zu starken Entwicklung der Blätter auf Kosten der Wurzeln führt.

Stickstoffhaltiger Dünger erhöht den Zuckergehalt in den Wurzeln.

Stickstoffhaltiger Dünger neigt auch dazu, den Zuckeranteil zu erhöhen und den Anteil an stickstoffhaltigem Material in den Wurzeln zu verringern. Dies hat einen wichtigen Einfluss auf die Behandlung von Wurzeln, die wegen ihres Zuckers angebaut werden, wie z. B. Rüben, bei deren Wachstum hauptsächlich Natronlauge als künstlicher Dünger eingesetzt wird. [245]

Es kann darauf hingewiesen werden, dass das Blatt sowohl bei Steckrüben als auch bei Rüben einen größeren Prozentsatz an Trockenmasse enthält als die Wurzel.

Im Hinblick auf die Stickstoffmenge, die in der erhöhten Ernte von Mangold und Wurzeln bei der Düngung mit verschiedenen stickstoffhaltigen Düngemitteln zurückgewonnen wurde, wurde in Rothamsted im Durchschnitt von sechs Jahren festgestellt, dass die folgenden Prozentsätze an Stickstoff zurückgewonnen wurden: Bei Anwendung wurden 60 Prozent des darin enthaltenen Stickstoffs in der erhöhten Ernte zurückgewonnen; bei Anwendung von Ammoniaksalzen 52 Prozent; bei Verwendung von Rapskuchen 50 Prozent; und wenn eine Mischung aus Rapskuchen und Ammoniaksalzen verwendet wurde, 46 Prozent.

Es kann darauf hingewiesen werden, dass der Einfluss von Jahreszeit und Klima auf die Zusammensetzung von Hackfrüchten sehr groß ist – tatsächlich größer als bei jeder anderen Kulturpflanze. Wie Hafer wachsen Rüben in Schottland besser als in England, da das feuchtere Klima des ersteren Landes für ihre maximale Entwicklung und damit die Wirtschaftlichkeit maximaler Dressings in Schottland besser geeignet ist.

Norfolk-Experimente.

Abschließend möchte ich noch ein paar Worte zu den Norfolk-Experimenten sagen, die unter der Leitung von Herrn Cooke durchgeführt wurden, um den besten und wirtschaftlichsten Dünger für Mangold und Steckrüben auf verschiedenen Norfolk-Böden zu ermitteln. In den meisten dieser Experimente wurde festgestellt, dass Superphosphat bei Mangelernährung keinen großen Einfluss auf die Ertragssteigerung hatte ; dass der beste stickstoffhaltige Dünger salpeterhaltiges Natron sei; und dass es im Großen und Ganzen nicht wirtschaftlich sei, mehr als 10 Tonnen Wirtschaftsdünger pro Hektar auszubringen. Es wurde weiterhin festgestellt, dass, obwohl entweder Kali oder Kochsalz eine deutliche Gewichtszunahme der Wurzeln bewirkten, es nicht notwendig war, beide Dünger gleichzeitig zu verabreichen, da einer von ihnen ungefähr so wirksam war wie der andere.

Herr Cooke empfiehlt die folgenden Düngemittel als am besten für Mangel geeignet – nämlich 2 cwt. Nitrat, 3 Zentner. Kochsalz und 2 cwt. Superphosphat. Auf bestimmten Böden, die besonders an Mangelbedingungen angepasst sind, und in warmen Gegenden, wo üblicherweise größere Feldfrüchte als 25 bis 30 Tonnen pro Acre angebaut werden, würde es sich wahrscheinlich lohnen, die oben genannte Menge an salpetersaurem Natron zu erhöhen oder zu verdoppeln. Zehn Tonnen Hofdünger können, wenn gewünscht, ganz oder teilweise das Salpetersalz ersetzen oder sogar zusätzlich dazu verwendet werden, je nachdem, über welche Mittel der Landwirt verfügt und welche Rendite er sich wünscht aus dem Mist im ersten Jahr der Anwendung oder in zukünftigen Jahren zu gewinnen. Es ist am besten, das Natron in zwei Raten auszubringen – die Hälfte zum Zeitpunkt der Aussaat und die andere Hälfte als Top-Dressing unmittelbar nach dem ersten Handhacken der Wurzeln. Ein dritter Verband kann oft vorteilhafterweise einen Monat später angelegt werden.

Mist für Schweden.

Als vollständiges und wirtschaftliches Dressing für Steckrüben in Norfolk empfiehlt Herr Cooke 3 bis 4 cwt. Superphosphat, 1 cwt. Sulfat von Ammoniak und 1/2 cwt. Kalisalzlösung. Gelegentlich kann es ratsam sein, die Menge an schwefelsaurem Ammoniak zu verringern oder ganz wegzulassen; und in anderen Fällen kann das Kali mit Bedacht weggelassen werden. Die gesamte Mischung sollte zum Zeitpunkt der Rübenaussaat ausgesät werden. Wenn Hofdünger verwendet wird – und wenn er verwendet wird, sollte er in gut zersetztem Zustand ausgebracht werden – darf kein anderer Mist als 3 cwt verwendet werden. Es wird eine Menge Superphosphat benötigt.

Experimente der Highland Society.

Wertvolle Experimente zum Thema Düngung von Rüben wurden von Dr. AP Aitken für die Highland and Agricultural Society of Scotland durchgeführt. Im Folgenden sind einige der Ergebnisse aufgeführt, die aus diesen Experimenten gewonnen werden können. Die Wirkung von gelöstem Phosphat im Vergleich zu gemahlenem Phosphat besteht darin, dass Rüben einen geringeren Nährwert haben. Superphosphat hatte bei der Ausbringung im April eine bessere Wirkung als bei der Ausbringung mit dem Saatgut im Juni. Es wurde weiterhin festgestellt, dass, wenn der stickstoffhaltige Mist vollständig in Form von salpetersaurem Natron oder schwefelsaurem Ammoniak verabreicht wurde, letzteres eine dichtere und gesundere Rübe hervorbrachte. Was schließlich die Ausbringung von Kali betrifft, so wurde festgestellt, dass es am besten ist, die Ausbringung mehrere Monate vor der Aussaat vorzunehmen. Die Wirkung von Kalidünger besteht darin, dass die Rübenmenge zunimmt , die Reifung der Zwiebeln jedoch verzögert wird. Eine übermäßige Kalidüngung hat zur Folge, dass die Ernte stark geschädigt wird.

In Dr. Aitkens eigenen Worten: „Um eine große und gleichzeitig gesunde und nahrhafte Rübenernte anzubauen, sollte ein solches System der Düngung oder Behandlung des Bodens, durch Fütterung oder auf andere Weise, praktiziert werden, das dazu führt . " Allgemeine Anreicherung und Verbesserung des Zustands des Bodens, so dass die Ernte auf natürliche Weise und allmählich bis zur Reife wachsen kann. Zu diesem Zweck ist eine größere Anwendung von langsam wirkenden Düngemitteln, von denen Knochenmehl als Typ genommen werden kann, viel besser geeignet als kleinere Anwendungen der schneller wirkenden Art. Eine gewisse Menge an schnell wirkendem Dünger ist für die Pflanze, insbesondere in ihrer Jugend, sehr vorteilhaft; der Großteil der Nährstoffe, die die Pflanze benötigt, sollte jedoch von langsam verrottender oder sich auflösender Art sein. möglichst gleichmäßig im Boden verteilt.

Experimente des Autors.

Experimente des Autors zur Rübendüngung, die in verschiedenen Teilen des Südens und Westens Schottlands durchgeführt wurden, zeigten, dass Hofdünger zwar wertvoll ist, um der Ernte einen guten Start zu ermöglichen und sie während der Keim- und frühen Wachstumsphase gut voranzubringen, Durch die Bereitstellung einer bestimmten Menge leicht assimilierbarer pflanzlicher Nahrung und die Anziehung einer Menge Feuchtigkeit bei trockenem Wetter kann die Anwendung in Mengen von 20 oder sogar 10 Tonnen pro Acre kaum als rentabel angesehen werden, da sie dem Hofdünger einen Nominalwert verleiht Wert von ein paar Schilling pro Tonne. In diesen Experimenten erwies sich Schlacke als äußerst wertvoller Dünger, ja sogar als einer der wirtschaftlichsten aller Dünger, mit denen experimentiert wurde. Sie zeigten außerdem, dass starke Beizen mit Superphosphat in einer Menge von bis zu 8 cwt. pro Acre sind in Schottland aus wirtschaftlicher Sicht in der Regel vertretbar; und dass salpetersaures Natron und schwefelsaures Ammoniak als Dünger für Rüben praktisch den gleichen Wert besitzen. In fast jedem der Experimente wurde der Nutzen der Ergänzung von Superphosphat mit stickstoffhaltigem Mist gezeigt. Auch Kali erwies sich in vielen Fällen als durchaus ertragreicher Dünger für den Rübenanbau, wenn es zusammen mit Stickstoff und Phosphaten ausgebracht wurde; aber wenn es allein angewendet wurde, schien es, weit davon entfernt, irgendeinen nennenswerten Nutzen zu erzielen, eine schädliche Wirkung auszuüben.

Kartoffeln.

Kartoffeln werden oft zusammen mit den Hackfrüchten klassifiziert und weisen in ihren Düngeranforderungen viele Gemeinsamkeiten auf. Sie stellen neben Hackfrüchten die größten Anforderungen an den Boden und bedürfen daher einer großzügigen allgemeinen Düngung. Ein wichtiger Punkt bei der Düngung von Kartoffeln ist eine gute Bodenneigung, damit sich die Knollen ungehindert ausbreiten können. Man kann sagen, dass sie am besten auf tiefgründigen, warmen Böden wachsen; aber wie Wurzeln können sie, wenn sie reichlich gedüngt werden, auf jedem Boden erfolgreich wachsen. Hofdünger gilt seit langem als besonders wertvoll für den Kartoffelanbau. In vielen Teilen Schottlands wird es in enormen Mengen ausgebracht, von 20 bis sogar 40 Tonnen pro Hektar. Es besteht kaum ein Zweifel daran, dass der Wert von Wirtschaftsdüngern und anderen Massendüngern für den Kartoffelanbau teilweise auf deren mechanischen Einfluss auf den Boden zurückzuführen ist. Kartoffeln sind Oberflächenfresser und benötigen ihre Nahrung in leicht verfügbarem Zustand. Es wird daher als wünschenswert erachtet, den Hofdünger durch leicht verfügbare künstliche Düngemittel zu ergänzen. Kartoffeln vertragen die Anwendung eines Mischmistes, der alle düngenden Inhaltsstoffe – Stickstoff, Phosphorsäure und Kali – enthält, besser als die meisten Nutzpflanzen.

Experimente der Highland Society mit Kartoffeln.

Der Stickstoff wird nach den Versuchen der Highland Society am besten in Form von salpetersaurem Natron angewendet. Ammoniumsulfat scheint bei gleichzeitiger Ausbringung von Hofdünger keine ebenso wertvolle Wirkung zu haben, da es die Größe der Knolle beeinflusst und zu einem übermäßigen Anteil an kleinen Kartoffeln führt. Wenn jedoch kein Hofdünger ausgebracht wird, scheint Ammoniumsulfat vor allem in der Regenzeit eine gute Wirkung zu haben.

Im Hinblick auf die Beschaffenheit des auszubringenden Phosphatdüngers ist Superphosphat zu bevorzugen. Kartoffeln stellen einen hohen Kalibedarf dar und benötigen daher kalihaltige Düngemittel. Aufgrund der Tatsache, dass sie in großem Umfang Hofdünger erhalten, besteht in der Regel keine Notwendigkeit, Kali in Form von Kunstdünger zuzusetzen. Es wurde festgestellt, dass Kali in zu großen Mengen eine schädliche Wirkung hat. Wir haben bereits darauf hingewiesen, dass Kalisalz dazu neigt, festkochende Kartoffeln zu produzieren.

Die Rothamsted-Experimente mit Kartoffeln.

Die Rothamsted-Experimentatoren haben die Bedingungen für den Düngerbedarf von Kartoffeln sehr gründlich untersucht. In diesen Experimenten wurden Jahr für Jahr Kartoffeln auf demselben Feld angebaut. Es wurde festgestellt, dass die Wirkung mineralischer Düngemittel allein größer war als die Wirkung stickstoffhaltiger Düngemittel allein, und dass Phosphate in mineralischen Düngemitteln in der Regel eine bessere Wirkung hatten als Kali; dass unter der Wirkung des Kartoffelwachstums eine stärkere Erschöpfung von Phosphaten als von Kali im Boden stattfindet; und schließlich, dass es für den Anbau erfolgreicher Pflanzen unerlässlich ist, über eine reichliche Versorgung mit den verschiedenen Düngemitteln zu verfügen . In den Rothamsted-Experimenten wird die langsame Wirkung von Hofmist bei der Versorgung der Kartoffeln mit Düngebestandteilen eindrucksvoll demonstriert. Obwohl also Hofdünger in einer solchen Menge ausgebracht wurde, dass dem Boden mehr als 200 Pfund Stickstoff zugesetzt wurden, war das Ergebnis schlechter als das Ergebnis, das durch die Ausbringung von 86 Pfund Stickstoff in Form von leicht verfügbarem Kunstdünger erzielt wurde .

Wirkung von Hofdünger auf Kartoffeln.

Man kann in diesem Zusammenhang sagen, dass die Kartoffel die düngenden Inhaltsstoffe des Wirtschaftsdüngers weniger gut verwerten kann als alle anderen landwirtschaftlichen Nutzpflanzen. Dennoch hat sich herausgestellt, dass Hofdünger einer der am besten auszubringenden Dünger ist. Die Vereinbarkeit dieser scheinbar widersprüchlichen Aussagen hängt davon ab, welchen Einfluss der Hofdünger auf den mechanischen Zustand des Bodens ausübt, indem er ihn poröser und leichter durchlässig für die Oberflächenwurzeln macht, von deren Entwicklung der Erfolg der Kultur so sehr abhängt . Die wohltuende Wirkung von Wirtschaftsdünger ist zweifellos auch auf die erhöhte Temperatur zurückzuführen, die bei großen Ausbringungen im Boden entsteht.

Sir J. Henry Gilbert führt in seiner bekannten Cirencester Lecture on the Growth of Potatoes mehrere Beispiele für die Mistbehandlung von Kartoffeln in verschiedenen Teilen des Landes an. In Forfarshire wird überwiegend Hof- oder Stallmist eingesetzt (12 bis 14 Tonnen, in einigen Fällen sogar 20 Tonnen pro Acre), und dieser wird auch größtenteils durch künstlichen Dünger ergänzt. Letztere werden in einer Menge von etwa 10 Zentnern eingesetzt und bestehen aus Superphosphat, gelösten Knochen und Kalisalzen. Sechs Tonnen Kartoffeln gelten als faire Ernte. In East Lothian ist die Düngung ähnlich, mit der Ausnahme, dass Hofdünger in noch größeren Mengen ausgebracht wird – häufig werden 30 bis 40 Tonnen verwendet. Manchmal werden Kartoffeln nur mit künstlichem Dünger angebaut. Es scheint, dass die übliche Kartoffelernte zwischen 4 und 8 Tonnen pro Hektar liegt.

Düngung von Kartoffeln in Jersey.

Von Interesse ist die Düngung der Kartoffelernte, die hauptsächlich auf Jersey auf den Kanalinseln angebaut wird. Dort werden zwei oder drei Jahre lang Kartoffeln angebaut, dann Mais, dann einige Jahre lang Gras, dann wieder Kartoffeln, ohne dass eine besondere Fruchtfolge eingehalten wird. Es werden entweder Hofdünger oder Algen in einer Menge von 25 bis 30 Tonnen pro Hektar ausgebracht, ergänzt durch 8 bis 12 Zentner. von künstlichem Dünger.

Diese Aussagen zeigen, wie weit verbreitet die Praxis der starken Düngung der Kartoffelernte ist.

Der Einfluss von Gülle auf die Zusammensetzung der Kartoffel.

Der Einfluss von Gülle auf die Zusammensetzung der Kartoffelernte ist von großem Interesse. Es wurde festgestellt, dass Kartoffeln, die ohne Gülle angebaut werden, ebenso wie Wurzeln einen höheren Stickstoffanteil aufweisen als Kartoffeln, die mit Gülle angebaut werden. Durch die Düngung wird also der Anteil an Stärke, dem wichtigsten Bestandteil der Kartoffel, erhöht. Mineralische Düngemittel erhöhen den Stärkeanteil stärker als rein stickstoffhaltige Düngemittel; aber wenn sie zusammen verwendet werden, wird eine noch größere Steigerung erzielt, als wenn sie einzeln verwendet werden. Die Wirkung stickstoffhaltiger Düngemittel auf die Zusammensetzung von Wurzeln und Kartoffeln wird daher als ähnlich angesehen. Bei beiden Nutzpflanzen besteht die Wirkung darin, dass der Anteil des charakteristischen Kohlenhydratbestandteils, der in den Wurzeln Zucker und in der Kartoffel Stärke ist, erhöht wird. Auch Kartoffeln werden wie Wurzeln stark von der Jahreszeit beeinflusst. Bemerkenswert ist der Einfluss der Jahreszeit und der Düngung auf die Kartoffelkrankheit. Regenzeiten begünstigen die Entwicklung der Krankheit. Es wurde festgestellt, dass in einer stark stickstoffhaltigen gedüngten Kultur der Anteil kranker Knollen größer ist als in einer nicht gedüngten Kultur.

Hülsenfrüchte.

Auf die Düngung von Hülsenfrüchten haben wir bereits bei der Diskussion der Düngung von Wiesen und Dauerweiden hingewiesen. Dort wurde darauf hingewiesen, dass die Tendenz bestimmter Düngemittel darin bestand, das Wachstum der Hülsenfrüchte der Kräutergruppe zu fördern, während andere Düngemittel die Wirkung hatten, das Wachstum der Hülsenfrüchte der Gramineenklasse zu fördern. Es wurde darauf hingewiesen, dass es sich bei einem Dünger, der diese Wirkung entfaltet, um Kali handelt, bzw. um jeden Dünger, der seine charakteristische Wirkung der Tatsache verdankt, dass er dem Boden Kali zuführt oder es im Boden freisetzt.

Hülsenfrüchte profitieren von Kali.

Dies ist einer der wichtigsten Punkte, die bei der Düngung von Hülsenfrüchten zu beachten sind. So wie man sagen kann, dass stickstoffhaltiger Dünger besonders vorteilhaft für Getreide und phosphathaltiger Dünger für Wurzeln ist, ist Kali der besondere Dünger für Hülsenfrüchte.

Stickstoffhaltiger Mist kann tatsächlich schädlich sein.

Aber wir müssen darüber hinaus noch ein noch auffälligeres Merkmal von Hülsenfrüchten bemerken. Wir haben gesehen, dass es im Hinblick auf die bereits besprochenen Nutzpflanzen zwar Fälle gibt, in denen ein düngender Bestandteil keinen Wert hat oder sogar eine schädliche Wirkung auf die Nutzpflanzen ausübt, diese Fälle jedoch nur die Ausnahme sind. Was Hülsenfrüchte anbelangt, stellen wir jedoch fest, dass sie fast ausnahmslos kaum oder gar keinen Nutzen aus der Verwendung von künstlichem stickstoffhaltigem Dünger ziehen. Und das ist umso bemerkenswerter, als sie in ihrer Zusammensetzung große Mengen Stickstoff enthalten – doppelt so viel wie das Getreide. Die Tatsache, die bei bestimmten Mitgliedern dieser Pflanzenklasse, wie z. B. Klee, seit langem beobachtet wurde, ist, dass sie nicht nur eine große Menge Stickstoff enthalten, sondern dass der Boden durch den Anbau auf einem Boden auch weitgehend mit Stickstoff angereichert wird wertvoller Düngebestandteil , hat lange auf eine zufriedenstellende Erklärung gewartet, die nun endlich vorliegt. Die Entdeckung, dass Hülsenfrüchte auf den grenzenlosen Stickstoffvorrat der Luft zurückgreifen können, hat viel zur Aufklärung des Rätsels beigetragen. Es gibt jedoch noch andere Probleme im Hinblick auf das Wachstum von Hülsenfrüchten, die noch gelöst werden müssen.

Kleekrankheit.

Eine davon ist die Tatsache, dass Flächen, auf denen eine Hülsenfrucht wie Klee mehrere Jahre lang gewachsen ist, nicht mehr für ihr Wachstum geeignet sind. Ein solcher Boden wird als „kleekrank" bezeichnet; Zur Erklärung des Phänomens wurden viele Theorien aufgestellt, aber keine davon kann als zufriedenstellend angesehen werden.

Das Wissen, dass Hülsenfrüchte die Fähigkeit haben, ihren Stickstoff aus der Luft zu gewinnen, bietet uns eine kostengünstige Möglichkeit, unsere Böden mit Stickstoff anzureichern. Durch den abwechselnden Anbau von Hülsenfrüchten und Getreide soll beispielsweise die Luft für die Bereitstellung des notwendigen Stickstoffdüngers sorgen. Tatsächlich sind modifizierte Formen einer solchen Praxis schon seit langem im Einsatz – tatsächlich sind die gewöhnlichen Fruchtfolgen bis zu einem gewissen Grad Anpassungen dieser Praxis.

Abwechselnde Weizen- und Bohnenrotation.

Hier sei ein interessantes, in Rothamsted durchgeführtes Experiment zitiert, das die Wahrheit der obigen Aussage auf eindrucksvolle Weise veranschaulicht. Abwechselnd wurden Weizen und die Leguminosenpflanze Bohnen angebaut. Es wurde festgestellt, dass acht auf diese Weise angebaute Weizenkulturen fast so viel Weizen (der fast genauso viel Stickstoff enthielt) lieferten wie sechzehn aufeinanderfolgende Weizenkulturen auf einem angrenzenden Feld.

Die am häufigsten angebauten Hülsenfrüchte sind Klee, Bohnen und Erbsen. Da Klee bereits besprochen wurde, brauchen wir nur noch ein paar Worte zur Düngung von Bohnen und Erbsen zu sagen.

BOHNEN.

Bohnen gedeihen am besten auf festem Boden und benötigen im Gegensatz zu einigen der in Betracht gezogenen Kulturen keinen besonders feinen Boden. Sie werden in der Regel nach Getreide angebaut und in der Regel im Frühjahr ausgesät. Seltener erfolgt die Aussaat jedoch im Herbst. Im Frühjahr gesäte Bohnen brauchen etwa sieben Monate, bis sie reif sind. Sie werden, wie andere Kulturpflanzen auch, stark von der Natur der Jahreszeit beeinflusst – einer Regenzeit, die zu einer übermäßigen Strohentwicklung führt.

Dünger für Bohnen.

In der üblichen Praxis handelt es sich bei dem für die Bohnenernte verwendeten Dünger um Hofdünger, der im Herbst nach der Ernte des Weizens, der Gerste oder anderer angebauter Getreidepflanzen auf den

Boden ausgebracht wird. Diese Praxis ist so verbreitet, dass man allgemein davon ausgeht, dass Hofdünger für eine erfolgreiche Bohnenernte notwendig sei. Experimente, die an der Experimentierstation der Highland Society in Pumpherston durchgeführt wurden, zeigen jedoch, dass mit Hilfe von künstlichem Dünger auf Böden, auf denen seit zehn Jahren kein Hofdünger ausgebracht wurde, volle Bohnenernten angebaut werden können.

Relativer Wert von Güllebestandteilen.

Im Anhang [246] finden Sie eine Tabelle mit den Ergebnissen von Düngerversuchen mit Stickstoff-, Phosphat- und Kalimist auf Bohnen, die von Dr. AP Aitken an der Experimentierstation der Highland Society durchgeführt wurden. Aus diesen Experimenten geht hervor, dass die Anwendung von Phosphaten und stickstoffhaltigem Dünger, entweder allein oder zusammen, eine vergleichsweise geringe Wirkung auf die Steigerung des Bohnenertrags hatte, verglichen mit der Anwendung von Kali, entweder allein oder in Kombination mit Phosphaten. Wie Dr. Aitken sagt: „Ohne Kali im Mist sind die beiden anderen Zutaten von sehr geringem Nutzen, es sei denn, das Land ist tatsächlich sehr reich an Kali."

Gips.

Gips hat eine gute Wirkung auf die Bohnenernte, sowohl wegen des darin enthaltenen Kalks als auch wegen seiner indirekten Wirkung bei der Freisetzung von Kali.

Superphosphat ist ein viel besserer Dünger als unlösliche Phosphate, und in den wenigen Fällen, in denen stickstoffhaltige Dünger von Vorteil sind, sind die am schnellsten wirkenden Dünger ebenfalls am besten. Daher ist Natronlauge anderen stickstoffhaltigen Düngemitteln vorzuziehen. Bei der Anwendung sollte es in kleinen Mengen aufgetragen werden. Ein langsam wirkender stickstoffhaltiger Mist ist geradezu schädlich; Dies gilt laut Dr. Aitken auch für Salpeternatron, das als Top-Dressing auf die Ernte aufgetragen wird.

Bei Kalimist scheint das Muriat wirksamer zu sein als das Sulfat.

Einfluss von Gülle auf die Zusammensetzung der Kulturpflanzen.

Schließlich können wir uns auf die Wirkung von Düngemitteln auf die Zusammensetzung der Kulturpflanzen beziehen. Dies ist im Großen und Ganzen sehr gering, insbesondere im Vergleich zu den Auswirkungen, die

Gülle auf die Zusammensetzung von Kulturpflanzen wie Rüben oder Kartoffeln hat. Bei Bohnen ist es die Menge und nicht die Qualität der Ernte, die durch die Gülle beeinflusst wird.

ERBSEN.

Erbsen werden bei weitem nicht im gleichen Umfang angebaut wie Bohnen. In der Regel erfolgt der Anbau zusammen mit Bohnen, wobei sie zwangsläufig auf ähnliche Weise gedüngt werden. Wenn Erbsen jedoch einzeln angebaut werden, sollte darauf hingewiesen werden, dass sie im Gegensatz zu Bohnen am besten auf leichtem, bröckeligem, kalkhaltigem Lehm gedeihen. Beim Anbau in Lehm neigen sie dazu, übermäßig viel Stroh zu entwickeln. Der Einfluss der Jahreszeit auf die Ernte ist ähnlich wie auf die Bohnenernte. Abschließend kann darauf hingewiesen werden, dass behauptet wird, dass die Wirkung von Hofdünger auf Erbsen darin besteht, dass das Stroh verdrängt wird.

Zum Abschluss dieses Kapitels mögen noch ein paar Worte zur Düngung von zwei anderen Feldfrüchten gesagt werden, die in diesem Land in beträchtlichem Umfang angebaut werden, nämlich Hopfen und Kohl.

HOPFEN.

Die Anforderungen des Hopfenanbaus an Düngemittel sind eher einzigartig. Es wurde darauf hingewiesen, dass bei den meisten Kulturpflanzen schnell wirkende Düngemittel gegenüber langsam wirkenden Düngemitteln zu bevorzugen sind. Beim Hopfen ist die Sache jedoch ganz anders; denn sie benötigen langsam wirkende Düngemittel und können ohne sie nicht erfolgreich kultiviert werden. Hopfen profitiert besonders von sperrigen stickstoffhaltigen Düngemitteln – wie z. B. Mist, Hornmehl, Hautresten, Hufen, Rapsstaub usw.; Und nur wenn schnell wirkende Düngemittel zusammen mit solchen langsam wirkenden Düngemitteln ausgebracht werden, entfalten sie ihre volle Wirkung. Es ist am besten, Hopfen zweimal im Jahr zu düngen : im Frühjahr mit Hofmist, ergänzt durch einen langsam wirkenden stickstoffhaltigen Dünger, wie zum Beispiel Minze; und im Sommer noch einmal mit einem schneller wirkenden Mist. Die bei Hopfen angewendeten Beizmittel sind im Vergleich zu denen, die bei anderen landwirtschaftlichen Nutzpflanzen verwendet werden, enorm.

KOHL.

Kohl gehört zu der Klasse von Nutzpflanzen, die als Grobdünger bekannt sind und bei denen jede Art von Gülle, in nahezu beliebigen Mengen ausgebracht, nicht schaden kann. Kohl gedeiht am besten auf gutem Lehmboden mit gut durchlässigem, porösem Untergrund, gedeiht aber auch gut auf Lehmböden. Die Menge an Düngemitteln , insbesondere Kali, die durch eine große Kohlernte dem Boden entzogen wird, ist sehr groß. Sie benötigen daher große Mengen an Mist und profitieren besonders von salzhaltigem Mist – wie Kainit und Kochsalz – und großzügigen Dosen von salpetersaurem Natron, der als der wirksamste Dünger für den gesamten Kohlstamm angesehen werden kann. Hofdünger kann vorteilhaft in größeren Mengen ausgebracht werden, als dies bei anderen Kulturpflanzen der Fall wäre.

FUSSNOTEN:

[244] Siehe seinen Vortrag über das Wachstum von Gerste.

[245] Es wurde festgestellt, dass kleine Wurzeln einen größeren Anteil an Zucker enthalten als große Wurzeln.

[246] Siehe Anmerkung I., S. 530.

ANHANG ZU KAPITEL XXIII.

ANMERKUNG I. (S. 526).

EXPERIMENTE ZUR DÜNGUNG VON BOHNEN.

Experimente mit Bohnen, die an der Experimentierstation der Highland and Agricultural Society in Pumpherston durchgeführt wurden und die Wirkung von Kali zeigen: —

Anzahl Grundstücke.	Eine Art Mist.	Scheffel gekleidet Getreide pro Hektar.
27.	Kein Mist	2-1/2
12.	Phosphat (Knochenasche)	5-1/6
18.	Nitrat	6-1/4
21.	Phosphat und Nitrat	5-1/3
22.	*Pottasche*	26-1/2
17.	*Kali* und Phosphat	42-1/3
10.	*Kali*, Phosphat und Nitrat	45-1/2
38.	*Kali*, Phosphat, Nitrat und Gips	51

KAPITEL XXIV.
Über die Art der Ausbringung und das Mischen von Gülle.

Nachdem wir die Düngung der verschiedenen Feldfrüchte betrachtet haben, können wir nun mit der Betrachtung einiger Punkte bei der Art der Ausbringung und der Mischung der Düngemittel fortfahren.

Gleichmäßige Verteilung der Gülle.

Eines der wichtigsten Ziele bei der Ausbringung von Düngemitteln ist die gleichmäßige Verteilung des Düngemittels im Boden. Dies ist jedoch oft außerordentlich schwierig, insbesondere bei künstlichem Dünger, bei dem die Menge, die über eine große Fläche des Bodens verteilt werden muss, äußerst gering ist. Bei Hofmist oder anderem sehr sperrigem Mist ist die Schwierigkeit nicht so groß. Um diese Schwierigkeit bei künstlichen Düngemitteln zu überwinden, ist es oft ratsam, sie mit einer Substanz wie Sand, Asche, Lehm, Torf oder Salz zu vermischen. Der Mist wird dadurch in seiner Stärke verdünnt und man erhält eine sehr viel größere Substanzmenge, mit der man arbeiten kann. Die Umstände müssen darüber entscheiden, welche dieser Substanzen verwendet werden sollen. Wenn der Boden aus schwerem Ton besteht, kann die Zugabe von Sand oder Asche einen wichtigen mechanischen Effekt bei der Verbesserung seiner Textur haben; Handelt es sich dagegen um einen leichten Boden, kann die Zugabe von Torf dessen mechanischen Zustand verbessern. Es muss auch beachtet werden, dass Torf selbst eine große Menge Stickstoff enthält und somit einen wertvollen Dünger darstellt. Bei der Verwendung von Lehm oder Torf zum Mischen mit Kunstdünger sollten diese zuerst getrocknet und dann gerüttelt werden; Wenn hingegen Asche verwendet wird, sollte diese vorher in einen feinen Zustand zerkleinert werden. Holzasche muss jedoch mit Vorsicht verwendet werden und sollte nicht mit ammoniakhaltigem Dünger vermischt werden, da sie dazu neigt, ätzendes Alkali zu enthalten, das dazu neigt, das Ammoniak in einem flüchtigen Zustand auszutreiben.

Um Ärger zu vermeiden und eine gleichmäßige Verteilung zu erreichen, wurde empfohlen, die Menge des auszubringenden Mists immer in der gleichen Menge zu dosieren, damit der Landwirt durch Erfahrung feststellen kann, mit welcher Menge er ausgebracht werden muss. Und hier ist es vielleicht angebracht, ein oder zwei Worte zum Thema des Mischens von Düngemitteln zu sagen – ein Thema, mit dem der Landwirt nicht immer so

vertraut ist, wie es im Interesse seines eigenen Geldbeutels wünschenswert
wäre.

Mischen von Gülle.

Es ist zu befürchten, dass durch wahlloses Mischen nicht selten ein sehr
schwerwiegender Verlust des wertvollsten Bestandteils einer Gülle
verursacht wird. Es kann daher sinnvoll sein, eine oder zwei der Ursachen
für den Verlust aufzuzeigen, der durch das Mischen verschiedener Arten von
Düngemitteln entstehen kann.

Da das klare Verständnis des Themas von bestimmten chemischen
Elementarprinzipien abhängt, ist es für Leser, die sich nicht mit Chemie
auskennen, möglicherweise hilfreich, diese ziemlich ausführlich darzulegen.

Verlustrisiken bei Mischungen.

Die Verlustrisiken, die durch die Vermischung von Kunstdünger
entstehen können, können unterschiedlicher Natur sein. Zum einen besteht
das Risiko eines tatsächlichen Verlusts eines wertvollen Inhaltsstoffs durch
Verflüchtigung . Ein weiterer Grund besteht in der Gefahr einer
Wertminderung einer Mischung durch Veränderung des chemischen
Zustands eines wertvollen Inhaltsstoffs. Die häufigste und schwerwiegendste
Schadensursache ist zweifellos Ersteres. Von den drei wertvollen
Düngemitteln – Stickstoff, Phosphorsäure und Kali – unterliegt nur der erste
einem Verlust durch Verflüchtigung , und dies im Allgemeinen nur, wenn
der Stickstoff entweder in Form von Ammoniak oder Salpetersäure vorliegt.

Verlust von Ammoniak.

Ammoniak ist in ungebundenem Zustand ein sehr flüchtiges Gas mit
einem stechenden Geruch, eine Eigenschaft, die es ermöglicht, sein
Entweichen aus einer Güllemischung sehr leicht zu erkennen. Es gehört zu
einer Stoffklasse, die chemisch als Basen bezeichnet wird und die Fähigkeit
besitzt, sich mit Säuren zu verbinden und Salze zu bilden. Ammoniaksulfat
ist ein Salz, das – wie der Name schon sagt – durch die Verbindung der Base
Ammoniak mit der Säure Schwefelsäure entsteht . Wenn sich nun Ammoniak
mit Schwefelsäure verbindet und schwefelsaures Ammoniak bildet, ist es
nicht länger flüchtig und kann nicht mehr als Gas entweichen, sondern wird,
wie man es nennt, „fest".

Obwohl es sich bei den meisten Salzen um mehr oder weniger stabile
Körper handelt, die sich nicht verändern können, wenn man sie in Ruhe lässt

und keiner hohen Temperatur oder chemischen Einwirkung aussetzt, können sie leicht zersetzt werden, wenn sie erhitzt oder mit einer anderen Substanz in Kontakt gebracht werden, die sich löst zu chemischer Wirkung führen. Ammoniumsulfat ist ein sehr leicht zersetzbares Salz. Dies ist auf die Tatsache zurückzuführen, dass seine Base, Ammoniak, sehr flüchtig ist und nicht in der Lage ist, von einer Säure festgehalten zu werden, selbst von Schwefelsäure , die zu den am wenigsten flüchtigen aller üblichen Säuren zählt. Wenn daher schwefelsaures Ammoniak über den Siedepunkt von Wasser erhitzt oder mit irgendeiner anderen Substanz in Berührung gebracht wird, die eine chemische Wirkung hervorruft, zersetzt es sich leicht. Nun kann auf ein Salz eine Base, eine Säure oder ein anderes Salz einwirken. Wenn es mit einer Base in Kontakt gebracht wird und die Base, mit der es in Kontakt gebracht wird, eine stärkere Base als die Base des Salzes ist, zersetzt sich das Salz und es entsteht ein neues Salz. Kurz gesagt, die Säure tauscht ihre alte Base gegen die neue aus.

Wirkung von Kalk auf Ammoniaksalz.

Genau das geschieht, wenn der Grundkalk mit einem Ammoniumsalz, beispielsweise Ammoniaksulfat, in Kontakt kommt. Die Schwefelsäure tauscht ihre alte Base Ammoniak gegen die stärkere Base Kalk aus, es entsteht Kalksulfat, Ammoniak wird als Gas freigesetzt, entweicht und geht verloren. Sulfatisches Ammoniak oder jede Substanz, in der sich ein Ammoniaksalz befindet, darf niemals mit freiem Kalk in Berührung gebracht werden, da sonst das Ammoniak verloren geht, und sollte aus diesem Grund auf kalkhaltigen Böden eingeeggt werden.

Ganz anders verhält es sich mit Gips – der sulfatierter Kalk ist – oder mit Phosphatkalk, die beide sicher mit sulfatiertem Ammoniak vermischt werden können, ohne dass die Gefahr eines Ammoniakaustritts besteht. Aus dem oben Gesagten folgt, dass eine Mischung, die auf keinen Fall ausprobiert werden darf, Schlackenphosphat und sulfatiertes Ammoniak ist. Dies liegt daran, dass das Schlackenphosphat einen großen Prozentsatz an freiem Kalk enthält, der bei Kontakt mit dem Ammoniaksulfat dieses sofort zersetzt und zum Verlust des Ammoniaks führt. Aus demselben Grund darf Guano nicht mit Schlacke vermischt werden. Es ist jedoch möglicherweise unnötig, davor zu warnen, da es unwahrscheinlich ist, dass eine solche Mischung entsteht, da das Verhältnis von Phosphorsäure zu Stickstoff in Guanos im Allgemeinen größer ist als erforderlich. Wenn es erwünscht ist, die Schlacke mit einer schnell verfügbaren Form von Stickstoff zu vermischen, unterliegt nitrathaltiger Natron keinem Verlust; Allerdings ist es aus anderen Gründen nicht wünschenswert, Salpeternatron zusammen mit der Schlacke auszubringen, da der ehemalige Mist fast immer als Top-Dressing ausgebracht werden sollte.

Verlust von Salpetersäure.

Die Risiken des Verlusts von Stickstoff in Form von Salpetersäure sind zwar nicht so groß wie bei Ammoniak, aber dennoch erheblich. Da Salpetersäure keine Base, sondern eine Säure ist, sollte beim Mischen von Nitraten vermieden werden, dass diese mit anderen Düngern in Kontakt kommen, die eine andere freie und stärkere Säure enthalten – wie zum Beispiel Superphosphat. Die im Superphosphat enthaltene freie Säure hat die Tendenz, die Salpetersäure aus dem Nitrat zu verdrängen und an dessen Stelle zu treten. Das Risiko eines Verlusts der Austreibung wird in den oben genannten Fällen immer durch den Temperaturanstieg erhöht, der unweigerlich mit chemischen Einwirkungen jeglicher Art einhergeht; und obwohl der Verlust an Stickstoff in Form von Salpetersäure, der durch das Mischen von Superphosphat und salpetersaurem Natron verursacht wird, unter normalen Umständen sehr gering ausfallen könnte, so würde doch die Mischung, wenn man sie eine Zeit lang stehen lassen würde, und die Würde man die Temperatur der Masse erhöhen, wäre der daraus resultierende Verlust zweifellos beträchtlich.

Das Stickstoffsalz, das sicher mit Superphosphat gemischt werden kann, ist Ammoniaksulfat.

Umkehrung von Phosphaten.

Aber wie bereits erwähnt, gibt es noch einen weiteren Verlust, der durch das Mischen von Gülle entstehen kann. Dies ist die Verschlechterung des Wertes eines Inhaltsstoffs aufgrund einer Änderung des chemischen Zustands. Dies ist eine Verlustquelle, die vor einigen Jahren kaum vermutet wurde. Heute ist jedoch bekannt, dass Kalksuperphosphat unter bestimmten Bedingungen von seiner löslichen in eine unlösliche Form umgewandelt wird. Auf die Umwandlung von Phosphat haben wir bereits im Kapitel über die Herstellung von Superphosphaten hingewiesen. [247] Dort wurde darauf hingewiesen, dass eine Reversion häufig durch die Anwesenheit von Eisen und Aluminiumoxid oder ungelöstem Phosphat verursacht wird und dass die Gefahr einer Reversion daher bei einem gut verarbeiteten Artikel aus reinem Rohmaterial sehr viel geringer ist als bei eines, das aus einem rohen Phosphat hergestellt wird, das viel Eisen und Aluminiumoxid enthält. Superphosphate, die einen hohen Anteil an unlöslichen Phosphaten enthalten, sollten nicht zu lange aufbewahrt werden, bevor sie als Dünger verwendet werden, da sonst ein Großteil der mit ihrer Herstellung verbundenen Arbeit und Kosten durch die Umwandlung ihres löslichen Phosphats verloren geht. Darüber hinaus wird dringend davon abgeraten, Superphosphate mit basischer Schlacke zu vermischen, die einen hohen Anteil an Eisen und freiem Kalk enthält. Wenn schließlich Superphosphat mit unlöslichem Phosphat gemischt werden soll, sollte die Mischung unmittelbar vor der Anwendung hergestellt werden.

Güllebestandteile sollten separat ausgebracht werden.

Über die Frage der Ausbringung von Gülle in Mischungen kann es erhebliche Meinungsverschiedenheiten geben. Aus vielen Gründen ist es oft besser, Gülle ungemischt auszubringen. Beispielsweise ist eine Mischung aus einer schnell wirkenden stickstoffhaltigen Gülle und einer langsam wirkenden phosphathaltigen Gülle nicht geeignet. In einem solchen Fall wird der stickstoffhaltige Dünger entweder zu lange ausgebracht, bevor er von der Pflanze benötigt wird, und es besteht somit die Gefahr eines Verlusts, oder der phosphathaltige Dünger wird nicht lange genug ausgebracht, bevor er wahrscheinlich verwendet wird. Durch die Ausbringung von Gülle in unvermischtem Zustand besteht die Chance, dass sie sparsamer genutzt wird, als dies sonst der Fall wäre. Andererseits ist die Anwendung der einzelnen Bestandteile zwar aus wissenschaftlicher Sicht wünschenswert, aber mit erheblichem Mehraufwand verbunden. Eine weitere Überlegung ist natürlich , dass in vielen Fällen eine Vollmist wünschenswert ist. Die obigen Hinweise zu den Verlustrisiken beim Mischen von Gülle können daher für den Agrarstudenten von Nutzen sein.

FUSSNOTEN:

[247] Siehe S. 389.

KAPITEL XXV.
Zur Bewertung und Analyse von Gülle.

Wert der chemischen Analyse.

Der Wert einer Gülle für den Landwirt hängt vom Anteil an *Stickstoff*, *Phosphorsäure* und *Kali ab*, den sie enthält, sowie – und das ist kaum weniger wichtig – vom Zustand, in dem die Inhaltsstoffe vorliegen. Da diese Fakten allein durch eine chemische Analyse ermittelt werden können, liegt es auf der Hand, dass Gülle immer mit einer chemischen Analyse gekauft werden sollte. Es ist jedoch bedauerlich, dass eine chemische Analyse, selbst wenn sie beschafft wird, sehr oft unverständlich ist. Es kann daher von Vorteil sein, ein oder zwei Worte zur richtigen Interpretation der Bedeutung der Daten zu sagen, die bei der gewöhnlichen chemischen Analyse von Düngemitteln geliefert werden.

Interpretation der chemischen Analyse.

Das erste, worauf der Landwirt bei der Analyse einer Gülle achten sollte, ist die Menge an Stickstoff, Phosphorsäure und Kali, die die Gülle enthält.

Stickstoff.

Der Stickstoffanteil in einer Gülle wird im Allgemeinen als gleich dem entsprechenden Ammoniakanteil angegeben. Sehr oft wurde in den älteren Analysen sogar nur das Ammoniakäquivalent angegeben. Diese Aussage bedeutet nun nicht unbedingt, dass der Stickstoff in einer Gülle tatsächlich in Form von Ammoniak vorliegt. Wenn beispielsweise in einer Analyse von Knochenmehl angegeben wird, dass es 3,5 Prozent Stickstoff enthält, was 4,20 Prozent Ammoniak entspricht, kann daraus nicht geschlossen werden, dass Knochenmehl tatsächlich Stickstoff in Form von enthält Ammoniak. Tatsächlich liegt der Stickstoff in einer unlöslichen, langsam verfügbaren organischen Form vor, deren Düngerwert weit unter dem von Ammoniak liegt. Dieser Brauch ist äußerst bedauerlich und sehr bedauerlich, da er oft Anlass zu ernsthaften Missverständnissen gibt. Es muss daher berücksichtigt werden, dass eine gewöhnliche chemische Analyse nicht immer die genaue Form angibt, in der Stickstoff tatsächlich vorliegt. Dennoch ist es für den Landwirt wichtig, dies zu wissen, wobei die Beschaffenheit des analysierten Mists im Allgemeinen einen guten Hinweis liefert. Leider ist dies bei

Mischmist nicht der *Fall* ; und dies ist einer der Gründe, warum Mischmist manchmal mit Argwohn betrachtet werden muss.

Phosphorsäure.

Die in einem Mist enthaltene Menge an Phosphaten wird in der Analyse üblicherweise als Phosphorsäure angegeben, während in einer Fußnote auch die Menge an Tricalciumphosphat (oder gewöhnlichem Knochenphosphat) angegeben wird, der diese Menge entspricht, wobei dies die Bewertungseinheit ist. Wenn sich die Phosphate in löslichem Zustand befinden, werden sie als solche angegeben und gleichzeitig wird angegeben, welche Menge an Tricalciumphosphat erforderlich wäre, um diese Menge durch Behandlung mit Schwefelsäure zu liefern . So bedeutet beispielsweise in einer Analyse eines Superphosphats aus Kalk die Aussage, dass *Monocalciumphosphat 17,3 Prozent entspricht, was* „löslich" *gemachtem Tricalciumphosphat 27,2 Prozent entspricht, dass* für die Bereitstellung 27,2 Prozent Tricalciumphosphat erforderlich wären 17,3 Prozent lösliches Phosphat. Paradoxerweise wird die erstere Menge als „*lösliches*" *Phosphat bezeichnet* , und ein Superphosphat wie das oben beschriebene würde als 27,2 Prozent „lösliches" Phosphat enthaltend beschrieben.

Auch hier gibt es verschiedene Formen der sogenannten „unlöslichen" Phosphate, [248] die jedoch in einer chemischen Analyse oft nicht unterschieden werden. Wie wir bereits im Kapitel „Basische Schlacke" dargelegt haben, kommt Phosphorsäure in der Schlacke in Form von vierbasischem Kalkphosphat vor, wird jedoch in der Analyse stets als Tricalciumphosphat angegeben . Dann haben wir das sogenannte zweibasische Kalkphosphat, die Form, in die lösliches Phosphat in Superphosphat umgewandelt wird, wenn eine „Reversion" stattfindet. Bisher war es in diesem Land nicht üblich – obwohl dieser Brauch sowohl auf dem Kontinent als auch in Amerika weit verbreitet ist –, bei der Analyse eines Superphosphats das „umgewandelte" Phosphat vom ungelösten Phosphat zu unterscheiden; da der überlegene Wert des ersteren als Dünger im Düngerhandel nicht anerkannt wird. [249]

Bedeutung des mechanischen Zustands von Phosphat.

Ein weiterer Punkt, auf den es zu achten gilt, ist der *mechanische* Zustand der verschiedenen unlöslichen Phosphate, der einen wichtigen Einfluss auf deren Wert hat. Es besteht beispielsweise ein sehr großer Unterschied zwischen dem Wert von Phosphatkalk in einem Mist wie Malden-Guano und dem kristallinen Mineral Apatit; Allerdings liegt die Phosphorsäure chemisch gesehen in beiden Stoffen in derselben Form vor.

- 382 -

Kali sollte in Gülle nur in löslicher Form vorkommen. Es wird im Allgemeinen als so viel Kali angegeben, und in einer Fußnote wird die entsprechende Menge an Salz- oder Sulfatkali angegeben, wobei ersteres die konzentriertere Form von Kali ist.

Zu Referenzzwecken finden Sie im Anhang [250] eine Tabelle mit einigen nützlichen Faktoren für die Umwandlung verschiedener Formen von Stickstoff, Phosphorsäure und Kali ineinander.

Weitere Elemente der chemischen Analyse von Gülle.

Die anderen Punkte bei der Analyse einer Gülle sind im Vergleich zu den bereits genannten von vergleichsweise untergeordneter Bedeutung. Hierzu zählen die *Feuchtigkeit*, die *unlösliche Substanz* und die *organische Substanz*. Die Feuchtigkeitsmenge und die Sandmenge sind zwei wichtige Faktoren, denn wenn diese zu hoch sind, kann davon ausgegangen werden, dass der Mist verfälscht wurde.

Düngemittel- und Futtermittelgesetz.

Im Januar 1894 wurde ein Gesetz verabschiedet und trat in Kraft, um jeden Verkäufer von in diesem Land hergestelltem oder aus dem Ausland importiertem Mist zu verpflichten, dem Käufer „eine Rechnung mit der Bezeichnung des Artikels und der Angabe, ob es sich um einen Artikel handelt, auszustellen." ob es sich um einen künstlich zusammengesetzten Artikel handelt oder nicht, und wie hoch der prozentuale Anteil des Stickstoffs, der löslichen und unlöslichen Phosphate und des Kalis (falls vorhanden) im Artikel ist, und diese Rechnung hat die gleiche Wirkung wie eine Garantie des Verkäufers der Abrechnungen Darin enthalten."

Verschiedene Methoden zur Bewertung von Düngemitteln.

Der Geldwert eines Mists hängt von einer Reihe mehr oder weniger komplizierter kommerzieller Überlegungen ab, wie etwa den Fragen von Angebot und Nachfrage usw., die hier nicht erörtert werden müssen und die in ähnlicher Weise den Geldwert jedes anderen Handelsartikels regeln.

„Einheit"-Wert der Düngemittelzutaten.

Um Daten zur Ermittlung des ungefähren Werts eines Mists bereitzustellen, wurden Tabellen erstellt, die den sogenannten „Einheitswert" der verschiedenen Mistbestandteile in verschiedenen Mists angeben. Dies ergibt sich aus der Division des Marktwerts einer Gülle pro Tonne durch den Anteil an Stickstoff, Phosphorsäure und Kali, den sie enthält. So enthält beispielsweise Ammoniaksulfat mit einer Reinheit von 97 Prozent 25 Prozent Ammoniak und wird derzeit (Dezember 1893) mit 13,15 Pfund Sterling bewertet. pro Tonne. Um den Einheitswert von Ammoniak in Ammoniaksulfat zu erhalten, müssen wir nur £ 13, 15 dividieren. um 25, was uns 11 ergibt. Der Wert solcher Tabellen hängt von der Kompetenz derjenigen ab, die sie erstellen, und sie erfordern eine ständige Überarbeitung. Im Anhang finden Sie zwei dieser Tabellen, die den „Transaktionen der Highland and Agricultural Society of Scotland" entnommen sind. [251]

Eigenwert von Gülle.

Aber es gibt noch eine andere Möglichkeit, Düngemittel zu bewerten, und zwar durch den Versuch herauszufinden, welchen tatsächlichen Wert sie für die Erzielung einer Ertragssteigerung der Feldfrüchte haben. Natürlich kann man sagen, dass der innere Wert von Gülle sich direkt auf seinen Marktwert auswirkt. Das ist zweifellos richtig, aber es ist nicht der einzige Faktor, der den Marktwert eines Mists bestimmt.

Auch hier kann man sagen, dass der eigentliche Wert eines Mists je nach Boden, auf den er ausgebracht wird, und den klimatischen Bedingungen variiert. Vor diesem Hintergrund ist es für jeden Landwirt wichtig, selbst herauszufinden, welchen inneren Wert die verschiedenen Düngemittel auf dem Boden seines Betriebs haben. und dies kann nur dadurch erreicht werden, dass er selbst Düngungsversuche durchführt. Dies veranlasst uns, ein oder zwei Worte zu dem wichtigen Thema zu sagen

Feldversuche.

Es ist unmöglich, dass jeder landwirtschaftliche Betrieb in der Lage sein sollte, eine Versuchsstation zu unterhalten, um aufwändige Experimente über die Wirkung verschiedener Düngemittel auf verschiedene Kulturpflanzen durchzuführen. Dennoch ist es für *jeden* Landwirt, der Ackerbau in beliebigem Umfang betreibt, möglich und äußerst wünschenswert, einfache Versuche durchzuführen, um den charakteristischen Düngerbedarf seines Bodens zu ermitteln. Dies ist mit etwas Zeit- und Mühenaufwand möglich und sollte wie folgt durchgeführt werden. Das Feld, auf dem die Versuche durchgeführt werden sollen, sollte in die erforderliche Anzahl von Versuchsparzellen aufgeteilt werden. Diese,

- 384 -

die ein Zehntel, Zwanzigstel oder Vierzigstel eines Acres groß sein können, sollten, wenn möglich, auf einem ebenen Stück Boden stehen – alle gleichermaßen frei von dem Schutz einer Hecke oder eines Baumes und auch sonst diesem ausgesetzt Bedingungen. Die Beschaffenheit des Bodens der verschiedenen Parzellen sowie seine bisherige Behandlung sollten ähnlich sein. Um experimentelle Fehler so weit wie möglich zu minimieren , ist es wünschenswert, die Experimente doppelt oder sogar dreifach durchzuführen. Erstens sollte es eine sogenannte *Nichtparzelle geben, also* eine Parzelle, die keinen Dünger erhält. Die auf dieser Parzelle gewonnenen Erzeugnisse liefern im Vergleich zu den auf den anderen Düngeflächen gewonnenen Erzeugnissen somit Daten zur Abschätzung der jeweiligen Steigerungsmengen, die durch verschiedene Düngemittel erzielt werden. Eine sehr einfache Art von Experiment ist der sogenannte „Sieben-Plot-Test". Es besteht darin, die Ergebnisse zu testen, die durch die alleinige Verwendung von stickstoffhaltigem, phosphathaltigem und kalihaltigem Dünger und in verschiedenen Kombinationen erzielt werden. Somit würden die Parzellen jeweils wie folgt gedüngt:

NEIN.

1. Keine Handlung.

2. Stickstoff.

3. Phosphate.

4. Kali.

5. Stickstoff und Phosphate.

6. Stickstoff und Kali.

7. Phosphate und Kali.

Gegenstand anderer Experimente könnten beispielsweise die jeweiligen Stickstoffwerte in den verschiedenen Formen von schwefelsaurem Ammoniak und salpetersaurem Natron sein; Phosphorsäure als Superphosphat und in ungelöster Form als Thomasschlacke; die relative Bedeutung von Kunst- und Hofdünger; die Wirkung von Düngemitteln, die zu unterschiedlichen Zeitpunkten ausgebracht werden, sowie die Wirkung unterschiedlicher Mengen desselben Düngemittels; die wirtschaftlichsten Düngemittel für verschiedene Arten von Kulturpflanzen; und zahlreiche andere interessante Probleme im Zusammenhang mit der praktischen Anwendung von Düngemitteln.

Bei der Durchführung dieser Versuche sollte darauf geachtet werden, dass die Versuchsparzellen nicht *unmittelbar* aneinandergrenzen, da der auf der einen Parzelle ausgebrachte Mist durch Durchsickern in den Boden das Ergebnis auf der angrenzenden Parzelle beeinflussen kann. Während des Versuchsverlaufs ist besonders auf das Wetter zu achten. Um solche Experimente möglichst wertvoll zu machen, sollten sie Jahr für Jahr fortgesetzt werden. Am Ende des Experiments sollten die von jeder Parzelle gewonnenen Produkte sorgfältig abgewogen werden.

Pädagogischer Wert von Feldversuchen.

Der erzieherische Wert solcher Experimente ist sehr groß, und in diesem Zusammenhang verdienen die Bemerkungen von Herrn FJ Cooke in einem kürzlich vor dem London Farmers' Club gehaltenen Vortrag äußerst sorgfältige Betrachtung.

„Lokale Experimente", sagt er, „lehren die einfachen Prinzipien, die die Auswahl von Düngemitteln bestimmen sollten, sowie wissenschaftliche Genauigkeit und Methode bei ihrer Verwendung. Der Wert von Experimenten wird so Menschen vor Augen geführt, die nicht weit gehen würden, um ihn zu entdecken." ; und die Durchführung einiger einfacher Versuche mit einem korrekten System, jeder auf seinem eigenen Bauernhof, wird gefördert. Damit solche Versuche mit sehr geringem Aufwand für den Landwirt oder anderen schwierigen Qualifikationen und dennoch zu seinem großen praktischen Vorteil durchgeführt werden können, Ich wage es, dies auf der Grundlage meiner eigenen persönlichen Erfahrung zu behaupten: Seit etwa zwanzig Jahren führe ich jedes Jahr private Experimente in sehr bescheidenem Umfang durch und kenne keine andere Praxis, die für mich so nützlich gewesen wäre. Das war sie auch wurde auf zwei Farmen mit leichtem Land in unterschiedlichen Teilen derselben Grafschaft verfolgt. Doch in Bezug auf den Güllebedarf unterschied sich die ordnungsgemäße Behandlung einer von ihnen so wesentlich von der anderen, dass eine gemeinsame Praxis auf beiden einfach ruinös gewesen wäre."

Aus Experimenten abgeleiteter Wert von Düngemitteln.

Es wurden Tabellen erstellt, um den aus solchen Experimenten abgeleiteten Vergleichswert verschiedener Arten von Düngemitteln zu zeigen, und sie können passend mit den Tabellen verglichen werden, die die Handelspreise angeben. Einige dieser Tabellen haben wir bereits im Anhang zum Kapitel Mineralphosphate zitiert. Diese Tabellen zeigen den relativen Eigenwert verschiedener Formen von Phosphatdüngern. Im Anhang [252] zu diesem Kapitel finden sich Tabellen, die den relativen Wert verschiedener Arten stickstoffhaltiger und kalihaltiger Düngemittel zeigen.

Ein Thema, dem in den letzten Jahren große Aufmerksamkeit gewidmet wurde, ist die Frage nach dem Wert von unerschöpftem Dünger im Boden. Im Gesetz über landwirtschaftliche Betriebe ist eine besondere Regelung vorgesehen, um dem ausscheidenden Pächter eines landwirtschaftlichen Betriebes eine Entschädigung für nicht ausgeschöpfte Düngemittel im Boden zu gewähren. Das Gesetz hat zu endlosen Streitigkeiten zwischen Vermieter und Mieter geführt, da es äußerst schwierig ist, eine zufriedenstellende Schätzung des tatsächlichen Werts der nicht ausgeschöpften Düngemittel zu erhalten. Die Schwierigkeit ergibt sich aus der Tatsache, dass uns nicht genügend Daten zur Verfügung stehen, die uns bei der Schätzung dieses Werts helfen könnten, der unter verschiedenen Bedingungen weiter variiert. Die düngenden Inhaltsstoffe eines Bodens liegen im Boden größtenteils in einem inerten Zustand vor, aus dem sie nur langsam in eine verfügbare Form überführt werden.

Potenzielle Fruchtbarkeit eines Bodens.

Als Angabe der Gesamtmenge der wichtigeren mineralischen Bestandteile, die in einem Boden vorhanden sind, kann erwähnt werden, dass im Falle eines armen Sandbodens *die Menge an Kali, die er enthält , berechnet wurde (vorausgesetzt, er befände sich in einem verfügbaren Zustand).)* würde ausreichen, um drei oder vier durchschnittliche Kartoffelernten zu liefern; von Phosphaten, neunzehn durchschnittliche Ernten; und von Kalk dreiundsiebzig. Allerdings liegt nur ein sehr kleiner Teil dieses Düngemittels in leicht verfügbarer Form vor.

Aus diesem Grund üben künstliche Düngemittel, obwohl sie in so geringen Mengen zugesetzt werden, einen so großen Einfluss auf die Steigerung des Pflanzenwachstums aus. Ihre Wirkung ist jedoch größtenteils nur vorübergehender Natur; und wenn wir versuchen, den unausgeschöpften Wert eines Düngers ein oder zwei Jahre nach seiner Ausbringung zu ermitteln, müssen wir uns an diese Tatsache erinnern.

Manche Dünger werden von den Pflanzen sehr schnell aufgenommen, andere lassen sich sehr leicht aus dem Boden auswaschen. Andere wiederum neigen, so scheint es sehr wahrscheinlich, dazu, nach einer Weile in einen mehr oder weniger trägen Zustand überzugehen. Diese Bemerkung gilt insbesondere für die düngenden Bestandteile (hauptsächlich Stickstoff) im Wirtschaftsdünger. [253] Die ganze Frage ist jedoch wenig verstanden. Auf den einen oder anderen Punkt kann hingewiesen werden. Erstens kann mit Sicherheit behauptet werden, dass von so schnell verfügbaren und leicht löslichen Formen stickstoffhaltiger Düngemittel wie Natriumnitrat und Ammoniaksulfat ein Jahr nach der Anwendung kaum eine direkte Wirkung zu erwarten ist. Kali und Phosphate hingegen können ihre Wirkung über einen wesentlich längeren Zeitraum entfalten; Die Dauer dieses Zeitraums hängt von der Menge und dem Zustand ab. Daher ist es unwahrscheinlich, dass Superphosphat mehr als zwei Jahre nach der Anwendung eine große Wirkung zeigt. Andererseits können solche Düngemittel wie Knochen, Grundschlacke und Hofdünger über mehrere Jahre hinweg einen spürbaren Einfluss ausüben. Wie lange genau, lässt sich kaum sagen, da die Ausbringungsgeschwindigkeit und die Beschaffenheit des Bodens einen großen Einfluss haben.

Werttabellen für nicht erschöpfte Düngemittel.

Es wurden zahlreiche Tabellen erstellt, um Landwirten bei der Schätzung dieses unerschöpften Wertes zu verschiedenen Zeitpunkten nach der Ausbringung und bei unterschiedlichen Düngemitteln zu helfen. Solche Tabellen liefern in der Regel nur sehr grobe Näherungswerte und sind kaum besser als bloße Vermutungen. Noch komplizierter ist der Versuch, den Güllewert der vom Viehbestand des Bauernhofs verzehrten Nahrungsmittel zu ermitteln. Lawes und Gilbert haben der Klärung dieser schwierigen Frage große Aufmerksamkeit gewidmet und äußerst ausführliche und wertvolle Tabellen erstellt, die Daten für die Berechnung des unerschöpften Güllewerts bei häufig verwendeten Nahrungsmitteln liefern. Diese Tabellen finden Sie im Anhang. [254] Darin wird der Güllewert verschiedener Viehfuttermittel ermittelt , der auf der Grundlage zahlreicher in Rothamsted durchgeführter Experimente berechnet wurde.

Somit haben diese Experimente gezeigt, dass im Durchschnitt wahrscheinlich nicht mehr als *ein Zehntel* des Stickstoffs, der Phosphorsäure und des Kalis, die ein Lebensmittel enthält, dem Lebensmittel auf seinem Weg durch den tierischen Organismus entzogen wird. Der genaue Betrag hängt natürlich von verschiedenen Bedingungen ab, auf die bereits in einem vorherigen Kapitel hingewiesen wurde. [255]

Zur Erläuterung dieser Tabellen sei darauf hingewiesen, dass Tabelle I die Gesamtmengen der drei düngenden Inhaltsstoffe in verschiedenen Lebensmitteln angibt; während Tabelle II. zeigt den Anteil, der im Tierkörper zurückbleibt und den Anteil, der in der Gülle ausgeschieden wird, sowie den Güllewert des Futters unter der Annahme, dass es seine volle theoretische Wirkung entfaltet. Da dies jedoch nie vollständig erkannt wird , ist es notwendig, einige Schlussfolgerungen zu ziehen. Der von den Rothamsted-Experimentatoren aufgrund ihrer umfassenden Erfahrung vorgeschlagene Abzug beträgt 50 Prozent für Lebensmittel, die im letzten Jahr verzehrt wurden. Das heißt, der Düngerwert der im letzten Jahr verzehrten Lebensmittel beträgt *nur die Hälfte seines theoretischen Wertes*. Für Lebensmittel, die innerhalb des vorletzten Jahres verzehrt wurden, schlagen sie einen Abzug von einem Drittel des Zuschusses für das letzte Jahr vor; während für Lebensmittel, die vor drei Jahren verzehrt wurden, ein Drittel von diesem letztgenannten Betrag abgezogen werden sollte; und so weiter für eine beliebige Anzahl von Jahren, bis hin zu acht.

FUSSNOTEN:

[248] Der Begriff *unlösliche Phosphate* ist bedauerlich, da das Wort „unlösbar" in seiner Bedeutung rein relativ ist. *Ungelöste* Phosphate wären ein besserer Begriff.

[249] Die Menge an „umgewandeltem" Phosphat wird durch *das Ammoniumcitrat-Verfahren geschätzt*.

[250] Siehe Anmerkung I., S. 553.

[251] Siehe Anmerkung II., S. 554.

[252] Siehe Anmerkung III., S. 556.

[253] Siehe Kapitel über Hofdünger, S. 271.

[254] Siehe Anmerkung IV., S. 557.

[255] Siehe Kapitel über Hofdünger, S. 224-236.

ANHANG ZU KAPITEL XXV.

ANMERKUNG I. (S. 543).

NÜTZLICHE FAKTOREN ZUR BERECHNUNG DES PROZENTUALEN
ANTEILS WICHTIGER GÜLLEBESTANDTEILE
IN EINER GÜLLE IN IHREN VERSCHIEDENEN VERBINDUNGEN.
(Aus den „Transaktionen der Highland and Agricultural Society".)

Menge von	Multipliziert mit	Gibt entsprechende Menge an
Stickstoff	1.214	Ammoniak.
Stickstoff	6.3	Albuminoide Materie.
Ammoniak	.824	Stickstoff.
Ammoniak	3.882	Ammoniaksulfat.
Ammoniak	3.147	Ammoniak-Muriat.
Ammoniak	3.706	Salpetersäure.
Ammoniak	5,0	Nitrat von Soda.
Kali (wasserfrei)	1,85	Kalisulfat.
Kali (wasserfrei)	1.585	Kalisalzlösung.
Phosphorsäure (wasserfrei)	2.183	Phosphatkalk.
Phosphorsäure (wasserfrei)	1.4	Biphosphat.
Phosphorsäure (wasserfrei)	1.648	Lösliches Phosphat.
Lösliches Phosphat	1.325	Phosphatkalk.
Biphosphat	1.566	Phosphatkalk.
Kalk	1.845	Phosphatkalk.
Kalk	1.786	Kalkkarbonat.

| Chlor | 1.648 | Natriumchlorid. |

ANMERKUNGEN II. (S. 545).

EINHEITEN ZUR BESTIMMUNG DES HANDELSWERTS VON WIRTSCHAFTSDÜNGERN.

Für die Saison 1893.

Zu bewertende Gegenstände.	Klassen	Phosphate		Ammoniak	Pottasche	Preise pro Tonne, März 1893	
		Aufgelöst	Ungelöst			Aus	Zu
Guanos.							
Ichaboe .	Echt.	—	2/-	16/-	—	250/-	270/-
Peruanisch (gerätselt)	Echt.	—	2/-	17/6	3/6	230/-	290/-
Abfallmist.							
Fisch-Guano.		—	1/5	10/-	—	130/-	150/-
Frey Bentos Guano.	A.	—	1/6	11/6	—	150/-	180/-
Knochenmehl	A.	—	1/4	10/-	—	105/-	115/-
	B.	—	1/3	9/6	—	100/-	110/-
Gedämpftes Knochenmehl.	A.	—	1/5	10/-	—	95/-	110/-
Aufgelöst bzw vitriolierte Knochen.		2/6	1/6	11/6	—	95/-	110/-
Superphosphate.		—	1/11	—	—	45/-	60/-
Gelöste Verbindungen.	Aus	2/-	1/3	10/-	3/4	—	—
	Zu	2/6	1/9	12/-	3/8	—	—
	Durchschnitt.	2/3	1/6	11/-	3/6	—	—

BARPREISE VERSCHIEDENER DÜNGEMITTEL, MÄRZ 1893.

DÜNGEMITTEL	Garantie.	Preis pro Tonne.	Einheit.
	Prozent.	£ s. D.	
Ammoniaksulfat, 97 Prozent	24 Uhr.	11 10 0	Bin. = 9/7
Salpetersäure, 95 Prozent	19 Uhr.	10 5 0	Bin. = 10/9
Rizinuskuchenstaub	5.5 Uhr.	3 10 0	Bin. = 12/9
Hornstaub	15 Uhr.	8 10 0	Bin. = 11/4
Getrocknetes Blut	15 Uhr.	8 0 0	Bin. = 10/7
Kalisalz, 80 Prozent	50 Topf.	8 15 0	Topf. = 3/6
Kalisulfat, 50 Prozent	27 Topf.	5 5 0	Topf. = 3 /10
Kainit , 23 Prozent	12 Topf.	2 0 0	Topf. = 3/4
Kalinitrat, 73 Prozent	{14 Uhr. {40 Topf.	14 10 0	{Bin. = 10/ {Pot. = 3/9
Gemahlenes Charleston-Phosphat	57 Phos.	3 0 0	Phos. = 1/
Belgisches Phosphat	50 Phos.	2 5 0	Phos. = 0/11
Thomasschlacke (fein) Scotch	30 Phos.	1 16 0	Phos. = 1/2
Thomas- slaag (gut) Englisch	37 Phos.	2 3 0	Phos. = 1/2

| Phosphatisches Guano | {67 Phos.
{ 1 Uhr
morgens. | 5 0 0 | {Phos. =
1/4
{ Am. =
10/ |

ANMERKUNG III. (S. 549).

TABELLEN, DIE DEN RELATIVEN GÜLLEWERT VON STICKSTOFF UND KALI IN VERSCHIEDENEN SUBSTANZEN ZEIGEN.

Wolff, 1893.

Stickstoff in Form von Ammoniak und Nitraten sowie leicht zersetzbare organische Verbindungen, wie getrocknetes Blut, Fleischmehl, Fleischmehl, peruanisches Guano und als Urat	100
Stickstoff in feinem gedämpftem Knochenmehl, Fisch-Guano, Ölkuchen und besseren Arten von künstlichem Guano	85
Stickstoff in feinem Knochenmehl und Hornmehl	77
Stickstoff in groben Knochen und Hornspänen, Wollabfällen , Hofmist und Poudrette	61

Amerikanisch, 1892.

Stickstoff in Ammoniaksalzen	100
Stickstoff als Nitrate	86
Stickstoff in trockenem und fein gemahlenem Fisch, Fleisch und Blut	91
Stickstoff in Baumwollsamenmehl und Rizinustrester	86
Stickstoff in Feinknochen und Tankage	86
Stickstoff im mittleren Knochen- und Tankbereich	68
Stickstoff in gröberen Knochen und Tanks	43

Stickstoff in Haaren und Hornspänen sowie
groben Fischabfällen   40

Kali als hochwertiges Sulfat und in Formen
ohne Muriate (oder Chloride)   100

Kali als Salz   82

Professor Wagner hat anhand zahlreicher Experimente die relativen
Güllewerte verschiedener stickstoffhaltiger Düngemittel ermittelt und diese
wie folgt bewertet:

Nitrat von Soda   100

Ammoniaksulfat   90

Blutmehl, Hornmehl und grüne Pflanzenstoffe   70

Fein gemahlenes, gedämpftes Knochenmehl,
Fischmehl und Fleischmehl-Guano   60

Hofmist   45

Shoddy   30

Ledermehl   20

ANMERKUNG IV. (S. 551).

TABELLE I. – DURCHSCHNITTLICHE ZUSAMMENSETZUNG, PROZENT UND PRO TONNE, VON VIEHFUTTER.

		PROZENT.					PRO TONNE.		
		Trocken Gegenstand.	Stickstoff.	Mineral Gegenstand (Asche).	Phosphorsäure Säure.	Pottasche.	Stickstoff.	Phosphorsäure Säure.	Pottasche.
NEIN	LEBENSMITTEL.								
		Prozent.	Prozent.	Prozent.	Prozent.	Prozent.	Pfund.	Pfund.	Pfund.
1	Leinsamen	90,00	3,60	4.00	1,54	1,37	80,64	34,50	30.6
2	Leinsamenkuchen	88,50	4,75	6,50	2,00	1,40	106,40	44,80	31.3
3	Dekorierter Baumwollkuchen	90,00	6,60	7.00	3.10	2,00	147,84	69,44	44,8
4	Palm-Nuss-Kuchen	91,00	2,50	3,60	1,20	0,50	56,00	26,88	11.2

Unbeschnittener Baumwollkuchen	87,00	3,75	6.00	2,00	2,00	84,00	44,80	44,80
Kakao-Nuss-Kuchen	90,00	3.40	6.00	1,40	2,00	76.16	31.36	44,80
Vergewaltigungskuchen	89,00	4,90	7,50	2,50	1,50	109,76	56,00	33,60
Erbsen	85,00	3,60	2,50	0,85	0,96	80,64	19.04	21.50
Bohnen	85,00	4.00	3,00	1.10	1.30	89,60	24.64	29.12
Linsen	88,00	4.20	4.00	0,75	0,70	94.08	16.80	15.68
Unkraut (Samen)	84,00	4.20	2,50	0,80	0,80	94.08	17.92	17.92
Indischer Mais	88,00	1,70	1,40	0,60	0,37	38.08	13.44	8.29
Weizen	85,00	1,80	1,70	0,85	0,53	40,32	19.04	11.87
Malz	94,00	1,70	2,50	0,80	0,50	38.08	17.92	11.20
Gerste	84,00	1,65	2.20	0,75	0,55	36,96	16.80	12.32
Hafer	86,00	2,00	2,80	0,60	0,50	44,80	13.44	11.20
Reismehl*	90,00	1,90	7,50	(0,60)	(0,37)	42,56	(13.44)	(8.29)
Johannisbrotkernmehl*	85,00	1,20	2,50	—	—	26,88	—	—
Malzkämme	90,00	3,90	8.00	2,00	2,00	87,36	44,80	44,80
Feiner Pollard	86,00	2,45	5,50	2,90	1,46	54,88	64,96	32,70
Grober Pollard	86,00	2,50	6.40	3,50	1,50	56,00	78,40	33,60
Kleie	86,00	2,50	6,50	3,60	1,45	56,00	80,64	32,48
Klee-Heu	83,00	2,40	7.00	0,57	1,50	53,76	12.77	33,60
Wiesenheu	84,00	1,50	6,50	0,40	1,60	33,60	8,96	35,84
Erbsenstroh	82,50	1,00	5,50	0,35	1,00	22.40	7,84	22.40
Haferstroh	83,00	0,50	5,50	0,24	1,00	11.20	5.38	22.40
Weizenstroh	84,00	0,45	5.00	0,24	0,80	10.08	5.38	17.92
Gerstenstroh	85,00	0,40	4,50	0,18	1,00	8,96	4.03	22.40
Bohnenstroh	82,50	0,90	5.00	0,30	1,00	20.16	6,72	22.40
Kartoffeln	25.00	0,25	1,00	0,15	0,55	5,60	3.36	12.32
Möhren	14.00	0,20	0,90	0,09	0,28	4.48	2.02	6.27
Pastinaken	16.00	0,22	1,00	0,19	0,36	4,93	4.26	8.06
Schwedische Rüben	11.00 Uhr	0,25	0,60	0,06	0,22	5,60	1,34	4,93
Mangel-Wurzeln	12.50	0,22	1,00	0,07	0,40	4,93	1,57	8,96
Gelbe Rüben*	9.00	0,20	0,65	(0,06)	(0,22)	4.48	(1.34)	(4.93)

| 36 | Weiße Rüben | 8.00 | 0,18 | 0,68 | 0,05 | 0,30 | 4.03 | 1.12 | 6,7 |

* Weder bei Reismehl, Johannisbrotbohnen noch gelben Rüben wurden Aufzeichnungen über Ascheanalysen gefunden. Für Reismehl werden vorläufig die gleichen Prozentsätze an Phosphorsäure und Kali wie bei Mais und bei gelben Rüben die gleichen bei Kohlrüben angenommen; aber in allen Tabellen sind die angenommenen Ergebnisse in Klammern angegeben. Für Johannisbrotkernmehl wurde keine Zahl angenommen und die Spalten bleiben leer.

ANMERKUNG IV. – *Fortsetzung*

TABELLE II. – TABELLEN VON LAWES UND GILBERT ZUR BERECHNUNG DES UNERSCHÖPFTEN WERTS VON DÜNGEMITTELN.

NEIN.	BESCHREIBUNG VON ESSEN.	Mast. Erhöhung der Lebendgewicht (Ochsen oder Schafe).		STICKSTOFF.						
				Im Essen.		In der Mast Erhöhung (bei 1,27 Prozent).		Im Mist.		
		Essen bis 1 Zunahme	Zunahme pro Tonne von Essen.	Pro Cent.	Pro Tonne.	Aus 1 Tonne von Essen.	Prozent von gesamt verbraucht.	Gesamt übrig für Düngen.	Stickstoff gleich Ammoniak.	Wert von Ammoniak um 6 Uhr. pro Pfund.
			Pfund.	%	Pfund.	Pfund.	%	Pfund.	Pfund.	£ sd
1	Leinsamen	5,0	448,0	3,60	80,64	5,69	7.06	74,95	91,0	2 5 6
2	Leinsamenkuchen	6,0	373,3	4,75	106,40	4,74	4.45	101,66	123,4	3 1 8
3	Dekorierter Baumwollkuchen	6.5	344,6	6,60	147,84	4.38	2,96	143,46	174.2	4 7 1
4	Palm-Nuss-Kuchen	7.0	320,0	2,50	56,00	4.06	7.25	51,94	63.1	1 11 7
5	Unbeschnittener Baumwollkuchen	8,0	280,0	3,75	84,00	3,56	4.24	80,44	97,7	2 8 10
6	Kakao-Nuss-Kuchen	8,0	280,0	3.40	76.16	3,56	4,67	72,60	88,2	2 4 1
7	Vergewaltigungskuchen	(10)	(224)	4,90	109,76	2,84	2,59	106,92	129,8	3 4 11
8	Erbsen	7.0	320,0	3,60	80,64	4.06	5.03	76,58	93,0	2 6 6
9	Bohnen	7.0	320,0	4.00	89,60	4.06	4.53	85,54	103,9	2 11 11
10	Linsen	7.0	320,0	4.20	94.08	4.06	4.32	90.02	109.3	2 14 8
11	Unkraut (Samen)	7.0	320,0	4.20	94.08	4.06	4.32	90.02	109.3	2 14 8

12	Indischer Mais	7.2	311.1	1,70	38.08	3,95	10.37	34.13	41.4	1 0 9
13	Weizen	7.2	311.1	1,80	40,32	3,95	9,80	36,37	44.2	1 2 1
14	Malz	7.0	320,0	1,70	38.08	4.06	10.66	34.02	41.3	1 0 8
15	Gerste	7.2	311.1	1,65	36,96	3,95	10.69	33.01	40.1	1 0 1
16	Hafer	7.5	298,7	2,00	44,80	3,79	8.46	41.01	49,8	1 4 11
17	Reismehl	7.5	298,7	1,90	42,56	3,79	8,91	38,77	47.1	1 3 6
18	Johannisbrot	9.0	248,9	1,20	26,88	3.16	11.76	23.72	28.8	0 14 5
19	Malzkämme	8,0	248,9	3,90	87,36	3,56	4.08	83,80	101,8	2 10 11
20	Feiner Pollard	7.5	298,7	2,45	54,88	3,79	6,91	51.09	62,0	1 11 0
21	Grober Pollard	8,0	280,0	2,50	56,00	3,50	6.35	52,44	63,7	1 11 10
22	Kleie	9.0	248,9	2,50	56,00	3.16	5,64	52,84	64.2	1 12 1
23	Klee-Heu	14.0	160,0	2,40	53,76	2.03	3,78	51,73	62,8	1 11 5
24	Wiesenheu	15.0	149,3	1,50	33,60	1,90	5,65	31,70	38,5	0 19 3
25	Erbsenstroh	16.0	140,0	1,00	22.40	1,78	7,95	20.62	25.0	0 12 6
26	Haferstroh	18.0	124,4	0,50	11.20	1,58	14.11	9.62	11.7	0 5 10
27	Weizenstroh	21.0	106,7	0,15	10.08	1,36	13.49	8,72	10.6	0 5 4
28	Gerstenstroh	23.0	97,4	0,40	8,96	1.24	13.84	7,72	9.4	0 4 8
29	Bohnenstroh	22.0	101,8	0,90	20.16	1.29	6.39	18.87	22.9	0 11 6
30	Kartoffeln	60,0	37.3	0,25	5,60	0,47	8.39	5.13	6.2	0 3 1
31	Möhren	85,7	26.1	0,20	4.48	0,33	7.37	4.15	5,0	0 2 6
32	Pastinaken	75,0	29.9	0,22	4,93	0,38	7.71	4,55	5.5	0 2 9
33	Schwedische Rüben	109.1	20.5	0,25	5,60	0,26	4,64	5.34	6.5	0 3 3
34	Mangel-Wurzeln	96,0	23.3	0,22	4,93	0,30	6.09	4.63	5.6	0 2 10
35	Gelbe Rüben	133.3	16.8	0,20	4.48	0,21	4,69	4.27	5.2	0 2 7
36	Weiße Rüben	150,0	14.9	0,18	4.03	0,19	4.71	3,84	4.7	0 2 4

ANMERKUNG IV. – Fortsetzung

TABELLE II. – Fortsetzung

			PHOSPHORSÄURE.	
			In der Mast	

NEI N.	BESCHREIBUNG VON ESSEN.	Im Essen.		Erhöhung um (0,86 Prozent).		Im Mist.	
		Pro Cent.	Pro Tonne.	Aus 1 Tonne von Essen.	Prozent von gesamt verbraucht.	Gesamt übrig für Düngen.	Wert bei 3d. pro Pfund.
		%	Pfund.	Pfund.	%	Pfund.	S. D.
1	Leinsamen	1,54	34,50	3,85	11.16	30.65	7 8
2	Leinsamenkuchen	2,00	44,80	3.21	7.17	41,59	10 5
3	Dekorierter Baumwollkuchen	3.10	69,44	2,96	4.26	66,48	16 8
4	Palm-Nuss-Kuchen	1,20	26,88	2,75	10.23	24.13	6 0
5	Unbeschnittener Baumwollkuchen	2,00	44,80	2.41	5.38	42,39	10 7
6	Kakao-Nuss-Kuchen	1,40	31.36	2.41	7.69	28,95	7 3
7	Vergewaltigungskuchen	2,50	56,00	1,93	3.45	54.07	13 6
8	Erbsen	0,85	19.04	2,75	14.44	16.29	4 1
9	Bohnen	1.10	24.64	2,75	11.10	21.89	5 6
10	Linsen	0,75	16.80	2,75	16.37	14.05	3 6
11	Unkraut (Samen)	0,80	17.92	2,75	15.36	15.17	3 9

12	Indischer Mais	0,60	13.44	2,68	19.94	10.76	2 8
13	Weizen	9,85	19.04	2,68	14.08	16.36	4 1
14	Malz	0,80	17.92	2,75	15.35	15.17	3 9
15	Gerste	0,75	16.80	2,68	15,95	14.12	3 6
16	Hafer	0,60	13.44	2,57	(19.12)	10.87	2 8
17	Reismehl	(0,60)	(13.44)	2,57	(19.12)	(10,87)	2 8
18	Johannisbrot	—	—	2.14	—	—	—
19	Malzkämme	2,00	44,80	2.41	5.38	42,39	10 7
20	Feiner Pollard	2,90	64,96	2,57	3,96	62,39	15 7
21	Grober Pollard	3,50	78,40	2.41	3.07	75,99	19 0
22	Kleie	3,60	80,64	2.14	2,65	78,50	19 8
23	Klee-Heu	0,57	12.77	1,38	10.81	11.39	2 10
24	Wiesenheu	0,40	8,96	1.28	14.28	7.68	1 11
25	Erbsenstroh	0,35	7,84	1,20	15.31	6,64	1 8
26	Haferstroh	0,24	5.38	1.07	19.89	4.31	1 1
27	Weizenstroh	0,24	5.38	0,92	17.10	4.46	1 1
28	Gerstenstroh	0,18	4.03	0,84	20.84	3.19	0 9
29	Bohnenstroh	0,30	6,72	0,88	13.10	5,84	15
30	Kartoffeln	0,15	3.36	0,32	9.52	3.04	0 9
31	Möhren	0,09	2.02	0,22	10.89	1,80	0 5
32	Pastinaken	0,19	4.29	0,26	6.10	4.00	1 0
33	Schwedische Rüben	0,06	1,34	0,18	13.43	1.16	0 4
34	Mangel-Wurzeln	0,07	1,57	0,20	12.74	1,37	0 4
35	Gelbe Rüben	(0,06)	(1.34)	0,14	(10.78)	(1.20)	(0 4)
36	Weiße Rüben	0,05	1.12	0,13	11.61	0,99	0 3

NEIN.	BESCHREIBUNG VON ESSEN.	POTTASCHE.						Gesamt Original Düngen
		Im Essen.	In der Mast Erhöhung um (0,11 Prozent).			Im Mist.		
		Pro	Pro	Aus 1 Tonne von	Prozent von gesamt	Gesamt übrig für	Wert bei 2-1/2 Tage. pro	Wert pro Tonne von Essen
		Cent.	Tonne.	Essen.	verbraucht.	Düngen.	Pfund.	verbraucht.
		%	Pfund.	Pfund.	%	Pfund.	S. D.	£ s. D.
1	Leinsamen	1,37	30.69	0,49	1,60	30.20	6 3	2 19 5
2	Leinsamenkuchen	1,40	31.36	0,41	1.31	30,95	6 5	3 18 6
3	Dekorierter Baumwollkuchen	2,00	44,80	0,38	0,85	44,42	9 3	5 13 0
4	Palm-Nuss-Kuchen	0,50	11.20	0,35	3.13	10,85	2 3	1 19 10
5	Unbeschnittener Baumwollkuchen	2,00	44,80	0,31	0,69	44,49	5 11	3 5 4

6	Kakao-Nuss-Kuchen	2,00	44,80	0,31	0,69	44,49	9 3	3 0 7
7	Vergewaltigungskuchen	1,50	33,60	0,25	0,74	33.35	6 11	4 5 4
8	Erbsen	0,96	21.50	0,35	1,63	21.15	4 5	2 15 0
9	Bohnen	1.30	29.12	0,35	1,20	28.77	6 0	3 3 5
10	Linsen	0,70	15.68	0,35	2.23	15.33	3 2	3 1 4
11	Unkraut (Samen)	0,80	17.92	0,35	1,95	17.57	3 8	3 2 1
12	Indischer Mais	0,37	8.29	0,34	4.10	7,95	1 8	1 5 1
13	Weizen	0,53	11.87	0,34	2,86	11.53	2 5	1 8 7
14	Malz	0,50	11.20	0,35	3.13	10,85	2 3	1 6 8
15	Gerste	0,55	12.32	0,34	2,76	11,98	2 6	1 6 1
16	Hafer	0,50	11.20	0,33	2,94	10.87	2 3	1 9 10
17	Reismehl	(0,3 7)	(8.29)	0,33	(4.00)	(7,96)	(1 8)	(1 7 10)
18	Johannisbrot	—	—	0,27	—	—	—	—
19	Malzkämme	2,00	44,80	0,31	0,69	44,49	9 3	3 10 9
20	Feiner Pollard	1,46	32,70	0,33	1.01	32.37	6 9	2 13 4
21	Grober Pollard	1,50	33,60	0,31	0,92	33.29	6 11	2 17 9
22	Kleie	1,45	32,48	0,27	0,83	32.21	6 8	2 18 5
23	Klee-Heu	1,50	33,60	0,18	0,54	33,42	7 0	2 1 3
24	Wiesenheu	1,60	35,84	0,16	0,45	35,68	7 5	1 8 7
25	Erbsenstroh	1,00	22.40	0,15	0,67	22.25	4 8	0 18 10
26	Haferstroh	1,00	22.40	0,14	0,63	22.26	4 8	1 11 7
27	Weizenstroh	0,80	17.92	0,12	0,67	17.80	3 8	0 10 1
28	Gerstenstroh	1,00	22.40	0,11	0,49	22.29	4 8	0 10 1
29	Bohnenstroh	1,00	22.40	0,11	0,49	22.29	4 8	0 17 7

30	Kartoffeln	0,55	12.32	0,04	0,32	12.28	2 7	0 6 5
31	Möhren	0,28	6.27	0,03	0,48	6.24	1 4	0 4 3
32	Pastinaken	0,36	8.06	0,03	0,37	8.03	1 8	0 5 5
33	Schwedische Rüben	0,22	4,93	0,02	0,41	4,91	1 0	0 4 7
34	Mangel-Wurzeln	0,40	8,90	0,03	0,34	8,93	1 10	0 5 0
35	Gelbe Rüben	(0,22)	(4,93)	0,02	(0,34)	(4.91)	(1 0)	(0 3 11)
36	Weiße Rüben	0,30	6,72	0,02	0,30	6,70	15	0 4 0

KAPITEL XXVI
DIE RTHAMSTED-EXPERIMENTE.

Auf den vorhergehenden Seiten wurde so oft auf die Rothamsted-Experimente mit Gülle Bezug genommen, dass es einen passenden Abschluss der vorliegenden Abhandlung bilden könnte, einen kurzen Bericht über diese berühmten Experimente zu geben.

Bei der Beschreibung dieser Experimente hat der Autor an anderer Stelle bemerkt [256] , „dass sie im Hinblick auf ihren weiten Umfang, den Umgang mit fast allen Bereichen der Landwirtschaft, die aufwändige Sorgfalt und Genauigkeit, mit der sie durchgeführt wurden, und die Länge Im Laufe der Zeit sind sie im Gange, und schließlich kann man diese berühmten Experimente angesichts der wichtigen Bedeutung, die ihre Ergebnisse für die landwirtschaftliche Praxis hatten, mit Fug und Recht als konkurrenzlos gegenüber allen anderen ähnlichen Experimenten bezeichnen.“

Herr) Lawes in kleinem Rahmen begonnen und 1843 systematisch aufgebaut. In diesem Jahr schloss sich Sir John Lawes mit Sir (damals Dr.) J. Henry Gilbert zusammen. Sie sind somit seit fünfzig Jahren im Gange – eine Tatsache, die vor einigen Monaten durch die Übergabe zahlreicher Glückwunschadressen verschiedener gelehrter und landwirtschaftlicher Gesellschaften an die angesehenen Forscher und die Errichtung einer Gedenktafel aus Granit in Rothamsted gefeiert wurde . Was das Gefühl der Dankbarkeit seitens der landwirtschaftlichen Gemeinschaft gegenüber Sir John Lawes verstärkt, ist die Tatsache, dass die gesamten Kosten für die Durchführung dieser Experimente von ihm selbst getragen wurden und er der Nation darüber hinaus großzügig eine große Geldsumme übergeben hat eine bestimmte Fläche Land, um sie auf Dauer weiterzuführen.

Art der Experimente mit Pflanzen und Düngemitteln.

Die frühesten systematischen Experimente wurden an Rüben durchgeführt, und seitdem wurde mit fast jeder gängigen Nutzpflanze experimentiert. Tabelle I. (S. 562) ist eine Liste der verschiedenen Experimente mit ihrer Dauer, Fläche und Anzahl der Parzellen.

Boden von Rothamsted.

Bevor wir die auffallenderen Ergebnisse dieser Experimente beschreiben, ist es vielleicht ratsam zu sagen, dass die Höhe des Landes bei Rothamsted etwa 400 Fuß über dem Meeresspiegel liegt; dass der durchschnittliche Niederschlag etwa 28 Zoll pro Jahr beträgt; und dass der Oberflächenboden aus schwerem Lehm und der Untergrund aus steifem Lehm besteht, der auf Kreide ruht.

TABELLE I. – LISTE DER ROTHAMSTED-FELDEXPERIMENTE.

Ernten.	Dauer.	Bereich.	Grundstücke.
	Jahre.	Hektar.	
Weizen (verschiedene Düngemittel)	50	11	34 (oder 37)
Weizen wechselte sich mit Brachland ab	42	1	2
Weizen (Sorten)	15	4-8	ungefähr 20
Gerste (verschiedene Düngemittel)	42	4-1/4	29
Hafer (verschiedene Düngemittel)	10 [1]	0-3/4	6
Bohnen (verschiedene Düngemittel)	32 [2]	1-1/4	10
Bohnen (verschiedene Düngemittel)	27 [3]	1	5
Bohnen, abwechselnd mit Weizen	28 [4]	1	10
Klee (verschiedene Düngemittel)	29 [5]	3	18
Verschiedene Hülsenfrüchte	15	3	18
Rüben (verschiedene Düngemittel)	28 [6]	8	40
Zuckerrüben (verschiedene Düngemittel)	5	8	41

Mangelwurzel (verschiedene Düngemittel)	18	8	41
Gesamte Wurzelfrüchte	51		
Kartoffeln (verschiedene Düngemittel)	18	2	10
Rotation (verschiedene Düngemittel)	46	3	12
Dauerrasen (verschiedene Düngemittel)	38	7	22

[1] Einschließlich ein Jahr Brache.

[2] Einschließlich einjähriger Weizen und fünfjährige Brache.

[3] Einschließlich vier Jahre Brache.

[4] Einschließlich zwei Jahren Brache.

[5] Klee, zwölfmal gesät (erstmals 1848), acht ertragreiche Nutzpflanzen, aber vier davon sehr klein, einjähriger Weizen, fünfjährige Gerste, zwölfjährige Brache.

[6] Einschließlich Gerste ohne Gülle für drei Jahre (elfte, zwölfte und dreizehnte Jahreszeit).

WEIZENEXPERIMENTE.

Die ersten Experimente, auf die wir uns beziehen werden, sind die mit *Weizen* , da sie zu den ältesten und ihre Ergebnisse zu den auffälligsten von allen gehören.

Nicht gedüngte Grundstücke.

Auf drei Parzellen wird seit fünfzig Jahren Jahr für Jahr kontinuierlich Weizen angebaut, ohne jeglichen Einsatz von Düngemitteln.

Wir werden zunächst die Ergebnisse der ersten acht Jahre anführen, um den Einfluss der Saison zu veranschaulichen, die für die unregelmäßigen Ergebnisse verantwortlich ist. Aber aufgrund der unterschiedlichen Jahreszeiten sollten wir mit einem stetigen Rückgang der Produktmenge rechnen; und dies zeigt sich, wenn wir den Durchschnitt der Jahresgruppen bilden, wie wir es in der nächsten Tabelle tun werden.

WEIZEN WIRD KONTINUIERLICH AUF DEMSELBEN LAND ANGEBAUT (ungedüngt).

TABELLE II. — (a.) *Aufgabenbereiche der ersten acht Jahre (1844 bis 1851).*

Jahr.	Scheffel.
1844	15
1845	23-1/4
1846	18
1847	16-7/8
1848	14-3/4
1849	19-1/4
1850	15-7/8
1851	15-7/8
Durchschnittlich 8 Jahre	17-3/8

TABELLE III. — (b.) *Ergebnisse der folgenden vierzig Jahre (1852 bis 1891).*

	Getreide (Scheffel).	Gewicht pro Scheffel.	Stroh (cwts .)
20 Jahre (1852-1871)	14-1/2	57-5/8	13
20 Jahre (1872-1891)	11-1/2	58-3/4	8-5/8
40 Jahre (1852-1891)	13	58-1/4	10-5/8
49. Staffel (1891)	9-3/8	59-1/2	7-1/2

Es ist interessant, den verhältnismäßig leichten Rückgang zu beobachten, der in diesen fünfzig Jahren beim Weizenertrag stattgefunden hat. Bei so großen saisonalen Schwankungen ist es, wie Sir J. Henry Gilbert betont hat, äußerst schwierig, die Rate des Rückgangs aufgrund von Erschöpfung abzuschätzen. Wenn man die sehr schlechten Jahreszeiten ausschließt, kann man mit einem Viertel bis einem Drittel Scheffel pro Acre und Jahr rechnen. *Der Ertrag des ersten Jahres beträgt 15 Scheffel, während der Ertrag der neunundvierzigsten Saison 9-3/8 Scheffel beträgt.* Der durchschnittliche Ertrag dieser fünfzig Jahre liegt tatsächlich über *dem Durchschnittsertrag der wichtigsten weizenproduzierenden Länder der Welt*. Das ist wirklich ein höchst erstaunliches Ergebnis.

Die nächsten Experimente, die wir beschreiben, befassen sich mit dem Einfluss von Hofdünger auf die Weizenernte bei kontinuierlichem Anbau.

TABELLE IV. – WEIZEN, DER KONTINUIERLICH MIT HOFDÜNGER ANGEBAUT WIRD (14 Tonnen pro Jahr).

	Scheffel.	Gewicht pro Scheffel (Pfund)	Stroh (cwts .)
8 Jahre (1844-1852)	28	—	—
20 Jahre (1852-1871)	35-7/8	60	33-7/8
20 Jahre (1872-1891)	33-1/2	60-3/8	31-3/8
40 Jahre (1852-1891)	34-7/8	60-1/4	32-5/8

Aus den obigen Ergebnissen, die lediglich eine Auswahl aus einer sehr viel größeren Anzahl von Versuchen darstellen, wird ersichtlich, dass Hofdünger über die vierzig Jahre einen ebenso guten Durchschnitt liefert wie die meisten künstlichen Mischungen. Dass dies auf den darin enthaltenen Stickstoff zurückzuführen ist, wird eindrucksvoll durch die Tatsache veranschaulicht, dass gemischte Mineraldünger allein weniger als die Hälfte des Ertrags liefern, und auch durch die Tatsache, dass Ammoniaksalze allein einen doppelt so hohen Ertrag bringen wie Mineralmischungen; während schließlich die Mischung aus Mineraldünger und Ammoniaksalzen nur eine geringfügige Steigerung gegenüber der mit Ammoniaksalzen allein erzielten ergibt.

Die übrigen Ergebnisse, die aus einer viel größeren Zahl ausgewählt wurden, bedürfen keines Kommentars und werden in tabellarischer Form wiedergegeben.

Tabelle V. – WEIZEN, DER KONTINUIERLICH MIT KÜNSTLICHEM DÜNGER, HOFDÜNGER UND UNGEDÜNGT ANGEBAUT WIRD.

Durchschnitt von vierzig Jahren (1852-91).

DÜNGEMITTEL PRO ACRE UND JAHR.	PRODUKTION PRO ACRE – DURCHSCHNITT PRO JAHR.		
	Gemahlenes Getreide.		
	Menge.		
	20 Jahre, 1852-71.	20 Jahre, 1872-91.	40 Jahre, 1852-91.
	Busch.	Busch.	Busch.
Hofmist, 14 Tonnen pro Jahr seit 1843	35-7/8	33-1/2	34-7/8
Kontinuierlich ungedüngt	14-1/2	11-1/2	13
Gemischter Mineraldünger [1] und 3 1/2 cwt. Superphosphat	17	12-7/8	15
Gemischter Mineraldünger, 3 1/2 cwt. Superphosphat, 200 Pfund. Ammoniumsalze	26-1/2	21-3/4	24-1/8
Gemischter Mineraldünger und 3 1/2 cwt. Superphosphat, 600 Pfund. Ammoniumsalze	38-1/4	34-3/4	36-1/2
Gemischter Mineraldünger, 3 1/2 cwt. Superphosphat, 275 Pfund. Nitrat von Soda	36-7/8	34	35-3/8
275 Pfund Sodanitrat	26	19-3/8	22-3/4
Seit 1845 jährlich 400 Pfund Ammoniumsalze	22-1/2	19	22-1/2

| 400 Pfund Ammoniumsalze, 3 1/2 Zentner. Superphosphat | 28 | 22-1/4 | 25-1/8 |
| Mineralmist, 3 1/2 cwt. Superphosphat, 400 Pfund. Ammoniumsalze im Herbst. | 31-5/8 | 29-1/2 | 30-1/2 |

[1] Unter mineralischem Mischdünger versteht man eine Mischung mineralischer Düngemittel , ausgenommen Phosphate.

TABELLE V. – Fortsetzung

DÜNGEMITTEL PRO ACRE UND JAHR.	PRODUKTION PRO ACRE – DURCHSCHNITT PRO JAHR.		
	Gemahlenes Getreide.		
	Gewicht pro Scheffel.		
	20 Jahre, 1852-71.	20 Jahre, 1872-91.	40 Jahre, 1852-91.
	Pfund.	Pfund.	Pfund.
Hofmist, 14 Tonnen pro Jahr seit 1843	60	60-3/8	60-1/4
Kontinuierlich ungedüngt	57-5/8	58-3/4	58-1/4
Gemischter Mineraldünger und 3 1/2 cwt. Superphosphat	58-7/8	59	58-7/8
Gemischter Mineraldünger, 3 1/2 cwt. Superphosphat, 200 Pfund. Ammoniumsalze	59-3/8	60	59-5/8
Gemischter Mineraldünger und 3 1/2 cwt. Superphosphat, 600 Pfund. Ammoniumsalze	59	60	59-1/2
Gemischter Mineraldünger, 3 1/2 cwt. Superphosphat, 275 Pfund. Nitrat von Soda	58-3/8	59-5/8	59
275 Pfund Sodanitrat	56-5/8	56-5/8	56-5/8
Seit 1845 jährlich 400 Pfund Ammoniumsalze	58	57-3/8	57-5/8

400 Pfund Ammoniumsalze, 3 1/2 Zentner. Superphosphat	57-3/8	58	57-5/8
Mineralmist, 3 1/2 cwt. Superphosphat, 400 Pfund. Ammoniumsalze im Herbst	59-1/2	60	59-3/4

TABELLE V. – Fortsetzung

DÜNGEMITTEL PRO ACRE UND JAHR.	PRODUKTION PRO ACRE – DURCHSCHNITT PRO JAHR.		
	Totales Stroh.		
	20 Jahre, 1852-71.	20 Jahre, 1872-91.	40 Jahre, 1852-91.
	cwt.	cwt.	cwt.
Hofmist, 14 Tonnen pro Jahr seit 1843	33-7/8	31-3/8	32-5/8
Kontinuierlich ungedüngt	13	8-5/8	10-5/8
Gemischter Mineraldünger und 3 1/2 cwt. Superphosphat	15	9-3/4	12-3/8
Gemischter Mineraldünger, 3 1/2 cwt. Superphosphat, 200 Pfund. Ammoniumsalze	24-1/2	19-1/8	21-7/8
Gemischter Mineraldünger und 3 1/2 cwt. Superphosphat, 600 Pfund. Ammoniumsalze	41-3/8	39-5/8	40-1/2
Gemischter Mineraldünger, 3 1/2 cwt. Superphosphat, 275 Pfund. Nitrat von Soda	41-1/2	37-3/4	39-5/8
275 Pfund Sodanitrat	28-1/4	18-1/2	23-3/8
Seit 1845 jährlich 400 Pfund Ammoniumsalze	24-3/4	16-1/4	20-1/2
400 Pfund Ammoniumsalze, 3 1/2 Zentner. Superphosphat	26-3/8	21	23-3/4

Mineralmist, 3 1/2 cwt. Superphosphat, 400 Pfund. Ammoniumsalze im Herbst	31-1/4	28-3/8	29-3/4

TABELLE VI. – EXPERIMENTE ZUM WACHSTUM VON GERSTE VIERZIG JAHRE LANG, 1852-91.

DÜNGEMITTEL PRO ACRE UND JAHR.	PRODUKTION PRO ACRE – DURCHSCHNITT PRO JAHR.		
	Gemahlenes Getreide.		
	Menge.		
	20 Jahre, 1852-71.	20 Jahre, 1872-91.	40 Jahre, 1852-91.
	Busch.	Busch.	Busch.
Kontinuierlich ungedüngt	20	25-1/2	16-1/2
3-1/2 Zentner. Superphosphat von Kalk	25-1/2	17-3/4	21-3/4
Gemischter Mineraldünger	22-1/2	13-1/2	18
Gemischter Mineraldünger, 3 1/2 cwt. Superphosphat	27-1/2	17-1/4	22-3/8
200 Pfund. Ammoniumsalze	32-1/2	25-5/8	29
200 Pfund Ammoniumsalze, 3 1/2 Zentner. Superphosphat	47	38-1/2	42-3/4
200 Pfund. Ammoniumsalze, gemischte Mineraldünger	35	27-3/4	31-3/8
Düngemittel, 3 1/2 cwt. Superphosphat von Kalk	46-1/4	40-3/4	43-1/2
275 Pfund Sodanitrat	37	28-3/8	32-3/4
275 Pfund Sodanitrat, 3 1/2 Zentner. Superphosphat	49-1/4	42-1/4	45-3/4
275 Pfund. Sodanitrat, gemischter Mineraldünger	37-3/8	29-1/2	33-1/2

	49-3/4	41-1/4	45-1/2
275 Pfund Sodanitrat, gemischter Mineraldünger, 3 1/2 Zentner. Superphosphat	49-3/4	41-1/4	45-1/2
1000 Pfund Rapskuchen	45-1/4	37-1/8	41-1/4
1000 Pfund Rapskuchen, 3 1/2 Zentner. Superphosphat	46-3/4	40	43-3/8
1000 Pfund Rapskuchen, gemischter Mineraldünger	43-5/8	35-5/8	39-1/2
1000 Pfund Rapskuchen, gemischter Mineraldünger und 3 1/2 Zentner. Superphosphat	47-3/8	39	43-1/4
Hofmist, 14 Tonnen pro Jahr	48-1/4	49	48-5/8

TABELLE VI. – Fortsetzung

DÜNGEMITTEL PRO ACRE UND JAHR.	PRODUKTION PRO ACRE – DURCHSCHNITT PRO JAHR.		
	Gemahlenes Getreide.		
	Gewicht pro Scheffel.		
	20 Jahre, 1852-71.	20 Jahre, 1872-91.	40 Jahre, 1852-91.
	Pfund.	Pfund.	Pfund.
Kontinuierlich ungedüngt	52-3/8	51-3/4	52
3-1/2 Zentner. Superphosphat von Kalk	53-1/4	53	53-1/8
Gemischter Mineraldünger	53	51-7/8	52-1/2
Gemischter Mineraldünger, 3-1/cwt. Superphosphat	53-3/8	52-3/8	53
200 Pfund. Ammoniumsalze	52-1/8	52	52
200 Pfund Ammoniumsalze, 3 1/2 Zentner. Superphosphat	53-3/8	52-1/4	52-7/8

Düngemittel pro Acre und Jahr	52-3/4	52-1/2	52-5/8
200 Pfund Ammoniumsalze, gemischte Mineraldünger	52-3/4	52-1/2	52-5/8
Düngemittel, 3 1/2 cwt. Superphosphat von Kalk	54	54-1/8	54
275 Pfund Sodanitrat	52	52-1/8	52
275 Pfund Sodanitrat, 3 1/2 Zentner. Superphosphat	53-3/8	53-1/4	53-1/4
275 Pfund. Sodanitrat, gemischter Mineraldünger	52-1/4	52-3/4	52-1/2
275 Pfund Sodanitrat, gemischter Mineraldünger, 3 1/2 Zentner. Superphosphat	53-3/8	54	53-5/8
1000 Pfund Rapskuchen	53-3/4	53-7/8	53-7/8
1000 Pfund Rapskuchen, 3 1/2 Zentner. Superphosphat	53-7/8	54-3/8	54-1/8
1000 Pfund Rapskuchen, gemischter Mineraldünger	53-3/4	54-1/8	54
1000 Pfund Rapskuchen, gemischter Mineraldünger und 3 1/2 Zentner. Superphosphat	53-5/8	54-1/4	53-7/8
Hofmist, 14 Tonnen pro Jahr	54-3/8	54-1/4	54-1/4

TABELLE VI. – Fortsetzung

	PRODUKTION PRO ACRE – DURCHSCHNITT PRO JAHR.		
DÜNGEMITTEL PRO ACRE UND JAHR.	Totales Stroh.		
	20 Jahre, 1852-71.	20 Jahre, 1872-91.	40 Jahre, 1852-91.
	cwt.	cwt.	cwt.

Kontinuierlich ungedüngt	11-3/4	6-7/8	9-3/8
3-1/2 Zentner. Superphosphat von Kalk	13-3/8	8-1/4	10-3/4
Gemischter Mineraldünger	12-1/4	7	9-5/8
Gemischter Mineraldünger, 3 1/2 cwt. Superphosphat	14-3/8	8-3/8	11-3/8
200 Pfund. Ammoniumsalze	18-1/2	13-1/2	16
200 Pfund Ammoniumsalze, 3 1/2 Zentner. Superphosphat	27-5/8	20-1/8	23-7/8
200 Pfund Ammoniumsalze, gemischte Mineraldünger	20-1/4	15-1/8	18
Düngemittel, 3 1/2 cwt. Superphosphat von Kalk	28-1/2	23-3/8	25-7/8
275 Pfund Sodanitrat	22-1/8	15-7/8	19
275 Pfund Sodanitrat, 3 1/2 Zentner. Superphosphat	30-1/2	23-3/8	27
275 Pfund. Sodanitrat, gemischter Mineraldünger	23-7/8	17-1/2	20-3/4
275 Pfund Sodanitrat, gemischter Mineraldünger, 3 1/2 Zentner. Superphosphat	32-3/8	24-1/2	28-1/2
1000 Pfund Rapskuchen	26-7/8	20	23-3/8
1000 Pfund Rapskuchen, 3 1/2 Zentner. Superphosphat	28-3/8	21-1/2	24-7/8
1000 Pfund Rapskuchen, gemischter Mineraldünger	27-1/8	19-7/8	23-1/2
1000 Pfund Rapskuchen, gemischter Mineraldünger und 3 1/2 Zentner. Superphosphat	29-3/4	21-7/8	25-5/8
Hofmist, 14 Tonnen pro Jahr	28-1/4	29-3/4	29

TABELLE VII.

DÜNGEMITTEL PRO ACRE UND JAHR.	DURCHSCHNITT PRO JAHR. 5 JAHRE, 1869-73.		
	Gemahlenes Getreide.		Gesamt
	Menge.	Gewicht pro Scheffel.	Stroh.
	Busch.	Pfund.	cwt.
Ungedüngt	19-7/8	33-3/4	10-3/8
200 Pfund Sulfatkali, 100 Pfund Sulfat-Soda, 100 Pfund Sulfat-Magnesia und 3-1/2 cwt. Superphosphat von Kalk	24-1/2	35	13-3/8
400 Pfund. Ammoniumsalze	47	35-7/8	28-1/2
400 Pfund Ammoniumsalze, 200 Pfund Sulfatkali, 100 Pfund Sulfat-Soda, 100 Pfund Sulfat-Magnesia und 3 1/2 cwt. Superphosphat	59	37	41-1/8
550 Pfund Sodanitrat	47-1/8	35-1/2	27-1/2
550 Pfund Sodanitrat, 200 Pfund Sulfatkali, 100 Pfund Sulfatsoda, 100 Pfund Sulfatmagnesia und 3 1/2 cwt. Superphosphat	57-1/2	35-3/4	35
	DURCHSCHNITT PRO JAHR. 4 JAHRE, 1874-78.		
	Scheffel.	Pfund.	cwt.
Ungedüngt	13-3/4	31-1/4	6
200 Pfund Sulfatkali, 100 Pfund Sulfat-Soda, 100 Pfund Sulfat-Magnesia und 3-1/2 cwt. Superphosphat von Kalk	13-1/8	31-5/8	6-1/8
200 Pfund. Ammoniumsalze	28-7/8	33-1/4	14-1/8

200 Pfund Ammoniumsalze, 200 Pfund Sulfatkali, 100 Pfund Sulfat-Soda, 100 Pfund Sulfat-Magnesia und 3 1/2 cwt. Superphosphat	38	35-1/2	20
275 Pfund Sodanitrat	26-3/8	31-5/8	11-1/8
275 Pfund Sodanitrat, 200 Pfund Sulfatkali, 100 Pfund Sulfatsoda, 100 Pfund Sulfatmagnesia und 3 1/2 cwt. Superphosphat	28-1/2	34-1/8	14

TABELLE VIII. – EXPERIMENTE MIT HACKFRÜCHTEN: SCHWEDISCHE RÜBEN.

Fünfzehn Jahreszeiten , 1856-70. [1] Wurzeln und Blätter aus dem Land gekarrt.

		SERIE 1.	
		Standarddünger nur.	
Grundstücke.	STANDARDDÜNGE.		
		Wurzeln.	Blätter.
		Tonnen. cwt.	Tonnen. cwt.
1	Hofmist, 14 Tonnen	6 4	0 17
2	Hofmist, 14 Tonnen, und Superphosphat	6 7	0 16

3	Ohne Mist, 1846 und seitdem	0	11	0	3
4	Superphosphat, jedes Jahr; Sulfatkali, Soda und Magnesia, 1856-60	2	16	0	8
5	Superphosphat, jedes Jahr	2	12	0	9
6	Superphosphat, jedes Jahr; Sulfatkali, 1856-60	2	7	0	7
7	Superphosphat, jedes Jahr; Sulfat, Kali und 36-1/2 Pfund Ammoniumsalze, 1856-60	2	12	0	7
8	Ungemäht 1853 und seitdem; zuvor teilweise ungedüngt; Teil Superphosphat	1	3	0	4

Notiz. — Ammoniaksulfat enthält schätzungsweise 23 Prozent Ammoniak und Ammoniaksalz 27 Prozent. Ammoniumsalze, jeweils zu gleichen Teilen Sulfat und Muriat des handelsüblichen Ammoniaks; und die Mischung enthält schätzungsweise 25 Prozent Ammoniak. Es wurde geschätzt, dass die 328 Pfund Salpetersäure (Sp. gr. 1,35), gemischt mit Sägemehl, und als Cross-Dressing auf den Parzellen der Serie 2 von 1856 bis 1860 verwendet wurden, Stickstoff = 50 Pfund Ammoniak enthielten.

[1] Die Ernten von 1859 und 1860 fielen aus und wurden untergepflügt; Da aber die Düngemittel ausgebracht wurden und es zu einer Anreicherung mit dem Boden für die nachfolgenden Ernten kam, wird der Durchschnittsertrag wie für fünfzehn Jahre berechnet – das heißt, der Ertrag der dreizehn Jahre wird jeweils durch 15 geteilt.

Grundstücke.	STANDARDDÜNGE.	SERIE 2. Standarddünger, und Cross-Dressing mit – 5 Jahre, 1856-60, 3000 Pfund Sägemehl und 328 Pfund Salpetersäure. 10 Jahre, 1861-70, 550 Pfund Nitrat-Soda.				SERIE 3. Standarddünger, und Cross-Dressing mit – 5 Jahre, 1856-60, 200 Pfund Ammonium Salze. 10 Jahre, 1861-70, 400 Pfund. Ammoniumsalze.			
		Wurzeln.		Blätter.		Wurzeln.		Blätter.	
		Tonnen.	cwt.	Tonnen.	cwt.	Tonnen.	cwt.	Tonnen.	cwt
1	Hofmist, 14 Tonnen	7	9	1	2	8	8	1	4
2	Hofmist, 14 Tonnen, und Superphosphat	7	13	1	3	8	5	1	5
3	Ohne Mist, 1846 und seitdem	0	19	0	4	0	13	0	3
4	Superphosphat, jedes Jahr; Sulfatkali, Soda und Magnesia, 1856-60	5	2	0	16	4	12	0	14
5	Superphosphat, jedes Jahr	4	13	0	18	3	16	0	15
6	Superphosphat, jedes Jahr; Sulfatkali, 1856-60	4	11	0	14	4	5	0	13
7	Superphosphat, jedes Jahr; Sulfat, Kali und 36-1/2 Pfund	4	13	0	14	4	12	0	14

| 8 | Ammoniumsalze, 1856-60 Ungemäht 1853 und seitdem; zuvor teilweise ungedüngt; Teil Superphosphat | 1 | 13 | 0 | 5 | 1 | 2 | 0 | 5 |

TABELLE VIII. – Fortsetzung

		SERIE 4.				SERIE 5.			
	STANDARDDÜNGE.	Standarddünger, und Cross-Dressing mit – 5 Jahre, 1856-60, 200 Pfund Ammoniumsalze, und 3000 Pfund Sägemehl. 10 Jahre, 1861-70, 400 Pfund Ammoniumsalze, und 2000. B. Vergewaltigungskuchen.				Standarddünger, und Cross-Dressing mit – 5 Jahre, 1856-60, 3000 Pfund Sägemehl. 10 Jahre, 1861-70, 2000 Pfund Rapskuchen.			
Grundstücke.		Wurzeln.		Blätter.		Wurzeln.		Blätter.	
		Tonnen.	cwt.	Tonnen.	cwt.	Tonnen.	cwt.	Tonnen.	cwt.
1	Hofmist, 14 Tonnen	8	16	1	9	8	0	1	4
2	Hofmist, 14 Tonnen, und Superphosphat	8	14	1	9	7	16	1	2
3	Ohne Mist, 1846 und seitdem	3	6	0	14	3	8	0	13

4	Superphosphat, jedes Jahr; Sulfatkali, Soda und Magnesia, 1856-60	6	12	1	5	5	8	0	17
5	Superphosphat, jedes Jahr	5	16	1	7	5	0	0	19
6	Superphosphat, jedes Jahr; Sulfatkali, 1856-60	6	6	1	2	5	3	0	16
7	Superphosphat, jedes Jahr; Sulfat, Kali und 36-1/2 Pfund Ammoniumsalze, 1856-60	6	15	1	4	5	9	0	17
8	Ungemäht 1853 und seitdem; zuvor teilweise ungedüngt; Teil Superphosphat	3	19	0	18	3	14	0	19

TABELLE IX. – Experimente an Mangel-Wurzel.

Durchschnitt von sechzehn Jahreszeiten , 1876-92. Düngemittel pro Acre und Jahr.

		Serie 1.		
	STANDARDDÜNGE.	Standarddünger nur.		
Grundstücke.				
		Wurzeln.		Blätter.	
		Tonnen.	cwt.	Tonnen.	cwt.
1	Hofmist, 14 Tonnen	16	6	2	17
2	Hofmist, 14 Tonnen und 3 1/2 Zentner. Superphosphat	4	9	1	8

3	Ohne Mist, 1846 und seitdem	4	9	1	8
4	3-1/2 Zentner. Superphosphat, 500 Pfund Kalisulfat und 400 Pfund gemischter Mineralmist	5	8	1	1
5	3-1/2 Zentner. Superphosphat	5	0	1	1
6	3-1/2 Zentner. Superphosphat und 500 Pfund Kalisulfat	4	9	0	18
7	3-1/2 Zentner. Superphosphat, 500 Pfund Kalisulfat und 36-1/2 Pfund Ammoniumsalze	5	17	1	8

TABELLE IX. – Fortsetzung

Grundstücke.	STANDARDDÜNGE	SERIE 2. Standarddünger, und Cross-Dressing mit – 550 Pfund Sodanitrat.				SERIE 3. Standarddünger, und Cross-Dressing mit – 400 Pfund Amoniumsalze			
		Wurzeln.		Blätter.		Wurzeln.		Blätter.	
		Tonnen.	cwt.	Tonnen.	cwt.	Tonnen.	cwt.	Tonnen.	cwt.
1	Hofmist, 14 Tonnen	22	11	4	2	22	3	5	7
2	Hofmist, 14 Tonnen und 3 1/2 Zentner. Superphosphat	23	12	4	14	21	8	5	6

Grundstücke	Standarddünger	Tonnen	cwt.	Tonnen	cwt.	Tonnen	cwt.	Tonnen	cwt.
3	Ohne Mist, 1846 und seitdem	13	7	3	4	6	14	2	18
4	3-1/2 Zentner. Superphosphat, 500 Pfund Kalisulfat und 400 Pfund gemischter Mineralmist	12	17	3	15	16	2	3	0
5	3-1/2 Zentner. Superphosphat	15	13	3	5	8	10	3	1
6	3-1/2 Zentner. Superphosphat und 500 Pfund Kalisulfat	15	15	2	18	14	6	2	16
7	3-1/2 Zentner. Superphosphat, 500 Pfund Kalisulfat und 36-1/2 Pfund Ammoniumsalze	16	0	3	1	16	3	3	0

TABELLE IX. – Fortsetzung

Grundstücke.	STANDARDDÜNGER	SERIE 4. Standarddünger, und Cross-Dressing mit 2000 Pfund Rapskuchen und 400 Pfund. Ammoniumsalze.				SERIE 5. Standarddünger, und Cross-Dressing mi 2000 Pfund Rapskuche			
		Wurzeln.		Blätter.		Wurzeln.		Blätter.	
		Tonnen.	cwt.	Tonnen.	cwt.	Tonnen.	cwt.	Tonnen.	c
1	Hofmist, 14 Tonnen	24	11	6	1	23	7	4	

2	Hofmist, 14 Tonnen und 3 1/2 Zentner. Superphosphat	23	12	6	1	23	1	4	6
3	Ohne Mist, 1846 und seitdem	10	11	3	17	11	2	3	0
4	3-1/2 Zentner. Superphosphat, 500 Pfund Kalisulfat und 400 Pfund gemischter Mineralmist	24	18	5	7	20	4	3	9
5	3-1/2 Zentner. Superphosphat	11	7	4	2	12	3	3	2
6	3-1/2 Zentner. Superphosphat und 500 Pfund Kalisulfat	21	6	5	7	16	14	2	15
7	3-1/2 Zentner. Superphosphat, 500 Pfund Kalisulfat und 36-1/2 Pfund Ammoniumsalze	21	6	5	9	17	10	3	3

TABELLE X. – VERSUCHE MIT VERSCHIEDENEN DÜNGEMITTELN AUF DAUERWIESENLAND.

Sechsunddreißig Jahre , 1856-91.

	PRODUKTION PRO ACRE, GEWOGEN ALS HEU.					
	Durchschnitt pro Jahr, 20 Jahre, 1856-75 (Nur 1. Ernte).			Durchschnitt pro Jahr, 16 Jahre, 1876-91 (1. und 2. Ernte).		
DÜNGEMITTEL PRO ACRE UND JAHR.	10 Jahre,	10 Jahre,	20 Jahre,	1	2	

	1856-65.	1866-75.	1856-75.	Ernten.	Ernten.	Gesamt.
	cwt.	cwt.	cwt.	cwt.	cwt.	cwt.
Kontinuierlich ungedüngt	22-1/2	20	21-1/4	18	8-1/2	26-1/2
3-12 Zentner. Superphosphat von Kalk	23-14	21-1/4	22-1/4	18	9	27-1/2
3-1/2 Zentner. Superphosphat von Kalk und 400 Pfund Ammoniumsalze	33-7/8	30-1/2	32-1/4	30-3/4	10-1/2	41-1/4
400 Pfund. Ammoniumsalze	30-1/2	22	26-1/4	18-1/4	10-1/8	27-3/8
275 Pfund Sodanitrat, 3 1/2 Zentner. Superphosphat und gemischter Mineralmist	45-1/4	47-5/8	46-1/2	41-1/8	12-1/8	53-1/4
275 Pfund Sodanitrat	34-1/4	33-1/2	33-7/8	30-1/8	10	40-1/8

TABELLE XI. – EXPERIMENTE ZUM WACHSTUM VON KARTOFFELN.

Durchschnitt von fünf Jahreszeiten, 1876-80. [1]

		PRO ACRE PRODUZIEREN – KNOLLEN.							
Handlung.	DÜNGEMITTEL PRO ACRE UND JAHR	Gut.		Klein.		Krank.		Gesamt.	
		Tonnen.	cwt.	Tonnen.	cwt.	Tonnen.	cwt.	Tonnen.	cwt.
1	Ungedüngt	1	18	0	6-1/4	0	2-1/4	2	7-1/2
2	Hofdünger (14 Tonnen)	3	19-3/8	0	7-5/8	0	6-5/8	4	13-5/8
3	Hofmist (14 Tonnen) und 3	4	9-1/2	0	8	0	8-3/4	5	6-1/4

Nr.									
	1/2 cwt. Superphosphat								
4	Hofmist (14 Tonnen), 3 1/2 cwt. Superphosphat und 550 Pfund Sodanitrat	5	8	0	7	0	19-1/2	6	14-1/2
5	400 Pfund. Ammoniumsalze	1	19-1/2	0	7-1/8	0	3-1/2	2	10-1/8
6	550 Pfund Sodanitrat	2	11-7/8	0	6-7/8	0	5-1/4	3	4
7	400 Pfund Ammoniumsalze, 3 1/2 Zentner. Superphosphat, 300 Pfund Sulfatkali, 100 Pfund Sulfat-Soda, 100 Pfund Sulfat-Magnesia	5	14-1/4	0	8-1/4	0	14-3/4	6	17-1/4
8	550 Pfund Sodanitrat, 33-1/2 cwt. Superphosphat, 300 Pfund Sulfatkali, 100 Pfund Sulfat-Soda, 100 Pfund Sulfat-Magnesia	5	19-7/8	0	7-7/8	0	19-1/8	7	6-7/8
9	3-1/2 Zentner. Superphosphat	3	0-3/4	0	8	0	4-5/8	3	13-3/8
10	3-1/2 Zentner. Superphosphat, 300 Pfund Sulfatkali, 100 Pfund Sulfat-Soda und 100	3	4-1/2	0	6-1/2	0	4-7/8	3	15-7/8

Pfund Sulfat- Magnesia				

1. In jedem Jahr wurden die Spitzen auf den jeweiligen Parzellen verteilt.

TABELLE XII. – EXPERIMENTE ZUM WACHSTUM VON KARTOFFELN –
Fortsetzung .

Durchschnitt von zwölf Jahreszeiten, 1881-92.

Handlung.	DÜNGEMITTEL PRO ACRE UND JAHR	PRO ACRE PRODUZIEREN – KNOLLEN.							
		Gut.		Klein.		Krank.		Gesamt.	
		Tonnen.	cwt.	Tonnen.	cwt.	Tonnen.	cwt.	Tonnen.	cwt.
1	Im Jahr 1876 und jedes Jahr seitdem nicht gedüngt	1	3-3/4	0	3-3/4	0	0-1/4	1	7-3/4
2	Im Jahr 1882 und seitdem nicht gedüngt; vorher Hofmist (14 Tonnen)	2	14-1/4	0	4-3/4	0	2	3	1
3	Allein Hofdünger (14 Tonnen), 1883 und seitdem; zuvor 3-1/2 cwt. Superphosphat auch	4	3-1/4	0	4-1/4	0	4-1/2	4	12
4	Allein Hofmist (14 Tonnen), 1883 und seitdem. Im Jahr 1882 und davor 3-1/2 cwt. Superphosphat und im Jahr 1881	4	6-1/4	0	4-1/2	0	4-3/4	4	15-1/2

	und zuvor auch 550 Pfund Sodanitrat							
5	400 Pfund. Ammoniumsalze	1	2-3/4	0	4-3/4	0	0-1/2	1	8
6	550 Pfund Sodanitrat	1	17-3/4	0	3-3/4	0	0-3/4	2	2-1/4
7	400 Pfund Ammoniumsalze, 3 1/2 Zentner. Superphosphat, 300 Pfund Kalisulfat und 200 Pfund gemischter Mineralmist	5	6-3/4	0	5	0	4-1/2	5	16-1/4
8	550 Pfund Sodanitrat, 3 1/2 Zentner. Superphosphat, 300 Pfund Kalisulfat und 200 Pfund gemischter Mineralmist	5	7-1/2	0	4-1/4	0	3-3/4	5	15-1/2
9	3-1/2 Zentner. Superphosphat	2	17-3/4	0	3-1/4	0	1	3	2
10	3-1/2 Zentner. Superphosphat, 300 Pfund Kalisulfat und 200 Pfund gemischter Mineralmist	3	2-1/4	0	3-1/4	0	1-1/4	3	6-3/4

FUSSNOTEN:

[256] Siehe Sir John Bennet Lawes, Bart. und die Rothamsted-Experimente. Von CM Aikman. ('Scottish Farmer' Office, Glasgow.)